本丛书名由中国科学院院士母国光先生题写

# 光学与光子学丛书

国家科学技术学术著作出版基金资助项目

"十二五"国家重点图书出版规划项目

光学与光子学丛书

# 衍射计算及数字全息

## (上 册)

李俊昌 著

科学出版社

北 京

# 内 容 简 介

在标量衍射理论的框架下，本书系统总结经典及广义衍射公式的数值计算方法，对空间曲面光源衍射场的数值计算进行专门讨论，并且以数字全息及3D物体的计算全息为衍射计算的应用载体，对数字全息涉及的理论、技术及数字全息干涉计量进行详细介绍，对目前迅速发展的全息3D显示技术进行研究。书附光盘给出全书的主要计算程序及计算涉及的图像文件。

全书由9章及4个附录构成，分上、下两册出版。上册包含1~5章，下册包含6~9章及附录。第1章是数学预备知识；第2章介绍标量衍射理论及不同形式的衍射计算公式；第3章基于取样定理详细讨论不同衍射公式的数值计算方法；第4章对光全息术进行介绍；第5、6章是数字全息的基本理论；第7、8章介绍全息干涉计量理论及数字全息干涉计量的应用实例；第9章对数字全息3D显示及3D动画算法进行研究。附录A是计算机图像的基本知识；附录B循序渐进地给出MATLAB编写的全书主要计算程序、程序说明及计算实例；附录C是书中重要的彩色图像二维码；附录D是本书附底二维码的内容介绍。为便于阅读全书，附录A~C扫封底二维码也可见。

本书可作为高等院校光学、光学工程、光信息科学技术、电子科学与技术等专业的研究生教材，也可供相关专业的教师及科技工作者参考。

本书光盘已取消，相应内容皆可在封底二维码内获取。

**图书在版编目(CIP)数据**

衍射计算及数字全息．上册/李俊昌著．—北京：科学出版社，2014．6
(光学与光子学丛书)
“十二五”国家重点图书出版规划项目
ISBN 978-7-03-040958-4

Ⅰ．①衍…　Ⅱ．①李…　Ⅲ．①光衍射-计算方法　Ⅳ．①O436．1

中国版本图书馆CIP数据核字(2014)第123020号

责任编辑：刘凤娟／责任校对：邹慧卿
责任印制：钱玉芬／封面设计：耕者设计工作室

科学出版社出版
北京东黄城根北街16号
邮政编码：100717
http://www.sciencep.com
北京建宏印刷有限公司印刷
科学出版社发行　各地新华书店经销
*
2014年6月第 一 版　开本：720×1000 1/16
2024年9月第九次印刷　印张：18 1/4
字数：350 000

**定价：148.00元**
(如有印装质量问题，我社负责调换)

# 序　言

在科学发展史中，激光是 20 世纪的一个重大成就。半个世纪以来，激光已经在科学研究、工业生产及国防科技中获得广泛应用。由于光的波粒二象性，在描述激光传播的宏观性质时，基于电磁场理论导出的波动方程是最基本的理论研究工具。实验研究表明，如果观测距离甚大于光波长，并且光传播过程中不涉及障碍物且光学元件结构尺寸接近于光波长，可以忽略波动方程中电矢量与磁矢量间的耦合关系，将电矢量视为标量，能十分准确地描述光传播的物理过程，这种理论称为标量衍射理论。根据标量衍射理论，当给定某空间平面上的光波场后，可以用不同形式的衍射积分计算与该平面相平行的空间平面上的光波场。然而，衍射积分通常无解析解，必须借助于计算机作数值计算。随着计算机技术的飞速发展，激光的应用研究与计算机已经结下不解之缘。然而，衍射计算通常是十分困难的工作。正如玻恩 (M. Born) 及沃尔夫 (E. Wolf) 在他们的名著《光学原理》(*Principles of Optics*) 中指出的那样，"衍射问题是光学中遇到的最困难的问题之一。在衍射理论中，那种在某种意义上可以认为是严格的解，是很少有的"。

近 30 年来，李俊昌教授在衍射计算及数字全息研究领域先后完成过多项国家自然科学基金项目，并且借助改革开放形成的国际科技合作环境，与法国多所大学开展了科研及教学合作，承担过法国标致汽车公司的强激光变换系统的设计项目，在衍射计算及数字全息研究领域指导了中法双方的许多博士生。长期的科研及教学实践使他在衍射计算及数字全息研究领域具有深厚的理论功底及解决实际问题的能力。李俊昌教授总结他多年研究成果撰写的这部书，其主要特点如下：

其一，经典标量衍射理论给出了空间平面间衍射场的计算公式，但当光源是曲面光源或观测面为非平面时，这些公式不能直接使用。该书认真总结了包括作者在内的国内外研究人员有代表性的计算方法，给出得到实验证明了的计算实例。这些讨论有效扩展了标量衍射理论的应用范围，具有重要的实际意义。

其二，衍射数值计算理论虽然涉及较复杂的数学表达式，但是在解决实际问题的过程中可以加深对这些公式物理意义的理解。该书除基于取样定理讨论不同形式衍射积分的计算方法外，还给出衍射数值计算在二元光学元件设计以及虚拟三维物体计算全息中的应用实例，从事衍射理论学习及应用研究的科研人员能方便地从中受益。

其三，随着计算机及 CCD 技术的进步，基于传统全息及衍射计算理论而形成的数字全息技术具有重要的应用前景，目前国内尚无 "数字全息" 专著。该书不但系统地阐述了数字全息的基本理论及实际应用，而且将数字全息作为衍射计算理论的应用载体，总结出多种形式的波前重建算法，给出详细实验证明。这些内容是相关专业的科研人员及研究生灵活应用衍射公式解决激光应用研究中遇到问题时的有益参考。

该书的实验基本取材于作者近 30 年在国内外的科研工作，所提供的程序也是作者在 MATLAB7.0 平台下编写并通过实验证实的。附录 B 及该书所附光盘循序渐进地给出书中各章节相对应的主要的衍射计算程序及数字全息物光场波前重建程序。利用所提供的程序，即便没有实验条件的读者也能在微机上证实该书的理论分析结果，对这些程序作简单修改，便能解决激光应用研究中遇到的许多实际问题。

衍射的数值计算是激光应用研究中涉及的一个基本问题，数字全息是基于衍射计算理论及现代计算机技术形成的并在不断发展的新兴技术。对于我国从事激光应用研究的科研人员及研究生，李俊昌教授的这部著作是一部非常好的参考书。

金国藩

2013 年 12 月

# 目　　录

## (上　册)

## (下　册)

# 第 1 章　数学预备知识

根据标量衍射理论，光的传播过程是光波通过介质空间的衍射过程，衍射过程可以通过二维线性系统对光波场的变换进行研究。由于光波场的表述涉及一些重要的数学函数，线性系统对光波场的变换涉及基本的数学工具 —— 傅里叶变换，在进行衍射数值计算及数字全息波前重建时，还涉及对光波场的合理离散及取样问题。因此，作为阅读本书的数学预备知识，本章对常用的数学函数、二维傅里叶变换、二维线性系统以及取样定理进行介绍。

## 1.1　常用的几种非初等函数

### 1.1.1　矩形函数

宽度为 $a(a>0)$，中心在 $x_0$ 的一维矩形函数定义为[1~4]

$$\operatorname{rect}\left(\frac{x-x_0}{a}\right)=\begin{cases}1, & \left|\dfrac{x-x_0}{a}\right|\leqslant 1/2\\ 0, & \text{其他}\end{cases} \tag{1-1-1}$$

图 1-1-1 是该函数的图像。

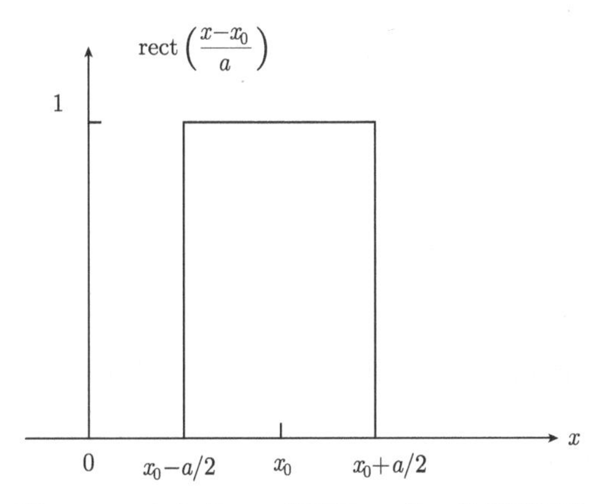


图 1-1-1　中心在 $x_0$，宽度为 $a$ 的一维矩形函数

$x$ 代表不同的物理量时，矩形函数有不同的物理意义。例如，当用 $x$ 代表空间变量时，可以用该函数表示无限大不透明屏上一个宽度为 $a$ 的狭缝的透过率。

二维矩形函数可以用两个一维矩形函数的乘积表示

$$\operatorname{rect}\left(\frac{x-x_0}{a}\right)\operatorname{rect}\left(\frac{y-y_0}{b}\right),\quad a>0,b>0 \tag{1-1-2}$$

它表示 $xoy$ 平面上以点 $(x_0,y_0)$ 为中心的 $a\times b$ 矩形区域内矩形函数取值为 1，其他地方处处等于 0，如图 1-1-2 所示为中心不在原点，宽度为 $a\times b$ 的二维矩形函数示意图[4]。

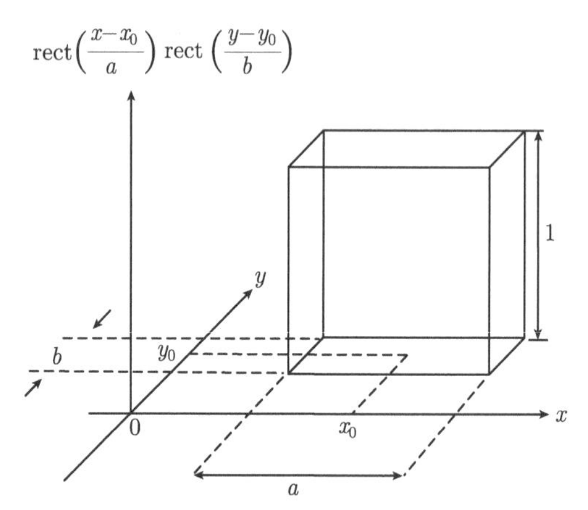


图 1-1-2　中心在 $(x_0,y_0)$，宽度为 $a\times b$ 的矩形函数

例如，二维矩形函数可用来描述无限大不透明屏上矩形孔的透过率，用它与投射到屏上的光波场相乘，可以截取出矩形孔范围内的光波场函数值，其他位置处赋予零值。

### 1.1.2　sinc 函数

一维 sinc 函数定义为[1~4]

$$\operatorname{sinc}\left(\frac{x}{a}\right)=\frac{\sin(\pi x/a)}{\pi x/a},\quad a>0 \tag{1-1-3}$$

该函数在原点处有最大值 1，而在 $x=\pm na(n=1,2,3,\cdots)$ 处的值等于 0，其函数图形如图 1-1-3 所示，原点两侧第一级零点之间的宽度 (称为 sinc 函数的主瓣宽度) 为 $2a$。

二维 sinc 函数定义为

$$\operatorname{sinc}\left(\frac{x}{a},\frac{y}{b}\right)=\operatorname{sinc}\left(\frac{x}{a}\right)\operatorname{sinc}\left(\frac{y}{b}\right),\quad a>0,b>0 \tag{1-1-4}$$

该函数是两个一维 sinc 函数的乘积，零点位置在 $(\pm ma,\pm nb),m,n$ 均为正整数。

在第 2 章对光波衍射研究中将看到，二维 sinc 函数可以表示矩孔的夫琅禾费衍射的振幅分布，其平方则表示衍射的光强分布图样。图 1-1-4 给出 $a \neq b$ 时一个二维 sinc 函数平方的图像实例。

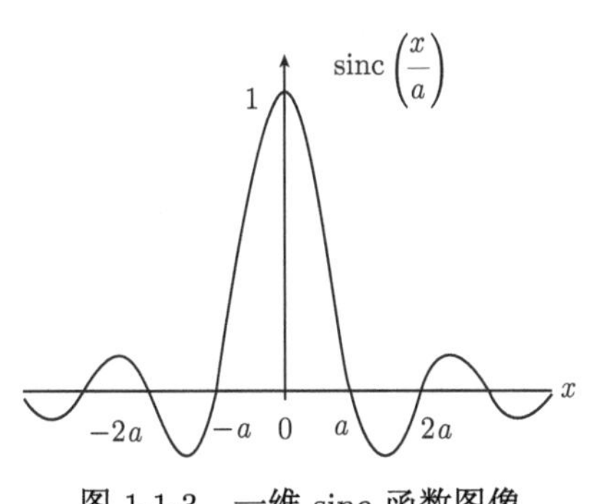


图 1-1-3　一维 sinc 函数图像

图 1-1-4　二维 sinc 函数平方的图像

### 1.1.3　阶跃函数

一维阶跃函数定义为[1]

$$\operatorname{step}\left(\frac{x}{a}\right)=\begin{cases}0, & \frac{x}{a}<0\\ \frac{1}{2}, & \frac{x}{a}=0\\ 1, & \frac{x}{a}>0\end{cases} \tag{1-1-5}$$

其函数图形如图 1-1-5 所示。

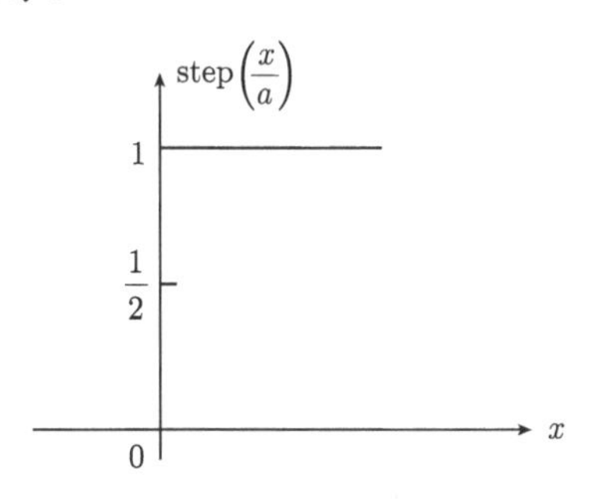


图 1-1-5　中心在原点的一维阶跃函数

该函数在原点 $x=0$ 处有一个间断点，取值为 $\frac{1}{2}$，因此在这种情况下讨论函数的宽度是没有意义的。将一维阶跃函数与某函数相乘时，在 $x>0$ 的部分，乘积等于该函数值；在 $x<0$ 的部分，乘积恒等于 0。

二维阶跃函数定义为

$$f(x,y) = \mathrm{step}\left(\frac{x}{a}\right) \tag{1-1-6}$$

二维阶跃函数在 $y$ 方向上等于常数，而在 $x$ 方向上等同于一维阶跃函数，即相当于一维阶跃函数在 $y$ 方向上延伸。参照图 1-1-5，这种函数可以用来描述直边衍射光阑的透过率。

### 1.1.4　符号函数

一维符号函数定义为[1]

$$\mathrm{sgn}\left(\frac{x}{a}\right) = \begin{cases} +1, & \dfrac{x}{a} > 0 \\ 0, & x = 0 \\ -1, & \dfrac{x}{a} < 0 \end{cases} \tag{1-1-7}$$

其函数图形如图 1-1-6 所示。

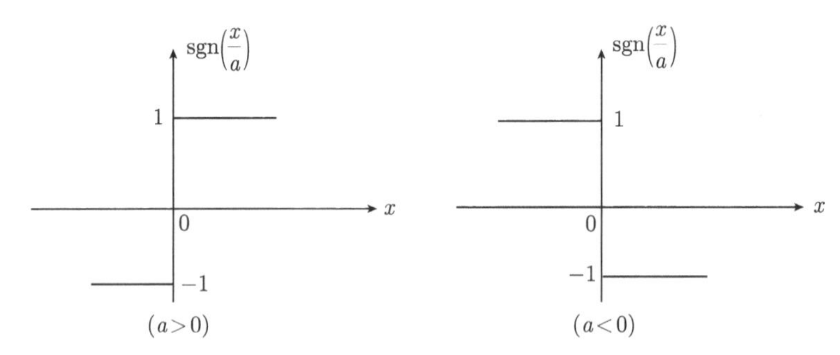


图 1-1-6　$a > 0$ 及 $a < 0$ 时中心在原点的符号函数示意图

符号函数 $\mathrm{sgn}(x)$ 与某函数相乘，可使被乘的函数以某点为界，此点一侧的函数值极性发生翻转。

### 1.1.5　三角函数

令 $a > 0$，一维三角函数定义为[1]

$$\Lambda\left(\frac{x}{a}\right) = \begin{cases} 1 - \dfrac{|x|}{a}, & \dfrac{|x|}{a} < 1 \\ 0, & \text{其他} \end{cases} \tag{1-1-8}$$

该函数图像如图 1-1-7 所示。

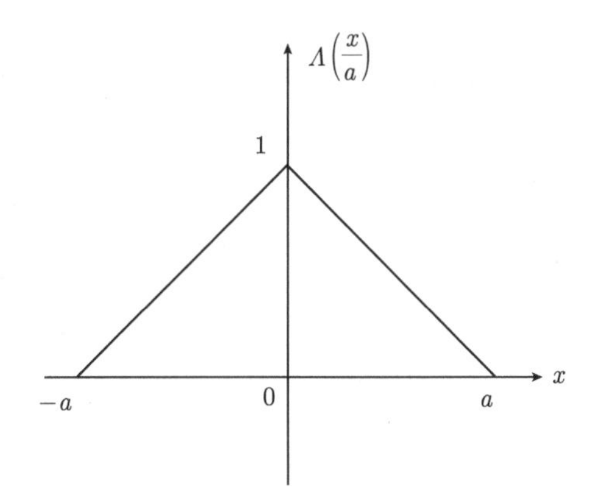


图 1-1-7 中心在原点，宽度为 $a$ 的一维三角函数

令 $a>0,b>0$，二维三角形函数定义为

$$\Lambda\left(\frac{x}{a},\frac{y}{b}\right)=\Lambda\left(\frac{x}{a}\right)\Lambda\left(\frac{y}{b}\right)=\begin{cases}\left(1-\dfrac{|x|}{a}\right)\left(1-\dfrac{|y|}{b}\right), & \dfrac{|x|}{a},\dfrac{|y|}{b}<1\\ 0, & \text{其他}\end{cases} \tag{1-1-9}$$

该函数可视为两个一维三角函数的乘积，其函数图形如图 1-1-8 所示。

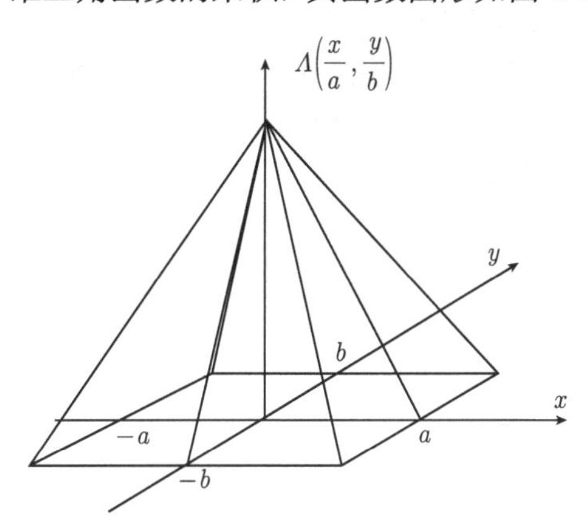


图 1-1-8 中心在原点，宽度为 $a\times a$ 的二维三角函数

### 1.1.6 圆域函数

圆域函数通常用于极坐标中涉及圆孔衍射问题的计算，在极坐标及直角坐标系中的定义分别如下[1~4]

$$\operatorname{circ}(r)=\operatorname{circ}\left(\sqrt{x^2+y^2}\right)=\begin{cases}1, & r=\sqrt{x^2+y^2}\leqslant 1\\ 0, & r=\sqrt{x^2+y^2}>1\end{cases} \tag{1-1-10}$$

不透明屏 $xy$ 上中心在 $(x_0, y_0)$，半径为 $a$ 的圆孔的透过率可以表示为

$$\operatorname{circ}\left(\frac{\sqrt{(x-x_0)^2+(y-y_0)^2}}{a}\right)$$

圆域函数的图像绘于图 1-1-9。

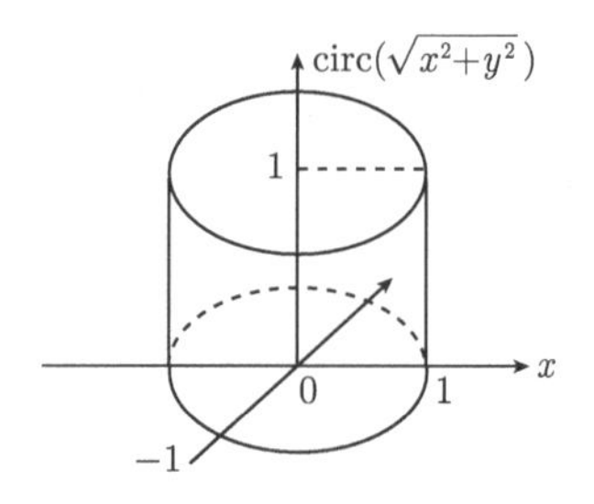


图 1-1-9　圆域函数的图像

### 1.1.7　狄拉克 δ 函数

1. δ 函数的定义[1]

狄拉克 $\delta$ 函数 (简称 $\delta$ 函数) 用于描述脉冲这一类物理现象。在信息光学研究中，空间变量的 $\delta$ 函数通常用于表示单位光通量的点光源。这些物理量的特点在数学上可抽象为在脉冲所在点之外其值为零，而包含脉冲所在点内的任意范围的积分等于 1。数学上将具有这种性质的函数定义为 $\delta$ 函数。定义 $\delta$ 函数的数学表达式有多种，以下导出其中一种表达式。

分析函数序列 $f_N(x) = N\mathrm{rect}(Nx)(N = 1, 2, 3, \cdots)$ 当 $N$ 逐渐增大时的情况，图 1-1-10 给出了 $N$= 1, 2, 4 时的函数图像。由图可见，当 $N$ 逐渐变大时，函数不为零的范围逐渐变小，而在此范围内的函数值却逐渐变大。不难想象，当 $N$ 增大至无穷时，函数的值将也增到无穷大，但无论如何，函数曲线与横轴围成的面积始终为 1。于是，利用矩形函数可以将一维 $\delta$ 函数定义为

$$\delta(x) = \lim_{N\to\infty} N\mathrm{rect}(Nx) \tag{1-1-11}$$

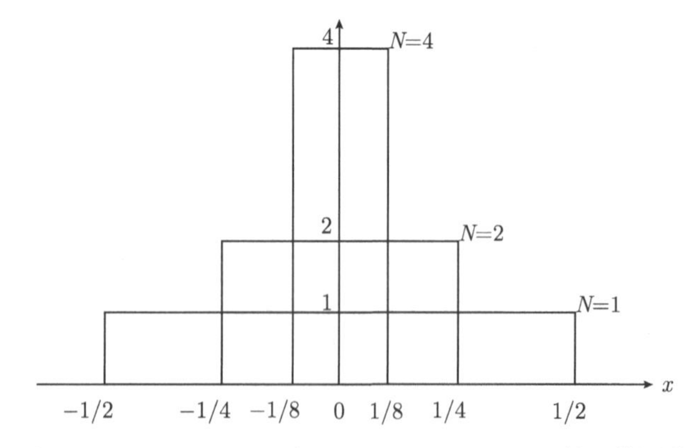


图 1-1-10　$N = 1, 2, 4$ 时 $f_N(x) = N\mathrm{rect}(Nx)$ 的函数图像

利用类似的方法，还可以得出 $\delta$ 函数的如下表达式

$$\delta(x) = \lim_{N\to\infty} N\exp\left(-N^2\pi x^2\right) \tag{1-1-12}$$

$$\delta(x) = \lim_{N\to\infty} N\mathrm{sinc}(Nx) \tag{1-1-13}$$

二维 $\delta$ 函数是一维 $\delta$ 函数的简单推广，下面列举几种常用的定义：

$$\delta(x,y) = \lim_{N\to\infty} N^2\mathrm{rect}(Nx)\,\mathrm{rect}(Ny) \tag{1-1-14}$$

$$\delta(x,y) = \lim_{N\to\infty} N^2\exp\left[-N^2\pi\left(x^2+y^2\right)\right] \tag{1-1-15}$$

$$\delta(x,y) = \lim_{N\to\infty} N^2\mathrm{sinc}(Nx)\,\mathrm{sinc}(Ny) \tag{1-1-16}$$

$$\delta(x,y) = \lim_{N\to\infty} \frac{N^2}{\pi}\mathrm{circ}\left(N\sqrt{x^2+y^2}\right) \tag{1-1-17}$$

$$\delta(x,y) = \lim_{N\to\infty} N\frac{\mathrm{J}_1\left(2\pi N\sqrt{x^2+y^2}\right)}{\sqrt{x^2+y^2}} \tag{1-1-18}$$

以上最后一个表达中 $\mathrm{J}_1$ 为一阶贝塞尔函数。实际应用中，$\delta$ 函数的某种定义可能会比另一种定义使用起来更方便些，因此可以根据情况选择相应的表达式。

**2. $\delta$ 函数的主要性质**

1) $\delta$ 函数的坐标缩放性质

若 $a$ 为任意常数，则

$$\delta(ax) = \frac{1}{|a|}\delta(x) \tag{1-1-19}$$

2) $\delta$ 函数的相乘性质

若 $\varphi(x)$ 在 $x_0$ 点连续，则

$$\varphi(x)\,\delta(x-x_0) = \varphi(x_0)\,\delta(x-x_0) \tag{1-1-20}$$

3) $\delta$ 函数的卷积性质

$\delta$ 函数与函数 $\varphi$ 的卷积定义为

$$\delta(x)*\varphi(x) = \int_{-\infty}^{\infty}\delta(x_0)\,\varphi(x-x_0)\,\mathrm{d}x_0$$

则有

$$\delta(x)*\varphi(x) = \varphi(x)*\delta(x) = \varphi(x) \tag{1-1-21}$$

4) $\delta$ 函数的筛选性质

$\delta$ 函数的筛选性质在进行分析和计算中非常有用，仅以一维 $\delta$ 函数为例介绍其性质，并给出相应证明。

若 $\varphi(x)$ 在 $x$ 点连续，则

$$\int_{-\infty}^{\infty} \delta\,(x-x_0)\varphi\,(x)\,\mathrm{d}x = \varphi\,(x_0) \tag{1-1-22}$$

证明：令 $x-x_0=x'$，式 (1-1-22) 左边可重写为

$$\begin{aligned}\int_{-\infty}^{\infty} \delta\,(x)\varphi\,(x+x_0)\,\mathrm{d}x =& \int_{-\infty}^{-\varepsilon} \delta\,(x)\varphi\,(x+x_0)\,\mathrm{d}x + \int_{-\varepsilon}^{+\varepsilon} \delta\,(x)\varphi\,(x+x_0)\,\mathrm{d}x \\ &+ \int_{+\varepsilon}^{\infty} \delta\,(x)\varphi\,(x+x_0)\,\mathrm{d}x\end{aligned}$$

当 $\varepsilon \to 0$ 时，上式第一、三项仍然为零，于是

$$\begin{aligned}\int_{-\infty}^{\infty} \delta\,(x-x_0)\varphi\,(x)\,\mathrm{d}x &= \lim_{\varepsilon\to 0}\int_{-\varepsilon}^{-\varepsilon} \delta\,(x)\varphi\,(x+x_0)\,\mathrm{d}x \\ &= \varphi\,(x_0)\int_{-\varepsilon}^{+\varepsilon} \delta\,(x)\mathrm{d}x = \varphi\,(x_0)\end{aligned}$$

对于二维以上的 $\delta$ 函数，通过类似的讨论也可以证明具有相似的筛选特性。

### 1.1.8　梳状函数

梳状函数是一等距离排列的 $\delta$ 函数，在描述光栅这一类光学器件的透过率及将连续函数离散时很方便。一维梳状函数定义如下[1]

$$\mathrm{comb}\,(x) = \sum_{n=-\infty}^{\infty} \delta\,(x-n) \quad (n=1,2,3,\cdots) \tag{1-1-23}$$

图 1-1-11 给出了 $\delta(x)$ 函数及梳状函数 $\mathrm{comb}(x)$ 的图像。

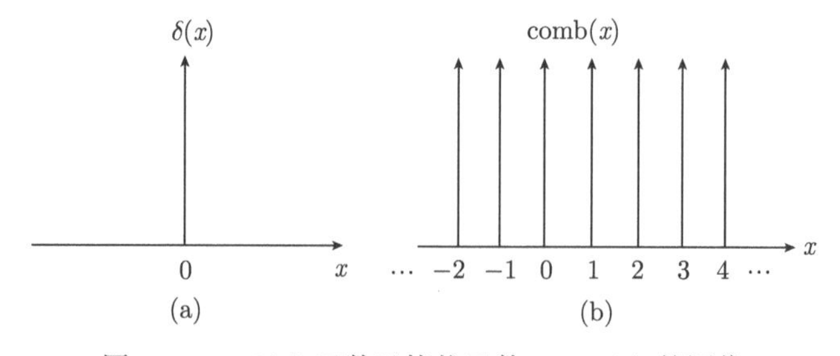


图 1-1-11　$\delta(x)$ 函数及梳状函数 $\mathrm{comb}(x)$ 的图像

二维梳状函数可基于一维定义表示为

$$\mathrm{comb}\,(x,y)=\sum_{n=-\infty}^{\infty}\delta\,(x-n)\sum_{n=-\infty}^{\infty}\delta(y-m)\quad(n,m=1,2,3,\cdots)\tag{1-1-24}$$

梳状函数与普通函数的乘积，可以视为对该函数进行等间距的取样，只取出梳状函数有值的位置点处的函数值，所以梳状函数又称为普通函数的取样函数，在讨论函数的取样离散理论时极为有用。

# 1.2 二维傅里叶变换

傅里叶变换对于分析线性及非线性问题是一个有力的数学工具。光波场的传播过程可视为由广义的"物"光场到"像"光场二维分布的一个线性变换，现对二维傅里叶变换作介绍。

## 1.2.1 二维傅里叶变换的定义和存在条件

一个二维复值函数 $g(x,y)$ 的二维傅里叶变换表示为 $\mathcal{F}\{g\,(x,y)\}$，它由下式定义[1~4]

$$\mathcal{F}\{g\,(x,y)\}=G(u,v)=\int_{-\infty}^{\infty}\int_{-\infty}^{\infty}g\,(x,y)\exp\left[-\mathrm{j}2\pi\,(ux+vy)\right]\mathrm{d}x\mathrm{d}y\tag{1-2-1}$$

这样定义的变换本身也是两个自变量 $u$ 和 $v$ 的复函数，称为原函数 $g$ 的谱函数，$u$ 和 $v$ 一般称为频率。对应地，函数 $G(u,v)$ 的逆傅里叶变换表示为 $\mathcal{F}^{-1}\{G\,(u,v)\}$，其定义为

$$\mathcal{F}^{-1}\{G\,(u,v)\}=g(x,y)=\int_{-\infty}^{\infty}\int_{-\infty}^{\infty}G\,(u,v)\exp\left[\mathrm{j}2\pi\,(ux+vy)\right]\mathrm{d}u\mathrm{d}v\tag{1-2-2}$$

傅里叶变换及逆变换在形式上非常相似，只是被积函数中指数项符号不同。上述定义式存在的充分条件可以有多种不同的表述形式，最常用的为以下几种：

(1) $g$ 必须在整个 $xy$ 平面绝对可积；

(2) 在任一有限矩形区域里只有有限个间断点和有限个极大和极小点；

(3) $g$ 必须没有无穷大间断点。

一般而言，以上三个条件中的任何一个都可以减弱，只要加强另外的一个或两个条件。对此作进一步的讨论，已超出本书的范围。

为便于傅里叶变换的实际应用，表 1-2-1 给出常用函数的傅里叶变换对[4]。

## 1.2.2 傅里叶变换定理

利用傅里叶变换研究问题时，熟悉傅里叶变换的一些重要性质，将能大大减化分析及运算过程。现对几个主要的定理进行介绍[1]。

表 1-2-1　常用函数的傅里叶变换对

| 原函数 | 谱函数 |
| --- | --- |
| $1$ | $\delta(u,v)$ |
| $\delta(x,y)$ | $1$ |
| $\delta(x-x_0,y-y_0)$ | $\exp[-\mathrm{j}2\pi(ux_0+vy_0)]$ |
| $\mathrm{rect}(x)\,\mathrm{rect}(y)$ | $\mathrm{sinc}(u)\,\mathrm{sinc}(v)$ |
| $\Lambda(x)\,\Lambda(y)$ | $\mathrm{sinc}^2(u)\,\mathrm{sinc}^2(v)$ |
| $\mathrm{sgn}(x)\,\mathrm{sgn}(y)$ | $\frac{1}{\mathrm{j}\pi u}\times\frac{1}{\mathrm{j}\pi v}$ |
| $\exp[-\pi(x^2+y^2)]$ | $\exp[-\pi(u^2+v^2)]$ |
| $\exp[-\mathrm{j}2\pi(ax+by)]$ | $\delta(u-a,v-b)$ |
| $\mathrm{circ}\left(\sqrt{x^2+y^2}\right)$ | $\frac{\mathrm{J}_1\left(2\pi\sqrt{u^2+v^2}\right)}{\sqrt{u^2+v^2}}$ |
| $\cos(2\pi u_0x)$ | $\frac{1}{2}[\delta(u-u_0)+\delta(u+u_0)]$ |
| $\frac{1}{2}[\delta(x-x_0)+\delta(x+x_0)]$ | $\cos(2\pi ux_0)$ |
| $\sin(2\pi u_0x)$ | $\frac{1}{2\mathrm{j}}[\delta(u-u_0)-\delta(u+u_0)]$ |
| $\frac{\mathrm{j}}{2}[\delta(x-x_0)-\delta(x+x_0)]$ | $\sin(2\pi ux_0)$ |
| $\mathrm{comb}(x)\,\mathrm{comb}(y)$ | $\mathrm{comb}(u)\,\mathrm{comb}(v)$ |

1) 线性定理

两个函数之和的变换简单地是它们各自变换之和

$$\mathcal{F}\{\alpha g(x,y)+\beta h(x,y)\}=\alpha\mathcal{F}\{g(x,y)\}+\beta\mathcal{F}\{h(x,y)\}$$

2) 相似性定理

若 $\mathcal{F}\{g(x,y)\}=G(u,v)$, 则

$$\mathcal{F}\{g(ax,by)\}=\frac{1}{|ab|}G\left(\frac{u}{a},\frac{v}{b}\right)$$

即空域坐标 $(x,y)$ 的 “伸展” 将导致频域坐标 $(u,\ v)$ 的压缩加上整个频谱幅度的一个总体的变化。

3) 相移定理

若 $\mathcal{F}\{g(x,y)\}=G(u,v)$，则

$$\mathcal{F}\{g(x-a,y-b)\}=G(u,v)\exp[-\mathrm{j}2\pi(ua+vb)]$$

即函数在空域中的平移将引起频域中的一个线性相移。

4) 帕塞瓦尔定理

若 $\mathcal{F}\{g(x,y)\}=G(u,v)$，则

$$\int_{-\infty}^{\infty}\int_{-\infty}^{\infty}|g(x,y)|^2\,\mathrm{d}x\mathrm{d}y=\int_{-\infty}^{\infty}\int_{-\infty}^{\infty}|G(u,v)|^2\,\mathrm{d}v\mathrm{d}v$$

这个定理可以理解为能量守恒的表达式。

5) 卷积定理

若 $\mathcal{F}\{g(x,y)\}=G(u,v)$，并且 $\mathcal{F}\{h(x,y)\}=H(u,v)$，则

$$\mathcal{F}\left\{\int_{-\infty}^{\infty}\int_{-\infty}^{\infty}g(\xi,\eta)\,h(x-\xi,y-\eta)\,\mathrm{d}\xi\mathrm{d}\eta\right\}=G(u,v)\,H(u,v)$$

即空域中两个函数卷积的傅里叶变换等于它们各自变换式的乘积。由于计算傅里叶变换时可以利用快速傅里叶变换技术 (FFT)，该定理为函数卷积的快速计算提供了一种重要手段。

6) 自相关定理

若 $\mathcal{F}\{g(x,y)\}=G(u,v)$，则

$$\mathcal{F}\left\{\int_{-\infty}^{\infty}\int_{-\infty}^{\infty}g(\xi,\eta)\,g^*(\xi-x,\eta-y)\,\mathrm{d}\xi\mathrm{d}\eta\right\}=|G(u,v)|^2$$

$$\mathcal{F}\left\{|g(\xi,\eta)|^2\right\}=\int_{-\infty}^{\infty}\int_{-\infty}^{\infty}G(\xi,\eta)\,G^*(\xi+f_x,\eta+f_y)\,\mathrm{d}\xi\mathrm{d}\eta$$

这个定理可以视为卷积定理的特例。

7) 傅里叶积分定理

在复值函数 $g$ 的各个连续点上，以下两式成立

$$\mathcal{F}\{\mathcal{F}^{-1}\{g(x,y)\}\}=\mathcal{F}^{-1}\{\mathcal{F}^{-1}\{g(x,y)\}\}=g(x,y)$$

$$\mathcal{F}\{\mathcal{F}\{g(x,y)\}\}=\mathcal{F}^{-1}\{\mathcal{F}^{-1}\{g(x,y)\}\}=g(-x,-y)$$

上述定理为利用傅里叶变换研究问题及计算提供了方便，在本书涉及的光学计算及重要公式的推导中亦被多次引用。

### 1.2.3 二维傅里叶变换在极坐标下的表示

对于具有圆对称性的二维函数，用极坐标表示更为方便。设 $(x,y)$ 平面上极坐标为 $(r,\theta)$，频率平面上的极坐标为 $(\rho,\varphi)$，则有

$$\left\{\begin{array}{l}x=r\cos\theta\\ y=r\sin\theta\end{array}\right. \tag{1-2-3}$$

$$\begin{cases} u = \rho\cos\varphi \\ v = \rho\sin\varphi \end{cases} \tag{1-2-4}$$

可将直角坐标系中的原函数与谱函数在极坐标下表示为

$$g(r,\theta) = f(r\cos\theta, r\sin\theta) \tag{1-2-5}$$

$$G(\rho,\varphi) = F(\rho\cos\varphi, \rho\sin\varphi) \tag{1-2-6}$$

将以上两式代入式 (1-2-1) 和式 (1-2-2) 可得极坐标下的二维傅里叶变换

$$G(\rho,\varphi) = \int_0^{2\pi}\int_0^{+\infty} rg(r,\theta)\exp\left[-\mathrm{i}2\pi r\rho\cos(\theta-\varphi)\right]\mathrm{d}r\mathrm{d}\theta \tag{1-2-7}$$

$$g(r,\theta) = \int_0^{2\pi}\int_0^{+\infty} \rho G(\rho,\varphi)\exp\left[\mathrm{i}2\pi r\rho\cos(\theta-\varphi)\right]\mathrm{d}\rho\mathrm{d}\varphi \tag{1-2-8}$$

由于大部分光学系统具有圆对称性，当满足圆对称性时，函数 $g(r,\theta)$ 仅与半径 $r$ 有关，可以表示为

$$g(r,\theta) = g(r)$$

将上式代入式 (1-2-7)，并且利用贝塞尔恒等式

$$\mathrm{J}_0(a) = \frac{1}{2\pi}\int_0^{2\pi} \exp\left[-\mathrm{i}a\cos(\theta-\varphi)\right]\mathrm{d}\theta \tag{1-2-9}$$

$\mathrm{J}_0(a)$ 称为零阶第一类贝塞尔函数，$g(r)$ 在极坐标下的傅里叶变换为

$$G(\rho) = \mathscr{B}\{g(r)\} = 2\pi\int_0^{+\infty} rg(r)\mathrm{J}_0(2\pi r\rho)\mathrm{d}r \tag{1-2-10}$$

称为傅里叶-贝塞尔变换，或零阶汉克尔变换。

类似地，令 $G(\rho) = G(\rho,\varphi)$，根据式 (1-2-8) 可得极坐标下的傅里叶逆变换

$$g(r) = \mathscr{B}\{G(\rho)\} = 2\pi\int_0^{+\infty} \rho G(\rho)\mathrm{J}_0(2\pi r\rho)\mathrm{d}\rho \tag{1-2-11}$$

因此，圆对称函数的傅里叶变换和傅里叶逆变换的数学形式相同。

## 1.3 线性系统

光学系统是将输入光信号转变为输出光信号的装置。在光传播的路径上，可以将与光传播方向相垂直的任意两个空间平面间的物质视为一个光学系统。光学系统可以是线性的，也可以是非线性的。多数情况下将光学系统近似为线性系统后，可以得到足够准确的研究结果。

### 1.3.1 线性系统的定义

从数学上看，系统对应着某种变换作用，若将系统的作用表示为 $L\{\}$，二维函数 $f(x,y)$ 通过系统 $L\{\}$ 变换为函数 $p(x',y')$，可记为[4]

$$p(x',y')=L\{f(x,y)\} \tag{1-3-1}$$

$f$ 称为系统的输入函数，$p$ 称为系统的输出函数。

对于一个系统，设输入函数为 $f_1(x,y),f_2(x,y),\cdots,f_n(x,y)$，输出函数为 $p_1(x',y'),p_2(x',y'),\cdots,p_n(x',y')$，则有

$$p_1(x',y')=L\{f_1(x,y)\}$$

$$p_2(x',y')=L\{f_2(x,y)\}$$

$$\vdots$$

$$p_n(x',y')=L\{f_n(x,y)\}$$

令 $a_1,a_2,\cdots,a_n$ 为复常数。如果输入和输出满足

$$\begin{aligned}p(x',y')&=L\{f_1(x,y)+f_2(x,y)+\cdots+f_n(x,y)\}\\&=L\{f_1(x,y)\}+L\{f_2(x,y)\}+\cdots+L\{f_n(x,y)\}\\&=p_1(x',y')+p_2(x',y')+\cdots+p_n(x',y')\end{aligned} \tag{1-3-2}$$

以及

$$\begin{aligned}p(x',y')&=L\{a_1f_1(x,y)+a_2f_2(x,y)+\cdots+a_nf_n(x,y)\}\\&=a_1L\{f_1(x,y)\}+a_2L\{f_2(x,y)\}+\cdots+a_nL\{f_n(x,y)\}\\&=a_1p_1(x',y')+a_2p_2(x',y')+\cdots+a_np_n(x',y')\end{aligned} \tag{1-3-3}$$

则称此系统为线性系统。

在信息光学中，输入光信号可以用函数来表示，这个函数可以看成是某些基元函数的线性组合。对于线性系统，输出光信号就是这些基元函数变换的线性组合。如果知道了基元函数的变换关系，复杂的输入光信号的输出情况就清楚了。

### 1.3.2 脉冲响应和叠加积分

将点光源用 $\delta$ 函数表示，根据 $\delta$ 函数的定义

$$\delta(x-x_0,y-y_0)=\begin{cases}\infty, & x=x_0,y=y_0\\0, & \text{其他}\end{cases}$$

输入光信号的光场分布可以表示为

$$f(x,y)=\int_{-\infty}^{\infty}\int_{-\infty}^{\infty}f(x_0,y_0)\delta(x-x_0,y-y_0)\mathrm{d}x_0\mathrm{d}y_0 \tag{1-3-4}$$

上式的物理意义是，输入光信号的光场分布可以看成是一系列带有权重 $f(x_0,y_0)$ 的点光源的线性叠加。

输入光信号 $f(x,y)$，经线性系统的输出 $p(x',y')$ 可以表示为

$$p(x',y')=L\left\{\int_{-\infty}^{\infty}\int_{-\infty}^{\infty}f(x_0,y_0)\delta(x-x_0,y-y_0)\mathrm{d}x_0\mathrm{d}y_0\right\} \tag{1-3-5}$$

对于光场中的每一点，$f(x_0,y_0)$ 是确定的，可以看成常量，因此式 (1-3-5) 可以写为

$$p(x',y')=\int_{-\infty}^{\infty}\int_{-\infty}^{\infty}f(x_0,y_0)L\{\,\delta(x-x_0,y-y_0)\,\}\mathrm{d}x_0\mathrm{d}y_0 \tag{1-3-6}$$

如果用 $h(x',y';x_0,y_0)$ 表示系统在输出空间 $(x',y')$ 对输入空间的 $(x_0,y_0)$ 点上的一个 $\delta$ 函数的响应，即

$$h(x',y';x_0,y_0)=L\{\,\delta(x-x_0,y-y_0)\,\} \tag{1-3-7}$$

函数 $h$ 称为系统的脉冲响应函数。于是，当系统的脉冲响应函数知道后，输出信号可以通过在输入平面的积分表出

$$p(x',y')=\int_{-\infty}^{\infty}\int_{-\infty}^{\infty}f(x_0,y_0)h(x',y';x_0,y_0)\mathrm{d}x_0\mathrm{d}y_0 \tag{1-3-8}$$

称上式为叠加积分。

由于 $f(x_0,y_0)$ 随着位置的变化而变化，一般情况下，脉冲响应非常复杂，对于线性不变系统，分析才变得简单。事实上，多数情况下光学系统都可以近似为线性不变系统进行研究。

### 1.3.3　二维线性空间不变系统的定义

二维线性空间不变系统是线性系统的一个重要的子系统。如果一个线性成像系统的脉冲响应函数 $h(x',y';x_0,y_0)$ 只依赖于距离 $(x'-x_0)$ 和距离 $(y'-y_0)$，则称该系统是空间不变的，即[1]

$$h(x',y';x_0,y_0)=h(x'-x_0;y'-y_0) \tag{1-3-9}$$

可以看出，当一个点光源在物场中移动时，它的像只改变位置而不改变函数形式。对于线性不变系统，叠加积分变为

$$p(x',y')=\int_{-\infty}^{\infty}\int_{-\infty}^{\infty}f(x_0,y_0)h(x'-x_0;y'-y_0)\mathrm{d}x_0\mathrm{d}y_0=f(x,y)*h(x,y) \tag{1-3-10}$$

上式表明输出函数是输入函数与系统的脉冲响应的卷积。因此，当光学系统是线性不变系统时，只要能够求出物平面上一点的脉冲响应函数 (通常选择物平面坐标原点)，便能利用上式对任意给定的输入光信号 $f(x_0, y_0)$ 求出系统的输出 $p(x', y')$。

### 1.3.4 线性空间不变系统的传递函数和本征函数

对式 (1-3-10) 两边作傅里叶变换，根据卷积定理可得

$$P(u,v) = F(u,v)H(u,v) \tag{1-3-11}$$

式中

$$F(u,v) = \int_{-\infty}^{\infty}\int_{-\infty}^{\infty} f(x,y)\exp\left[-\mathrm{i}2\pi(ux+vy)\right]\mathrm{d}x\mathrm{d}y \tag{1-3-11a}$$

$$P(u,v) = \int_{-\infty}^{\infty}\int_{-\infty}^{\infty} p(x,y)\exp\left[-\mathrm{i}2\pi(ux+vy)\right]\mathrm{d}x\mathrm{d}y \tag{1-3-11b}$$

$$H(u,v) = \int_{-\infty}^{\infty}\int_{-\infty}^{\infty} h(x,y)\exp\left[-\mathrm{i}2\pi(ux+vy)\right]\mathrm{d}x\mathrm{d}y \tag{1-3-11c}$$

式 (1-3-11) 表明，输出信号的频谱函数是输入信号频谱函数与函数 $H(u,v)$ 的乘积，这个乘积体现了系统对输入的各个基元函数的效应。函数 $H(u,v)$ 称为系统的传递函数。由于输出信号可以通过输出信号频谱的逆变换求出，如果知道线性不变系统的传递函数，系统对输入信号的响应即完全确定。

当函数 $f(x,y)$ 通过一个系统后，其输出函数仍保持原来的形式，或变为原函数与一复常数 $a$ 的积

$$L\{f(x,y)\} = af(x,y) \tag{1-3-12}$$

则称 $f(x,y)$ 为系统的本征函数。

考查傅里叶变换及逆变换式知，式中包含复指数函数 $\exp\left[-\mathrm{j}2\pi(ux+vy)\right]$ 及 $\exp\left[\mathrm{j}2\pi(ux+vy)\right]$。现以 $\exp\left[\mathrm{j}2\pi(ux+vy)\right]$ 为例，证明它们是线性不变系统的本征函数。

将 $\exp\left[\mathrm{j}2\pi(ux+vy)\right]$ 输入到线性不变系统之中，即代入卷积式 (1-3-10)，有

$$\begin{aligned} g(x,y) &= \int_{-\infty}^{\infty}\int_{-\infty}^{\infty}\exp\left[\mathrm{j}2\pi(u\xi+v\eta)\right]h(x-\xi,y-\eta)\,\mathrm{d}\xi\mathrm{d}\eta \\ &= \exp\left[\mathrm{j}2\pi(ux+vx)\right]\int_{-\infty}^{\infty}\int_{-\infty}^{\infty}\exp\left[-\mathrm{j}2\pi(u\xi'+v\eta')\right]h(\xi',\eta')\,\mathrm{d}\xi'\mathrm{d}\eta' \\ &= H(u,v)\exp\left[\mathrm{j}2\pi(ux+vx)\right] \end{aligned}$$

对于给定的 $u, v$，上式中的 $H(u,v)$ 是一个复常数。这说明输出函数与输入函数之间的差别仅是一个复常系数，$\exp\left[\mathrm{j}2\pi(ux+vy)\right]$ 是线性不变系统的本征函数。

如果一个复杂系统是由多个子系统构成，前一个系统的输出恰好是后一个系统的输入，则这个复杂系统称为级联系统。如果每一个子系统均能视为线性系统，基于上面对线性系统的讨论，原则上便能求解信号通过级联系统时的输出问题。

## 1.4　二维取样定理

在数字信息化的今天，随时间或空间连续变化的物理量是以数字方式传输、记录、再现、存储、检测的，即传输、记录、再现、存储、检测的不是随时间或空间连续变化的物理量本身，而是该物理量的一系列离散分布的取样值阵列。如果一个物理量可以用函数 $g(x,y)$ 表示，那么该物理量的一系列离散分布的取样值需要满足什么条件，才能重构原函数 $g(x,y)$ 呢？这个答案最早由 Whittaker 给出，Shannon 又将它用于信息论研究，即如果取样点取得彼此非常靠近，就可以认为这些取样数据是原函数的精确表示。对于带限函数，只要取样点之间的间隔不大于某个上限，就可以准确地重建原函数。

所谓带限函数是指这类函数的傅里叶变换只在频率空间的有限区域 $R$ 上不为零，取样定理适用于带限函数类。J.W.Goodman 将这个定理在一些二维情况下作了改进[1]。

### 1.4.1　函数的取样

考虑函数 $g(x,y)$ 在矩形格点上的取样，取样函数 $g_{\mathrm{s}}(x,y)$ 定义为

$$g_{\mathrm{s}}(x,y)=\operatorname{comb}\left(\frac{x}{X}\right)\operatorname{comb}\left(\frac{y}{Y}\right)g(x,y) \tag{1-4-1}$$

取样函数由 $\delta$ 函数阵列给出，各个 $\delta$ 函数在 $x$ 方向和 $y$ 方向上的间隔分别为 $X$ 和 $Y$，如图 1-4-1 所示。

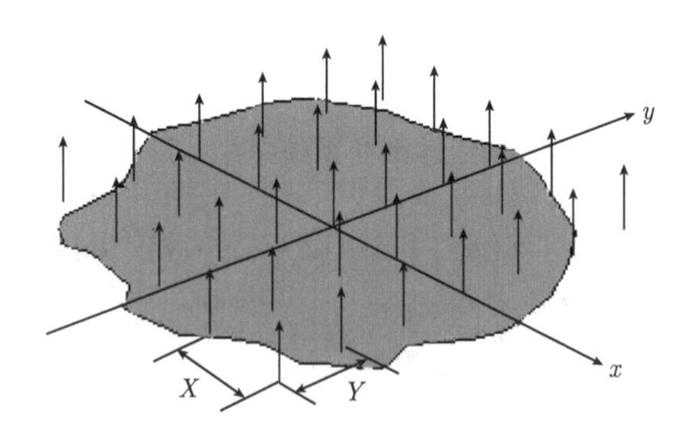


图 1-4-1　二维函数的取样

每个 $\delta$ 函数下的面积正比于函数 $g(x,y)$ 在矩形格点阵列中该特定点上的值。

$g_s(x,y)$ 的频谱 $G_s(\nu_x,\nu_y)$ 可以从函数 $\text{comb}\left(\frac{x}{X}\right)\text{comb}\left(\frac{y}{Y}\right)$ 的变换式与函数 $g(x,y)$ 的变换式的卷积给出，即

$$G_s(u,v)=\mathcal{F}\left\{\text{comb}\left(\frac{x}{X}\right)\text{comb}\left(\frac{y}{Y}\right)\right\}*G(u,v) \tag{1-4-2}$$

由于

$$\begin{aligned}\mathcal{F}\left\{\text{comb}\left(\frac{x}{X}\right)\text{comb}\left(\frac{y}{Y}\right)\right\}&=XY\text{comb}\,(Xu)\,\text{comb}\,(Yv)\\&=\sum_{n=-\infty}^{\infty}\sum_{m=-\infty}^{\infty}\delta\left(u-\frac{n}{X}\right)\delta\left(v-\frac{m}{y}\right)\end{aligned} \tag{1-4-3}$$

因此得到

$$G_s(v_x,v_y)=\sum_{n=-\infty}^{\infty}\sum_{m=-\infty}^{\infty}G\left(u-\frac{n}{X},v-\frac{m}{Y}\right) \tag{1-4-4}$$

结果表明，可以通过把 $g(x,y)$ 的频谱延拓在 $(u,v)$ 平面上每一个 $\left(\frac{n}{X},\frac{m}{Y}\right)$ 点的周围的方法求出 $g_s(x,y)$ 的频谱，如图 1-4-2 所示。

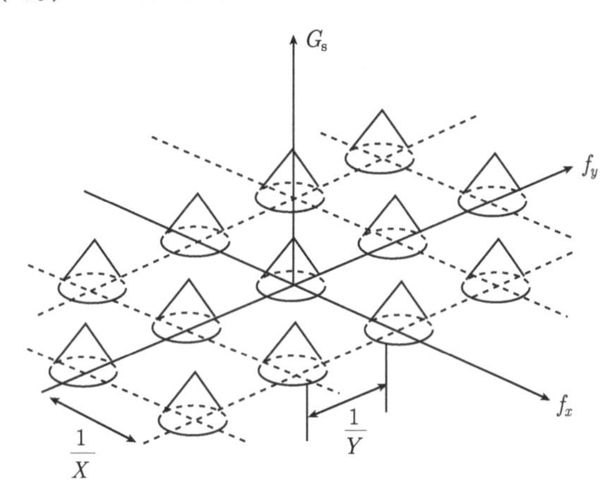


图 1-4-2　取样函数 $g_s(x,y)$ 的频谱

假如函数 $g(x,y)$ 是限带函数，它的频谱 $G_s(v_x,v_y)$ 只在频率空间的有限区域 $R$ 上不为零。取样函数的频谱不为零的区域可由在频率平面内的每一个 $\left(\frac{n}{X},\frac{m}{Y}\right)$ 点的周围划出区域 $R$ 而得到。如果 $X$ 和 $Y$ 足够小，则 $\frac{1}{X}$ 和 $\frac{1}{Y}$的间隔就会足够大保证相临的区域不会重叠。为了确定取样点之间的最大容许间隔，令 $2B_X$ 和 $2B_Y$ 分别表示完全围住区域 $R$ 的最小矩形沿 $v_x$ 方向和 $v_y$ 方向上的宽度，如果取样点阵的间隔满足

$$X\leqslant\frac{1}{2B_X}\quad 和\quad Y\leqslant\frac{1}{2B_Y} \tag{1-4-5}$$

就保证了频谱区域分开，不会混频，原函数完全恢复。$\dfrac{1}{2B_X}$ 和 $\dfrac{1}{2B_Y}$ 表示取样点阵在 $u$ 方向和 $v$ 方向上的最大间隔。

下面将用滤波的方法，从取样函数 $g_s(x,y)$ 的频谱 $G_s(u,v)$ 函数，抽取出原函数 $g(x,y)$ 的频谱 $G(u,v)$ 函数，再由 $G(u,v)$ 函数恢复原函数 $g(x,y)$。

### 1.4.2　原函数的复原

根据图 1-4-2，用频域中宽度为 $2B_X$ 和 $2B_Y$ 的位于原点的矩形函数作为滤波函数

$$H(u,v) = \mathrm{rect}\left(\frac{u}{2B_X}\right) \cdot \mathrm{rect}\left(\frac{v}{2B_Y}\right) \tag{1-4-6}$$

让取样函数 $g_s(x,y)$ 的频谱 $G_s(u,v)$ 通过滤波器便能准确地复原 $G(u,v)$，即

$$G(u,v) = G_s(u,v)H(u,v) \tag{1-4-7}$$

如果将取样函数 $g_s(x,y)$ 视为输入信号，$g(x,y)$ 视为通过一线性不变系统的输出信号，式 (1-4-7) 与式 (1-3-11) 比较可以看出，$H(u,v)$ 可以视为该系统的传递函数。这时在空域中与式 (1-4-7) 对应的等式为

$$g_s(x,y) * h(x,y) = g(x,y) \tag{1-4-8}$$

式中

$$\begin{aligned} g_s(x,y) &= \mathrm{comb}\left(\frac{x}{X}\right)\mathrm{comb}\left(\frac{y}{Y}\right)g(x,y) \\ &= XY\sum_{n=-\infty}^{\infty}\sum_{m=-\infty}^{\infty} g(nX,mY)\delta(x-nX,y-mY) \end{aligned} \tag{1-4-9}$$

这样，$h(x,y)$ 则是滤波器的脉冲响应函数，并且

$$\begin{aligned} h(x,y) &= \mathcal{F}^{-1}\left\{\mathrm{rect}\left(\frac{u}{2B_X}\right)\mathrm{rect}\left(\frac{v}{2B_Y}\right)\right\} \\ &= 4B_XB_Y\mathrm{sinc}\,(2B_Xx)\,\mathrm{sinc}\,(2B_Yy) \end{aligned} \tag{1-4-10}$$

因此

$$\begin{aligned} g(x,y) = {} & 4B_XB_YXY \\ & \times \sum_{n=-\infty}^{\infty}\sum_{m=-\infty}^{\infty} g(nX,mY)\mathrm{sinc}\,[\,2B_X(x-nX)\,] \\ & \times \mathrm{sinc}\,[\,2B_Y(y-mY)\,] \end{aligned} \tag{1-4-11}$$

当取样间隔取最大取样间隔时

$$g(x,y)=\sum_{n=-\infty}^{\infty}\sum_{m=-\infty}^{\infty}g\left(\frac{n}{2B_X},\frac{m}{2B_Y}\right)\times\operatorname{sinc}\left[2B_X\left(x-\frac{n}{2B_X}\right)\right]\operatorname{sinc}\left[2B_Y\left(y-\frac{m}{2B_Y}\right)\right] \tag{1-4-12}$$

上式的结果称为惠特克–香农 (Whittaker-Shannon) 取样定理，通常简称为香农取样定理。它表明，对于带限函数，在一个间隔合适的矩形阵列上的取样值，可以绝对准确地复原原函数；在每一个取样点上插入一个由 sinc 函数的乘积构成的插值函数，其权重为相应点上 $g$ 的取样值，就实现了复原。

香农取样定理并不是唯一的取样定理，其他取样定理本书不再介绍。

### 1.4.3 空间–带宽积

对于带限函数 $g(x,y)$，如果其只在 $(x,y)$ 平面的 $-L_X \leqslant x \leqslant L_X$，$-L_Y \leqslant y \leqslant L_Y$ 区域内显著不为零，并且按照取样定理，在 $u$ 方向和 $v$ 方向上取最大间隔分别为 $\dfrac{1}{2B_X}$ 和 $\dfrac{1}{2B_Y}$ 的矩形点阵对 $g$ 进行取样，则要表示出 $g(x,y)$ 所需的有效取样值的总数为[3,4]

$$M=(2L_X\cdot 2L_Y)(2B_X\cdot 2B_Y)=16L_XL_YB_XB_Y \tag{1-4-13}$$

称为函数 $g$ 的空间–带宽积，其数值为函数在空域和频域中所占有的面积之积。

对于一个二维函数，如图像，空间–带宽积决定了最低必须分辨的像素数及表达它需要的自由度或自由参数 $M$。当 $g(x,y)$ 是实函数时，每一个取样值为一个实数，自由度即为 $M$。当 $g(x,y)$ 是复函数时，每一个取样值为一个复数，要由两个实数表示，自由度增大一倍，即自由度为 $2M$。

根据傅里叶变换的相似性定理及相移定理，当函数 (图像) 放大缩小时，空间–带宽积不变，当函数 (图像) 在空间位移或产生频移时，空间–带宽积也不变。所以，物体的空间–带宽积具有不变性。由于空间–带宽积是从取样定理导出的，它是函数复杂性的重要量度。当图像信息经由系统传递或处理时，空间–带宽积成为考查信息质量及信息是否丢失的一个重要判别依据。

## 参 考 文 献

[1] Goodman J W. 傅里叶光学导论. 3 版. 秦克城, 刘培森, 陈家璧, 等, 译. 北京：电子工业出版社, 2006

[2] 王仕璠. 信息光学理论与应用. 北京：北京邮电大学出版社, 2004

[3] 陈家璧, 苏显渝. 光学信息技术原理及应用. 北京：高等教育出版社, 2002

[4] 李俊昌, 熊秉衡. 信息光学理论与计算. 北京：科学出版社, 2008

# 第 2 章　标量衍射理论

在激光应用研究中，标量衍射理论是最基本的研究工具。在标量衍射理论的框架下，基于不同形式的衍射公式表述及计算相干光的传播、干涉及光波的波前重建是数字全息最基本的研究内容。本章首先介绍光波的复函数表示，然后，从麦克斯韦方程为基础的电磁场理论出发，导出光传播应满足的波动方程。虽然，波动方程的解为矢量形式，但是，实验研究表明，如果不涉及光传播与变换过程中障碍物及光学元件结构尺寸接近于光波长的情况，对衍射问题的研究不邻接衍射平面，可以忽略麦克斯韦方程中电矢量与磁矢量间的耦合关系，将电矢量视为标量，能十分准确地描述光传播的物理过程。求解波动方程的这种方法被称为标量衍射理论。在标量衍射理论框架下，光传播的物理过程可以严格地由基尔霍夫公式、瑞利–索末菲公式以及衍射的角谱传播公式表示[1]，而菲涅耳衍射积分是它们的傍轴近似表达式，这些公式统称为经典衍射公式。根据这些公式，只要知道空间中垂直于光传播方向的一个平面上的光波场，便能计算该平面前后的空间光波场分布。

本章基于标量衍射理论导出衍射的角谱传播公式及菲涅耳衍射积分。由于应用研究中的光传播常与一个光学系统相联系，经典衍射公式讨论光波通过一个光学系统的衍射问题很不方便。将矩阵光学与标量衍射理论相结合，本章最后导出表述傍轴光学系统中光传播的广义衍射理论公式 —— 柯林斯公式[2]。在介绍上述衍射公式过程中，将给出一些重要的理论计算实例。

## 2.1　光波的复函数表示

### 2.1.1　单色光的复函数表示

直角坐标系 $o\text{-}xyz$ 表示的三维介质空间中，坐标为 $(x,y,z)$ 的 $P$ 点在 $t$ 时刻的单色光振动可以用三角函数表示为[1,3]

$$u(x,y,z,t)=U(x,y,z)\cos\left[\varphi(x,y,z)-2\pi\nu t\right] \tag{2-1-1}$$

式中，$U(x,y,z)$ 是 $P$ 点的光振动的振幅，$\nu$ 是光波的频率，$\varphi(x,y,z)$ 为 $P$ 点的初相位。

按照信号的傅里叶分析理论，只有理想的单色光才能表示为上面的形式，因为它的定义域对于时间和空间都是无限的。由于实际的发光过程总是发生在一定的时间间隔内，这种理想的单色光波并不存在。

但是，实际上存在着包含某一频率为中心的频带很狭窄的光波，称为准单色光，激光便是一种这样的光波。理论及实验研究证明，单色光的有关结论可以十分满意地应用于准单色光。

利用欧拉公式，式 (2-1-1) 可以表示为

$$u(x,y,z,t)=\mathrm{Re}\left\{U(x,y,z)\exp(-\mathrm{j}2\pi\nu t)\exp[\mathrm{j}\varphi(x,y,z)]\right\}$$

式中，$\mathrm{j}=\sqrt{-1}$。Re{ }表示对{ }内的复数取实部。应该指出，由于余弦函数为偶函数，在用复函数表示光振动的时候，用 $\exp(-\mathrm{j}2\pi\nu t)$ 和 $\exp(\mathrm{j}2\pi\nu t)$ 均可以表示频率为 $\nu$ 的单色光的时间因子，本书按照普遍习惯[3]，选择了 $\exp(-\mathrm{j}2\pi\nu t)$。应用上面表达式时，通常将取实部的符号 Re{ }略去，但是必须记住实际波动由它的实部表示。

由于光振动的频率非常高，在对实际光振动的探测时间间隔内，通常测量到的是在探测时间内经历了大数量周期振动的光强度平均值，时间因子对描述光场的空间分布不起作用，因此，光波场的空间分布完全由

$$U(x,y,z)=|U(x,y,z)|\exp[\mathrm{j}\varphi(x,y,z)] \tag{2-1-2}$$

描述。这是一个与时间无关的复函数，它表征了光波场所存在空间中各点的振幅和相对相位，称为复振幅。我们看到，复振幅是以光振动的振幅为模，初相位为幅角的复函数，给定复振幅，就能将光波场的空间分布完全确定。

在光传播过程中，光功率密度分布是一个十分重要的参数。采用光波场的复振幅表示可以显著简化功率密度分布的运算。例如，$N$ 束不同的光波 $U_1(x,y,z)$，$U_2(x,y,z),\cdots,U_N(x,y,z)$ 叠加时，合振动的振幅为所有分振动振幅之和，即

$$U(x,y,z)=\sum_{k=1}^{N}U_k(x,y,z) \tag{2-1-3}$$

由于光振动的强度分布正比于振幅的平方，利用复数表示光振动时，光波的强度可以用它的复振幅与其共轭复量的积表示为

$$I(x,y,z)=U(x,y,z)U^*(x,y,z)=|U(x,y,z)|^2$$

因此

$$I(x,y,z)=\sum_{k=1}^{N}U_k(x,y,z)\sum_{i=1}^{N}U_i^*(x,y,z) \tag{2-1-4}$$

在上式的计算中，积的运算过程将转化为幂指数和的计算过程，显著简化了采用三角函数表示波动时繁杂的三角函数运算。

在信息光学研究中，通常涉及平面波及球面波。以下分别对这两种光波的特点及表示方法进行讨论。

### 2.1.2　三维空间中光波场的表达式

1) 平面波

平面波的特点是波前或等相位面为平面。在各向同性介质中，等相面与传播方向垂直。若令直角坐标系中光传播的方向余弦为 $\cos\alpha, \cos\beta, \cos\gamma$，平面波的复振幅被表示为

$$U(x,y,z) = u(x,y,z)\exp\left[\mathrm{j}k\left(x\cos\alpha + y\cos\beta + z\cos\gamma\right)\right] \tag{2-1-5}$$

式中，$k = 2\pi/\lambda$，称为波数，$\lambda$ 为光波长。

不难看出，若 $C$ 为常数，则 $x\cos\alpha + y\cos\beta + z\cos\gamma = C$ 表示一个法线的方向余弦为 $\cos\alpha, \cos\beta, \cos\gamma$ 的等相位的平面，变化不同的 $C$ 可以得到相互平行的平面簇。因此，式 (2-1-5) 描述了沿平面簇的法线方向传播的平面波。设 $\vec{k}$ 为波动传播方向的单位矢量，$\boldsymbol{k} = \dfrac{2\pi}{\lambda}\vec{k}$ 通常称为波矢。令 $\boldsymbol{r}$ 表示坐标为 $(x,y,z)$ 的矢径，上述平面波的复振幅也可用矢量形式表示

$$U(\boldsymbol{r}) = u(r)\exp(\mathrm{j}\boldsymbol{k}\cdot\boldsymbol{r}) \tag{2-1-6}$$

实际上，让 $\boldsymbol{r}$ 取不同的形式后，上式可以推广为任意形状波面的光波复振幅表达式。

2) 球面波

球面波的等相位面是球面。定义一实常量 $U_0$，当直角坐标系原点与球面波的中心重合时，可以通过波矢 $\boldsymbol{k}$ 及矢径 $\boldsymbol{r}$ 将球面波表为

$$u(x,y,z,t) = \frac{U_0}{r}\cos(\boldsymbol{k}\cdot\boldsymbol{r} - 2\pi\nu t) \tag{2-1-7}$$

这里，$|\boldsymbol{r}| = r = \sqrt{x^2+y^2+z^2}$。

我们看到，光波的振幅与观察位置到波源的距离 $r$ 成反比。对于发散的球面波，$\boldsymbol{k}$ 与 $\boldsymbol{r}$ 的方向一致，可将球面波直接写为标量形式

$$u(x,y,z,t) = \frac{U_0}{r}\cos(kr - 2\pi\nu t)$$

对于会聚的球面波，$\boldsymbol{k}$ 与 $\boldsymbol{r}$ 的方向相反，其标量表达式则与发散球面波差一个符号

$$u(x,y,z,t) = \frac{U_0}{r}\cos(-kr - 2\pi\nu t)$$

于是，球面波的复振幅被表示为

$$U(x,y,z) = \begin{cases} \dfrac{U_0}{r}\exp(\mathrm{j}kr) & (\text{发散球面波}) \\ \dfrac{U_0}{r}\exp(-\mathrm{j}kr) & (\text{会聚球面波}) \end{cases} \tag{2-1-8}$$

当点光源的位置不在原点，而在 $(x_c, y_c, z_c)$ 时，球面波的复振幅仍然写为上形式，但式中 $r$ 重新定义为

$$r = \sqrt{(x - x_c)^2 + (y - y_c)^2 + (z - z_c)^2} \tag{2-1-9}$$

表示球面波中心到观察点的距离。

### 2.1.3 空间平面上平面波及球面波的复振幅

以上讨论给出了平面波及球面波在三维介质空间中的复振幅表示，但是，在光传播的研究中，通常需要计算的是垂直于光学系统光轴或光束传播方向的空间平面上的光波场。正确表述不同形式的光波在给定平面上的复振幅具有重要意义。以下以平面波及球面波为例分别进行讨论。

1) 空间平面上平面波的复振幅

应用研究中，通常将 $z$ 轴视为光学系统的光轴。这样，需要表述的平面是与 $z$ 轴垂直的平面。在给定平面 $z = z_0$ 上的平面波复振幅为

$$U(x, y, z_0) = u(x, y, z_0) \exp[jk(x\cos\alpha + y\cos\beta + z_0\cos\gamma)] \tag{2-1-10}$$

由于 $\cos\gamma = \sqrt{1 - \cos^2\alpha - \cos^2\beta}$ 是一个与 $x, y$ 无关的常数，式 (2-1-10) 亦可写为

$$U(x, y, z_0) = U_0(x, y, z_0) \exp[jk(x\cos\alpha + y\cos\beta)] \tag{2-1-11}$$

其中

$$U_0(x, y, z_0) = u(x, y, z_0) \exp\left(jkz_0\sqrt{1 - \cos^2\alpha - \cos^2\beta}\right)$$

如果不讨论该列光波与其相干波列的干涉问题，常数相位因子 $\exp(jkz_0 \cdot \sqrt{1 - \cos^2\alpha - \cos^2\beta})$ 通常被忽略，式 (2-1-11) 即常用的平面波复振幅表达式。

2) 空间平面上球面波的复振幅

若球面波的中心与直角坐标系的原点重合，光传播沿 $z$ 轴附近进行，需要表述的平面垂直于 $z$ 轴，对于任意给定的平面，复振幅仍然由式 (2-1-8) 表示，只是式中 $z$ 为给定常数 $z_0$。

由于通常研究的是沿 $z$ 轴附近传播的光波，对于任意给定的 $z_0$，所研究的区域一般都满足 $z_0^2 \gg x^2 + y^2$ 的傍轴条件。这样，式 (2-1-8) 中振幅部分分母中的 $r$ 可用 $z_0$ 代替。

然而，考察相位因子的表达式可知，相对于实际研究区域的尺度，激光波长很小，$r$ 的微小变化可能会引起超过 π 的相位的强烈变化，不能简单地用 $z_0$ 代替 $r$。为此，将 $r$ 用二项式展开，并近似表为

$$|r| = |z_0|\sqrt{1 + \frac{x^2 + y^2}{z_0^2}} \approx |z_0| + \frac{x^2 + y^2}{2|z_0|}$$

于是得到球面波光场中 $z=z_0$ 平面上的复振幅

$$U(x,y,z_0)=\begin{cases}\dfrac{U_0}{|z_0|}\exp(\mathrm{j}k|z_0|)\exp\left(\mathrm{j}k\dfrac{x^2+y^2}{2|z_0|}\right) & (\text{发散球面波})\\ \dfrac{U_0}{|z_0|}\exp(\mathrm{j}k|z_0|)\exp\left(-\mathrm{j}k\dfrac{x^2+y^2}{2|z_0|}\right) & (\text{会聚球面波})\end{cases} \tag{2-1-12}$$

不难发现，上式等价于将球面近似成以 $z$ 轴为对称轴的旋转抛物面，这种表示也称为球面波的抛物面近似。

当球面光波的中心在 $(x_c,y_c,z_c)$ 处时，利用式 (2-1-12) 即得

$$\begin{aligned}&U(x,y,z_0)\\ &=\begin{cases}\dfrac{U_0}{|z_c-z_0|}\exp(\mathrm{j}k|z_c-z_0|)\exp\left(\mathrm{j}k\dfrac{(x-x_c)^2+(y-y_c)^2}{2|z_c-z_0|}\right) & (\text{发散球面波})\\ \dfrac{U_0}{|z_c-z_0|}\exp(\mathrm{j}k|z_c-z_0|)\exp\left(-\mathrm{j}k\dfrac{(x-x_c)^2+(y-y_c)^2}{2|z_c-z_0|}\right) & (\text{会聚球面波})\end{cases}\end{aligned} \tag{2-1-13}$$

式中常数相位因子 $\exp(\mathrm{j}k|z-z_0|)$ 对光波场相位的相对分布不产生影响，在不考虑与其他相干光的干涉问题时，通常也被忽略。

## 2.2　标量衍射理论

### 2.2.1　波动方程

光的物理性质有波动性和量子性，但是，在描述光的宏观传播特性时，利用经典电磁场理论，将光波视为由麦克斯韦方程组描述的电磁波较方便。在不同条件下，麦克斯韦方程组有不同的形式，各向同性均匀介质中的麦克斯韦方程组为[3~6]

$$\nabla\cdot\boldsymbol{D}=\rho \tag{2-2-1}$$

$$\nabla\cdot\boldsymbol{B}=0 \tag{2-2-2}$$

$$\nabla\times\boldsymbol{E}=-\frac{\partial\boldsymbol{B}}{\partial t} \tag{2-2-3}$$

$$\nabla\times\boldsymbol{H}=\boldsymbol{j}+\frac{\partial\boldsymbol{D}}{\partial t} \tag{2-2-4}$$

式中，$\boldsymbol{D}$、$\boldsymbol{E}$、$\boldsymbol{B}$、$\boldsymbol{H}$ 分别表示电位移矢量、电场强度、磁感强度和磁场强度；$\rho$ 为封闭曲面内的电荷密度；$\boldsymbol{j}$ 为积分闭合回路上的电流密度矢量。

电磁场是在介质空间传播的，利用麦克斯韦方程处理实际问题时，还应加进描写物质在电磁场作用下的关系式，称物质方程。各向同性介质中的物质方程有下述

简单的形式

$$\boldsymbol{j}=\sigma\boldsymbol{E} \tag{2-2-5}$$

$$\boldsymbol{D}=\varepsilon\boldsymbol{E} \tag{2-2-6}$$

$$\boldsymbol{B}=\mu\boldsymbol{H} \tag{2-2-7}$$

式中，$\sigma$、$\varepsilon$、$\mu$ 分别是电导率、介电常量和磁导率。在各向同性的均匀介质中，$\sigma=0$，而 $\varepsilon$、$\mu$ 是常量；在真空中，$\varepsilon=\varepsilon_0=8.8542\times10^{-12}\mathrm{C}^2/(\mathrm{N}\cdot\mathrm{m}^2)$。$\mu=\mu_0=4\pi\times10^{-7}\mathrm{N}\cdot\mathrm{s}^2/\mathrm{C}^2$；对于非磁性物质，$\mu=\mu_0$。

物质方程给出了介质的电学和磁学性质，与麦克斯韦方程合起来构成一个完整的方程组，描述电磁场在各向同性介质中传播的普遍规律。

为简明地研究上述电磁场的特性，将问题简化在三维无限大介质空间进行，并且设所研究的空间远离辐射源，即 $\rho=0$，$\boldsymbol{j}=0$。麦克斯韦方程组简化为

$$\nabla\cdot\boldsymbol{E}=0 \tag{2-2-8}$$

$$\nabla\cdot\boldsymbol{B}=0 \tag{2-2-9}$$

$$\nabla\times\boldsymbol{E}=-\frac{\partial\boldsymbol{B}}{\partial t} \tag{2-2-10}$$

$$\nabla\times\boldsymbol{B}=\varepsilon\mu\frac{\partial\boldsymbol{E}}{\partial t} \tag{2-2-11}$$

对上式中最后两个式子取旋度，同时令 $\upsilon=1/\sqrt{\varepsilon\mu}$，可以得到[3~6]

$$\nabla^2\boldsymbol{E}-\frac{1}{\upsilon^2}\frac{\partial^2\boldsymbol{E}}{\partial t^2}=0 \tag{2-2-12}$$

$$\nabla^2\boldsymbol{B}-\frac{1}{\upsilon^2}\frac{\partial^2\boldsymbol{B}}{\partial t^2}=0 \tag{2-2-13}$$

式中，$\nabla^2=\dfrac{\partial^2}{\partial x^2}+\dfrac{\partial^2}{\partial y^2}+\dfrac{\partial^2}{\partial z^2}$ 为拉普拉斯算子。以上两式具有一般的波动微分方程的形式，称波动方程。

### 2.2.2 波动方程的平面简谐波解

现在，讨论在以后研究中具有重要意义的平面简谐波解。设均匀平面波沿直角坐标系 $o\text{-}xyz$ 的 $z$ 方向传播，则 $\boldsymbol{E}$、$\boldsymbol{B}$ 仅仅是 $z$ 和 $t$ 的函数，式 (2-2-12) 和式 (2-2-13) 两式为

$$\frac{\partial^2\boldsymbol{E}}{\partial z^2}-\frac{1}{\upsilon^2}\frac{\partial^2\boldsymbol{E}}{\partial t^2}=0 \tag{2-2-14}$$

$$\frac{\partial^2\boldsymbol{B}}{\partial z^2}-\frac{1}{\upsilon^2}\frac{\partial^2\boldsymbol{B}}{\partial t^2}=0 \tag{2-2-15}$$

不难验证，式 (2-2-14) 和式 (2-2-15) 有通解

$$\boldsymbol{E}=\boldsymbol{f}_1\left(\frac{z}{v}-t\right)+\boldsymbol{f}_1\left(\frac{z}{v}+t\right) \tag{2-2-16}$$

$$\boldsymbol{B}=\boldsymbol{f}_2\left(\frac{z}{v}-t\right)+\boldsymbol{f}_2\left(\frac{z}{v}+t\right) \tag{2-2-17}$$

式中，$\boldsymbol{f}_1$、$\boldsymbol{f}_2$ 为两个分别以 $\left(\frac{z}{v}-t\right)$ 及 $\left(\frac{z}{v}+t\right)$ 为自变量的任意函数，它们分别代表以速率 $v$ 沿 $z$ 轴正反两个方向传播的平面波。因此，光波的传播速率为 $v=1/\sqrt{\varepsilon\mu}$。在真空中传播速度常用 $c$ 表示，利用 $\varepsilon_0=8.8542\times10^{-12}\mathrm{C}^2/(\mathrm{N\cdot m}^2)$，$\mu_0=4\pi\times10^{-7}\mathrm{N\cdot s}^2/\mathrm{C}^2$，即得 $c=1/\sqrt{\varepsilon_0\mu_0}$=2.997 94×10$^8$m/s。这个数值与实验测量相当吻合，是光波电磁理论的一个重要实验证明。在介质中，引入相对介电常数 $\varepsilon_\mathrm{r}=\varepsilon/\varepsilon_0$ 和相对磁导率 $\mu_\mathrm{r}=\mu/\mu_0$，则光波在介质中的传播速度与真空中传播速度间的关系为

$$v=c/\sqrt{\varepsilon_\mathrm{r}\mu_\mathrm{r}} \tag{2-2-18}$$

而介质中光传播速度与真空中传播速度之比为介质的折射率

$$n=c/v=\sqrt{\varepsilon_\mathrm{r}\mu_\mathrm{r}} \tag{2-2-19}$$

### 2.2.3　衍射的角谱理论

设均匀平面波沿直角坐标系 $o\text{-}xyz$ 的 $z$ 方向传播，则 $\boldsymbol{E}$、$\boldsymbol{B}$ 仅仅是 $z$ 和 $t$ 的函数，波动方程简化为

$$\frac{\partial^2\boldsymbol{E}}{\partial z^2}-\frac{1}{v^2}\frac{\partial^2\boldsymbol{E}}{\partial t^2}=0 \tag{2-2-20}$$

$$\frac{\partial^2\boldsymbol{B}}{\partial z^2}-\frac{1}{v^2}\frac{\partial^2\boldsymbol{B}}{\partial t^2}=0 \tag{2-2-21}$$

如果不涉及光传播与变换过程中障碍物或光学元件结构尺寸接近于光波长的情况，对衍射问题的研究不邻接衍射平面，实验研究表明，可以将电场强度 $\boldsymbol{E}$ 视为标量，利用其标量解能十分准确地描述光传播的物理过程。求解波动方程的这种方法被称为标量衍射理论。在标量衍射理论框架下，光传播的物理过程可以严格地由基尔霍夫公式、瑞利–索末菲公式以及衍射的角谱传播公式表示[1,6]。这些公式是近代光学信息处理中广泛使用的重要工具。现对衍射的角谱传播公式的推导过程作介绍。

将式 (2-2-20) 中的电矢量视为标量 $u(x,y,z,t)$，波动方程被写为

$$\nabla^2u-\frac{1}{v^2}\frac{\partial^2u}{\partial t^2}=0 \tag{2-2-22}$$

为简单起见，将问题局限于真空中讨论，即将光波传播速度暂且用真空中的传播速度 $c$ 表示。

设满足方程 (2-2-22) 的光波场为

$$u(P,t)=U(P)\exp(-\mathrm{j}2\pi\nu t) \tag{2-2-23}$$

式中，$U(P)$ 为观察点 $P(x,y,z)$ 的复振幅；$\nu$ 为光波的频率。

将式 (2-2-23) 代入式 (2-2-22)，并用 $c$ 代替 $v$ 后得到不含时间因子的亥姆霍兹方程[1]

$$\left(\nabla^2+k^2\right)U(P)=0 \tag{2-2-24}$$

式中

$$k=\frac{2\pi\nu}{c}=\frac{2\pi}{\lambda} \tag{2-2-25}$$

其数值与上面定义的波矢 $\boldsymbol{k}$ 相同，称为光波数，$\lambda$ 为真空中的光波长。

设衍射屏与观察屏的距离为 $z$，$U(x,y,0)$ 及 $U(x,y,z)$ 分别为衍射屏及观察屏上光波的复振幅。在频域中，它们的频谱函数分别为 $G_0(f_x,f_y)$ 及 $G_z(f_x,f_y)$。当给定 $U(x,y,0)$ 后，如果能够求出经过距离 $z$ 传播后光波在观察平面上对应的频谱函数 $G_z(f_x,f_y)$，便可以利用逆傅里叶变换得到 $U(x,y,z)$。现在就来讨论这个问题。

由于 $G_0(f_x,f_y)$ 及 $G_z(f_x,f_y)$ 分别是 $U(x,y,0)$ 与 $U(x,y,z)$ 的傅里叶变换

$$G_0(f_x,f_y)=\int_{-\infty}^{\infty}\int_{-\infty}^{\infty}U(x,y,0)\exp\left[-\mathrm{j}2\pi\left(f_x x+f_y y\right)\right]\mathrm{d}x\mathrm{d}y \tag{2-2-26}$$

$$G_z(f_x,f_y)=\int_{-\infty}^{\infty}\int_{-\infty}^{\infty}U(x,y,z)\exp\left[-\mathrm{j}2\pi\left(f_x x+f_y y\right)\right]\mathrm{d}x\mathrm{d}y \tag{2-2-27}$$

而 $U(x,y,z)$ 为 $G_z(f_x,f_y)$ 的逆傅里叶变换

$$U(x,y,z)=\int_{-\infty}^{\infty}\int_{-\infty}^{\infty}G_z(f_x,f_y)\exp\left[\mathrm{j}2\pi\left(f_x x+f_y y\right)\right]\mathrm{d}f_x\mathrm{d}f_y \tag{2-2-28}$$

将式 (2-2-28) 代入光振动应满足的亥姆霍兹方程 (2-2-24)，并注意在所有的无源点上，$U$ 均满足亥姆霍兹方程，于是得到

$$\left(\nabla^2+k^2\right)\left\{G_z(f_x,f_y)\exp\left[\mathrm{j}2\pi\left(f_x x+f_y y\right)\right]\right\}=0 \tag{2-2-29}$$

经运算及整理后得

$$\frac{\mathrm{d}^2}{\mathrm{d}^2 z}G_z(f_x,f_y)+\left(\frac{2\pi}{\lambda}\sqrt{1-(\lambda f_x)^2-(\lambda f_y)^2}\right)^2 G_z(f_x,f_y)=0 \tag{2-2-30}$$

在导出式 (2-2-30) 的运算中，用到了下面一些关系。

由于对空域坐标而言 $G_z(f_x, f_y)$ 只是 $z$ 的函数，故

$$\frac{\partial}{\partial x}G_z(f_x, f_y) = \frac{\partial}{\partial y}G_z(f_x, f_y) = 0$$

$$\frac{\partial}{\partial z}G_z(f_x, f_y) = \frac{\mathrm{d}}{\mathrm{d}z}G_z(f_x, f_y)$$

并且

$$\frac{\partial}{\partial x}\exp\left[\mathrm{j}2\pi(f_x x + f_y y)\right] = (\mathrm{j}2\pi f_x)\exp\left[\mathrm{j}2\pi(f_x x + f_y y)\right]$$

$$\frac{\partial}{\partial y}\exp\left[\mathrm{j}2\pi(f_x x + f_y y)\right] = (\mathrm{j}2\pi f_y)\exp\left[\mathrm{j}2\pi(f_x x + f_y y)\right]$$

$$\frac{\partial}{\partial z}\exp\left[\mathrm{j}2\pi(f_x x + f_y y)\right] = 0$$

可以看出，式 (2-2-30) 仍然是一个关于 $G_z(f_x, f_y)$ 的亥姆霍兹方程。由于 $G_0(f_x, f_y)$ 必然是方程对应于 $z=0$ 的一个特解，根据微分方程理论，可以将方程 (2-2-30) 的解写为

$$G_z(f_x, f_y) = G_0(f_x, f_y)\exp\left[\mathrm{j}\frac{2\pi}{\lambda}z\sqrt{1-(\lambda f_x)^2-(\lambda f_y)^2}\right] \tag{2-2-31}$$

于是得到光波场从衍射屏传播到观察屏的频谱变化关系。这个关系表明，光波沿 $z$ 方向传播的结果，在频域内表现为将衍射屏上光波场的频谱 $G_0(f_x, f_y)$ 乘以一个与 $z$ 有关的相位延迟因子 $\exp\left[\mathrm{j}\frac{2\pi}{\lambda}z\sqrt{1-(\lambda f_x)^2-(\lambda f_y)^2}\right]$。在线性系统理论中，该相位延迟因子即衍射在频域的传递函数，表明衍射问题可以视为是光波场通过一个线性空间不变系统的变换过程。

为进一步了解上结论的物理意义，将式 (2-2-28) 写为以下形式

$$U(x, y, z) = \int_{-\infty}^{\infty}\int_{-\infty}^{\infty}G_z(f_x, f_y)\exp\left[\mathrm{j}\frac{2\pi}{\lambda}(\lambda f_x x + \lambda f_y y)\right]\mathrm{d}f_x\mathrm{d}f_y \tag{2-2-32}$$

回顾本章开始时对平面波的讨论便立即看出，光波场的分布可以表为振幅由 $|G_z(f_x, f_y)\mathrm{d}f_x\mathrm{d}f_y|$ 确定，方向余弦为 $\lambda f_x, \lambda f_y, \sqrt{1-(\lambda f_x)^2-(\lambda f_y)^2}$ 的平面波的叠加，并且，由于积分限为无穷，其传播沿空间所有可能的方向。图 2-2-1 给出光传播的角谱衍射理论示意图。因 $G_z(f_x, f_y)$ 是光波场 $U(x, y, z)$ 的频谱，故常将它称为光传播的角谱理论。

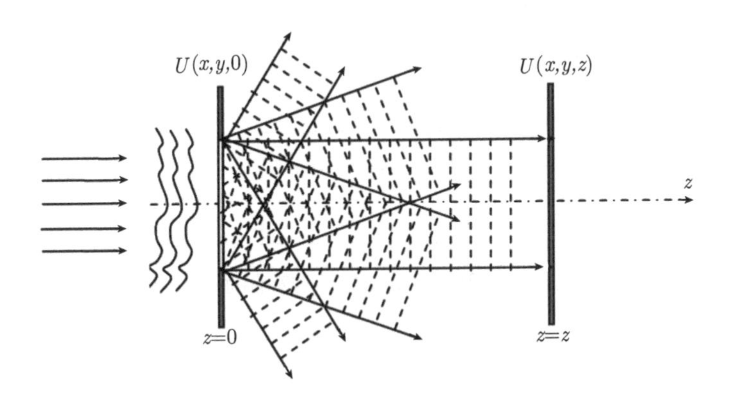


图 2-2-1 角谱衍射理论示意图

按照光传播的角谱理论，式 (2-2-31) 表示，对一切满足 $1-(\lambda f_x)^2-(\lambda f_y)^2<0$ 的角谱分量将随 $z$ 的增大按指数规律急剧衰减，光波只存在于邻近衍射屏的一个非常薄的区域，称为倏逝波。这样，只有满足 $1-(\lambda f_x)^2-(\lambda f_y)^2>0$或 $f_x^2+f_y^2<\dfrac{1}{\lambda^2}$ 的角谱分量才能到达观察屏。因此，光波在自由空间中由衍射屏到观测屏的传播过程，在频域中等效于通过一个半径为 $1/\lambda$ 的理想低通滤波器。

因此，只要能够求出 $U(x,y,0)$ 的频谱，并按照式 (2-2-31) 求出观测屏上光振动的复振幅 $U(x,y,z)$ 的频谱，便能通过逆傅里叶变换求出衍射屏后任意观测位置的光波复振幅。引用傅里叶变换符号可以将计算过程表示为

$$U(x,y,z)=\mathcal{F}^{-1}\left\{\mathcal{F}\left\{U(x,y,0)\right\}\exp\left[\mathrm{j}\frac{2\pi}{\lambda}z\sqrt{1-(\lambda f_x)^2-(\lambda f_y)^2}\right]\right\} \tag{2-2-33}$$

## 2.2.4 基尔霍夫公式及瑞利–索末菲公式

理论研究表明，亥姆霍兹方程 (2-2-24) 还存在另外两种解：基尔霍夫公式及瑞利–索末菲公式。基于图 2-2-2 给出的衍射计算的初始面与观测面的坐标关系，这两个公式在数学上可以统一表示为[1]

$$U(x,y,d)=\frac{1}{\mathrm{j}\lambda}\int_{-\infty}^{\infty}\int_{-\infty}^{\infty}U(x_0,y_0,0)\frac{\exp(\mathrm{j}kr)}{r}K(\theta)\,\mathrm{d}x_0\mathrm{d}y_0 \tag{2-2-34}$$

式中，$r=\sqrt{(x-x_0)^2+(y-y_0)^2+d^2}$，$\theta$ 代表点 $(x_0,y_0,0)$ 到点 $(x,y,d)$ 的矢径 $\boldsymbol{r}$ 与 $(x_0,y_0,0)$ 点法线 $\boldsymbol{n}$ 的夹角，$K(\theta)$ 称为倾斜因子，不同的倾斜因子对应于不同的公式：

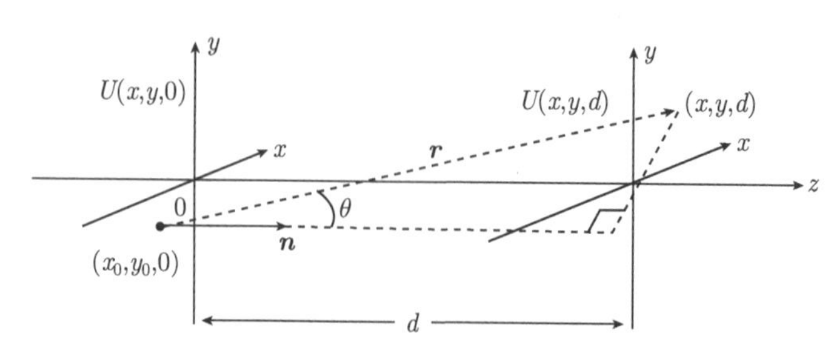


图 2-2-2 衍射计算的初始面与观测面的关系

$K(\theta)=\dfrac{\cos\theta+1}{2}$ 称为基尔霍夫公式；

$K(\theta)=\cos\theta$ 称为第一种瑞利–索末菲公式；

$K(\theta)=1$ 称为第二种瑞利–索末菲公式。

在亥姆霍兹方程 (2-2-24) 求解研究的历史进程中，基尔霍夫公式最先导出[1,6]，然而，公式的理论推导过程具有内在的不自洽性。瑞利–索末菲公式及角谱衍射公式理论上严格满足亥姆霍兹方程。但是，在解决实际问题时，$\theta$ 通常较小，三个公式的倾斜因子均接近于 1，基尔霍夫公式给出的结果与瑞利–索末菲公式及角谱衍射公式基本一致。因此，上述公式通常认为是衍射问题的准确表述。

关于基尔霍夫公式及瑞利–索末菲公式的推导，这里不进行详细介绍，有兴趣的读者可参看文献 [1]。至此，我们已经给出严格满足亥姆霍兹方程的多种衍射公式。由于实际衍射计算问题通常是沿光传播的方向进行，当光束发散较小且观测区域的宽度甚小于光传播距离时，采用傍轴近似，将衍射公式简化为便于计算的形式是常用的措施。下面对此进行讨论。

### 2.2.5 衍射问题的傍轴近似——菲涅耳衍射积分

设衍射距离为 $d$，定义角谱衍射的传递函数

$$H\left(f_x,f_y\right)=\exp\left[\mathrm{j}\frac{2\pi}{\lambda}d\sqrt{1-\lambda^2\left(f_x^2+f_y^2\right)}\right] \tag{2-2-35}$$

可以将角谱衍射公式 (2-2-28) 简写为

$$U\left(x,y,d\right)=\mathcal{F}^{-1}\left\{\mathcal{F}\left\{U\left(x,y,0\right)\right\}H\left(f_x,f_y\right)\right\} \tag{2-2-36}$$

将式 (2-2-35) 中相位因子的根号部分展为泰勒级数

$$\sqrt{1-\lambda^2(f_x^2+f_y^2)}=1-\frac{1}{2}\lambda^2(f_x^2+f_y^2)+\frac{1}{8}\lambda^4(f_x^2+f_y^2)^2+\cdots$$

当 $f_x,f_y$ 较小时，只保留前两项是一种较好的傍轴近似，角谱衍射的传递函数即变为

$$H(f_x,f_y)\approx\exp\left[\mathrm{j}kd\left(1-\frac{\lambda^2}{2}(f_x^2+f_y^2)\right)\right] \tag{2-2-37}$$

由于式 (2-2-36) 也可以写成卷积形式

$$U(x,y,d)=U(x,y,0)*\mathcal{F}^{-1}\left\{H\left(f_x,f_y\right)\right\} \tag{2-2-38}$$

将式 (2-2-37) 代入上式，由于逆傅里叶变换 $\mathcal{F}^{-1}\left\{H\left(f_x,f_y\right)\right\}$ 有解析解，于是得到

$$U(x,y,d)=U(x,y,0)*\frac{\exp(\mathrm{j}kd)}{\mathrm{j}\lambda d}\exp\left[\frac{\mathrm{j}k}{2d}\left(x^2+y^2\right)\right] \tag{2-2-39}$$

或者

$$U(x,y)=\frac{\exp(\mathrm{j}kd)}{\mathrm{j}\lambda d}\int_{-\infty}^{\infty}\int_{-\infty}^{\infty}U_0\left(x_0,y_0\right)\exp\left\{\frac{\mathrm{j}k}{2d}\left[\left(x-x_0\right)^2+\left(y-y_0\right)^2\right]\right\}\mathrm{d}x_0\mathrm{d}y_0 \tag{2-2-40}$$

这便是熟知的菲涅耳衍射积分。在麦克斯韦方程建立之前，法国学者菲涅耳 (Fresnel) 基于光传播的惠更斯原理，将惠更斯的球面子波用二次抛物面波代替，并且，将惠更斯的球面子波视为相干波而得到了这个表达式[1]。因此，式 (2-2-40) 称为衍射计算的菲涅耳近似。

式 (2-2-40) 是菲涅耳衍射积分的卷积形式，如果将式中二次相位因子展开，并注意到 $k=2\pi/\lambda$，将与积分变量无关的项提到积分号前则得到

$$\begin{aligned}U(x,y,d)=&\frac{\exp(\mathrm{j}kd)}{\mathrm{j}\lambda d}\exp\left[\frac{\mathrm{j}k}{2d}(x^2+y^2)\right]\int_{-\infty}^{\infty}\int_{-\infty}^{\infty}\left\{U_0\left(x_0,y_0,0\right)\right.\\&\left.\times\exp\left[\frac{\mathrm{j}k}{2d}(x_0^2+y_0^2)\right]\right\}\exp\left[-\mathrm{j}2\pi\left(\frac{x}{\lambda d}x_0+\frac{y}{\lambda d}y_0\right)\right]\mathrm{d}x_0\mathrm{d}y_0\end{aligned} \tag{2-2-41}$$

因此衍射场 $U(x,y,d)$ 的计算转换为 $U(x_0,y_0,0)\exp\left[\frac{\mathrm{j}k}{2d}\left(x_0^2+y_0^2\right)\right]$ 的傅里叶变换，但计算结果的坐标取值为 $\left(f_x=\frac{x}{\lambda d},f_y=\frac{y}{\lambda d}\right)$。

相对于严格满足亥姆霍兹方程的基尔霍夫公式及瑞利–索末菲公式，以上两式的计算相对简单，当光束的发散角较小或观测区域的宽度甚小于衍射传播距离时，菲涅耳衍射近似能够给出相当准确的结果，是衍射计算中广泛使用的工具。

如果定义菲涅耳衍射传递函数[7,8]

$$H_{\mathrm{F}}(f_x,f_y)=\exp\left[\mathrm{j}kd\left(1-\frac{\lambda^2}{2}(f_x^2+f_y^2)\right)\right] \tag{2-2-42}$$

也可以将衍射的菲涅耳近似表示为

$$U(x,y,d)=\mathcal{F}^{-1}\{\mathcal{F}\{U(x,y,0)\}H_{\mathrm{F}}(f_x,f_y)\} \tag{2-2-43}$$

上式与角谱理论计算公式 (2-2-36) 相似，不同之处只在于二者有不同的传递函数。

现在，再来考查基尔霍夫公式或瑞利–索末菲衍射公式的傍轴近似是怎样的形式。当观察区域邻近光轴时，对于任意给定的观察点，倾角因子 $K(\theta)$ 都近似为 1。式 (2-2-34) 简化为

$$U(x,y,d)=\frac{1}{\mathrm{j}\lambda}\int_{-\infty}^{\infty}\int_{-\infty}^{\infty}U(x_0,y_0,0)\frac{\exp(\mathrm{j}kr)}{r}\mathrm{d}x_0\mathrm{d}y_0 \tag{2-2-44}$$

对于傍轴光学计算问题，可以将积分函数分母中的 $r$ 由 $d$ 取代，这对于光振动的强度无大的影响。但是，指数部分的 $r$ 不能进行这种简单的处理，其原因是光波长甚小使得波数 $k$ 取非常大的值，$r$ 的轻微变化亦能引起甚大于 $2\pi$ 的相位变化，如果指数部分的 $r$ 由 $d$ 简单取代，将会导致对相位特别敏感的相干光的传播计算完全失效。为讨论指数部分 $r$ 的简化问题，根据二项式定律展开 $r$ 并略去高阶小量，有[1]

$$\begin{aligned}r&=d\left\{1+\frac{(x-x_0)^2+(y-y_0)^2}{2d^2}-\frac{\left[(x-x_0)^2+(y-y_0)^2\right]^2}{8d^4}+\cdots\right\}\\&\approx d+\frac{(x-x_0)^2+(y-y_0)^2}{2d}\end{aligned}$$

用上式取代相位因子中的 $r$，式 (2-2-44) 即变为与式 (2-2-40) 完全一致的表达式。因此，尽管角谱衍射公式、基尔霍夫公式及瑞利–索末菲公式有不同的形式，但它们的傍轴近似具有相同的形式。

应用研究中，菲涅耳衍射积分、角谱衍射公式、基尔霍夫公式及瑞利–索末菲公式均是解决衍射计算问题的常用公式。在第 3 章中，我们将介绍利用快速傅里叶变换 (FFT) 计算上述公式的方法。

### 2.2.6　夫琅禾费衍射

在菲涅耳衍射积分的傅里叶变换形式 (2-2-41) 中，如果

$$d\gg\frac{k\left(x_0^2+y_0^2\right)_{\max}}{2} \tag{2-2-45}$$

那么积分号内二次相位因子近似为 1，衍射场则简单地变为 $U_0(x_0,y_0,0)$ 的傅里叶变换

$$\begin{aligned}U(x,y,d)=&\frac{\exp(\mathrm{j}kd)}{\mathrm{j}\lambda d}\exp\left[\frac{\mathrm{j}k}{2d}\left(x^2+y^2\right)\right]\\&\times\int_{-\infty}^{\infty}\int_{-\infty}^{\infty}U(x_0,y_0,0)\exp\left[-\mathrm{j}\frac{2\pi}{\lambda d}(x_0x+y_0y)\right]\mathrm{d}x_0\mathrm{d}y_0\end{aligned} \tag{2-2-46}$$

这种近似被称为夫琅禾费近似。

夫琅禾费近似成立所要求的条件式 (2-2-45) 是相当苛刻的。例如[1]，当波长为 0.6μm 的红光穿过孔径为 2.5mm 的透光孔衍射时，必须满足 $d \gg 1600\text{m}$。但是，在实际应用中，如果来自物平面的光波是向观察方向距离 $d'$ 会聚的球面波，令 $u_0(x_0, y_0)$ 为实函数，将物平面光波场表为

$$U(x_0, y_0, 0) = u_0(x_0, y_0) \exp\left[-\frac{\mathrm{j}k}{2d'}\left(x_0^2 + y_0^2\right)\right] \tag{2-2-47}$$

代入式 (2-2-40) 得

$$\begin{aligned} U(x, y, d) = &\frac{\exp(\mathrm{j}kd)}{\mathrm{j}\lambda d} \exp\left[\frac{\mathrm{j}k}{2d}\left(x^2 + y^2\right)\right] \int_{-\infty}^{\infty}\int_{-\infty}^{\infty} \left\{u_0(x_0, y_0)\right. \\ &\left.\times \exp\left[\frac{\mathrm{j}k}{2d''}\left(x_0^2 + y_0^2\right)\right]\right\} \exp\left[-\mathrm{j}\frac{2\pi}{\lambda d}(x_0 x + y_0 y)\right] \mathrm{d}x_0 \mathrm{d}y_0 \end{aligned} \tag{2-2-48}$$

其中

$$d'' = \frac{d'd}{d - d'} \tag{2-2-49}$$

不难看出，当 $d' \to d$ 时，$d'' \to \infty$，夫琅禾费近似很容易满足。由于会聚球面波的照射在实际应用中可以很容易通过透镜实现，并且透镜是光学系统中最常用的元件。夫琅禾费衍射场在许多实际应用中能够观察到，夫琅禾费近似与菲涅耳近似一样，均具有重要的实际意义。

当衍射问题采用夫琅禾费近似或菲涅耳近似表述后，衍射计算变得相对简单，在一些情况下还能够得到解析解。下面给出一些重要的理论计算实例。

## 2.3 夫琅禾费衍射的计算实例

### 2.3.1 矩形孔在透镜焦平面上的衍射图像

设平面光阑上具有中心在坐标原点的矩形孔，$w_x, w_y$ 分别是矩形孔沿坐标 $x_0, y_0$ 方向的半宽度。如果光阑被单位振幅平面波垂直照射，则紧贴着孔径后方的物平面场分布为 $\operatorname{rect}\left(\dfrac{x_0}{2w_x}\right)\operatorname{rect}\left(\dfrac{y_0}{2w_y}\right)$；当光阑后有一焦距为 $f$ 的正透镜时，平面波将变为向透镜焦点会聚的球面波。刚穿过透镜，在透镜平面的光波场变为

$$U_0(x_0, y_0) = \operatorname{rect}\left(\frac{x_0}{2w_x}\right)\operatorname{rect}\left(\frac{y_0}{2w_y}\right) \exp\left[-\frac{\mathrm{j}k}{2f}\left(x_0^2 + y_0^2\right)\right] \tag{2-3-1}$$

基于上面对式 (2-2-48) 的讨论，令 $d = d' = f$，观测平面的衍射场即变为夫琅禾费衍射场，即

$$U(x, y) = \frac{\exp(\mathrm{j}kd)}{\mathrm{j}\lambda d} \exp\left[\frac{\mathrm{j}k}{2d}\left(x^2 + y^2\right)\right]$$

$$\times \int_{-w_y}^{w_y} \int_{-w_x}^{w_x} \exp\left[-\mathrm{j}\frac{2\pi}{\lambda d}(x_0 x + y_0 y)\right] \mathrm{d}x_0 \mathrm{d}y_0 \tag{2-3-2}$$

对上式分离变量后作积分运算，容易得到

$$U(x,y) = 4w_x w_y \frac{\exp(\mathrm{j}kd)}{\mathrm{j}\lambda d} \exp\left[\frac{\mathrm{j}k}{2d}(x^2+y^2)\right] \mathrm{sinc}\left(\frac{2w_x x}{\lambda d}\right) \mathrm{sinc}\left(\frac{2w_y y}{\lambda d}\right)$$

于是，夫琅禾费衍射图像强度分布为

$$I(x,y) = \frac{16w_x^2 w_y^2}{\lambda^2 d^2} \mathrm{sinc}^2\left(\frac{2w_x x}{\lambda d}\right) \mathrm{sinc}^2\left(\frac{2w_y y}{\lambda d}\right) \tag{2-3-3}$$

从上结果可以看出，夫琅禾费衍射图像沿两坐标方向相邻零点的距离分别是 $T_x = \frac{\lambda d}{2w_x}, T_y = \frac{\lambda d}{2w_y}$。根据式 (2-3-3)，令 $w_x = w_y$=2mm，$\lambda = 0.532\mu\mathrm{m}$，图 2-3-1(a) 给出矩形孔经衍射距离 $d$=200mm 的夫琅禾费衍射图像; 图 2-3-1(b) 是沿 $x$ 轴的剖面强度曲线。附录 B1 给出用 MATLAB 语言编写的矩形孔夫琅禾费衍射图像的计算程序 LJCM1.m，读者可以修改相关参数观察不同形式的夫琅禾费衍射图像。

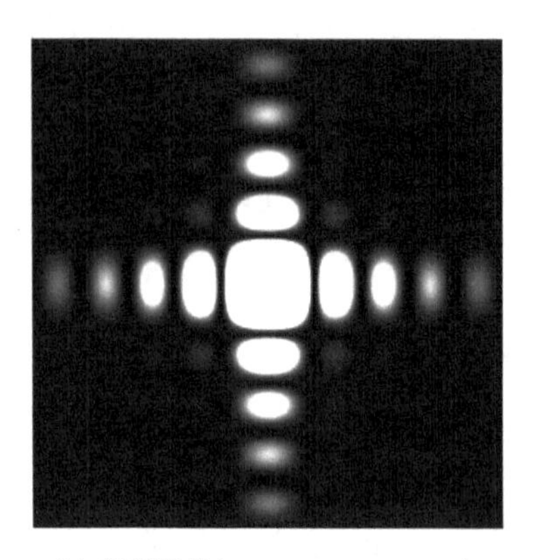

(a) 衍射图像(0.266mm×0.266mm)

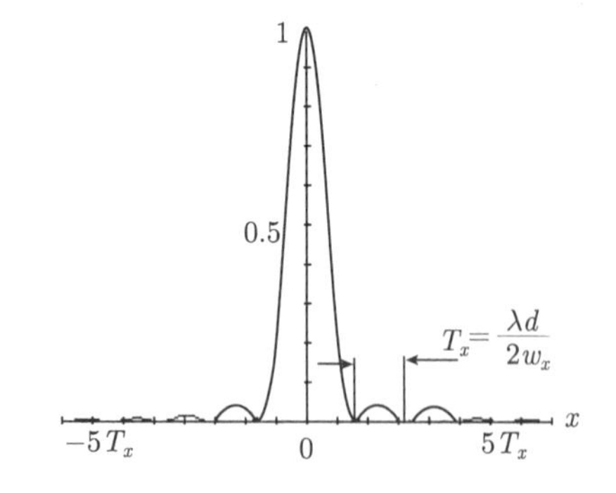


(b) $x$ 轴上剖面归一化曲线

图 2-3-1 矩形孔 ($w_x$=$w_y$=2mm) 经衍射距离 $d$=200mm 的夫琅禾费衍射图像

当扩束及准直的激光通过透镜后，很容易在透镜的焦平面上观察到上面的图样。在本书的相干光成像及数字全息的研究中将看到，物平面上点源的重建像就是与 CCD 探测器尺寸相关的夫琅禾费衍射图像。

### 2.3.2 圆形孔的夫琅禾费衍射

若平面光阑上具有中心在坐标原点的圆孔，$w$ 是圆孔半径，$r_0$ 是孔径平面上的径向坐标，$r_0 = \sqrt{x_0^2 + y_0^2}$ 为孔径平面的径向坐标与直角坐标的关系。当光阑被单位振幅平面波垂直照射时，若紧贴着孔径后是一焦距为 $f$ 的薄透镜，在透镜出

射平面的光波场复振幅分布则为

$$U_0(r_0) = \operatorname{circ}\left(\frac{r_0}{w}\right)\exp\left(-\frac{jk}{2f}r_0^2\right) \tag{2-3-4}$$

将上式用直角坐标表示，代入式 (2-2-46) 并令 $d = f$。由于孔径具有圆对称性，直角坐标的傅里叶变换式改写为傅里叶–贝塞尔变换比较方便[1]（详见第 1 章 1.2.3 节）。于是有

$$U(r) = \frac{\exp(jkd)}{j\lambda d}\exp\left(j\frac{kr^2}{2d}\right)\mathcal{B}\{U_0(r_0)\}\bigg|_{\rho=\frac{r}{\lambda d}} \tag{2-3-5}$$

其中，$\rho = \sqrt{f_x^2 + f_y^2}$ 表示频率平面的径向坐标。由于

$$\mathcal{B}\{U_0(r_0)\} = \mathcal{B}\left\{\operatorname{circ}\left(\frac{r_0}{w}\right)\right\} = \pi w^2\frac{J_1(2\pi w\rho)}{\pi w\rho}$$

式中，$J_1$ 是一阶第一类贝塞尔函数。代入式 (2-3-5) 得

$$U(r) = \frac{\exp(jkd)}{j\lambda d}\exp\left(j\frac{kr^2}{2d}\right)\pi w^2\frac{2J_1(kwr/d)}{kwr/d} \tag{2-3-6}$$

于是，得到圆孔的夫琅禾费衍射场强度分布

$$I(r) = \left(\frac{\pi w^2}{\lambda d}\right)^2\left[\frac{2J_1(kwr/d)}{kwr/d}\right]^2 \tag{2-3-7}$$

这个强度分布以首先导出它的科学家艾里的名字命名，称艾里图样[1,6]。贝塞尔函数有不同的数学表达式，例如，$n$ 阶 ($n$ 为整数) 贝塞尔函数可以表示为

$$J_n(z) = \frac{1}{2\pi}\int_{-\pi}^{\pi}\cos(z\sin\theta - n\theta)d\theta \tag{2-3-8}$$

利用数值积分，不难对贝塞尔函数求值。根据贝塞尔函数的取值，为方便分析，表 2-3-1 给出艾里图样在相继的极大和极小点上的值。

**表 2-3-1 艾里图样的极大值和极小值位置**

| $x$ | 0 | 1.220 | 1.635 | 2.233 | 2.679 | 3.238 | 3.699 |
|---|---|---|---|---|---|---|---|
| $\left[\frac{J_1(\pi x)}{\pi x}\right]^2$ | 1 | 0 | 0.0175 | 0 | 0.0042 | 0 | 0.0016 |

从表 2-3-1 可以看出，中央斑点的直径为

$$D = 1.22\frac{\lambda d}{w} \tag{2-3-9}$$

根据式 (2-3-7) 及式 (2-3-8)，令 $w$=2mm，$\lambda = 0.532\mu\mathrm{m}$，图 2-3-2(a) 给出圆形孔径距离 $d$=200mm 衍射的夫琅禾费衍射图样或艾里图样的强度图像，图 2-3-2(b) 给出过坐标原点的艾里斑的强度剖面曲线。

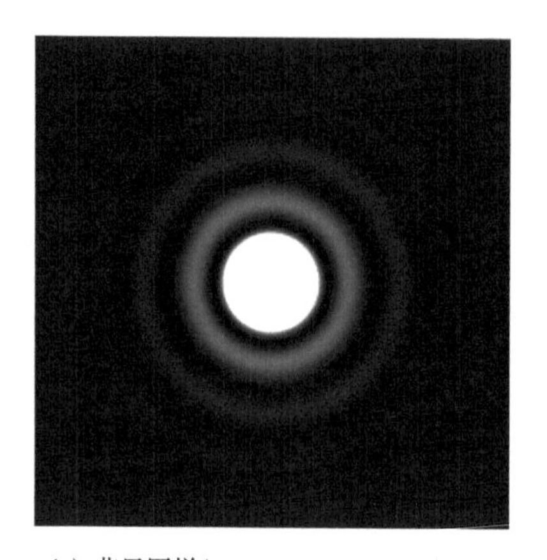

(a) 艾里图样(0.325mm×0.325mm)

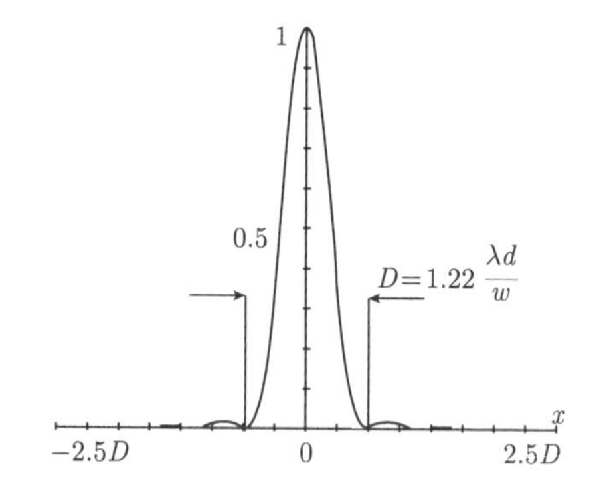


(b) $x$ 轴上剖面归一化曲线

图 2-3-2　圆形孔夫琅禾费衍射图样或艾里图样的强度图像

实验研究很容易证实，平面波通过圆形光瞳的透镜后，在透镜焦平面上得到的就是艾里斑。而圆形透镜是光学系统中最常用的成像元件，在分析光学系统的成像性质时，经常会引用这个结论。附录 B2 给出用 MATLAB 语言编写的圆孔夫琅禾费衍射图像的计算程序 LJCM2.m，读者可以修改相关参数观察不同形式的衍射图像。

### 2.3.3　三角形孔在透镜焦平面上的衍射图像

任意形状的孔通常可以由不同形状彼此相连的三角形的组合作较好的近似，一个任意形状的空间曲面通常也可以视为彼此相连而形状不同的微小三角形面元的组合，研究三角形孔的衍射问题，对于任意透光孔的衍射以及曲面光源的衍射计算具有重要意义。

在三角形的最长边上作三角形的高，可以将三角形分为两个直角三角形的组合。现研究图 2-3-3 所示的三角形孔的夫琅和费衍射。图中，三角形的高为 $a$，第一象限及第二象限的直角三角形的另一直角边长度分别为 $c$ 和 $b$。为便于后续研究，将夫琅禾费衍射表达式 (2-2-46) 重新写为

$$U(x,y,d) = \frac{\exp(\mathrm{j}kd)}{\mathrm{j}\lambda d}\exp\left[\frac{\mathrm{j}k}{2d}\left(x^2+y^2\right)\right] \times \int_{-\infty}^{\infty}\int_{-\infty}^{\infty} U(x_0,y_0)\exp\left[-\mathrm{j}2\pi(x_0 f_x + y_0 f_y)\right]\mathrm{d}x_0\mathrm{d}y_0 \tag{2-3-10}$$

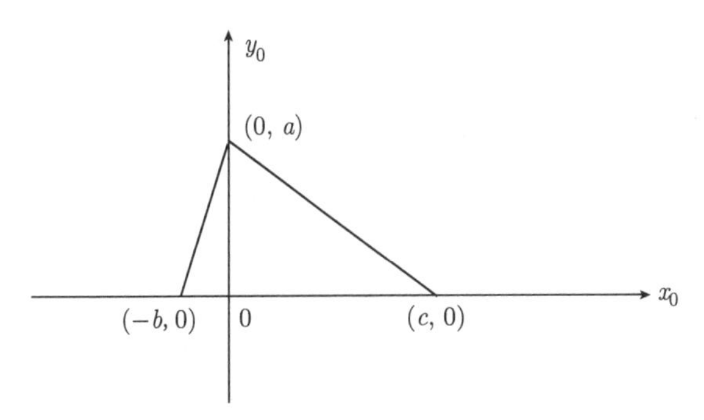


图 2-3-3 三角形孔分解为两直角三角形孔组合的坐标定义图

式中，$f_x = \dfrac{x}{\lambda d}, f_y = \dfrac{y}{\lambda d}$。与第 1 章介绍的二维傅里叶变换比较不难看出，式 (2-3-10) 可以表示成

$$U(x,y,d) = \frac{\exp(\mathrm{j}kd)}{\mathrm{j}\lambda d}\exp\left[\frac{\mathrm{j}k}{2d}\left(x^2+y^2\right)\right]\mathcal{F}\{U_0(x_0,y_0,0)\} \tag{2-3-11}$$

因此，夫琅禾费衍射可以用二维傅里叶变换表示。令 $U_1(x_0,y_0,0), U_2(x_0,y_0,0)$ 分别为图 2-3-3 中第一及第二象限的直角三角形孔的光瞳函数 (在三角形内为 1，其余为 0)。由于 $U(x_0,y_0,0) = U_1(x_0,y_0,0) + U_2(x_0,y_0,0)$，三角形孔的傅里叶变换则为

$$\begin{aligned} T(f_x,f_y) &= \mathcal{F}\{U_0(x_0,y_0,0)\} \\ &= \mathcal{F}\{U_1(x_0,y_0,0)\} + \mathcal{F}\{U_2(x_0,y_0,0)\} \\ &= T_1(f_x,f_y) + T_2(f_x,f_y) \end{aligned} \tag{2-3-12}$$

根据图 2-3-3，等式右边两项可分别写为

$$T_1(f_x,f_y) = \int_0^c \exp(-\mathrm{j}2\pi x_0 f_x)\,\mathrm{d}x_0 \int_0^{a-ax_0/c} \exp(-\mathrm{j}2\pi y_0 f_y)\mathrm{d}y_0 \tag{2-3-13a}$$

$$T_2(f_x,f_y) = \int_{-b}^0 \exp(-\mathrm{j}2\pi x f_x)\,\mathrm{d}x \int_0^{ax/b+a} \exp(-\mathrm{j}2\pi y f_y)\mathrm{d}y \tag{2-3-13b}$$

经积分运算和整理后得

$$\begin{aligned} &T_1(f_x,f_y) \\ &= -c\frac{\exp(-\mathrm{j}2\pi a f_y)}{2\pi f_y} \times \frac{\exp[-\mathrm{j}2\pi(cf_x - af_y)] - 1}{2\pi(cf_x - af_y)} + \frac{[\exp(-\mathrm{j}2\pi cf_x) - 1]}{4\pi^2 f_y f_x} \end{aligned} \tag{2-3-14a}$$

$$\begin{aligned} &T_2(f_x,f_y) \\ &= b\frac{\exp(-\mathrm{j}2\pi a f_y)}{-2\pi f_y} \times \frac{1 - \exp[\mathrm{j}2\pi(bf_x + af_y)]}{2\pi(bf_x + af_y)} + \frac{1 - \exp(\mathrm{j}2\pi bf_x)}{4\pi^2 f_y f_x} \end{aligned} \tag{2-3-14b}$$

以上两式在进行数值计算时，会遇到分母为零的问题。为此，进行以下 5 种分母为零情况的讨论。

(1) 当 $f_x=0$ 及 $f_y\neq 0$ 时，式 (2-3-14a) 及式 (2-3-14b) 重新写为

$$T_1(f_x,f_y)=\int_0^c \mathrm{d}x\int_0^{a-ax/c}\exp(-\mathrm{j}2\pi y f_y)\mathrm{d}y \tag{2-3-15a}$$

$$T_2(f_x,f_y)=\int_{-b}^0 \mathrm{d}x\int_0^{ax/b+a}\exp(-\mathrm{j}2\pi y f_y)\mathrm{d}y \tag{2-3-15b}$$

经积分运算得

$$T_1(f_x,f_y)=\frac{c}{4a\pi^2 f_y^2}[1-\exp(-\mathrm{j}2\pi a f_y)]+\frac{\mathrm{j}c}{2\pi f_y} \tag{2-3-16a}$$

$$T_2(f_x,f_y)=\frac{b}{4a\pi^2 f_y^2}[\exp(-\mathrm{j}2\pi a f_y)-1]-\frac{b}{\mathrm{j}2\pi f_y} \tag{2-3-16b}$$

(2) 当 $f_x\neq 0$ 及 $f_y=0$ 时，式 (2-3-14a) 及式 (2-3-14b) 重新写为

$$T_1(f_x,f_y)=\int_0^c \exp(-\mathrm{j}2\pi x f_x)(a-ax/c)\,\mathrm{d}x \tag{2-3-17a}$$

$$T_2(f_x,f_y)=\int_{-b}^0 \exp(-\mathrm{j}2\pi x f_x)(ax/b+a)\,\mathrm{d}x \tag{2-3-17b}$$

经积分运算得

$$\begin{aligned}&T_1(f_x,f_y)\\&=-\frac{\mathrm{j}c^2\exp(-\mathrm{j}2\pi c f_x)}{2a\pi f_x}-\left(\frac{c}{4a\pi^2 f_x^2}-\mathrm{j}\frac{a}{2\pi f_x}\right)[\exp(-\mathrm{j}2\pi c f_x)-1]\end{aligned} \tag{2-3-18a}$$

$$\begin{aligned}&T_2(f_x,f_y)\\&=-\frac{\mathrm{j}a\exp(\mathrm{j}2\pi b f_x)}{2\pi f_x}+\left(\frac{a}{4b\pi^2 f_x^2}+\mathrm{j}\frac{a}{2\pi f_x}\right)[1-\exp(j2\pi b f_x)]\end{aligned} \tag{2-3-18b}$$

(3) 当 $f_x=0$ 及 $f_y=0$ 时，式 (2-3-14a) 及式 (2-3-14b) 积分是三角形面积

$$T_1(f_x,f_y)=\int_0^c \mathrm{d}x\int_0^{a-ax/c}\mathrm{d}y=ac/2 \tag{2-3-19a}$$

$$T_2(f_x,f_y)=\int_{-b}^0 \mathrm{d}x\int_{ax/b+a}^0\mathrm{d}y=ab/2 \tag{2-3-19b}$$

(4) 当 $f_x\neq 0$，$f_y\neq 0$，以及 $cf_x-af_y=0$ 时，对式 (2-3-14a) 求 $(cf_x-af_y)\to 0$ 的极限得

$$T_1(f_x,f_y)=-c\frac{\exp(-\mathrm{j}2\pi a f_y)}{2\pi f_y}+\frac{\{\exp[-\mathrm{j}2\pi c f_x]-1\}}{4\pi^2 f_y f_x} \tag{2-3-20a}$$

(5) 当 $f_x \neq 0$，$f_y \neq 0$，以及 $bf_x+af_y=0$ 时，对式 (2-3-14b) 求 $(bf_x+af_y)\to 0$ 的极限得

$$T_2(f_x,f_y)=b\frac{\exp(-\mathrm{j}2\pi af_y)}{-2\pi f_y}+\frac{1-\exp(\mathrm{j}2\pi bf_x)}{4\pi^2 f_y f_x} \tag{2-3-20b}$$

至此，理论上解决了分母为零时的计算问题。给定照明光的波长、透镜焦距，以及三角形孔的三个参数 $a$，$b$，$c$ 后，可以根据式 (2-3-11) 及以上诸式求出图 2-3-3 所示三角形孔的夫琅禾费衍射场。下面给出一个计算实例。

令照明光波长为 0.000 532mm，透镜焦距为 200mm，$a$=3mm，$b$=4mm，$c$=3mm，图 2-3-4(a) 是三角形孔的图像，图 2-3-4(b) 为对应的夫琅禾费衍射场强度分布 (为便于显示强度分布形貌，中央区域周围的强度扩大了 1000 倍)。附录 B3 给出用 MATLAB 语言编写的三角形孔夫琅禾费衍射图像的计算程序 LJCM3.m，读者可以修改相关参数观察不同形式三角形孔的夫琅禾费衍射图像。为验证计算的可靠性，程序还提供了通过衍射逆运算重建三角形孔的功能。

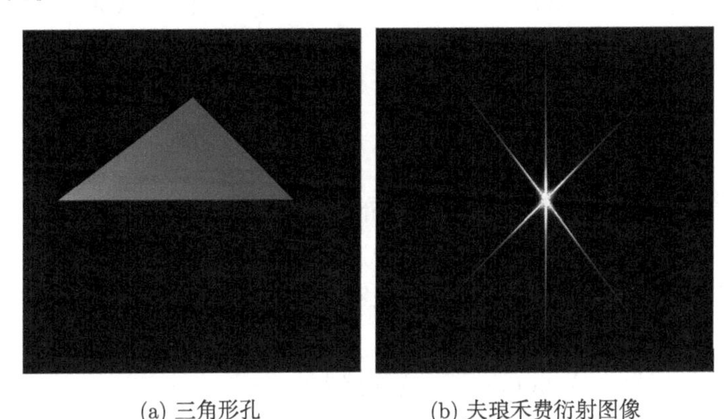

(a) 三角形孔　　　　(b) 夫琅禾费衍射图像

图 2-3-4　三角形孔及其透射光的夫琅禾费衍射场强度图像 (10mm×10mm)

### 2.3.4　振幅型正弦光栅的夫琅禾费衍射

振幅型正弦光栅的数学表述如式 (2-3-21) 所示，式中，$L$ 为光栅周期，栅线平行于 $y_0$ 轴，$m$ 是小于或等于 1 的正数，光栅沿两坐标方向的宽度为 $2w$。若照明光栅的是单位振幅平面波，紧贴光栅后表面的光波场可表为

$$U_0(x_0,y_0)=\frac{1}{2}\left[1+m\cos\left(\frac{2\pi}{L}x_0\right)\right]\mathrm{rect}\left(\frac{x_0}{2w}\right)\mathrm{rect}\left(\frac{y_0}{2w}\right) \tag{2-3-21}$$

为求出光栅的夫琅禾费衍射图样，首先对上式作傅里叶变换。根据卷积定理得

$$\mathcal{F}\{U_0(x_0,y_0)\}=\mathcal{F}\left\{\frac{1}{2}\left[1+m\cos\left(\frac{2\pi}{L}x_0\right)\right]\right\}*\mathcal{F}\left\{\mathrm{rect}\left(\frac{x_0}{2w}\right)\mathrm{rect}\left(\frac{y_0}{2w}\right)\right\} \tag{2-3-22}$$

由于

$$\mathcal{F}\left\{\frac{1}{2}\left[1+m\cos\left(\frac{2\pi}{L}x_0\right)\right]\right\}=\frac{1}{2}\delta\left(f_x,f_y\right)+\frac{m}{4}\delta\left(f_x-\frac{1}{L},f_y\right)+\frac{m}{4}\delta\left(f_x+\frac{1}{L},f_y\right) \tag{2-3-22a}$$

$$\mathcal{F}\left\{\mathrm{rect}\left(\frac{x_0}{2w}\right)\mathrm{rect}\left(\frac{y_0}{2w}\right)\right\}=4w^2\mathrm{sinc}\left(2wf_x\right)\mathrm{sinc}\left(2wf_y\right) \tag{2-3-22b}$$

利用 $\delta$ 函数的卷积性质，并定义光栅频率 $f_0=1/L$，令光栅面积 $S=4w^2$，得到

$$\mathcal{F}\left\{U_0\left(x_0,y_0\right)\right\}=\frac{S}{2}\mathrm{sinc}\left(2wf_y\right)\left\{\mathrm{sinc}\left(2wf_x\right)+\frac{m}{2}\mathrm{sinc}\left[2w\left(f_x-f_0\right)\right]+\frac{m}{2}\mathrm{sinc}\left[2w\left(f_x+f_0\right)\right]\right\} \tag{2-3-23}$$

于是，光栅的夫琅禾费衍射场可根据式 (2-2-46) 写为

$$U\left(x,y\right)=\frac{S}{\mathrm{j}2\lambda d}\exp\left(\mathrm{j}kd\right)\exp\left[\mathrm{j}\frac{k}{2d}\left(x^2+y^2\right)\right]\mathrm{sinc}\left(\frac{2w}{\lambda d}y\right)\times\left\{\mathrm{sinc}\left(\frac{2w}{\lambda d}x\right)+\frac{m}{2}\mathrm{sinc}\left[2w\left(\frac{x}{\lambda d}-f_0\right)\right]+\frac{m}{2}\mathrm{sinc}\left[2w\left(\frac{x}{\lambda d}+f_0\right)\right]\right\} \tag{2-3-24}$$

取上式的平方，即得到衍射场的强度分布。由于 sinc 函数在偏离中心若干周期 ($T=\lambda d/w$) 后迅速趋于零值，当 $f_0\gg 1/w$ 时，三个 sinc 函数的相互重叠可以忽略。于是，光栅的夫琅禾费衍射场强度可以足够准确地表为

$$I\left(x,y\right)=\left(\frac{S}{2\lambda d}\right)^2\mathrm{sinc}^2\left(\frac{2w}{\lambda d}y\right)\times\left\{\mathrm{sinc}^2\left(\frac{2w}{\lambda d}x\right)+\frac{m^2}{4}\mathrm{sinc}^2\left[2w\left(\frac{x}{\lambda d}-f_0\right)\right]+\frac{m^2}{4}\mathrm{sinc}^2\left[2w\left(\frac{x}{\lambda d}+f_0\right)\right]\right\} \tag{2-3-25}$$

令 $m$=1，$w$=2mm，$\lambda=0.532\mu\mathrm{m}$，图 2-3-5(a) 给出振幅型正弦光栅经距离 $d$=200mm 衍射后利用上式绘出的夫琅禾费衍射场强度图像，在 $x$ 轴向的强度曲线示于图 2-3-5(b)。

光栅的衍射效率在全息和光学信息处理中有重要意义。衍射效率定义为某一衍射级光的功率与射到光栅的总功率之比。按照这个定义，振幅型正弦光栅 0 级及 ±1 级衍射光的功率与式 (2-3-22a) 中相应的 $\delta$ 函数系数的平方成正比。从而可得到这三级衍射波的衍射效率

$$\eta_0=0.25,\quad \eta_{+1}=\eta_{-1}=m^2/16 \tag{2-3-26}$$

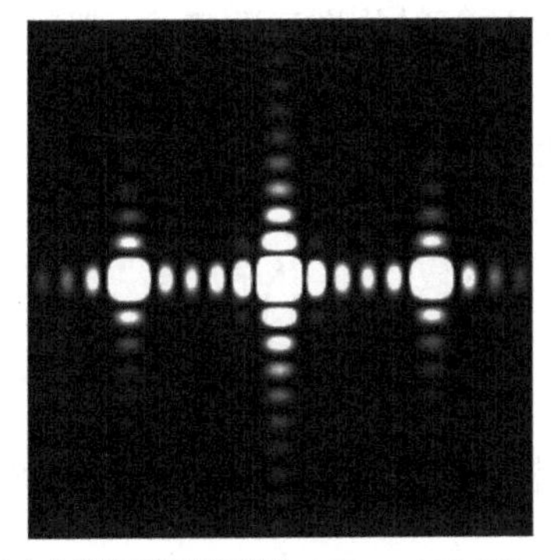

(a) 衍射场强度图像(0.532mm×0.532mm)

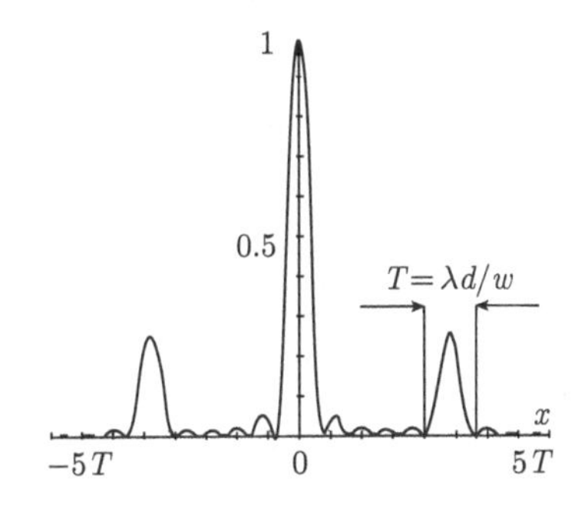


(b) $x$ 轴上剖面归一化曲线

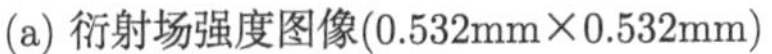

图 2-3-5　$m = 1$ 的振幅型正弦光栅的夫琅禾费衍射场强度图像

在光栅的实际应用中，通常需要让 ±1 级衍射光有较高的衍射效率。上面的结果表明，必须提高振幅型光栅的对比度 (或衬比)$m$，才能有效提高衍射效率。但由于 $m$ 的极大值为 1，±1 级衍射光最大衍射效率不过是 1/16，并且三个衍射波总功率之和与入射光功率之比也只是 $1/4 + m^2/8$，其余部分被光栅吸收了。

## 2.4　菲涅耳衍射积分的解析及半解析计算

在与光传播相关的应用研究中，菲涅耳衍射积分是最广泛使用的理论工具。对于实际给定的衍射问题，菲涅耳衍射积分通常无解析解，只能进行积分的数值计算。但是，一旦菲涅耳衍射积分有解析解或半解析解，对解的分析通常能够揭示出重要的物理意义。因此，本节对具有解析或半解析解的一些重要衍射问题及部分应用进行讨论。

### 2.4.1　正弦振幅光栅的菲涅耳衍射

研究正弦型振幅光栅的菲涅耳衍射，将能对光栅后方特定的空间位置周期性地出现原光栅的像作出满意的解释。这种现象以首先观察到它的科学家名字“塔尔博特”命名[1]。

设物面光阑的振幅透过率满足

$$t(x_0, y_0) = \frac{1}{2}\left[1 + m\cos\left(\frac{2\pi}{L}x_0\right)\right] \tag{2-4-1}$$

式中，$L$ 为光栅周期，栅线平行于 $y_0$ 轴，$m$ 是小于或等于 1 的正数。若照明光阑的是单位振幅平面波，紧贴光阑后表面的光波场 $U_0$ 也由上式表示。为计算经不同

距离 $d$ 的衍射后的衍射场强度图像，引用菲涅耳衍射传递函数算法，衍射场为

$$U(x,y)=\mathcal{F}^{-1}\{\mathcal{F}\{U_0(x_0,y_0)\}H_{\mathrm{F}}(f_x,f_y)\} \tag{2-4-2}$$

其中

$$H_{\mathrm{F}}(f_x,f_y)=\exp\left[\mathrm{j}kd\left(1-\frac{\lambda^2}{2}(f_x^2+f_y^2)\right)\right]$$

是菲涅耳衍射传递函数。

将物光复振幅 $U_0$ 用式 (2-4-1) 的 $t_0$ 代替，式 (2-4-2) 中物光复振幅的傅里叶变换则为

$$\mathcal{F}\{U_0(x_0,y_0)\}=\frac{1}{2}\delta(f_x,f_y)+\frac{m}{4}\delta\left(f_x-\frac{1}{L},f_y\right)+\frac{m}{4}\delta\left(f_x+\frac{1}{L},f_y\right) \tag{2-4-3}$$

由于菲涅耳衍射传递函数在频域原点的值为 $\exp(\mathrm{j}kd)$，在 $(f_x,f_y)=\left(\pm\frac{1}{L},0\right)$ 处的值为

$$H_{\mathrm{F}}\left(\pm\frac{1}{L},0\right)=\exp\left[\mathrm{j}kd\left(1-\frac{\lambda^2}{2L^2}\right)\right]$$

于是，式 (2-4-2) 化简为

$$\begin{aligned}U(x,y)=\exp(\mathrm{j}kd)\,\mathcal{F}^{-1}&\left\{\frac{1}{2}\delta(f_x,f_y)+\exp\left(-\mathrm{j}kd\frac{\lambda^2}{2L^2}\right)\right.\\&\left.\times\left[\frac{m}{4}\delta\left(f_x-\frac{1}{L},f_y\right)+\frac{m}{4}\delta\left(f_x+\frac{1}{L},f_y\right)\right]\right\}\end{aligned} \tag{2-4-4}$$

根据 $\delta$ 函数的傅里叶变换性质可以直接得到上式的逆变换结果

$$U(x,y)=\exp(\mathrm{j}kd)\left\{\frac{1}{2}+\exp\left(-\mathrm{j}kd\frac{\lambda^2}{2L^2}\right)\left[\frac{m}{4}\exp\left(\mathrm{j}\frac{2\pi}{L}x\right)+\frac{m}{4}\exp\left(-\mathrm{j}\frac{2\pi}{L}x\right)\right]\right\}$$

利用欧拉公式得

$$U(x,y)=\frac{\exp(\mathrm{j}kd)}{2}\left[1+m\exp\left(-\mathrm{j}kd\frac{\lambda^2}{2L^2}\right)\cos\left(\frac{2\pi}{L}x\right)\right] \tag{2-4-5}$$

取上式的模平方，注意到 $k=2\pi/\lambda$，即得到衍射场的强度分布

$$I(x,y)=\frac{1}{4}\left[1+2m\cos\left(-\frac{\pi\lambda d}{L^2}\right)\cos\left(\frac{2\pi}{L}x\right)+m^2\cos^2\left(\frac{2\pi}{L}x\right)\right] \tag{2-4-6}$$

基于这个结果，令 $n$ 为整数，下面讨论三种有趣的情况。

(1) 衍射距离 $d$ 满足 $\frac{\pi\lambda d}{L^2}=2n\pi$，或者 $d=\frac{2nL^2}{\lambda}$。

这时，式 (2-4-6) 变成

$$I(x,y)=\frac{1}{4}\left[1+m\cos\left(\frac{2\pi}{L}x\right)\right]^2 \tag{2-4-7}$$

对比式 (2-4-1) 可以看出，$I(x,y)=t^2(x,y)$，即衍射场是物光场的理想强度图像。没有通过透镜就能出现物光场的理想重现的现象被称为“塔尔博特”现象。

(2) 衍射距离 $d$ 满足 $\frac{\pi\lambda d}{L^2}=(2n+1)\pi$，或者 $d=\frac{(2n+1)L^2}{\lambda}$，这时，

$$I(x,y)=\frac{1}{4}\left[1-m\cos\left(\frac{2\pi}{L}x\right)\right]^2 \tag{2-4-8}$$

可以看出，衍射场也是物光场的理想强度图像。只是有一个 180° 的相移，即产生强度图像灰度反转 (原来最亮的区域变成最暗的区域)。这种现象也称为“塔尔博特”现象。

(3) 衍射距离 $d$ 满足 $\frac{\pi\lambda d}{L^2}=(2n-1)\frac{\pi}{2}$，或者 $d=\frac{(n-1/2)L^2}{\lambda}$，这时，

$$I(x,y)=\frac{1}{4}\left[1+m^2\cos\left(\frac{2\pi}{L}x\right)\right]=\frac{1}{4}\left[\left(1+\frac{m^2}{2}\right)+\frac{m^2}{2}\cos\left(\frac{4\pi}{L}x\right)\right] \tag{2-4-9}$$

不难看出，衍射场也是一个光栅，但光栅的周期是原物光场的一半，其强度的对比度减小。这种图像称为“塔尔博特”子像 (subimage)。应该指出，当 $m\ll 1$ 时，$m^2\rightarrow 0$，在子像面上将看不见“塔尔博特”子像。

为对“塔尔博特”现象形成一个较直观的概念，图 2-4-1 给出光栅后不同衍射距离的“塔尔博特”像的位置示意图。

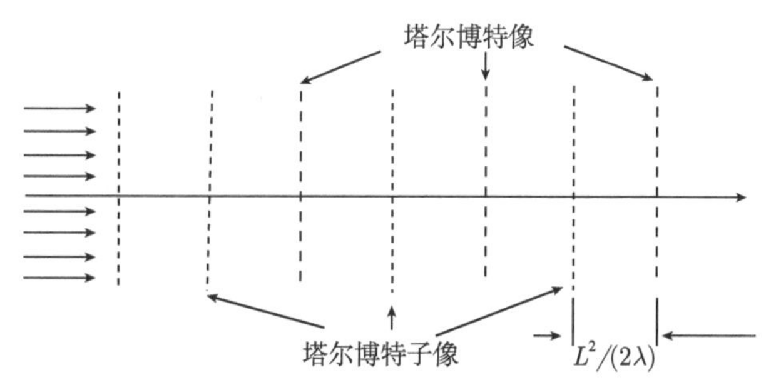


图 2-4-1 不同衍射距离的“塔尔博特”像的位置示意图

事实上，“塔尔博特”现象远比这里给出的特例普遍得多。可以证明，任何周期结构的物平面光波在衍射过程中都会出现“塔尔博特”现象。

### 2.4.2 矩形孔的菲涅耳衍射

设平面光阑上具有中心在坐标原点的矩形孔，$w_x, w_y$ 分别是矩形孔沿坐标 $x_0, y_0$ 方向的半宽度。如果光阑被单位振幅平面波垂直照射，则紧贴着孔径后方的物平面场分布为

$$U_0(x_0, y_0) = \mathrm{rect}\left(\frac{x_0}{2w_x}\right)\mathrm{rect}\left(\frac{y_0}{2w_y}\right) \tag{2-4-10}$$

经距离 $d$ 的衍射后，观测平面的光波场由菲涅耳衍射积分表出

$$U(x, y) = \frac{\exp(\mathrm{j}kd)}{\mathrm{j}\lambda d}\int_{-\infty}^{\infty}\int_{-\infty}^{\infty} U_0(x_0, y_0)\exp\left\{\frac{\mathrm{j}k}{2d}\left[(x-x_0)^2+(y-y_0)^2\right]\right\}\mathrm{d}x_0\mathrm{d}y_0$$

通过分离变量，上式可以表示为

$$U(x, y) = \frac{\exp(\mathrm{j}kd)}{\mathrm{j}}U_x(x)U_y(y) \tag{2-4-11}$$

式中

$$U_x(x) = \frac{1}{\sqrt{\lambda d}}\int_{-w_x}^{w_x}\exp\left[\frac{\mathrm{j}k}{2d}(x-x_0)^2\right]\mathrm{d}x_0 \tag{2-4-11a}$$

$$U_y(y) = \frac{1}{\sqrt{\lambda d}}\int_{-w_y}^{w_y}\exp\left[\frac{\mathrm{j}k}{2d}(y-y_0)^2\right]\mathrm{d}y_0 \tag{2-4-11b}$$

作变量代换 $\alpha = \sqrt{\frac{2}{\lambda d}}(x-x_0)$，$\beta = \sqrt{\frac{2}{\lambda d}}(y-y_0)$ 容易得到

$$U_x(x) = \frac{1}{\sqrt{2}}\int_{\alpha_1}^{\alpha_2}\exp\left(\mathrm{j}\frac{\pi}{2}\alpha^2\right)\mathrm{d}\alpha,\quad U_y(y) = \frac{1}{\sqrt{2}}\int_{\beta_1}^{\beta_2}\exp\left(\mathrm{j}\frac{\pi}{2}\beta^2\right)\mathrm{d}\beta$$

其中积分限为

$$\alpha_1 = \sqrt{\frac{2}{\lambda d}}(w_x + x),\quad \alpha_2 = \sqrt{\frac{2}{\lambda d}}(w_x - x),$$

$$\beta_1 = \sqrt{\frac{2}{\lambda d}}(w_y + y),\quad \beta_2 = \sqrt{\frac{2}{\lambda d}}(w_y - y)$$

引入菲涅耳函数[9]

$$S(z) = \int_0^z \sin\left(\frac{\pi}{2}t^2\right)\mathrm{d}t,\quad C(z) = \int_0^z \cos\left(\frac{\pi}{2}t^2\right)\mathrm{d}t \tag{2-4-12}$$

可以将 $U_x(x), U_y(y)$ 重新写成

$$U_x(x) = \frac{1}{\sqrt{2}}\{[C(\alpha_2) - C(\alpha_1)] + \mathrm{j}[S(\alpha_2) - S(\alpha_1)]\}$$

$$U_y(y)=\frac{1}{\sqrt{2}}\{[C(\beta_2)-C(\beta_1)]+\mathrm{j}[S(\beta_2)-S(\beta_1)]\}$$

代入式 (2-4-11) 得到观测平面的光波场

$$U(x,y)=\frac{\exp(\mathrm{j}kd)}{2\mathrm{j}}\{[C(\alpha_2)-C(\alpha_1)]+\mathrm{j}[S(\alpha_2)-S(\alpha_1)]\}$$
$$\times\{[C(\beta_2)-C(\beta_1)]+\mathrm{j}[S(\beta_2)-S(\beta_1)]\}$$

观测平面衍射图像的强度分布即为

$$\begin{aligned}I(x,y)&=|U(x,y)|^2\\&=\frac{1}{4}\left\{[C(\alpha_2)-C(\alpha_1)]^2+[S(\alpha_2)-S(\alpha_1)]^2\right\}\\&\quad\times\left\{[C(\beta_2)-C(\beta_1)]^2+[S(\beta_2)-S(\beta_1)]^2\right\}\end{aligned}\tag{2-4-13}$$

不难看出，只要能够计算菲涅耳函数，矩形孔的衍射图像就能通过上式得到。菲涅耳函数通常只能求数值解，存在不同形式的近似计算公式[9~12]，这里引用文献 [12] 的近似式

$$S(z)=\frac{1}{2}-\left[f(z)\cos\left(\pi z^2/2\right)+g(z)\sin\left(\pi z^2/2\right)\right]\tag{2-4-14a}$$

$$C(z)=\frac{1}{2}-\left[g(z)\cos\left(\pi z^2/2\right)-f(z)\sin\left(\pi z^2/2\right)\right]\tag{2-4-14b}$$

其中，$f(z)\approx\dfrac{1+0.962z}{2+1.792z+3.014z^2}$，$g(z)\approx\dfrac{1}{2+4.142z+3.492z^2+6.670z^3}$。

令 $w_x=w_y=2\text{mm}$，$\lambda=0.532\mu\text{m}$，基于式 (2-4-13) 及相关表达式的计算，图 2-4-2 分别给出衍射距离 $d=0$，100mm，1000mm 及 20 000mm 的 0~255 灰度等级的归一化衍射场强度图像。

可以看出，由于衍射，实际图像与几何光学预计的结果有很大差别。虽然这些衍射图像只是一些计算特例，但能够反映由不同形状衍射孔产生的衍射图像随衍射距离逐步变化的基本规律，即当衍射距离较小时，衍射图像能够保持衍射孔的基本形状，但在图像边沿产生了衍射条纹，图像中央还能保持较均匀的强度分布。随着衍射距离的增加，衍射条纹逐渐加宽，影响向中央延伸，衍射图像中央强度分布的均匀性被破坏。当衍射距离进一步增大时，原孔径的基本形状不能分辨。

附录B4 给出用 MATLAB 语言编写的矩形孔菲涅耳衍射图像的计算程序 LJCM4.m，读者可以修改相关参数，以观察不同形式的菲涅耳衍射图像。

### 2.4.3 复杂形状孔径的菲涅耳衍射

根据衍射的线性叠加性质，如果将一个形状复杂的孔径视为尺寸不一的矩形孔的组合，很容易证明，利用上面讨论获得的矩形孔的衍射公式便能叠加出复杂形

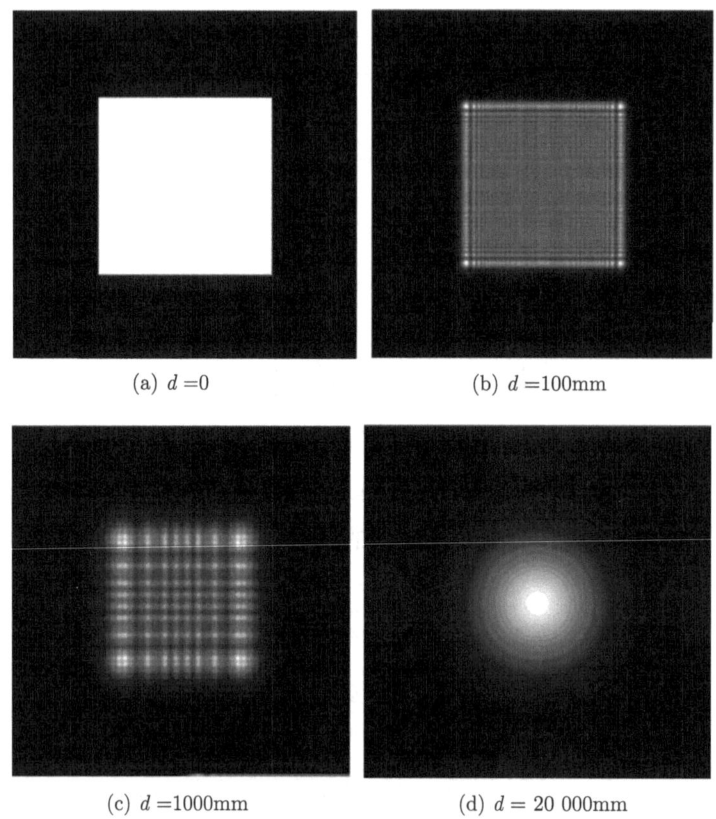

(a) $d$ =0　(b) $d$ =100mm

(c) $d$ =1000mm　(d) $d$ = 20 000mm

图 2-4-2　矩形孔在不同衍射距离的衍射图像

状衍射孔的衍射场。在许多情况下，这种处理能够准确快速地获得衍射结果[10]。此外，在激光应用研究中，常涉及非平面物体表面在激光照射下的光波场计算。如果基于经典衍射积分的快速傅里叶变换计算方法[10]，原则上可以先计算与物体表面相交的一序列平面的衍射场，然后用与物体相交曲线上的计算结果综合出物体表面的衍射场，但计算量很大。本节基于矩形孔的衍射计算公式，将菲涅耳衍射积分用菲涅耳函数近似表示，直接计算物体表面的衍射场，并给出应用实例[10]。

设 $x_0y_0$ 平面上的光波场可以足够好地限定在边长为 $2L_{xp}, 2L_{yp}$ 的矩形区域内，矩形区的边界与坐标轴平行，中心在 $(x_{0p}, y_{0p})$ 处，照明光源为沿 $z$ 轴传播的平面波 $U_0(x_0, y_0)$，经距离 $d$ 衍射后到达观测平面 $xy$ 的光波场可由菲涅耳衍射积分表示为

$$U_p(x,y) = \frac{\exp(\mathrm{j}kd)}{\mathrm{j}\lambda d}\int_{x_{0p}-L_{xp}}^{x_{0p}+L_{xp}}\int_{y_{0p}-L_{yp}}^{y_{0p}+L_{yp}} U_0(x_0,y_0) \times \exp\left\{\mathrm{j}\frac{k}{2d}\left[(x_0-x)^2+(y_0-y)^2\right]\right\}\mathrm{d}x_0\mathrm{d}y_0 \tag{2-4-15}$$

式中，$\mathrm{j}=\sqrt{-1}$，$k=2\pi/\lambda$，$\lambda$是光波长。

研究该表达式可知，积分过程中相位因子的符号随积分变量离开观察点 $(x,y)$ 的距离增加而迅速交替变化，积分结果主要取决于 $U_0$ 在 $(x,y)$ 邻域的积分值。因此，可将 $U_0$ 在 $(x,y)$ 点展为泰勒级数并只保留到一次项后进行近似运算，即令

$$U_0(x_0,y_0)=U_0(x,y)+\left.\frac{\partial U_0}{\partial x_0}\right|_{x,y}(x_0-x)+\left.\frac{\partial U_0}{\partial y_0}\right|_{x,y}(y_0-y) \tag{2-4-16}$$

代入式 (2-4-15)，经运算并引入菲涅耳函数得

$$U_p(x,y)=\frac{\exp(\mathrm{j}kd)}{\mathrm{j}\lambda d}\left[U_{00p}(x,y)+U_{0xp}(x,y)+U_{0yp}(x,y)\right] \tag{2-4-17}$$

其中

$$\begin{aligned}U_{00p}(x,y)=&\frac{1}{2}U_0(x,y)\left\{\left[C(\xi_{2p}(x))-C(\xi_{1p}(x))\right]+\mathrm{j}\left[S(\xi_{2p}(x))-S(\xi_{1p}(x))\right]\right\}\\&\times\left\{\left[C(\eta_{2p}(y))-C(\eta_{1p}(y))\right]+\mathrm{j}\left[S(\eta_{2p}(y))-S(\eta_{1p}(y))\right]\right\}\end{aligned} \tag{2-4-17a}$$

$$\begin{aligned}U_{0xp}(x,y)=&-\mathrm{j}\frac{\sqrt{|\lambda d|}}{2\sqrt{2}\pi}\left.\frac{\partial U_0}{\partial x_0}\right|_{x,y}\sin\left[\frac{2\pi}{\lambda d}L_{xp}(x_{0p}-x)\right]\\&\times\exp\left\{\mathrm{j}\frac{\pi}{\lambda d}\left[(x_{0p}-x)^2+L_{xp}^2\right]\right\}\times\left\{\left[C(\eta_{2p}(y))-C(\eta_{1p}(y))\right]\right.\\&\left.+\mathrm{j}\left[S(\eta_{2p}(y))-S(\eta_{1p}(y))\right]\right\}\end{aligned} \tag{2-4-17b}$$

$$\begin{aligned}U_{0yp}(x,y)=&-\mathrm{j}\frac{\sqrt{|\lambda d|}}{2\sqrt{2}\pi}\left.\frac{\partial U_0}{\partial y_0}\right|_{x,y}\sin\left[\frac{2\pi}{\lambda d}L_{yp}(y_{0p}-y)\right]\\&\times\exp\left\{\mathrm{j}\frac{\pi}{\lambda d}\left[(y_{0p}-y)^2+L_{yp}^2\right]\right\}\times\left\{\left[C(\xi_{2p}(x))-C(\xi_{1p}(x))\right]\right.\\&\left.+\mathrm{j}\left[S(\xi_{2p}(x))-S(\xi_{1p}(x))\right]\right\}\end{aligned} \tag{2-4-17c}$$

$$\xi_{1p}(x)=\sqrt{\frac{2}{\lambda d}}\left[(x_{0p}-L_{xp})-x\right],\quad \xi_{2p}(x)=\sqrt{\frac{2}{\lambda d}}\left[(x_{0p}+L_{xp})-x\right]$$

$$\eta_{1p}(y)=\sqrt{\frac{2}{\lambda d}}\left[(y_{0p}-L_{yp})-y\right],\quad \eta_{2p}(y)=\sqrt{\frac{2}{\lambda d}}\left[(y_{0p}+L_{yp})-y\right]$$

如果将实际的衍射屏分解为 $N$ 个尺寸足够小的矩形区域，让每一小矩形区域内 $\partial U_0/\partial x_0|_{x,y}$ 及 $\partial U_0/\partial y_0|_{x,y}$ 足够小，使得 $|U_{0xp}(x,y)/U_{00p}(x,y)|\ll 1$，$|U_{0yp}(x,y)/U_{00p}(x,y)|\ll 1$，衍射场也可以近似成

$$U_d(x,y)\approx\frac{\exp(\mathrm{j}kd)}{\mathrm{j}\lambda d}\sum_{p=1}^{N}U_{00p}(x,y) \tag{2-4-18}$$

这样，入射平面是一个任意给定透光孔的菲涅耳衍射计算不再是很困难的事，只是矩形孔径单元的划分还存在一个优化问题。

作为一个例子，图 2-4-3 给出形状为 “光” 字的入射孔 (图 2-4-3(a))，可以分解为不同形式小矩形孔进行衍射计算的示意图。虽然采用不同数目的矩形孔模拟入射孔 (图 2-4-3(b)，(c)) 时均能得到相同的衍射计算结果，但图 2-4-3(c) 的方案要比图 2-4-3(b) 节约许多计算时间。为直观起见，图 2-4-3(d) 给出平面波照射衍射孔后刚通过衍射孔的光波场能量分布，图 2-4-3(e) 为不同分解方案计算出的同一衍射结果。

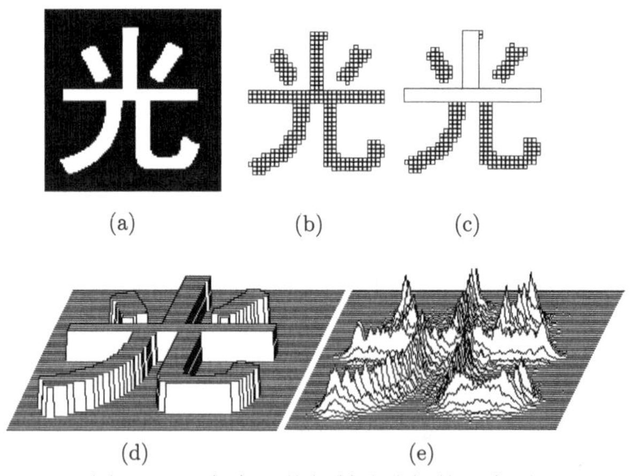


图 2-4-3　复杂形状衍射孔分解的示意图

### 2.4.4　利用矩形孔衍射公式计算折射棱镜阵列的衍射场

在激光工业应用中，为获得均匀的光辐照，利用折射棱镜阵列将激光束分割为若干子光束，在照射目标上进行叠加的光学系统被称为积分镜。国内外曾经研究过许多不同形式的积分镜[10]，现以一积分镜为例[13,14] 给出式 (2-4-18) 的应用实例。

所研究的积分镜如图 2-4-4 所示。该元件可以视为四个三棱镜的组合体。设 $x_0y_0$ 坐标面与光束的传播方向垂直，坐标原点与光束中心吻合。当光束沿光学系统的对称轴透过光学系统时，透射镜阵列使入射光束沿各折射面分割和折射，形成四瓣子光束，在预定平面上重新叠加成矩形光斑。如果忽略光的干涉及衍射效应，理论分析已经证明[10]，若入射光束是半径为 $w$ 的基横模高斯光束，叠加光斑边长为 $1.1w$，光斑内具有较好的均匀度。

由于各子光束的传播方向对称，可以通过第一象限光束传播的研究综合出叠加平面上的光场。设第一象限棱镜表面法线与 $z$ 轴的夹角为 $\theta$，棱镜的折射率为 $n$，穿过第一象限光束的波矢方向与 $z$ 轴的夹角为 $\Delta\theta$，根据折射定理有

$$n\sin\theta = \sin(\theta + \Delta\theta) = \sin\theta\cos\Delta\theta + \cos\theta\sin\Delta\theta \tag{2-4-19}$$

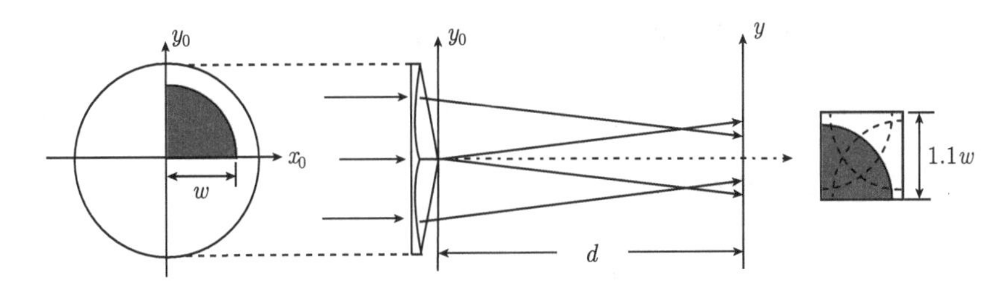


图 2-4-4 四棱折射镜对光束变换示意图

注意到 $\Delta\theta$ 通常较小，于是有 $\cos\Delta\theta \approx 1, \sin\Delta\theta \approx \Delta\theta$，由上式得

$$\Delta\theta = (n-1)\tan\theta \tag{2-4-20}$$

根据对称性，并注意到折射光束的方向，该折射光束波矢量沿 $x$，$y$ 的方向余弦均为 $-\sqrt{2}\Delta\theta/2$。令射向棱镜的基横模高斯光束的功率为 $P_0$，$P_1(x_0,y_0)$ 是第一象限元件的光瞳函数，透过第一象限透镜的子光束可以表示为[13]

$$U_{01}(x_0,y_0) = P_1(x_0,y_0)\sqrt{\frac{2P_0}{\pi w^2}}\exp\left(-\frac{x_0^2+y_0^2}{w^2}\right)\exp\left[-\mathrm{j}k\frac{\sqrt{2}}{2}\Delta\theta(x_0+y_0)\right] \tag{2-4-21}$$

经距离 $d$ 的衍射后，该光束的光波场由菲涅耳衍射积分给出

$$U_1(x,y) = \frac{\exp(\mathrm{j}kd)}{\mathrm{j}\lambda d}\int_{-\infty}^{\infty}\int_{-\infty}^{\infty}U_{01}(x_0,y_0)\exp\left\{\mathrm{j}\frac{k}{2d}\left[(x_0-x)^2+(y_0-y)^2\right]\right\}\mathrm{d}x_0\mathrm{d}y_0 \tag{2-4-22}$$

根据高斯光束分布的特点，在两倍半径外区域的光场能量相对于总光束能量可以忽略不计，于是，可以将 $P_1(x_0,y_0)$ 视为是第一象限宽度为 $2w$ 的方形光瞳，光瞳的两个边与两坐标轴重合。将式 (2-4-21) 代入式 (2-4-22)，并令 $s_\theta = \frac{\sqrt{2}}{2}\Delta\theta$，合并积分号内复相位因子后可以求得

$$\begin{aligned}U_1(x,y) = &\sqrt{\frac{2P_0}{\pi w^2}}\frac{\exp\left\{\mathrm{j}k\left[\left(1-s_\theta^2\right)d - s_\theta(x+y)\right]\right\}}{\mathrm{j}\lambda d}\\&\times\int_{-s_\theta d}^{2w-s_\theta d}\int_{-s_\theta d}^{2w-s_\theta d}\exp\left[-\frac{(\hat{x}+s_\theta d)^2+(\hat{y}+s_\theta d)^2}{w^2}\right]\\&\times\exp\left\{\mathrm{j}\frac{k}{2d}\left[(\hat{x}-x)^2+(\hat{y}-y)^2\right]\right\}\mathrm{d}\hat{x}\mathrm{d}\hat{y}\end{aligned} \tag{2-4-23}$$

其中，$\hat{x} = x_0 - s_\theta d, \hat{y} = y_0 - s_\theta d$。

按照衍射积分的物理意义可以看出，经距离 $d$ 的衍射后，第一象限的光束截面在观测平面上向 $x$ 及 $y$ 负向均平移了 $s_\theta d$。

根据对称性，叠加平面上的光波场可以写成

$$U(x,y)=U_1(x,y)+U_1(-x,y)+U_1(x,-y)+U_1(-x,-y) \tag{2-4-24}$$

叠加平面上的光波场强度分布即为

$$I(x,y)=U(x,y)\,U^*(x,y) \tag{2-4-25}$$

可见，只要能够计算式 (2-4-23)，便能按照上式完成光波场强度分布计算。

理论分析证明[10]，对于下面模拟的实际问题，根据式 (2-4-18) 的近似可以得到足够好的结果。因此，将式 (2-4-23) 近似为

$$\begin{aligned}U_1(x,y)=&\sqrt{\frac{2P_0}{\pi w^2}}\frac{\exp\left\{\mathrm{j}k\left[\left(1-s_\theta^2\right)d-s_\theta(x+y)\right]\right\}}{\mathrm{j}\lambda d}\\&\times\exp\left[-\frac{(x+s_\theta d)^2+(y+s_\theta d)^2}{w^2}\right]\times V_1(x,y)\end{aligned} \tag{2-4-26}$$

其中

$$\begin{aligned}V_1(x,y)=&\int_{-s_\theta d}^{2w-s_\theta d}\int_{-s_\theta d}^{2w-s_\theta d}\exp\left\{\mathrm{j}\frac{k}{2d}\left[(\hat{x}-x)^2+(\hat{y}-y)^2\right]\right\}\mathrm{d}\hat{x}\mathrm{d}\hat{y}\\=&\frac{1}{2}\left\{\left[C(\xi_2(x))-C(\xi_1(x))\right]+\mathrm{j}\left[S(\xi_2(x))-S(\xi_1(x))\right]\right\}\\&\times\left\{\left[C(\eta_2(y))-C(\eta_1(y))\right]+\mathrm{j}\left[S(\eta_2(y))-S(\eta_1(y))\right]\right\}\end{aligned} \tag{2-4-26a}$$

以及

$$\begin{aligned}&\xi_1(x)=\sqrt{\frac{2}{\lambda d}}\left[(-s_\theta d)-x\right],\quad \xi_2(x)=\sqrt{\frac{2}{\lambda d}}\left[(2w-s_\theta d)-x\right]\\&\eta_1(y)=\sqrt{\frac{2}{\lambda d}}\left[(-s_\theta d)-y\right],\quad \eta_2(y)=\sqrt{\frac{2}{\lambda d}}\left[(2w-s_\theta d)-y\right]\end{aligned} \tag{2-4-26b}$$

因此，给定光束参数、衍射距离及棱镜参数后，将式 (2-4-26) 及相关各量代入式 (2-2-25) 便能对叠加光斑的强度分布进行计算。理论分析证明 [10]，各光束间干涉强烈，且干涉条纹在 $x$ 及 $y$ 向的间距均为 $T=\dfrac{\lambda}{\sqrt{2}(n-1)\tan\theta}$。但是，当激光照射对象是导热性能较好的金属材料，并且作用时间足够长时，干涉条纹对热作用的影响通常可以忽略，因此，叠加光斑的强度分布可以近似为四束光强度分布的叠加，即

$$U(x,y)\approx|U_1(x,y)|^2+|U_1(-x,y)|^2+|U_1(x,-y)|^2+|U_1(-x,-y)|^2 \tag{2-4-27}$$

令$\lambda$=10.6μm，$w$=7.2mm，$d$=150mm，图 2-4-5 给出理论叠加边宽为 1.1$w$ 时光斑的强度分布图像，该图的研究已经得到实验证实[10]。可以看出，衍射条纹的存在显著破坏了光斑强度分布的均匀性，实际上不可能得到几何光学预计的结果。在应用研究中，为有效抑制衍射条纹对光斑均匀性的影响，可以设计叠像式积分镜[15]，将激光辐照平面设计为各子光束分割面的像的叠加，从而得到均匀度很好的光斑。

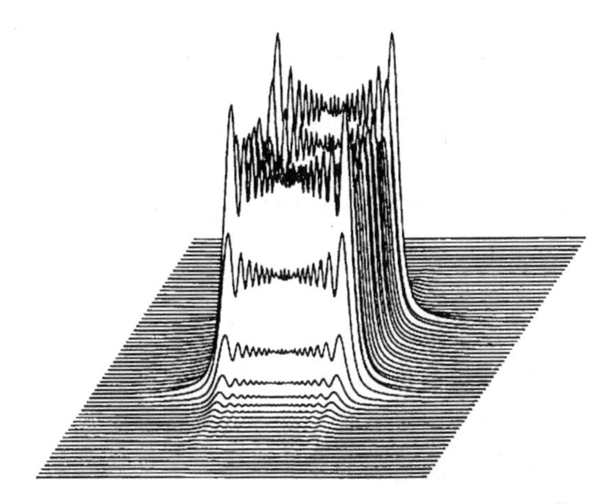

图 2-4-5 理论叠加边宽为 1.1$w$ 时光斑的强度分布图像

### 2.4.5 三角形孔的菲涅耳衍射

由于任意形状的透光孔通常可以由不同形状的三角形孔的组合表示，并且，任意形状的空间曲面可以由彼此相连的不同形状的三角形面元表示，研究三角形孔的菲涅耳衍射具有重要意义。

根据式 (2-2-43)，可以将菲涅耳衍射积分表示为

$$U(x,y)=\mathcal{F}^{-1}\left\{\mathcal{F}\{U_0(x,y)\}\exp\left[\mathrm{j}kd\left(1-\frac{\lambda^2}{2}(f_x^2+f_y^2)\right)\right]\right\} \tag{2-4-28}$$

令 $G_k(f_x,f_y)=\mathcal{F}\{U_0(x,y)\}$，当 $G_k(f_x,f_y)$ 是一个解析函数时，菲涅耳衍射的主要运算只需要一次逆傅里叶变换便能完成。借助于快速傅里叶变换理论及现代计算机技术（见第 3 章），傅里叶变换及逆变换的运算很容易实现。下面对任意给定位置的三角形孔的菲涅耳衍射计算进行讨论。

图 2-4-6 中，令直角坐标 $o_0x_0y_0z_0$ 的 $o_0z_0$ 轴与光轴相重合，在所研究的三角形孔上建立直角坐标 $o_kxy$，让三角形的最长边与 $x$ 轴重合，该边上的高与 $y$ 轴重合，$x$ 轴与 $x_0$ 轴的夹角为 $\theta_k$，$o_kxy$ 的坐标原点在 $z_0=0$ 平面上的位置为 $(x_k,y_k)$。组成三角形的两个直角三角形的直角边长度分别为 $a_k,b_k$ 及 $a_k,c_k$。

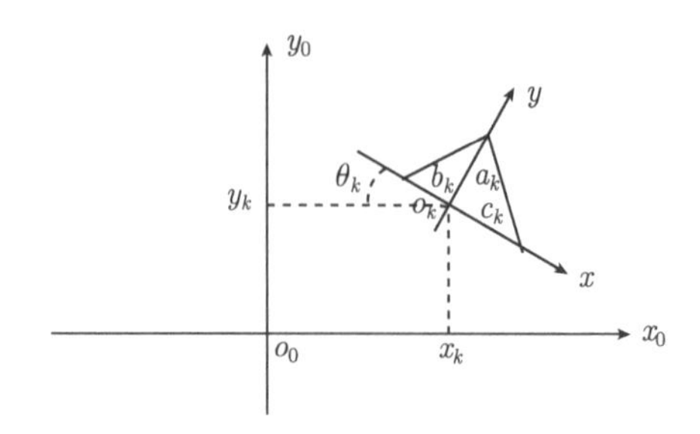


图 2-4-6　三角形孔的菲涅耳衍射计算坐标定义

基于 2.3.3 节三角形孔傅里叶变换的研究，坐标系 $o_kxy$ 中三角形孔的傅里叶变换有解析解 $T_k(f_{kx}, f_{ky})$，在坐标系 $o_0x_0y_0$ 中，该三角形孔的傅里叶变换 $G_k(f_x, f_y)$ 可以根据位移定理（见第 1 章）及两坐标系的旋转变换关系得到，即

$$G_k(f_x, f_y) = T_k(f_x\cos\theta_k + f_y\sin\theta_k, f_y\cos\theta_k - f_x\sin\theta_k) \times \exp[-\mathrm{j}2\pi(x_kf_x + y_kf_y)] \tag{2-4-29}$$

利用解析解 $T_k(f_{kx}, f_{ky})$，令 $a_k = 2\text{mm}$，$b_k = 2\text{mm}$，$c_k = 4\text{mm}$，$\theta_k = \pi/3$，以及 $\lambda = 0.000\ 532\text{mm}$，将式 (2-4-29) 代入式 (2-4-28)，图 2-4-7 给出平面光波垂直照射的三角形孔及不同衍射距离 $d$ 的衍射图像。

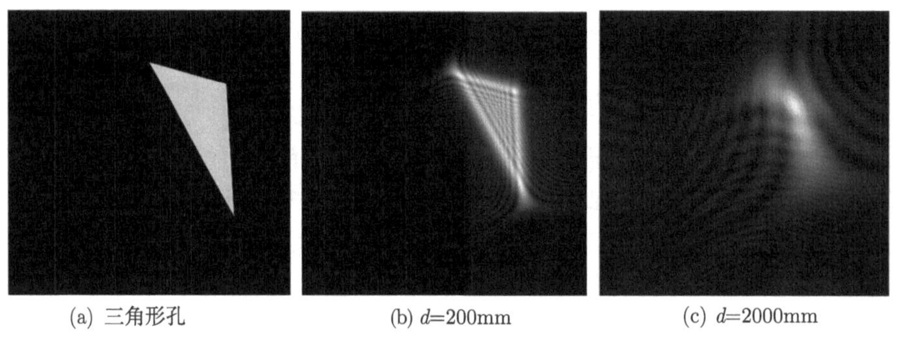

(a) 三角形孔　　(b) $d$=200mm　　(c) $d$=2000mm

图 2-4-7　三角形孔及不同衍射距离 $d$ 的衍射图像 (10mm×10mm)

## 2.5　柯林斯公式

在应用研究中，通常涉及光波在光学系统中的传播问题，如果合适选择系统的光轴，使光传播沿光轴附近进行，傍轴条件通常是能够满足的。因此，原则上可以从菲涅耳衍射积分出发，或直接利用基尔霍夫公式及瑞利–索末菲公式，逐一计算光波通过光学系统时由相邻光学元件所确定的空间平面上的光波场，最后获得光学系统后的光波复振幅分布。然而，由于衍射计算比较繁杂，特别是在计算机还很不普及的年代，这种计算事实上行不通。于是，不得不忽略光学系统孔径光阑之

外的任何光学元件的空间滤波作用，采用两种等价的半傅里叶光学方法作衍射计算[1]：其一，将相干光通过傍轴光学系统的衍射视为像空间中的光束通过系统出射光瞳的衍射；其二，首先计算物空间中光束通过系统入射光瞳的衍射，然后再将衍射场成像到像空间。通常情况下，以上两种计算方法都能得到较满意的结果。

按照矩阵光学理论[22,23]，轴对称傍轴光学系统的光学特性可以由一个 2×2 的矩阵 $\begin{bmatrix} A & B \\ C & D \end{bmatrix}$ 描述，一个非轴对称傍轴光学系统的特性也可以由一个 4×4 的矩阵描述。于是，出现一个很有意义的问题：如果能够根据上面处理衍射问题的半傅里叶光学思想，将相干光通过傍轴光学系统时的衍射表达为一个方便使用的，与矩阵元素 $ABCD$ 相关的计算公式，无疑要大大方便衍射问题的研究。1970 年，柯林斯 (Collins) 从衍射的菲涅耳近似出发，与矩阵光学相结合，通过光线在 $ABCD$ 光学系统中程函的研究，在不考虑光学元件的空间滤波效应的前提下，导出了光波通过轴对称傍轴光学系统的菲涅耳衍射公式 —— 柯林斯公式[2]，我们将证明[10]，柯林斯公式事实上就是上面处理衍射问题的半傅里叶光学思想在轴对称傍轴光学系统中的数学表达式。

### 2.5.1 傍轴光学系统的 $ABCD$ 矩阵表示

几何光学中常见的光学系统，通常是由透镜、反射镜、折射率突变的界面、均匀或非均匀介质以及它们的组合构成的。相应地，光学系统中光的传播则用光线来表示。在傍轴光学系统中，只要能够模拟一条傍轴光线的径迹便能较好地确定光学系统的性能。为便于讨论，设 $z$ 轴为光学系统的光轴，在 $z=z_1$ 平面上，所模拟光线与该平面的交点为 $(x_1, y_1)$，光线的切线方向余弦为$\alpha_1$，$\beta_1$ 及 $\sqrt{1-\alpha_1^2-\beta_1^2}$。在 $z=z_1$ 的输入平面及 $z=z_2$ 的输出平面上，这些参数可以分别写成两个列矩阵的形式[22,23]，即

$$\text{输入平面} \begin{bmatrix} x_1 \\ y_1 \\ \alpha_1 \\ \beta_1 \end{bmatrix}, \quad \text{输出平面} \begin{bmatrix} x_2 \\ y_2 \\ \alpha_2 \\ \beta_2 \end{bmatrix}$$

几何光学中，傍轴光学系统对傍轴光线的变换满足线性近似，即光线由 $z=z_1$ 平面传播到 $z=z_2$ 平面之间所通过的光学系统对光线的变换可以表示为

$$\begin{bmatrix} x_2 \\ y_2 \\ \alpha_2 \\ \beta_2 \end{bmatrix} = \begin{bmatrix} a_{11} & a_{12} & b_{11} & b_{12} \\ a_{21} & a_{22} & b_{21} & b_{22} \\ c_{11} & c_{12} & d_{11} & d_{12} \\ c_{21} & c_{22} & d_{21} & d_{22} \end{bmatrix} \begin{bmatrix} x_1 \\ y_1 \\ \alpha_1 \\ \beta_1 \end{bmatrix} = \begin{bmatrix} \boldsymbol{A} & \boldsymbol{B} \\ \boldsymbol{C} & \boldsymbol{D} \end{bmatrix} \begin{bmatrix} x_1 \\ y_1 \\ \alpha_1 \\ \beta_1 \end{bmatrix} = \boldsymbol{M} \begin{bmatrix} x_1 \\ y_1 \\ \alpha_1 \\ \beta_1 \end{bmatrix} \tag{2-5-1}$$

其中，$\boldsymbol{A}$，$\boldsymbol{B}$，$\boldsymbol{C}$，$\boldsymbol{D}$ 分别代表对应的小写字母表示的 $2\times2$ 矩阵。

式 (2-5-1) 表明，在线性近似下，一般傍轴光学系统的输出光线参数是输入光线参数经过一个 $4\times4$ 矩阵 $\boldsymbol{M}$ 的变换，$\boldsymbol{M}$ 称为光学系统的变换矩阵。因此，根据实际给定的光学系统确定出 $\boldsymbol{M}$ 的各矩阵元素，则光学系统的性质被完全确定。

实际上，由于许多光学系统是轴对称的，在任何包含 $z$ 轴的平面内，光学系统对光线的变换是完全相同的，即只需要光线与参考平面交点到 $z$ 轴的距离 $r$，交点处光线切线方向与 $z$ 轴的夹角$\theta$ 这两个参数，便能够完全确定光线。于是，光线由 $z=z_1$ 平面传播到 $z=z_2$ 平面的光学系统对光线的变换只需要一个 $2\times2$ 矩阵，若用$A$，$B$，$C$，$D$代表这个矩阵的四个元素，则

$$\begin{bmatrix} r_2 \\ \theta_2 \end{bmatrix} = \boldsymbol{M} \begin{bmatrix} r_1 \\ \theta_1 \end{bmatrix} = \begin{bmatrix} A & B \\ C & D \end{bmatrix} \begin{bmatrix} r_1 \\ \theta_1 \end{bmatrix} \tag{2-5-2}$$

每一个光学元件或元件之间的传输介质均能视为一个简单的子光学系统，都对应地有自己的变换矩阵。当一个光学系统由 $N$ 个元件组成时，光线穿过整个光学系统时所受到的变换则可以按照光束穿过子光学系统的次序表示为

$$\begin{aligned} \begin{bmatrix} r_0 \\ \theta_0 \end{bmatrix} &= \begin{bmatrix} A_N & B_N \\ C_N & D_N \end{bmatrix} \cdots \begin{bmatrix} A_2 & B_2 \\ C_2 & D_2 \end{bmatrix} \begin{bmatrix} A_1 & B_1 \\ C_1 & D_1 \end{bmatrix} \begin{bmatrix} r_i \\ \theta_i \end{bmatrix} \\ &= \boldsymbol{M}_N \cdots \boldsymbol{M}_2 \boldsymbol{M}_1 \begin{bmatrix} r_i \\ \theta_i \end{bmatrix} \end{aligned} \tag{2-5-3}$$

上式为归纳了一个确定光学系统变换矩阵的方法，即按光线穿过组成光学系统的基本元件的顺序，首先确定出每一个基本元件的变换矩阵 $\boldsymbol{M}_1$，$\boldsymbol{M}_2$，$\cdots$，$\boldsymbol{M}_N$，然后，按上式所示的顺序进行矩阵相乘，即得到整个光学系统的变换矩阵

$$\boldsymbol{M} = \boldsymbol{M}_N \cdots \boldsymbol{M}_2 \boldsymbol{M}_1 = \begin{bmatrix} A_N & B_N \\ C_N & D_N \end{bmatrix} \cdots \begin{bmatrix} A_2 & B_2 \\ C_2 & D_2 \end{bmatrix} \begin{bmatrix} A_1 & B_1 \\ C_1 & D_1 \end{bmatrix} \tag{2-5-4}$$

很明显，确定光学系统的变换矩阵时，各基本元件的变换矩阵在乘积运算时只能按照上式所规定的顺序，即光线通过的第一个光学元件的矩阵放在乘积序列的最右方，自右向左逐一排列，否则，计算结果通常将对应于同一组元件构成的另一个光学系统。

理论上已经证明，傍轴光学系统的变换矩阵具有一个重要的性质，那就是当入射平面处介质的折射率为 $n_1$，出射平面处的介质折射率为 $n_2$ 时，变换矩阵对应行列式的值为 $n_1/n_2$，即

$$\det \boldsymbol{M} = AD - BC = n_1/n_2 \tag{2-5-5}$$

在实际应用中，由于光学系统通常是处于同一介质空间，因此，式 (1-4-11) 变为

$$\det \boldsymbol{M} = AD - BC = 1 \tag{2-5-6}$$

不难看出，以上两式可以作为考察复杂光学系统变换矩阵运算是否正确的一个重要参考。

按照光路计算及傍轴几何光学理论，可以方便地建立每一个常用光学元件的变换矩阵。但是，为实现正确的计算，必须建立下述基本概念及遵守相应的符号规则。现以图 2-5-1 两个球面折射面及不同折射率介质组成的光学系统为例，对有关参数及其符号作定义[4]。

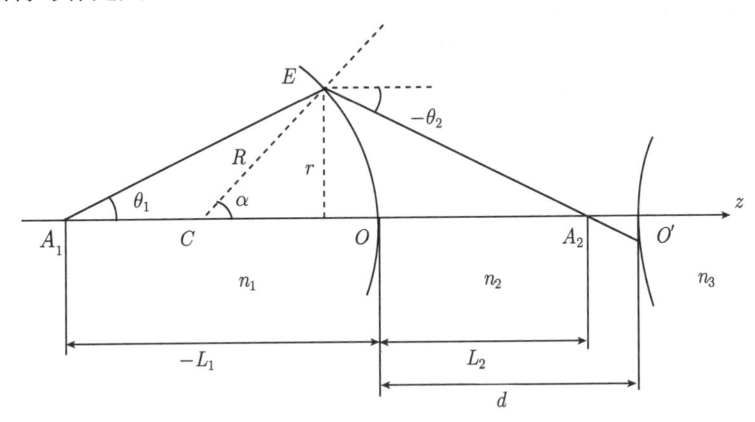


图 2-5-1 光学系统参数及符号规定参考图

图 2-5-1 中，左边的折射球面是折射率为 $n_1$ 和 $n_2$ 的两种介质的界面，$C$ 为球面中心，$CO$ 为曲率半径，并以 $R$ 表示。光轴 $z$ 通过球心 $C$ 与球面交于顶点 $O$。通过物点 $A_1$ 和光轴的截面叫子午面。在子午面内，光线的位置由物方截距及物方孔径角确定，定义如下。

物方截距：顶点 $O$ 到光线与光轴的交点 $A_1$ 的有符号距离 $L_1 = OA_1$；

物方孔径角：入射光线与光轴的有符号夹角 $\theta_1 = \angle OA_1E$。

轴上点 $A_1$ 发出的光线 $A_1E$ 经折射后与光轴交于 $A_2$ 点。类似地，光线 $EA_2$ 的位置由像方截距 $OA_2$ 及像方孔径角$\theta_2 = \angle OA_2E$ 确定。在作图研究光学系统时，对长度及角度的标注及符号作如下规定[4]。

(1) 作图表示各参考点的实际距离及角度时，应标注距离及角度的绝对值。

(2) 沿轴线段：规定自左向右为光线的正方向，以折射面的顶点 $O$ 为原点。由原点到光轴与光线的交点和光线传播方向相同时，其值为正，反之为负。因此，图中物方截距 $OA_1$ 为负。由于作图表示实际距离时应标注绝对值，故图中 $OA_1$ 的标注使用了符号 $-L_1$。

(3) 垂轴线段：以光轴为基准，在光轴以上为正，在光轴以下为负。

(4) 光线与光轴的夹角：用光轴转向光线所形成的锐角度量，顺时针为负，反时针为正。例如，从光轴转向出射光线时其方向为顺时针，故夹角为负。标注时便写为 $-\theta_2$。

(5) 折射面间隔：由前一面的顶点到后一面的顶点，顺光线方向为正，逆光线方向为负。图中示出了由左端折射面顶点 $O$ 到右端折射面顶点 $O'$ 的间隔 $d$。

应该指出，符号的规定是人为的，目前并未完全统一，但一经规定，只要严格遵守，就能获得正确的结果。

作为实例，以图 2-5-1 中折射率为 $n_1$，$n_2$ 介质的球面界面为参考，给出确定轴对称球面折射面矩阵元素的过程。

令垂直于光轴并通过 $O$ 点的平面为参考平面。对于傍轴光学系统，光线入射点 $E$ 的垂足将非常接近 $O$ 点，因此，可以认为 $E$ 点的坐标即为入射光线及折射光线与参考平面交点的坐标，即 $r_1 = r_2 = r$。

根据几何关系及对角度符号的规定，图示光线的入射角与折射角的绝对值分别为$\alpha - \theta_1$ 和$\alpha - \theta_2$，则傍轴近似下的折射定律为 $n_1(\alpha - \theta_1) = n_2(\alpha - \theta_2)$，并且

$$\alpha = \arctan\frac{r}{R} \approx \frac{r}{R} \tag{2-5-7}$$

于是得到

$$\theta_2 = \frac{(n_2 - n_1)\,r}{n_2 R} + \frac{n_1\theta_1}{n_2} \tag{2-5-8}$$

将上述结果写成矩阵形式

$$\begin{bmatrix} r_2 \\ \theta_2 \end{bmatrix} = \begin{bmatrix} 1 & 0 \\ \dfrac{n_2 - n_1}{n_2 R} & \dfrac{n_1}{n_2} \end{bmatrix} \begin{bmatrix} r_1 \\ \theta_1 \end{bmatrix}$$

因此，折射率突变球面的变换矩阵为

$$\boldsymbol{M} = \begin{bmatrix} 1 & 0 \\ \dfrac{n_2 - n_1}{n_2 R} & \dfrac{n_1}{n_2} \end{bmatrix} \tag{2-5-9}$$

令上式中 $R \to \infty$，即得到光线穿过两介质交界平面时的变换矩阵

$$\boldsymbol{M} = \begin{pmatrix} 1 & 0 \\ 0 & \dfrac{n_1}{n_2} \end{pmatrix} \tag{2-5-10}$$

一些轴对称常用光学元件的 2×2 变换矩阵示于表 2-5-1。

**表 2-5-1 轴对称常用光学元件的 2×2 变换矩阵**[10,23]

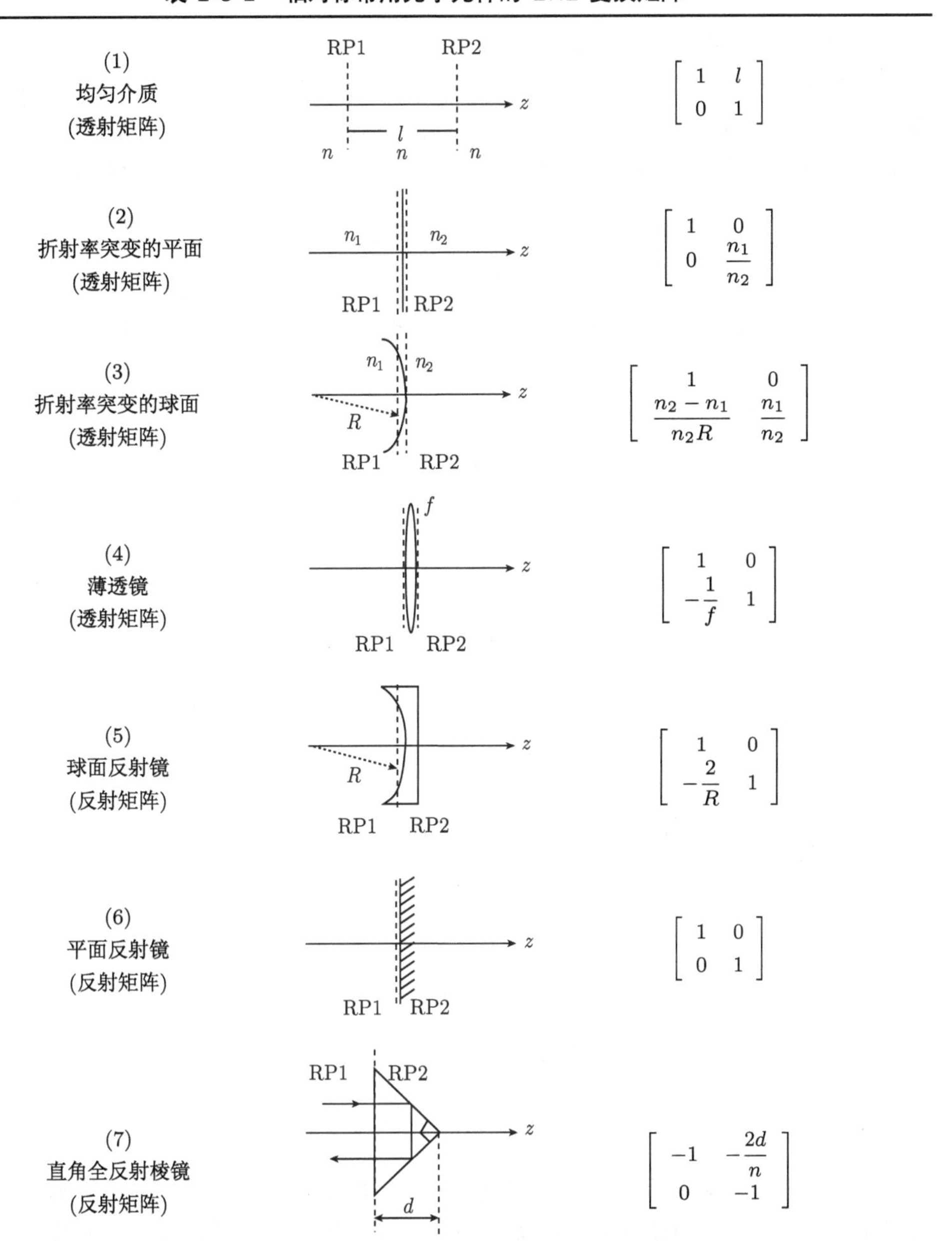

| 元件 | 变换矩阵 |
| --- | --- |
| (1) 均匀介质 (透射矩阵) | $\begin{bmatrix} 1 & l \\ 0 & 1 \end{bmatrix}$ |
| (2) 折射率突变的平面 (透射矩阵) | $\begin{bmatrix} 1 & 0 \\ 0 & \dfrac{n_1}{n_2} \end{bmatrix}$ |
| (3) 折射率突变的球面 (透射矩阵) | $\begin{bmatrix} 1 & 0 \\ \dfrac{n_2-n_1}{n_2R} & \dfrac{n_1}{n_2} \end{bmatrix}$ |
| (4) 薄透镜 (透射矩阵) | $\begin{bmatrix} 1 & 0 \\ -\dfrac{1}{f} & 1 \end{bmatrix}$ |
| (5) 球面反射镜 (反射矩阵) | $\begin{bmatrix} 1 & 0 \\ -\dfrac{2}{R} & 1 \end{bmatrix}$ |
| (6) 平面反射镜 (反射矩阵) | $\begin{bmatrix} 1 & 0 \\ 0 & 1 \end{bmatrix}$ |
| (7) 直角全反射棱镜 (反射矩阵) | $\begin{bmatrix} -1 & -\dfrac{2d}{n} \\ 0 & -1 \end{bmatrix}$ |

当实际光学系统已经不是轴对称系统时，应采用光线传播的傍轴近似或线性近似，确定出式 (2-5-1) 的 4×4 变换矩阵。有兴趣的读者可以参考矩阵光学的专著[22,23]。

### 2.5.2 傍轴球面波的 *ABCD* 定律及等效傍轴透镜光学系统

1) 傍轴球面波的 $ABCD$ 定律

作为光学矩阵的一个重要的应用实例，现在研究傍轴光学系统对球面波的变换。在图 2-5-2 中，光学系统由 $ABCD$ 矩阵表示，RP1 为进入光学系统的入射参考平面，RP2 为离开光学系统的参考平面。半径为 $R_1$，来自轴上点 $O_1$ 的球面波可以用 RP1 上同心光束的一条光线 $\begin{bmatrix} r_1 \\ \theta_1 \end{bmatrix}$ 表示，从光学系统出射的球面波则用 RP2 平面上该光线的出射光线 $\begin{bmatrix} r_2 \\ \theta_2 \end{bmatrix}$ 表示。根据上面的讨论可知，这两组参数的关系为

$$\begin{cases} r_2 = Ar_1 + B\theta_1 \\ \theta_2 = Cr_1 + D\theta_1 \end{cases} \tag{2-5-11}$$

在傍轴近似下，入射及出射球面波的半径 $R_1$，$R_2$ 可表为

$$\begin{cases} R_1 = \dfrac{r_1}{\theta_1} \\ R_2 = \dfrac{r_2}{\theta_2} \end{cases} \tag{2-5-12}$$

由以上两式得到

$$R_2 = \frac{AR_1 + B}{CR_1 + D} \tag{2-5-13}$$

上式即球面波曲率半径经傍轴光学系统变换的 $ABCD$ 定律。

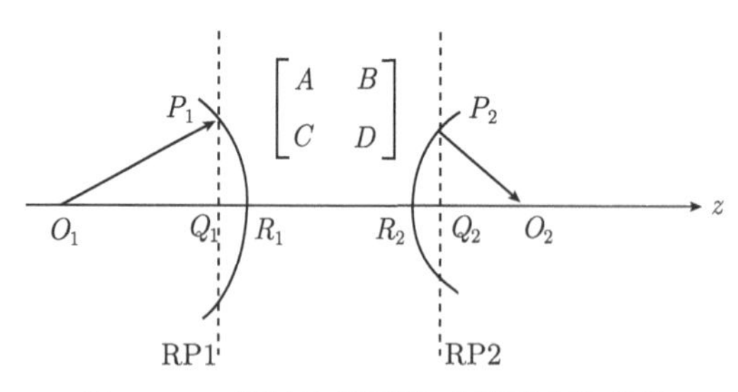


图 2-5-2 傍轴光学系统对球面波的变换

按照前面对光束参数正负符号的规定可知，如果光线的传播是图中所示情形，则因 $r_1 > 0, \theta_1 > 0$ 而使 $R_1 = r_1/\theta_1 > 0$，代表入射波为发散的球面波；而 $r_2 > 0, \theta_2 < 0$ 使 $R_2 = r_2/\theta_2 < 0$，代表会聚的球面波。因此，如果将 $O_1$ 所在平面视为物平面，则 $O_2$ 所在平面将是该物平面对应的像平面，并且，光线通过光学系统后成的像是实像。因此，上述 $ABCD$ 定律也可以看成几何光学成像规律的另一种表示方法。

2) $ABCD$ 系统的等效傍轴透镜系统

在傍轴光学系统中，大量的问题均与成像问题相关。变换矩阵为 $ABCD$ 的光学系统可以等效为一个具有成像功能的傍轴透镜系统。现在来研究变换矩阵元素与等效傍轴透镜系统各参数间的关系。图 2-5-3 为等效傍轴透镜系统的示意图。图中，RP1，RP2 为入射平面及出射平面，$H_1$，$H_2$ 为成像系统的第一及第二主平面，$h_2$ 为 $H_2$ 到 RP2 的距离。让入射光线平行于 $z$ 轴进入光学系统，根据图示光线参数定义及式 (2-5-11)，出射光线与入射光线之间的关系为

$$\begin{cases} r_2 = Ar_1 \\ \theta_2 = Cr_1 \end{cases}$$

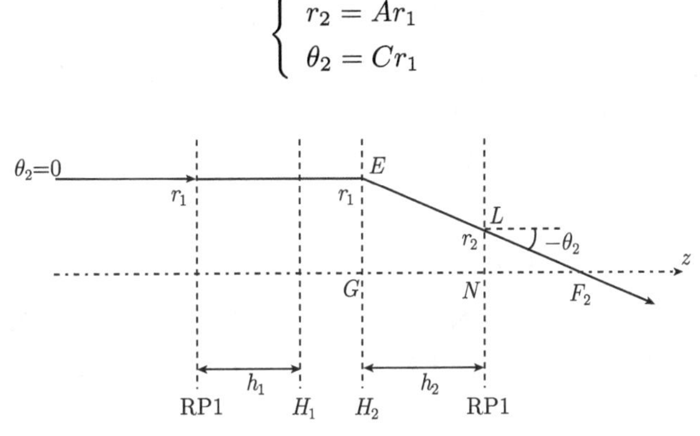


图 2-5-3 等效傍轴透镜系统的示意图

按照几何光学理论，平行于光轴入射的光线将直进到第二主平面 $H_2$，然后折向焦点 $F_2$。令焦距为 $f_e$，由于 $\triangle EGF_2$ 相似于 $\triangle LNF_2$，并且根据对符号的规定，$\theta_2 < 0$，则

$$\begin{cases} -\theta_2 = \dfrac{r_1}{f_e} \\ \dfrac{r_1}{f_e} = \dfrac{r_2}{f_e - h_2} \end{cases}$$

于是得到

$$f_e = -\frac{1}{C} \tag{2-5-14}$$

$$h_2 = \frac{A-1}{C} \tag{2-5-15}$$

光线沿图示 $z$ 轴负向平行进入光学系统，令 $h_1$ 为主平面 $H_1$ 到 RP1 的距离，经过类似的讨论可得

$$h_1 = \frac{D-1}{C} \tag{2-5-16}$$

我们看到，变换矩阵为 $\begin{pmatrix} A & B \\ C & D \end{pmatrix}$ 的光学系统可以等效为一个傍轴透镜系统，

以上三式给出了矩阵元素与透镜系统的各参数的关系。在下面对柯林斯公式讨论中将用到这些结论。

3) 矩阵元素分别取零值时光学系统的性质

矩阵元素分别取零值时，对应的光学系统及矩阵元素有特定的物理意义。为对后面的衍射研究提供方便，根据式 (2-5-11) 进行研究[10]。

矩阵元素取零值时相应的光线传播情况示于图 2-5-4，结合图像分别研究如下。

(1) 当 $A=0$ 时，$r_2=B\theta_1$，即所有以$\theta_1$ 角度平行入射到光学系统的光线，都将在 RP2 上的同一点会聚，RP2 是光学系统的像方焦面。

(2) 当 $B=0$ 时，$r_2=Ar_1$。该结果表明，凡是在入射平面 RP1 上经相同的点入射的光线束，在 RP2 上将会聚在同一点。也就是说，RP1 与 RP2 组成了一对物–像共轭平面。并且，$A$ 有明确的物理意义，它代表像的垂轴放大率 $A=r_2/r_1$。

(3) 当 $C=0$ 时，$\theta_2=D\theta_1$。我们看到，在入射平面 RP1 平行入射的光束，将在出射平面 RP2 以平行光束出射。该光学系统是一个望远镜系统。

(4) 当 $D=0$ 时，$\theta_2=Cr_1$，即所有在入射平面 RP1 上同一点发出的光线经过光学系统后，在出射平面 RP2 上成为相互平行的光线。换言之，RP1 是光学系统的前焦面。

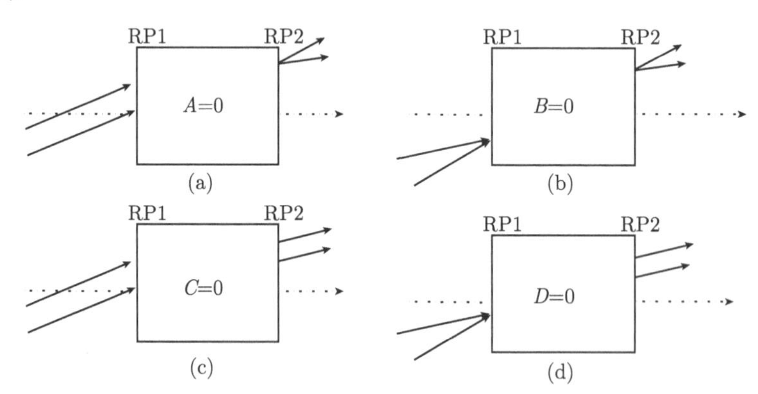


图 2-5-4 矩阵元素取零值时光线的传播情况

### 2.5.3 柯林斯公式推导

忽略光学系统内部的衍射受限问题后，柯林斯根据矩阵光学、光线传播的程函理论及衍射的傍轴近似导出了光波通过光学系统传播的衍射场计算公式[2]。当光学系统能够由 2×2 元素的变换矩阵 $\begin{pmatrix} A & B \\ C & D \end{pmatrix}$ 描述，并且入射平面及出射平面

均处于折射率为 1 的介质空间时，其形式为

$$U_2(x_2,y_2)=\frac{\exp(\mathrm{j}kL)}{\mathrm{j}\lambda B}\int_{-\infty}^{\infty}\int_{-\infty}^{\infty}U_1(x_1,y_1)\exp\left\{\frac{\mathrm{j}k}{2B}\Big[A\left(x_1^2+y_1^2\right)+D\left(x_2^2+y_2^2\right)-2\left(x_1x+y_1y_2\right)\Big]\right\}\mathrm{d}x_1\mathrm{d}y_1 \tag{2-5-17}$$

式中，$L$ 为沿轴上的光程，$U_1(x_1,y_1)$ 为光学系统入射平面上的光波复振幅，$U_2(x_2,y_2)$ 为光波穿过光学系统后观察平面上的复振幅。

柯林斯公式可以一次计算出光波通过轴对称傍轴光学系统的衍射场，而菲涅耳衍射积分只能计算光波在介质空间中衍射平面后满足傍轴条件的光波场，对于实际应用有重要意义。

柯林斯公式可以通过不同的途径导出。以下将证明，基于瑞利处理光波通过光学系统衍射的观点[1] 可以导出柯林斯公式。因此，柯林斯公式也可以视为是光波通过出射光瞳衍射的表达式。由于推导涉及透镜对光波场的变换特性以及理想像光场的表达式，首先对这两个问题进行研究。

1) 薄透镜对光波场的复振幅变换特性

图 2-5-5 是一薄透镜组成的光路。图中，光轴 $z$ 上 $S$ 点发出的球面波经透镜成像在 $S_i$ 点。透镜的成像作用可以视为一个发散的球面波经过透镜后变为一个会聚的球面波。

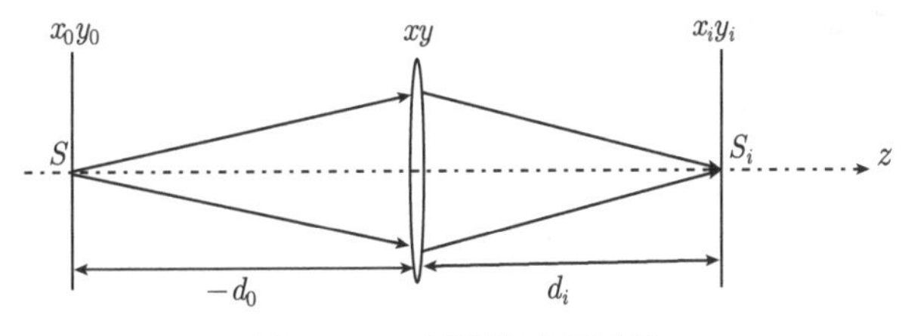


图 2-5-5　薄透镜成像系统

设 $d_i$ 为像距，$-d_0$ 为物距 (按照符号规定，$d_0<0$)，透镜平面坐标为 $(x,y)$，透镜对光波场的变换作用由 $t(x,y)$ 表示。按照光波的复函数表示，穿过透镜的光波场可视为 $t(x,y)$ 与到达透镜表面光波场之积

$$a\exp\left[-\frac{\mathrm{j}k}{2d_i}\left(x^2+y^2\right)\right]=t(x,y)\,a\exp\left[-\frac{\mathrm{j}k}{2d_0}\left(x^2+y^2\right)\right] \tag{2-5-18}$$

式中，$a$ 为光波振幅，$\mathrm{j}=\sqrt{-1}$，$k=2\pi/\lambda,\lambda$ 是光波长。

从上式容易得到

$$t(x,y)=\exp\left[-\frac{\mathrm{j}k}{2}\left(\frac{1}{d_i}-\frac{1}{d_0}\right)\left(x^2+y^2\right)\right]$$

若透镜焦距为 $f$，按照成像的透镜定理 $\dfrac{1}{f}=\dfrac{1}{d_i}-\dfrac{1}{d_0}$，可以将上式写成

$$t(x,y)=\exp\left[-\frac{\mathrm{j}k}{2f}\left(x^2+y^2\right)\right] \tag{2-5-19}$$

可见，焦距为 $f$ 的透镜对光波场的变换作用，等于光波场乘上一个波面半径为 $f$ 的球面波的相位因子。

2) 理想像光场的表达式

令图 2-5-5 中穿过 $S$ 及 $S_i$ 并垂直于光轴的平面分别为物平面及像平面，定义物平面坐标为 $x_0y_0$，像平面坐标为 $x_iy_i$。按照线性系统理论，若忽略光学系统的像差，只要能求出这个系统的脉冲响应或点扩散函数，便能计算任意物光场的像。以下研究物平面 $(\xi,\ \eta)$ 处的单位振幅点光源$\delta\ (x_0-\xi,\ y_0-\eta)$ 通过光学系统后的响应。

点光源$\delta\ (x_0-\xi,\ y_0-\eta)$ 通过光学系统后在 $xy$ 平面的光波场可由菲涅耳衍射积分表出

$$\begin{aligned}u_\delta(x,y;\xi,\eta)=&\frac{\exp(-\mathrm{j}kd_0)}{-\mathrm{j}\lambda d_0}\int_{-\infty}^{\infty}\int_{-\infty}^{\infty}\delta(x_0-\xi,y_0-\eta)\\&\times\exp\left\{-\frac{\mathrm{j}k}{2d_0}[(x-x_0)^2+(y-y_0)^2]\right\}\mathrm{d}x_0\mathrm{d}y_0\end{aligned}$$

利用 $\delta$ 函数的筛选性质即得

$$u_\delta(x,y;\xi,\eta)=\frac{\exp(-\mathrm{j}kd_0)}{-\mathrm{j}\lambda d_0}\exp\left\{-\frac{\mathrm{j}k}{2d_0}[(x-\xi)^2+(y-\eta)^2]\right\} \tag{2-5-20}$$

按照透镜的变换特性，通过透镜平面的光波场为

$$u'_\delta(x,y;\xi,\eta)=\exp\left(-\mathrm{j}k\frac{x^2+y^2}{2f}\right)u_\delta(x,y;\xi,\eta) \tag{2-5-21}$$

再次使用菲涅耳衍射积分，得到它在像平面上的光波场

$$h(x_i,y_i;\xi,\eta)=\frac{\exp(jkd_i)}{\mathrm{j}\lambda d_i}\int_{-\infty}^{\infty}\int_{-\infty}^{\infty}u'_\delta(x,y;\xi,\eta)\exp\left[\mathrm{j}k\frac{(x-x_i)^2+(y-y_i)^2}{2d_i}\right]\mathrm{d}x\mathrm{d}y \tag{2-5-22}$$

上式是物平面 $(\xi,\eta)$ 处单位振幅点光源在像平面上的光波场，通常称为脉冲响应或点扩散函数[1]。将有关各量代入上式得

$$\begin{aligned}h(x_i,y_i;\xi,\eta)=&\frac{\exp[\mathrm{j}k(d_i-d_0)]}{\lambda^2d_id_0}\exp\left(-\mathrm{j}k\frac{\xi^2+\eta^2}{2d_0}\right)\exp\left(\mathrm{j}k\frac{x_i^2+y_i^2}{2d_i}\right)\\&\times\int_{-\infty}^{\infty}\int_{-\infty}^{\infty}\exp\left\{-\mathrm{j}k\left[\left(\frac{x_i}{d_i}-\frac{\xi}{d_0}\right)x+\left(\frac{y_i}{d_i}-\frac{\eta}{d_0}\right)y\right]\right\}\mathrm{d}x\mathrm{d}y\end{aligned} \tag{2-5-23}$$

由于 $L_i = d_i - d_0$ 为物平面到像平面的光程，令像的垂轴放大率为 $A = d_i/d_0$，以及 $x_a = A\xi$，$y_a = A\eta$，代入上式得

$$h(x_i, y_i; \xi, \eta) = \frac{A\exp(\mathrm{j}kL_i)}{\lambda^2 d_i^2}\exp\left(-\mathrm{j}k\frac{x_a^2 + y_a^2}{2Ad_i}\right)\exp\left(\mathrm{j}k\frac{x_i^2 + y_i^2}{2d_i}\right)$$
$$\times\int_{-\infty}^{\infty}\int_{-\infty}^{\infty}\exp\left\{-\mathrm{j}\frac{2\pi}{\lambda d_i}\left[(x_i - x_a)x + (y_i - y_a)y\right]\right\}\mathrm{d}x\mathrm{d}y \quad (2\text{-}5\text{-}24)$$

于是可得

$$h(x_i, y_i; \xi, \eta) = A\exp(\mathrm{j}kL_i)\exp\left(-\mathrm{j}k\frac{x_a^2 + y_a^2}{2Ad_i}\right)\exp\left(\mathrm{j}k\frac{x_i^2 + y_i^2}{2d_i}\right)\delta(x_i - x_a, y_i - y_a) \quad (2\text{-}5\text{-}25)$$

至此，导出了理想成像系统的脉冲响应。

由于脉冲响应代表物平面 $(\xi, \eta)$ 处单位振幅点源在像平面上的光波场，若令物平面光波场为 $U_0(x_0, y_0)$，像平面上的光波场即可表为以 $h(x_i, y_i; \xi, \eta)$ 为权，在物平面的叠加积分

$$U(x_i, y_i) = \int_{-\infty}^{\infty}\int_{-\infty}^{\infty}U_0(\xi, \eta)h(x_i, y_i; \xi, \eta)\,\mathrm{d}\xi\mathrm{d}\eta \quad (2\text{-}5\text{-}26)$$

利用上面引入的坐标变换关系 $x_a = A\xi$，$y_a = A\eta$，将式 (2-5-25) 代入上式得

$$U(x_i, y_i) = \exp\left(\mathrm{j}k\frac{x_i^2 + y_i^2}{2d_i}\right)\exp(\mathrm{j}kL_i)\int_{-\infty}^{\infty}\int_{-\infty}^{\infty}\frac{1}{A}U_0\left(\frac{x_a}{A}, \frac{y_a}{A}\right)$$
$$\times\exp\left(-\mathrm{j}k\frac{x_a^2 + y_a^2}{2Ad_i}\right)\delta(x_i - x_a, y_i - y_a)\,\mathrm{d}x_a\mathrm{d}y_a \quad (2\text{-}5\text{-}27)$$

利用 $\delta$ 函数的性质，便求得理想像光场

$$U(x_i, y_i) = \frac{1}{A}U_0\left(\frac{x_i}{A}, \frac{y_i}{A}\right)\exp(\mathrm{j}kL_i)\exp\left[\mathrm{j}k\frac{x_i^2 + y_i^2}{2d_i}\left(1 - \frac{1}{A}\right)\right] \quad (2\text{-}5\text{-}28)$$

根据图 2-5-3 等效傍轴透镜系统的讨论，可以将图 2-5-5 的透镜平面视为一成像系统的第二主面，即将上式中 $d_i$ 推广为成像系统第二主平面到像平面的距离，上式即为成像系统的理想像光场表达式。

3) 柯林斯公式推导

为简明起见，将变换矩阵为四个矩阵元素 $ABCD$ 的系统称为 $ABCD$ 系统。既然一个 $ABCD$ 系统可以等效于一个具有成像功能的傍轴透镜系统，现在来研究这样一个问题：如果将入射平面视为光学系统的孔径光阑平面，将相干光通过 $ABCD$ 光学系统的衍射视为像空间中的光束通过系统出射光瞳的衍射时，在后续空间观测平面上的光波场表达式会是怎样的形式？

图 2-5-6 为所研究问题的示意图，图中，$ABCD$ 系统位于输入平面 RP1 及输出平面 RP2 之间。平面 RP1 到参考平面 RP 构成一个傍轴成像系统，即 RP 上的光波场是入射平面 RP1 的光波场 $U_1(x_1,y_1)$ 的像，该子系统的变换矩阵元素由小写的 $abcd$ 给出。现研究 RP 上的光波场向后续空间衍射了距离 $z_i$ 之后，到达观察平面 RP2 上的光波场 $U_2(x_2,y_2)$。

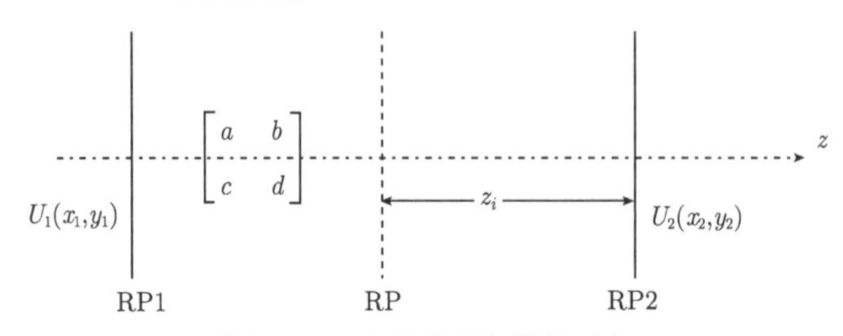


图 2-5-6　出射光瞳衍射的研究

由于 RP1-RP 是一个成像系统，则 $b$=0。将参考平面 RP1 到参考平面 RP2 视为一个光学系统，其变换矩阵元素用大写的 $ABCD$ 表示。两组矩阵元素间的关系为

$$\begin{bmatrix} A & B \\ C & D \end{bmatrix} = \begin{bmatrix} 1 & z_i \\ 0 & 1 \end{bmatrix} \begin{bmatrix} a & 0 \\ c & d \end{bmatrix} = \begin{bmatrix} a+cz_i & dz_i \\ c & d \end{bmatrix} \tag{2-5-29}$$

根据上式，若入射平面处的折射率为 $n_1$，出射平面处的折射率为 $n_2$，利用 $AD-BC=n_1/n_2$ 的基本准则[23]，有

$$\begin{cases} a = A - CB/D = \dfrac{n_1}{Dn_2} \\ z_i = B/D \\ c = C \\ d = D \end{cases} \tag{2-5-30}$$

设像平面 RP 上的坐标为 $xy$，利用上面对理想像的讨论结果，RP 上的理想像光场为

$$U(x,y) = \frac{1}{a}U_1\left(\frac{x}{a},\frac{y}{a}\right)\exp(\mathrm{j}kL_i)\exp\left[\mathrm{j}k\frac{x^2+y^2}{2d_i}\left(1-\frac{1}{a}\right)\right] \tag{2-5-31}$$

其中，$L_i$ 是入射平面到像平面的轴上光程。

由于 $d_i$ 可以视为 RP1- RP 成像系统中第二主平面到像平面 RP 的距离，根据式 (2-5-15)，其数值为

$$d_i = \frac{a-1}{c}$$

将 $d_i$ 代入式 (2-5-31)，观察平面 RP2 上的光波场可以用折射率为 $n_2$ 无吸收的均匀介质中光传播的菲涅耳近似表出，注意到介质中等效光波长变为 $\lambda/n_2$，可以得

到

$$U_2(x_2,y_2)=\frac{\exp\left[\mathrm{j}k\left(L_i+z_i\right)n_2\right]}{\mathrm{j}\lambda z_i/n_2}\int_{-\infty}^{\infty}\int_{-\infty}^{\infty}\frac{1}{a}U_1\left(\frac{x}{a},\frac{y}{a}\right)$$
$$\times\exp\left(\mathrm{j}kn_2c\frac{x^2+y^2}{2a}\right)\exp\left\{\frac{\mathrm{j}kn_2}{2z_i}\left[\left(x_2-x\right)^2+\left(y_2-y\right)^2\right]\right\}\mathrm{d}x\mathrm{d}y \tag{2-5-32}$$

根据式 (2-5-30) 的关系，将上式中 $a,c,z_i$ 用大写字母表示的矩阵元素代替，并令

$$x_1=\frac{n_2}{n_1}Dx,\quad y_1=\frac{n_2}{n_1}Dy$$

得

$$U_2(x_2,y_2)=\frac{n_1\exp\left[\mathrm{j}k\left(L_i+z_i\right)n_2\right]}{\mathrm{j}\lambda B}\int_{-\infty}^{\infty}\int_{-\infty}^{\infty}U_1(x_1,y_1)$$
$$\times\exp\left\{\frac{\mathrm{j}k}{2B}\left[n_1A\left(x_1^2+y_1^2\right)+Dn_2\left(x_2^2+y_2^2\right)-2n_1\left(x_2x_1+y_2y_1\right)\right]\right\}\mathrm{d}x_1\mathrm{d}y_1 \tag{2-5-33}$$

将上式与根据柯林斯程函理论导出的结果[23] 相比较可以看出，入射平面上 $(x_1,y_1)$ 点到出射平面 $(x_2,y_2)$ 的光程（即程函）是完全相同的。利用上式，可以计算光学系统入射平面及出射平面处于不同的折射率的均匀介质空间时的衍射场。

通常情况，光学系统的入射平面与观测平面处于 $n_1=n_2=1$ 的空间中，令 $L=L_{\mathrm{i}}+z_{\mathrm{i}}$ 为入射平面到观察平面上的轴上光程，上式简化为得到广泛应用的表达式

$$U_2(x_2,y_2)=\frac{\exp(\mathrm{j}kL)}{\mathrm{j}\lambda B}\int_{-\infty}^{\infty}\int_{-\infty}^{\infty}U_1(x_1,y_1)$$
$$\times\exp\left\{\frac{\mathrm{j}k}{2B}\left[A\left(x_1^2+y_1^2\right)+D\left(x_2^2+y_2^2\right)-2\left(x_1x_2+y_1y_2\right)\right]\right\}\mathrm{d}x_1\mathrm{d}y_1 \tag{2-5-34}$$

将式 (2-5-34) 与柯林斯公式 (2-5-17) 比较发现，两者之间无任何区别。因此，柯林斯公式实际上就是将衍射问题视为是光学系统出射光瞳衍射的表达式。

## 2.6 基于柯林斯公式讨论单透镜系统的光学变换性质

光学系统中，透镜是最基本的元件，鉴于柯林斯公式可以描述光波通过一傍轴轴对称光学系统的性能，单一透镜构成的系统是一个最简单的轴对称光学系统，作为柯林斯公式的一个实际应用，本节基于柯林斯公式对单透镜光学系统的光学变换性质进行研究[25]。

### 2.6.1　物体在透镜前

图 2-6-1 是物平面在透镜前的单一透镜构成的光学系统。令物平面坐标为 $x_0y_0$，透镜平面坐标为 $x_ty_t$，观测平面坐标为 $xy$，物平面到透镜平面的距离为 $d_0$，透镜到观测平面距离为 $d$。

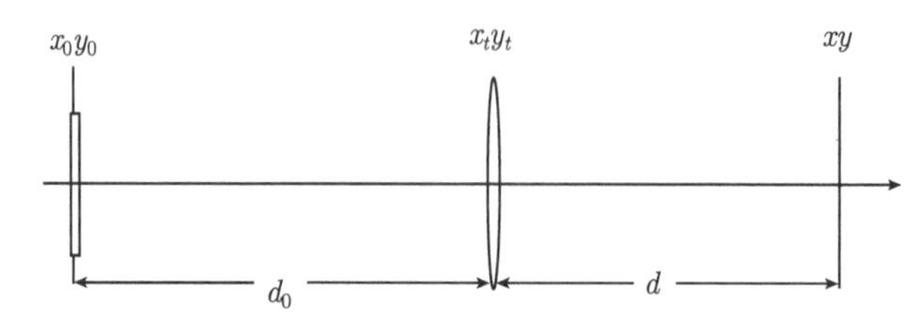


图 2-6-1　物平面在透镜前的单一透镜构成的光学系统

将 $x_0y_0$ 平面到 $xy$ 平面的光传播视为光波通过一个 $ABCD$ 系统的衍射，可以借助柯林斯公式方便地对物平面与观测平面光波场的关系进行描述。为便于讨论，将柯林斯公式表为傅里叶变换及卷积两种形式[25]

$$U(x,y)=\frac{\exp(\mathrm{j}kL)}{\mathrm{j}\lambda B}\exp\left\{\frac{\mathrm{j}k}{2B}D\left(x^2+y^2\right)\right\}\int_{-\infty}^{\infty}\int_{-\infty}^{\infty}\left\{U_0(x_0,y_0)\right.$$
$$\left.\times\exp\left[\frac{\mathrm{j}k}{2B}A\left(x_0^2+y_0^2\right)\right]\right\}\exp\left[-\mathrm{j}2\pi\left(x_0\frac{x}{\lambda B}+y_0\frac{y}{\lambda B}\right)\right]\mathrm{d}x_0\mathrm{d}y_0 \quad (2\text{-}6\text{-}1)$$

$$U(x,y)=\frac{\exp(\mathrm{j}kL)}{\mathrm{j}\lambda BA}\exp\left[\mathrm{j}\frac{kC}{2A}\left(x^2+y^2\right)\right]\int_{-\infty}^{\infty}\int_{-\infty}^{\infty}\frac{1}{A}U_0\left(\frac{x_a}{A},\frac{y_a}{A}\right)$$
$$\times\exp\left\{\mathrm{j}\frac{k}{2BA}\left[(x_a-x)^2+(y_a-y)^2\right]\right\}\mathrm{d}x_a\mathrm{d}y_a \quad (2\text{-}6\text{-}2)$$

式中，$U_0(x_0,y_0)$ 是光学系统入射平面上的光波复振幅，$U(x,y)$ 为光波在光学系统出射平面上的复振幅; $k=2\pi/\lambda$, $\lambda$ 为光波长; $L$ 是光波沿轴上的光程，$A$，$B$，$D$ 为傍轴光学系统的三个矩阵元素。系统的光学矩阵为

$$\begin{bmatrix}A & B\\ C & D\end{bmatrix}=\begin{bmatrix}1 & d\\ 0 & 1\end{bmatrix}\begin{bmatrix}1 & 0\\ -1/f & 1\end{bmatrix}\begin{bmatrix}1 & d_0\\ 0 & 1\end{bmatrix}=\begin{bmatrix}1-d/f & d_0(1-d/f)+d\\ -1/f & 1-d_0/f\end{bmatrix} \quad (2\text{-}6\text{-}3)$$

选择不同的参数确定出 $A$，$B$，$C$，$D$ 后，便能对透镜对光波场的复振幅变换特性进行讨论。以下讨论几个特殊情况。

1) 观测平面是透镜后焦面

令 $d=f$ 代入式 (2-6-3)，系统的矩阵元素变为

$$\begin{bmatrix}A & B\\ C & D\end{bmatrix}=\begin{bmatrix}0 & f\\ -1/f & 1-d_0/f\end{bmatrix} \quad (2\text{-}6\text{-}4)$$

将 $A$，$B$，$C$，$D$ 的值代入式 (2-6-1) 得

$$U(x,y)=\frac{\exp\left[\mathrm{j}k\left(d_0+f\right)\right]}{\mathrm{j}\lambda f}\exp\left\{\frac{\mathrm{j}k}{2f}\left(1-\frac{d_0}{f}\right)\left(x^2+y^2\right)\right\}$$
$$\times\int_{-\infty}^{\infty}\int_{-\infty}^{\infty}U_0\left(x_0,y_0\right)\exp\left[-\mathrm{j}2\pi\left(x_0\frac{x}{\lambda f}+y_0\frac{y}{\lambda f}\right)\right]\mathrm{d}x_0\mathrm{d}y_0 \quad (2\text{-}6\text{-}5)$$

其结果是输入平面光波场的傅里叶变换乘一个相位因子。

2) 物平面及观测平面分别是透镜前焦面及后焦面

令 $d=d_0=f$ 代入式 (2-6-3)，系统的矩阵元素变为

$$\begin{bmatrix} A & B \\ C & D \end{bmatrix}=\begin{bmatrix} 0 & f \\ -1/f & 0 \end{bmatrix} \quad (2\text{-}6\text{-}6)$$

将 $A$，$B$，$C$，$D$ 的值代入式 (2-6-1) 得

$$U(x,y)=\frac{\exp\left(\mathrm{j}2kf\right)}{\mathrm{j}\lambda f}\int_{-\infty}^{\infty}\int_{-\infty}^{\infty}U_0\left(x_0,y_0\right)\exp\left[-\mathrm{j}2\pi\left(x_0\frac{x}{\lambda f}+y_0\frac{y}{\lambda f}\right)\right]\mathrm{d}x_0\mathrm{d}y_0 \quad (2\text{-}6\text{-}7)$$

其结果是输入平面光波场的傅里叶变换乘一个常数相位因子。因此，物平面及观测平面分别是透镜前焦面及后焦面时，可以获得物光场的准确傅里叶变换。

3) 物平面紧贴透镜平面而观测平面是透镜后焦面

令 $d_0$=0，$d=f$ 代入式 (2-6-3)，系统的矩阵元素变为

$$\begin{bmatrix} A & B \\ C & D \end{bmatrix}=\begin{bmatrix} 0 & f \\ -1/f & 1 \end{bmatrix} \quad (2\text{-}6\text{-}8)$$

将 $A$，$B$，$C$，$D$ 的值代入式 (2-6-1) 得

$$U(x,y)=\frac{\exp\left(\mathrm{j}kf\right)}{\mathrm{j}\lambda f}\exp\left\{\frac{\mathrm{j}k}{2f}\left(x^2+y^2\right)\right\}$$
$$\times\int_{-\infty}^{\infty}\int_{-\infty}^{\infty}U_0\left(x_0,y_0\right)\exp\left[-\mathrm{j}2\pi\left(x_0\frac{x}{\lambda f}+y_0\frac{y}{\lambda f}\right)\right]\mathrm{d}x_0\mathrm{d}y_0 \quad (2\text{-}6\text{-}9)$$

其结果是输入平面光波场的傅里叶变换乘一个相位因子。

4) 物平面与观测平面分别是透镜前后表面

令 $d_0$=0，$d$=0 代入式 (2-6-3)，系统的矩阵元素变为

$$\begin{bmatrix} A & B \\ C & D \end{bmatrix}=\begin{bmatrix} 1 & 0 \\ -1/f & 1 \end{bmatrix} \quad (2\text{-}6\text{-}10)$$

由于轴上光程 $L=0$。可以将观测平面的光波场视为式 (2-6-2) 中 $L=0$ 及 $B\to 0$ 的极限情况讨论。将 $A, C$ 及 $L$ 的值代入式 (2-6-2)，并求极限，有

$$U(x,y)=\lim_{B\to 0}\exp\left[-\mathrm{j}\frac{k}{2f}\left(x^2+y^2\right)\right]\frac{1}{\mathrm{j}\lambda B}\int_{-\infty}^{\infty}\int_{-\infty}^{\infty}U_0(x,y)\times\exp\left\{\mathrm{j}\frac{k}{2B}\left[\left(x_a-x\right)^2+\left(y_a-y\right)^2\right]\right\}\mathrm{d}x_a\mathrm{d}y_a \tag{2-6-11}$$

与菲涅耳衍射积分比较不难发现，这是一相位因子与入射光波场经无限小距离 $B$ 衍射后的乘积，其极限是

$$U(x,y)=\exp\left[-\mathrm{j}\frac{k}{2f}\left(x^2+y^2\right)\right]U_0(x,y) \tag{2-6-12}$$

可见，焦距为 $f$ 的单一薄透镜对光波场的变换，等效于让光波场乘上相位因子 $\exp\left[-\mathrm{j}\frac{k}{2f}\left(x^2+y^2\right)\right]$。这是一个很重要的结论。这个结果通常基于透镜的厚度变化对光波场的相位延迟的计算导出[1]，本书后续章节中将经常使用这个结论。

5) 物平面与观测平面是共轭像面

所谓物平面与观测平面是共轭像面，即距离 $d_0$，$d$ 与透镜焦距 $f$ 满足透镜成像公式 $\frac{1}{f}=\frac{1}{d}+\frac{1}{d_0}$。这时根据式 (2-6-3) 得

$$\begin{cases}A=1-d/f\\B=d_0(1-d/f)+d=0\\C=-1/f\\D=1-d_0/f\end{cases} \tag{2-6-13}$$

矩阵光学的讨论已经指出，矩阵元素 $B=0$ 与光学系统的成像问题相对应。为便于讨论，将卷积形式的柯林斯公式 (2-6-2) 重新写为

$$U(x,y)=\exp(\mathrm{j}kL)\exp\left[\mathrm{j}\frac{kC}{2A}\left(x^2+y^2\right)\right]\frac{1}{\mathrm{j}\lambda BA}\int_{-\infty}^{\infty}\int_{-\infty}^{\infty}\frac{1}{A}U_0\left(\frac{x_a}{A},\frac{y_a}{A}\right)\times\exp\left\{\mathrm{j}\frac{k}{2BA}\left[\left(x_a-x\right)^2+\left(y_a-y\right)^2\right]\right\}\mathrm{d}x_a\mathrm{d}y_a \tag{2-6-14}$$

矩阵元素 $B=0$ 的问题可以视为 $B\to 0$ 时的极限情况。不难看出，$B\to 0$ 时，上式代表放大 $A=1-d/f$ 倍的几何光学理想像经无限小距离衍射后与一相位因子的乘积。于是有

$$\lim_{B\to 0}U(x,y)=\exp(\mathrm{j}kL)\exp\left[\mathrm{j}\frac{kC}{2A}\left(x^2+y^2\right)\right]\frac{1}{A}U_0\left(\frac{x}{A},\frac{y}{A}\right) \tag{2-6-15}$$

可见，如果物平面 $U_0(x_0, y_0)$ 是实函数，像平面光波场的相位分布与半径为 $A/C = d - f$ 的球面波相似。并且，由于复数相位因子不影响像的强度分布，从像强度分布的角度而言，通过柯林斯公式能够得到与几何光学完全相同的理想像。这是很自然的，因为推导柯林斯公式时，不考虑光学系统入射平面到出射平面间光学元件对光波衍射的限制作用。但是，任何实际光学系统均是衍射受限系统，这个结论只在可以忽略衍射受限的影响时才成立。

单一透镜组成的成像系统是最简单的成像系统，透镜尺寸或光学系统中其余元件对光波传播及成像质量的影响将再作专门研究。作为透镜成像作用的实例，基于柯林斯公式的 D-FFT 算法[25]，令物平面是字符 “R” 为透光孔的光阑，照明光为波长 10.6μm 的均匀平面波，图 2-6-2 给出物平面及观测平面在像平面附近的几个光波场强度图像。可以看出，不考虑透镜尺寸对衍射的限制作用时，在像平面可以获得横向放大率为 $-2/3$ 的质量很好的像。

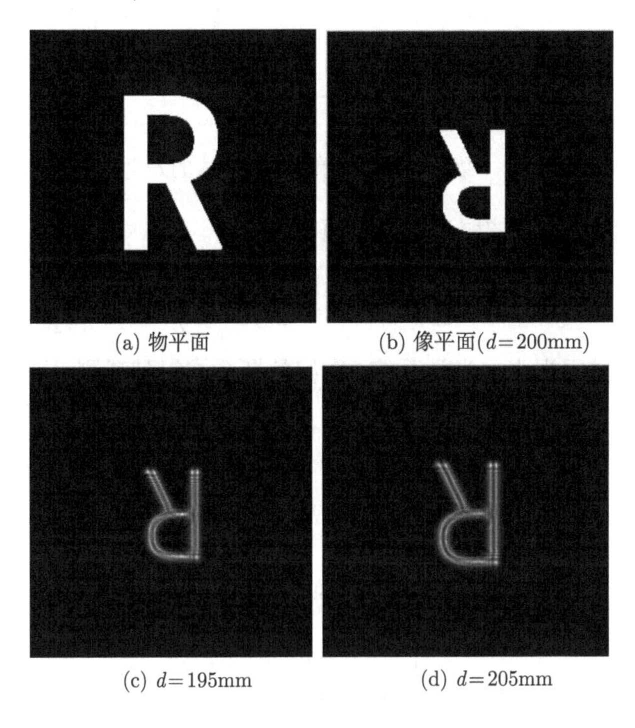


(a) 物平面　(b) 像平面($d$=200mm)

(c) $d$=195mm　(d) $d$=205mm

图 2-6-2　物平面及观测平面在像平面附近的几个光波场强度图像
($d_0$=300mm, $f$ =120mm, 10mm×10mm)

## 2.6.2　物体在透镜后

令投射到透镜平面的照明光是球面波，图 2-6-3 绘出物在透镜后的单一透镜构成的光学系统光路。图中，照明球面波波面半径为 $R_0$，振幅为 $a$，波束中心在光轴上。基于透镜的变换特性，穿过透镜的光波场即为

$$\begin{aligned} t(x_t,y_t) &= a\exp\left[\frac{\mathrm{j}k}{2R_0}\left(x_t^2+y_t^2\right)\right]\exp\left[-\frac{\mathrm{j}k}{2f}\left(x_t^2+y_t^2\right)\right] \\ &= a\exp\left[-\frac{\mathrm{j}k}{2R}\left(x_t^2+y_t^2\right)\right] \end{aligned} \tag{2-6-16}$$

其中

$$R=\left(\frac{1}{f}-\frac{1}{R_0}\right)^{-1} \tag{2-6-17}$$

上式表明，$R_0 > f$，穿过透镜的光波是一个会聚球面波，反之则为发散球面波。

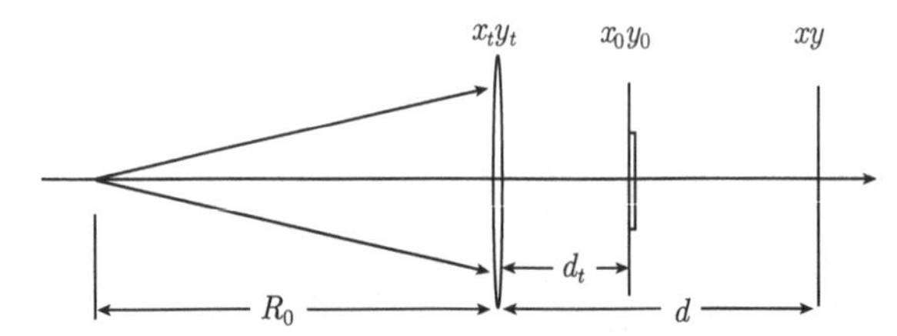


图 2-6-3　物在透镜后的单一透镜构成的光学系统

到达物平面的光波场可以按照光能流守恒写出

$$t_0(x_0,y_0)=a\frac{R}{R-d_t}\exp\left[-\frac{\mathrm{j}k}{2(R-d_t)}\left(x_0^2+y_0^2\right)\right] \tag{2-6-18}$$

将 $x_0y_0$ 到 $xy$ 的空间视为一光学系统，由柯林斯公式得到观测平面的光波场

$$\begin{aligned} U(x,y) &= \frac{\exp(\mathrm{j}kL)}{\mathrm{j}\lambda B}\exp\left\{\frac{\mathrm{j}k}{2B}D\left(x^2+y^2\right)\right\} \\ &\times\int_{-\infty}^{\infty}\int_{-\infty}^{\infty}\left\{t_0(x_0,y_0)\,U_0(x_0,y_0)\exp\left[\frac{\mathrm{j}k}{2B}A\left(x_0^2+y_0^2\right)\right]\right\} \\ &\times\exp\left[-\mathrm{j}2\pi\left(x_0\frac{x}{\lambda B}+y_0\frac{y}{\lambda B}\right)\right]\mathrm{d}x_0\mathrm{d}y_0 \end{aligned}$$

将系统的矩阵元素 $\begin{bmatrix} A & B \\ C & D \end{bmatrix}=\begin{bmatrix} 1 & d-d_t \\ 0 & 1 \end{bmatrix}$ 代入上式得

$$\begin{aligned} U(x,y) &= \frac{\exp\left[\mathrm{j}k(d-d_t)\right]}{\mathrm{j}\lambda(d-d_t)}a\frac{R}{R-d_t}\exp\left\{\frac{\mathrm{j}k}{2(d-d_t)}\left(x^2+y^2\right)\right\} \\ &\times\int_{-\infty}^{\infty}\int_{-\infty}^{\infty}\left\{U_0(x_0,y_0)\exp\left[\left(\frac{\mathrm{j}k}{2(d-d_t)}-\frac{\mathrm{j}k}{2(R-d_t)}\right)\left(x_0^2+y_0^2\right)\right]\right\} \\ &\times\exp\left[-\mathrm{j}2\pi\left(x_0\frac{x}{\lambda(d-d_t)}+y_0\frac{y}{\lambda(d-d_t)}\right)\right]\mathrm{d}x_0\mathrm{d}y_0 \end{aligned} \tag{2-6-19}$$

当 $R=d$，即 $d=\left(\frac{1}{f}-\frac{1}{R_0}\right)^{-1}$ 时，有

$$U(x,y)=\frac{\exp\left[\mathrm{j}k\left(d-d_t\right)\right]}{\mathrm{j}\lambda\left(d-d_t\right)}a\frac{d}{d-d_t}\exp\left\{\frac{\mathrm{j}k}{2\left(d-d_t\right)}\left(x^2+y^2\right)\right\}$$
$$\times\int_{-\infty}^{\infty}\int_{-\infty}^{\infty}U_0\left(x_0,y_0\right)\exp\left[-\mathrm{j}2\pi\left(x_0\frac{x}{\lambda\left(d-d_t\right)}+y_0\frac{y}{\lambda\left(d-d_t\right)}\right)\right]\mathrm{d}x_0\mathrm{d}y_0 \tag{2-6-20}$$

这是物光场的傅里叶变换，但变换结果要乘积分号前的相位因子。当透镜焦距、照明球面波的半径以及物平面位置给定后，积分号前的相位因子是可以准确计算的。因此，可以通过照明球面波的选择，在期望的平面获得物平面的傅里叶变换。这为实际光信息的处理提供了许多方便。

作为实例，仍然令物平面是字符 “R” 为透光孔的光阑，图 2-6-4 给出经透镜傅里叶变换得到的频谱强度图像。可以看出，与字符直边相垂直方向具有丰富的高频分量。

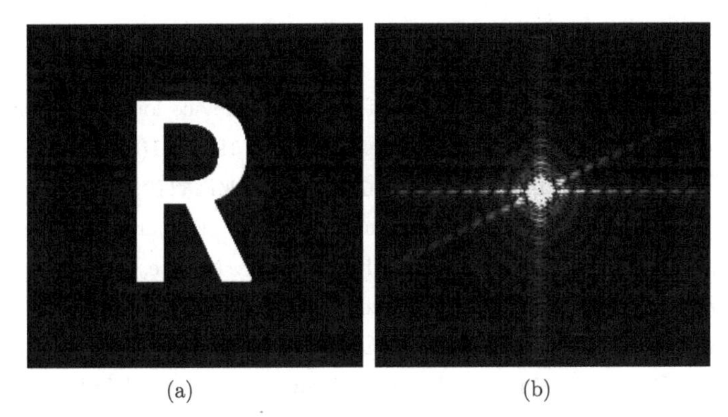


(a) (b)

图 2-6-4 字符 “R” 为透光孔的光阑 (a) 及经透镜傅里叶变换得到的频谱强度图像 (b)

第 3 章将对不同衍射计算公式的 S-FFT 及 D-FFT 算法进行详细介绍，附录 B7 及 B8 分别给出用 MATLAB 语言编写柯林斯公式的 S-FFT 及 D-FFT 计算程序 LJCM7.m 及 LJCM8.m，读者可以利用这两个程序验证以上讨论结果。

## 参 考 文 献

[1] Goodman J W. 傅里叶光学导论. 3 版. 秦克诚, 刘培森, 陈家璧, 等译. 北京: 电子工业出版社, 2006

[2] Collins S A. Lens-system diffraction integral written in terms of matrix optics. Journal of the Optical Society of America, 1970, 60: 1168

[3] Yariv A. 光电子学导论. 北京: 科学出版社, 1976
[4] 郁道银, 谈恒英. 工程光学. 北京: 机械工业出版社, 1999
[5] May M, Cazabat A M. Optique. Paris: DUNOD, 1996
[6] 马科斯 · 玻恩, 埃米尔 · 沃尔夫. 光学原理 (上册). 7 版. 杨葭荪, 等, 译. 北京: 电子工业出版社, 2005
[7] 宋菲君. 近代光学信息处理. 北京: 北京大学出版社, 1998
[8] Li J C, Peng Z J, Fu Y C. Diffraction transfer function and its calculation of classic diffraction formula.Optics Communication, 2007, 280: 243-248
[9] 沈永欢, 梁在中, 许履瑚, 等. 实用数学手册, 北京: 科学出版社, 1992
[10] 李俊昌. 激光的衍射及热作用计算 (修订版). 北京: 科学出版社, 2008
[11] Li J C, Li C G, Delmas A. Calculation of diffraction patterns in spatial surface.Journal of Optical Society of America-A, 2007, 24(7): 1950-1954
[12] Siegman A E. Laser. California:University Science Books Mill Valley, 1986
[13] Li J C.Etude theorique d'un dispositif optiaue et de ses variantes pour uniformiser l'eclairement d'un faisceau TEM00.Journal of Optics, 1987, 18(2): 73-80
[14] Kawamura Y, Itagaki Y, Toyoda K, et al. A simple optical device for generating square flat-top intensity irradiation from a gaussian laser beam. Optics communication, 1983, 48(1): 44-46
[15] Li J C, Lopes R, Vialle C, et al. Study of an optical device for energy homogenization of a high power laser. Journal of Laser Applications, 1999, 11(6): 279
[16] 苏显渝, 吕乃光, 陈家璧. 信息光学原理. 北京: 电子工业出版社, 2010
[17] Blanche P A, Bablumian1 A, Voorakaranam R, et al. Holographic three-dimensional telepresence using large-area photorefractive polymer. Nature, 2010, 468: 80-83
[18] Zhang H, Xie J H, Liu J, et al. Optical reconstruction of 3D images by use of pure-phase computer-generated holograms. Chinese Optics Letters, 2009, 7(12): 1101-1103
[19] Ahrenberg L, Benzie P, Magnor M,et al. Computer generated holograms from three dimensional meshes using an analytic light transport model. Applied Optics, 2008, 47(10): 1567
[20] 李俊昌. 数字全息重建图像的焦深研究. 物理学报, 2012, (13): 134202
[21] 李俊昌, 桂进斌, 楼宇丽, 等. 漫反射三维物体计算全息图算法研究. 激光与光电子学进展, 2013, 50(2): 020903
[22] 王绍民, 赵道木. 矩阵光学原理. 杭州: 杭州大学出版社, 1994
[23] 吕百达. 激光光学 —— 光束描述、传输变换与光腔技术物理. 第 3 版. 北京: 高等教育出版社, 2003
[24] 林强, 陆璇辉, 王绍民. 非对称光学系统的 ABCD 定律. 光学学报, 1988, 8(7): 658
[25] 李俊昌, 熊秉衡. 信息光学教程. 北京: 科学出版社, 2011

# 第 3 章　衍射的数值计算及应用实例

基于标量衍射理论，第 2 章介绍了严格满足亥姆霍兹方程的角谱衍射公式、基尔霍夫公式、瑞利–索末菲公式[1] 以及它们的傍轴近似 —— 菲涅耳衍射积分。以上四个衍射计算公式统一称为经典衍射计算公式[2]。对经典的衍射公式研究表明，它们均能用傅里叶变换表示，从而能通过傅里叶变换求解。但是，对于实际给定的衍射问题，能够直接从傅里叶变换求出解析表达式的函数情况非常有限，在研究实际问题时，不得不将函数按一定规律在二维空间进行取样及延拓，变成该函数的周期离散分布作离散傅里叶变换 (the discrete Fourier transform,DFT)。然而，离散傅里叶变换的数值计算仍然十分繁杂，如果没有计算机，事实上很难完成一个可以解决实际问题的计算工作。1965 年，由库利 - 图基 (Cooley-Tukey)[3] 提出的快速傅里叶变换技术 FFT(the fast Fourier transform) 彻底改变了这种状况，计算机的普及应用为这种快速计算方法的推广创造了良好的条件。因此，利用快速傅里叶变换技术计算衍射的方法逐渐被广泛采用。

本章首先介绍离散傅里叶变换与傅里叶变换的关系，然后，基于离散傅里叶变换的基本理论及取样定理，对经典衍射积分及柯林斯公式的快速傅里叶变换计算方法进行研究。由于经典衍射积分及柯林斯公式主要描述的是垂直于光轴的空间平面间光波场之间的相互运算关系，当光源是曲面光源或观测面不垂直于光轴时，不能直接用这些公式求解。为此，本章还将讨论空间曲面衍射场的计算问题。最后，基于衍射数值计算的研究结果，给出应用实例。所讨论的主要计算可以通过附录 B 中 MATLAB7.0 编写的程序 LJCM5.m~LJCM10.m 实现。

## 3.1　离散傅里叶变换与傅里叶变换的关系

### 3.1.1　二维连续函数的离散及周期延拓

函数作二维离散傅里叶变换时，要求被变换函数是二维空间的周期离散函数[4,5]。由于实际需要作傅里叶变换的函数通常是在空域无限大平面上均有定义的连续函数，必须将函数截断在有限的区域进行取样及延拓。图 3-1-1 给出二维空域连续函数的离散及延拓示意图。图中，左上方灰色图像给出一连续函数的分布区域。对连续函数通常的取样方法由下述步骤组成：

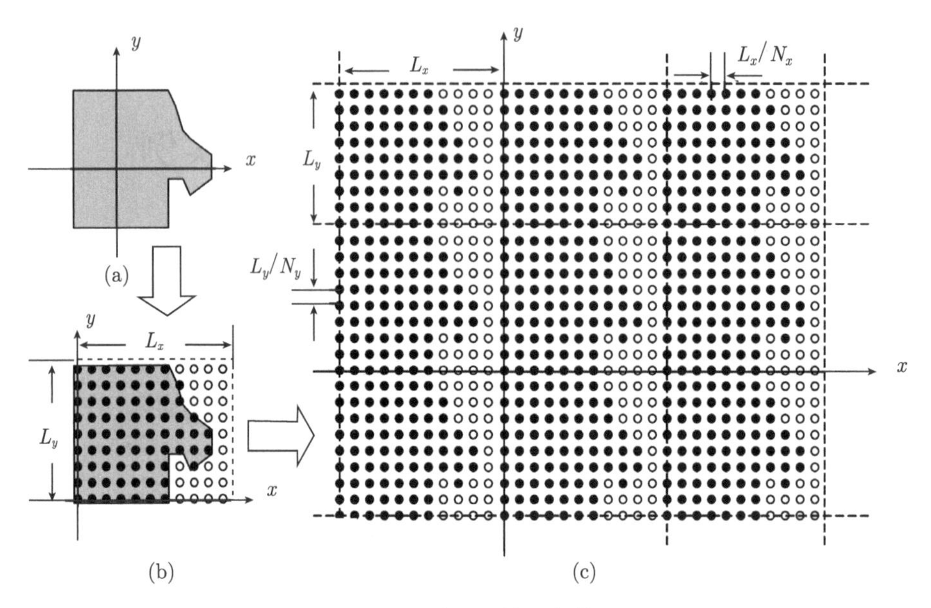


图 3-1-1　二维连续函数的离散及延拓

(1) 先将函数的主要部分通过坐标变换放在第一象限，并沿平行于坐标轴的方向将函数截断在一个 $L_x \times L_y$ 的矩形区域内。

(2) 沿坐标方向定义取样间隔 $T_x = L_x/N_x$，$T_y = L_y/N_y$，从坐标原点开始将函数离散为 $N_x \times N_y$ 个点的二维离散分布值，图 3-1-1(a) 和图 3-1-1(b) 描述了上述过程 (图中用黑点标注出取样点落在函数定义区域上的位置，用小圆圈表示取样为零的位置)。

(3) 以上面 $N_x \times N_y$ 点的离散分布为基本周期，将函数延拓于二维无限大空间。图 3-1-1(c) 是延拓后邻近坐标原点的九个周期的分布。

### 3.1.2　离散傅里叶变换与傅里叶变换的关系

很明显，连续函数经截断及离散处理后其性质已经改变。现以 $x$ 方向的傅里叶变换为例进行研究，以后再将研究结果推广到二维空间。图 3-1-2 示出对于某一给定的 $y$，函数沿 $x$ 方向进行离散傅里叶变换的过程。图中，左边为一列空域的原函数图像，右边一列图像是原函数频谱的模。例如，图 3-1-2(a1) 为空域的原函数 $g(x, y)$，图 3-1-2(a2) 为它的频谱 $G(f_x, y)$ 的模 $|G(f_x, y)|$。

对未经截断函数的取样，等于用图 3-1-2(b1) 的梳状函数 $\delta_{Tx}(x)$ 乘以图 3-1-2(a1) 的原函数，数学表达式为[7,8]

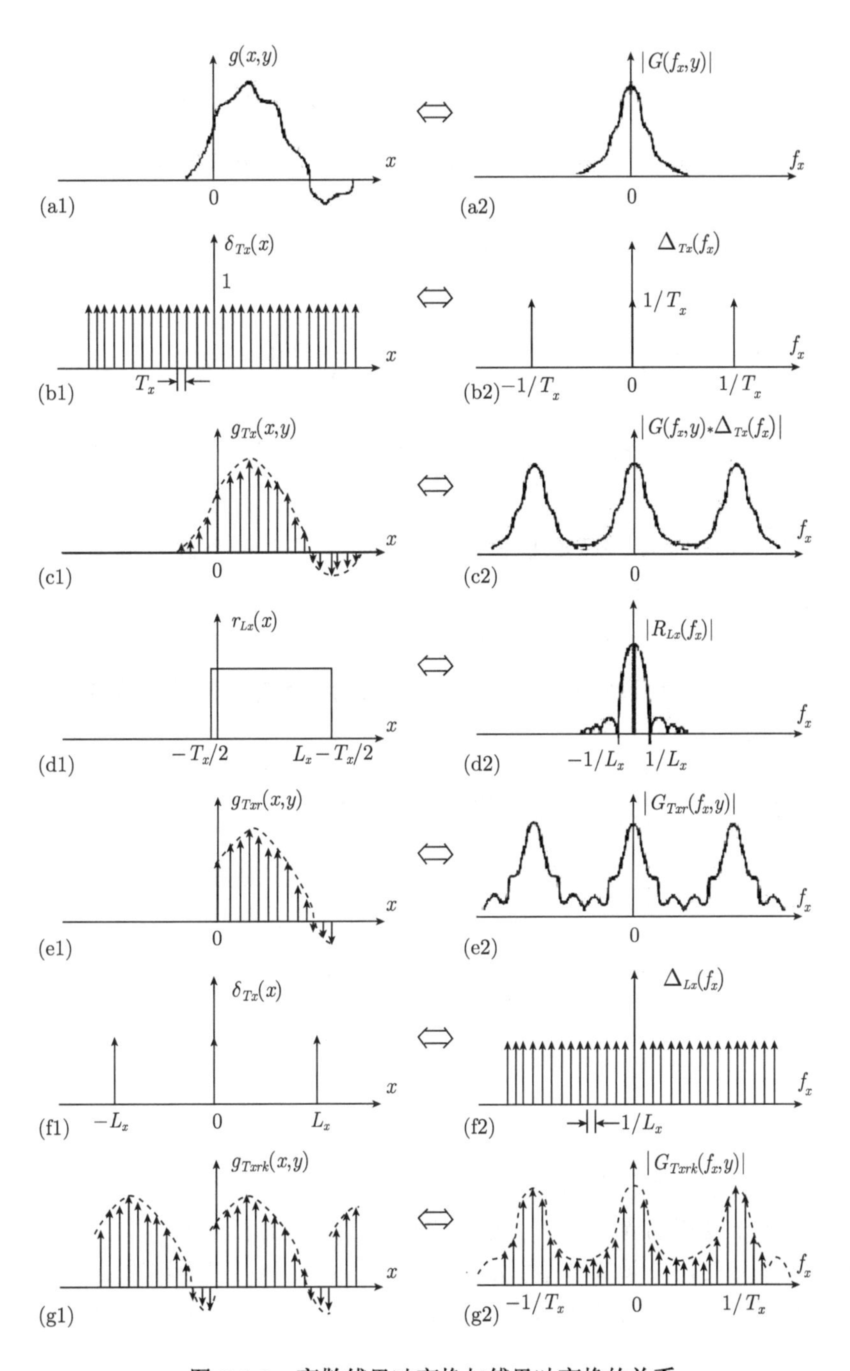


图 3-1-2 离散傅里叶变换与傅里叶变换的关系

$$g_{Tx}(x,y)=g(x,y)\delta_{Tx}(x)=g(x,y)\sum_{n=-\infty}^{\infty}\delta(x-nT_x) \tag{3-1-1}$$

由于梳状函数 $\delta_{Tx}(x)$ 为周期 $T_x$ 的 $\delta$ 函数，可以表为傅里叶级数

$$\delta_{Tx}(x)=\sum_{n=-\infty}^{\infty}\delta(t-nT_x)=\sum_{k=-\infty}^{\infty}A_k\exp\left(\mathrm{j}k\frac{2\pi}{T_x}x\right)$$

其中，$\mathrm{j}=\sqrt{-1}$，$A_k=\dfrac{1}{T_x}\displaystyle\int_{-T_x/2}^{T_x/2}\delta_{Tx}(x)\exp\left(-\mathrm{j}k\frac{2\pi}{T_x}x\right)\mathrm{d}x=\dfrac{1}{T_x}$。

于是

$$g_{Tx}(x,y)=g(x,y)\frac{1}{T_x}\sum_{k=-\infty}^{\infty}\exp\left(\mathrm{j}k\frac{2\pi}{T_x}x\right)$$

上式表明，取样信号已经不是原信号，而是无穷多个截波信号 $\dfrac{1}{T_x}\displaystyle\sum_{k=-\infty}^{\infty}\exp\left(\mathrm{j}k\frac{2\pi}{T_x}x\right)$ 被信号 $g(x,y)$ 调制的结果 (图 3-1-2(c1))。

现在，通过傅里叶变换来考察信号经取样后的频谱与原信号频谱的关系。对上式作傅里叶变换，得

$$\begin{aligned}G_{Tx}(f_x,y)&=\int_{-\infty}^{\infty}g_{Tx}(x,y)\exp(-\mathrm{j}2\pi f_x x)\,\mathrm{d}x\\&=\int_{-\infty}^{\infty}g(x,y)\frac{1}{T_x}\sum_{k=-\infty}^{\infty}\exp\left(\mathrm{j}k\frac{2\pi}{T_x}x\right)\exp(-\mathrm{j}2\pi f_x x)\,\mathrm{d}x\\&=\frac{1}{T_x}\sum_{k=-\infty}^{\infty}\int_{-\infty}^{\infty}g(x,y)\exp\left[-\mathrm{j}2\pi\left(f_x-\frac{k}{T_x}\right)t\right]\mathrm{d}x\\&=\frac{1}{T_x}\sum_{k=-\infty}^{\infty}G\left(f_x-\frac{k}{T_x},y\right)\end{aligned} \tag{3-1-2}$$

结果表明，在取样信号频谱 $G_{Tx}(f_x,y)$ 中除了包含原信号频谱 $G(f_x,y)$ 外，还包含了无穷多个被延拓的频谱，延拓的周期为 $1/T_x$(图 3-1-2(c2))。并且，由于原函数的频谱宽度大于延拓的周期 $1/T_x$，相邻的频谱曲线产生了混叠。

根据傅里叶变换中频域的卷积定律，图 3-1-2(c2) 也可以通过原函数的频谱函数 $G(f_x,y)$(图 3-1-2(a2)) 与梳状函数的频谱函数 $\Delta_{Tx}(f_x)$(图 3-1-2(b2)) 的卷积求出。

$$G_{Tx}(f_x,y)=G(f_x,y)*\Delta_{Tx}(f_x) \tag{3-1-3}$$

为强调这个关系，图 3-1-2(c2) 的纵坐标由这个卷积表达式标注。

由此可见，连续函数经过周期为 $T_x$ 的无穷 $\delta$ 序列取样离散后，其频谱与原函数频谱相比有两点区别：

(1) 频谱发生了周期为 $1/T_x$ 的周期延拓。如果原函数的频谱宽度大于 $1/(2T_x)$，则产生频谱混叠，引入失真。因此，为获得正确的计算结果，必须合适选择取样间隔 $T_x$，让 $1/T_x$ 是物函数最高频谱的两倍以上。这便是著名的惠特克–香农 (Whittaker-Shannon) 取样定理[1]。

(2) 离散信号频谱 $G_{Tx}(f_x,y)$ 的幅度是原函数频谱 $G(f_x,y)$ 的 $1/T_x$ 倍。

然而，上面对连续函数被无穷 $\delta$ 序列取样离散后的频谱研究只是一个理论结果，因为实际上不可能作取样点为无限多的数值计算。由于被变换函数通常是在无限大空间均有定义的函数，离散傅里叶变换理论涉及的是在空域及频域均是周期离散函数的傅里叶变换问题[4]，还要将离散函数截断及延拓才能满足要求。于是，将空域非周期的离散函数 (图 3-1-2(c1)) 先通过下述矩形窗函数 (图 3-1-2(d1)) 截断

$$r_{Lx}(x)=\begin{cases}1, & -T_x/2<x<L_x-T_x/2\\ 0\end{cases} \tag{3-1-4}$$

得到具有 $N_x$ 个点的的离散分布 (图 3-1-2(e1))

$$g_{Txr}(x,y)=g(x,y)\delta_{Tx}(x)r_{Lx}(x) \tag{3-1-5}$$

然后，再将截断后的部分进行周期为 $L_x$ 的延拓，形成图 3-1-2(g1) 的周期离散序列

$$g_{Txrk}(x,y)=g_{Txr}(x+kL_x,y),\quad k=0,\pm1,\pm2,\cdots \tag{3-1-6}$$

按照傅里叶变换理论，空域中矩形窗函数图 3-1-2(d1) 与离散序列图 3-1-2(c1) 的乘积的频谱函数， 可表为矩形函数的频谱函数 $R_{Lx}(f_x)$(图 3-1-2(d2)) 与图 3-1-2(c1) 的频谱函数 (图 3-1-2(c2)) 的卷积

$$G_{Txr}(f_x,y)=[G(f_x,y)*\Delta_{Tx}(f_x)]*R_{Lx}(f_x) \tag{3-1-7}$$

对应的频谱函数曲线示于图 3-1-2(e2) 中。

由图可见，由于矩形窗函数的频谱 $R_{Lx}(f_x)$ 具有较大的起伏变化的旁瓣，卷积运算的结果使图 3-1-2(e2) 的频谱曲线形状产生了失真 (为说明问题，图中略有夸大)。将图 3-1-2(e2) 与图 3-1-2(a2) 比较不难发现，现在得到的是带有畸变的原函数频谱的周期延拓曲线，延拓周期为 $1/T_x$。

由于离散傅里叶变换是对空域及频域均为周期离散函数的变换， 因此，图 3-1-2(e2) 的曲线还将被周期为 $1/L_x$ 的梳状函数 (图 3-1-2(f2)) 取样，其结果是一个周期为 $N_x$ 的频域的离散函数 (图 3-1-2(g2))。

在频域进行上面频谱函数与梳状函数的乘积取样时，就对应着它们在空域原函数的卷积运算。图 3-1-2(e1) 与图 3-1-2(f1) 的函数在空域卷积运算的结果成为一周期为 $N_x$ 的空域离散函数 (图 3-1-2(g1))。

空域及频域离散函数均以 $N_x$ 为周期，我们只要分别知道一个周期内的离散值或样本点便可以了解离散函数全貌。离散傅里叶变换或其快速算法 FFT，便是完成从空域到频域，以及从频域到空域的这 $N_x$ 个样本点的计算方法。

至此，我们已经知道，离散傅里叶变换是傅里叶变换的一种近似计算。鉴于卷积可以由傅里叶变换表示，只要能够将衍射计算公式表为傅里叶变换或卷积的形式，并了解离散傅里叶变换与傅里叶变换间的量值关系，采取合适的措施抑制畸变，便能对衍射问题求解。

## 3.2 菲涅耳衍射积分的快速傅里叶变换计算

菲涅耳衍射积分是应用研究中最广泛使用的公式，因此，首先对它的计算进行讨论。鉴于菲涅耳衍射积分可以表示为傅里叶变换及卷积两种形式，存在一次快速傅里叶变换及快速卷积算法。但是，快速卷积算法需要作一次快速傅里叶变换及一次快速傅里叶反变换运算，其计算速度相对缓慢。为表述方便，以下称第一种算法为 S-FFT 算法，第二种为 D-FFT 算法。我们将看到，合理选择两种方法才能正确处理实际衍射问题[2,6,7]。

### 3.2.1 菲涅耳衍射积分的 S-FFT 算法

设 $U_0(x_0, y_0)$，$U(x, y)$ 分别为物平面及观测平面的光波复振幅，$d$ 为两平面间的距离。根据第 2 章式 (2-2-41)，菲涅耳衍射积分的傅里叶变换形式可以写为

$$U(x,y) = \frac{\exp(\mathrm{j}kd)}{\mathrm{j}\lambda d}\exp\left[\frac{\mathrm{j}k}{2d}\left(x^2+y^2\right)\right]\int_{-\infty}^{\infty}\int_{-\infty}^{\infty}\left\{U_0(x_0,y_0)\right.$$
$$\left.\times\exp\left[\frac{\mathrm{j}k}{2d}\left(x_0^2+y_0^2\right)\right]\right\}\exp\left[-\mathrm{j}\frac{2\pi}{\lambda d}\left(x_0x+y_0y\right)\right]\mathrm{d}x_0\mathrm{d}y_0 \qquad (3\text{-}2\text{-}1)$$

式中，$\mathrm{j}=\sqrt{-1}$，$\lambda$ 为光波长，$k=2\pi/\lambda$。

分析上式可以看出，上式的主要计算包含下述两部分：

(1) 利用快速傅里叶变换进行函数与指数相位因子乘积$U_0(x_0, y_0)\exp\cdot\left[\frac{\mathrm{j}k}{2d}\left(x_0^2+y_0^2\right)\right]$ 的傅里叶变换计算；

(2) 计算结果再乘以积分号前的表达式 $\frac{\exp(\mathrm{j}kd)}{\mathrm{j}\lambda d}\exp\left[\frac{\mathrm{j}k}{2d}\left(x^2+y^2\right)\right]$。

令物平面取样宽度为 $L_0$，取样数为 $N\times N$，即取样间距 $\Delta x_0=\Delta y_0=L_0/N$，式 (3-2-1) 可用快速傅里叶变换 FFT{ } 表示为

$$U(p\Delta x,q\Delta y)=\frac{\exp(\mathrm{j}kd)}{\mathrm{j}\lambda d}\exp\left[\frac{\mathrm{j}k}{2d}((p\Delta x)^2+(q\Delta y)^2)\right]$$
$$\times\mathrm{FFT}\left\{U_0(m\Delta x_0,n\Delta y_0)\exp\left[\frac{\mathrm{j}k}{2d}((m\Delta x_0)^2+(n\Delta y_0)^2)\right]\right\}_{\frac{p\Delta x}{\lambda d},\frac{q\Delta y}{\lambda}}$$
$$(p,q,m,n=-N/2,-N/2+1,\cdots,N/2-1)\tag{3-2-2}$$

式中，$\Delta x=\Delta y$ 是快速傅里叶变换计算后对应的空域取样间距。为确定这个数值，应利用离散傅里叶变换结果是以 $1/\Delta x_0$ 为周期离散分布的结论，即上式的计算结果将是在二维频率空间取值宽度为 $1/\Delta x_0$ 的 $N\times N$ 点的离散值，即

$$\frac{L}{\lambda d}=\frac{1}{\Delta x_0}=\frac{N}{L_0},\text{或}L=\frac{\lambda dN}{L_0}\tag{3-2-3}$$

因此

$$\Delta x=\Delta y=\frac{L}{N}=\frac{\lambda d}{L_0}\tag{3-2-4}$$

然而，只有满足取样定律的计算才能获得正确的计算结果。分析式 (3-2-1) 可知，被变换函数由物函数与指数相位因子的乘积组成，理论分析容易证明，指数相位因子 $\exp\left[\frac{\mathrm{j}k}{2d}\left(x_0^2+y_0^2\right)\right]$ 的傅里叶变换为 $\frac{\lambda d}{\mathrm{j}}\exp\left[-\mathrm{j}\lambda d\pi\left(\left(\frac{x}{\lambda d}\right)^2+\left(\frac{y}{\lambda d}\right)^2\right)\right]$，这是一个在整个频域都有取值的非带限函数。按照频域卷积定理，$U_0\left(x_0,y_0\right)\exp\left[\frac{\mathrm{j}k}{2d}\left(x_0^2+y_0^2\right)\right]$ 的频谱是指数相位因子频谱与物函数 $U_0\left(x_0,y_0\right)$ 频谱的卷积，由于卷积运算结果的宽度是参加卷积运算的函数宽度之和[4]，无论物函数是否是带限函数，卷积运算结果都是非带限函数。因此，$U_0\left(x_0,y_0\right)\exp\left[\frac{\mathrm{j}k}{2d}\left(x_0^2+y_0^2\right)\right]$ 也将是整个频域都有取值的非带限函数，要让式 (3-2-2) 的计算严格满足取样定理实际上是不可能的。然而，在形式上香农取样定理可以视为是空域取样间距的倒数 $1/\Delta x_0$ 大于或等于函数最高频谱的两倍 (函数的傅里叶变换频谱包含正负两个频带)，换言之，在最高频谱所对应的空间周期上至少要有两个取样点。参照这个原则，实际上通常基于下面的分析来让计算近似地满足取样定律[2,6,7]。

通常情况下，物函数相对于指数相位因子的空间变化率不高，在宽度为 $L_0$ 的方形区域中任意位置，如果指数相位 $\exp\left[\frac{\mathrm{j}k}{2d}\left((m\Delta x_0)^2+(n\Delta y_0)^2\right)\right]$ 每变化 $2\pi$ 时至少有两个取样点，则认为 FFT 计算近似满足香农取样定理。由于二次相位因子

空间频率最高点对应于 $m$ 及 $n$ 等于 $\pm N/2$ 时的取样位置，因此，求解下面不等式可得到近似满足香农取样定理的条件。

$$\frac{\partial}{\partial m}\frac{k}{2d}\left[(m\Delta x_0)^2+(n\Delta y_0)^2\right]\bigg|_{m,n=N/2}\leqslant \pi \tag{3-2-5}$$

由此可得

$$\Delta x_0^2\leqslant\frac{\lambda d}{N} \tag{3-2-6}$$

根据式 (3-2-6) 的结构，如果只考虑衍射场的强度分布，式 (3-2-2) 可以作为近似满足香农取样定理的条件。但是，S-FFT 算法对式 (3-2-2) 的最终计算结果是 FFT 计算结果与前方二次指数相位因子的乘积。如果我们期望计算结果是满足香农取样定理的取样，还应考虑式 (3-2-2) 中 FFT 前方二次指数相位因子的取样问题。

将获得式 (3-2-6) 的讨论方法应用于 FFT 前方的相位因子，可得

$$\Delta x^2\leqslant\frac{\lambda d}{N} \tag{3-2-7}$$

但根据式 (3-2-3)，有

$$N\Delta x=\frac{\lambda dN}{N\Delta x_0},\text{或}\Delta x=\frac{\lambda d}{N\Delta x_0}$$

代入式 (3-2-7)得出 $\left(\dfrac{\lambda d}{N\Delta x_0}\right)^2\leqslant\dfrac{\lambda d}{N}$，即 $\Delta x_0^2\geqslant\dfrac{\lambda d}{N}$。与式 (3-2-6) 比较可以看出，这是一组基本相互矛盾的条件。于是，只有两不等式取等号

$$\Delta x_0=\Delta x=\sqrt{\frac{\lambda d}{N}},\text{或}L_0=L=\sqrt{\lambda dN} \tag{3-2-8}$$

才可以通过一次离散傅里叶变换计算获得满足香农取样定理的菲涅耳衍射场离散分布。

综上所述，若利用 S-FFT 方法计算菲涅耳衍射积分，当光波长 $\lambda$ 给定而物平面取样宽度 $\Delta L_0$ 和取样数 $N$ 是可变参数时，有以下三条主要结论:

其一，根据式 (3-2-3)，计算出来的衍射场宽度为 $L=\lambda dN/L_0$。衍射距离 $d$ 趋近于 0 时，$L$ 将趋近于 0。当观测平面临近物平面时，对于给定的 $L_0$，必须使用庞大的取样数 $N$ 才能得到期望宽度 $L$ 的解。因此，使用 S-FFT 方法将无法计算距离 $d$ 趋近于 0 的衍射图样。

其二，根据式 (3-2-6)，物平面取样间隔满足 $\Delta x_0<\sqrt{\lambda d/N}$ 或者 $L_0<\sqrt{\lambda dN}$ 时，可以较好地计算菲涅耳衍射场的强度分布。

其三，根据式 (3-2-8)，如果让计算结果的振幅与相位均是近似满足香农取样定理的衍射场，物平面及衍射场平面的取样宽度必须相等，并满足 $L_0=L=\sqrt{\lambda dN}$。

为便于理解菲涅耳衍射积分 S-FFT 算法的特点，附录 B5 给出用 MATLAB 语言编写的 S-FFT 变换法计算衍射的程序 LJCM5.m。读者可以通过该程序的阅读及执行，证实上面对 S-FFT 算法的研究结论。

### 3.2.2 菲涅耳衍射的 S-FFT 计算与实际测量的比较

现在，以图 3-2-1 所示激光通过光阑的衍射实验为例，验证菲涅耳衍射的 S-FFT 计算及取样条件讨论的可行性。在该实验研究中，激光波长为 632.8nm，光束经扩束及准直后照射透光孔为花瓣图案的光阑，图案的宽度约 4mm。用探测面积为 4.76mm×4.76mm 拥有 1024×1024 像素的 CCD 直接探测衍射场的强度分布。由于经透光孔衍射的光波的主要能量能够被 CCD 接收，CCD 探测到的光波场能量分布将能为衍射计算的可行性提供实验依据。

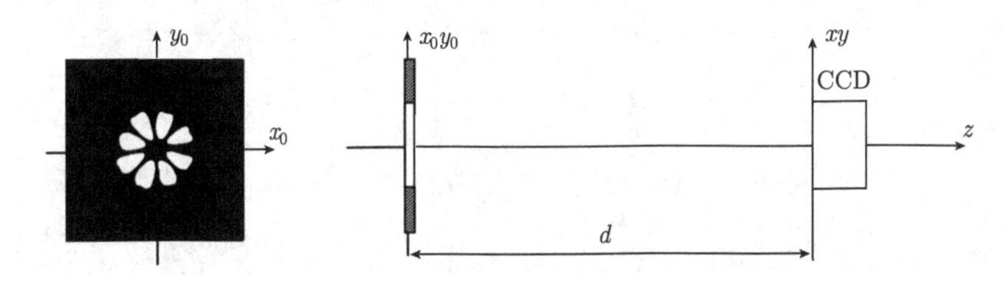


图 3-2-1 衍射实验光路

使用衍射的 S-FFT 算法时，物平面与观测平面宽度 $L_0$，$L$ 通常不相同。为便于比较，根据式 (3-2-8) 保持 $d \times N$ 数值不变，令 $N = 256$，512，1024 以及 $d =$ 480mm，240mm，120mm，求得 $L_0 = L = \sqrt{\lambda d N} \approx 8.82\text{mm}$。

将上述参数代入式 (3-2-2)，通过计算得到的光斑图像与实际测量的图像示于图 3-2-2。图中，CCD 测量结果通过周边补零形成 8.82mm×8.82mm (1895×1895 像素) 的图像。可以看出，理论计算与实验测量吻合很好。比较不同距离计算时使用的取样点数还可看出，观测屏离光阑越近，$N$ 越大。当使用菲涅耳衍射的 S-FFT 计算十分邻近光阑平面的光波场时，必须使用庞大的取样数才能完成计算。

### 3.2.3 菲涅耳衍射的 D-FFT 算法

令 $U_0(x_0, y_0)$，$U(x, y)$ 分别为物平面及观测平面的光波复振幅，$d$ 为两平面间的距离。根据第 2 章式 (2-2-40)，菲涅耳衍射积分的卷积形式可以写为

$$U(x,y) = \frac{\exp(\mathrm{j}kd)}{\mathrm{j}\lambda d} \int_{-\infty}^{\infty}\int_{-\infty}^{\infty} U_0(x_0,y_0) \exp\left\{\frac{\mathrm{j}k}{2d}\left[(x-x_0)^2 + (y-y_0)^2\right]\right\} \mathrm{d}x_0 \mathrm{d}y_0 \tag{3-2-9}$$

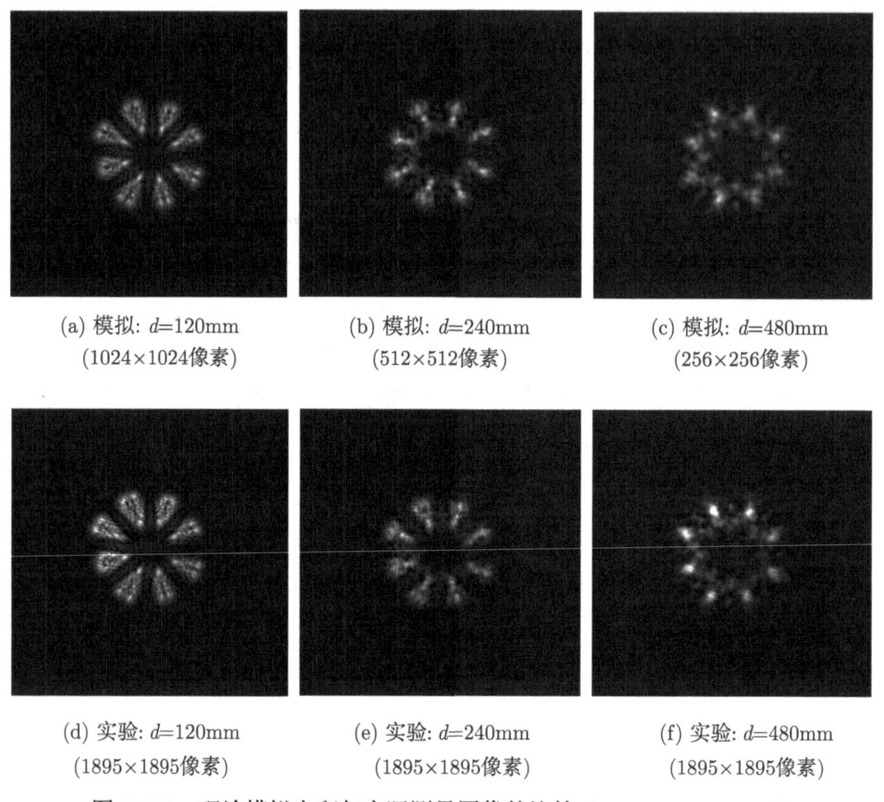

(a) 模拟: $d$=120mm (1024×1024像素)　(b) 模拟: $d$=240mm (512×512像素)　(c) 模拟: $d$=480mm (256×256像素)

(d) 实验: $d$=120mm (1895×1895像素)　(e) 实验: $d$=240mm (1895×1895像素)　(f) 实验: $d$=480mm (1895×1895像素)

图 3-2-2　理论模拟光斑与实际测量图像的比较 (8.82mm×8.82mm)

对上式两边作傅里叶变换并利用空域卷积定律得

$$\mathcal{F}\{U(x,y)\}=\mathcal{F}\{U_0(x_0,y_0)\}\mathcal{F}\left\{\frac{\exp(\mathrm{j}kd)}{\mathrm{j}\lambda d}\exp\left[\frac{\mathrm{j}k}{2d}(x^2+y^2)\right]\right\} \tag{3-2-10}$$

令 $f_x, f_y$ 是频域坐标，可以定义菲涅耳衍射传递函数

$$H_{\mathrm{F}}(f_x,f_y)=\mathcal{F}\left\{\frac{\exp(\mathrm{j}kd)}{\mathrm{j}\lambda d}\exp\left[\frac{\mathrm{j}k}{2d}(x^2+y^2)\right]\right\} \tag{3-2-11}$$

容易证明，上式存在解析解

$$H_{\mathrm{F}}(f_x,f_y)=\exp\left\{\mathrm{j}kd\left[1-\frac{\lambda^2}{2}(f_x^2+f_y^2)\right]\right\} \tag{3-2-12}$$

由于傅里叶变换可以通过离散傅里叶变换作近似计算，通过离散傅里叶变换求解卷积形式的菲涅耳衍射积分时，理论上使用式 (3-2-11) 或式 (3-2-12) 表示的传递函数是等价的。然而，为获得满足取样定理的计算结果，应该考虑式 (3-2-11) 作 FFT 计算时的正确取样及计算问题，而解析形式的式 (3-2-12) 始终能够得到准

确解。因此，在实际计算时均使用解析形式的式 (3-2-12) 作为传递函数。关于使用式 (3-2-11) 计算时遇到的问题我们将在后面讨论基尔霍夫衍射积分及瑞利–索末菲衍射积分的计算时再作分析。这里，仅就解析形式的传递函数进行研究。

对式 (3-2-10) 两边作傅里叶逆变换得到用傅里叶变换及逆变换表述的菲涅耳衍射表达式

$$U(x,y)=\mathcal{F}^{-1}\{\mathcal{F}\{U_0(x_0,y_0)\}H_{\mathrm{F}}(f_x,f_y)\} \tag{3-2-13}$$

可以看出，菲涅耳衍射过程相当于将物面光波场通过一个线性空间不变系统的过程，观测平面的光波场的频谱是物平面光波场的频谱与一个菲涅耳衍射传递函数 $H_{\mathrm{F}}$ 的乘积。

设衍射场的计算宽度是 $L_0$，取样数为 $N$，即取样间隔 $\Delta x_0=L_0/N$。根据离散傅里叶变换与傅里叶变换关系的讨论，物函数的 FFT 完成后，其取值范围是 $1/\Delta x_0=N/L_0$。为实现在同一坐标尺度下与传递函数的乘积运算，传递函数在频域的取样单位必须满足 $\Delta f_x=\Delta f_y=1/L_0$。于是，当乘积运算完成并进行快速逆傅里叶变换 IFFT(the inverse discrete Fourier transform) 回到空域时，空域宽度还原为 $L=1/\Delta f_x=L_0$。因此，利用传递函数法计算衍射时物平面及衍射观测平面保持相同的取样宽度。此外，由于传递函数不改变物函数的频谱宽度，当物平面的取样满足香农取样定理时，计算结果也必然是满足香农取样定理的衍射场。

现在考虑如何让离散取样满足取样定理的问题。由于式 (3-2-13) 中逆变换函数由物函数的频谱与菲涅耳衍射传递函数 $H_{\mathrm{F}}(f_x,f_y)$ 的乘积组成，$H_{\mathrm{F}}(f_x,f_y)$ 及其原函数 $\dfrac{\exp(\mathrm{j}kd)}{\mathrm{j}\lambda d}\exp\left[\dfrac{\mathrm{j}k}{2d}(x^2+y^2)\right]$ 分别是在整个频域及空域都有取值的函数，因此，无论物函数是否是带限函数，衍射运算结果是非带限函数。因此，要使式 (3-2-13) 的离散计算严格地满足香农取样定理是不可能的。在实际衍射计算中，可用下面的方法来确定近似满足取样定律的条件[8]。

由于菲涅耳衍射传递函数是解析函数，对于给定的频率值能准确地得到函数值，它与 $\mathcal{F}\{U_0(x_0,y_0)\}$ 的乘积不改变 $\mathcal{F}\{U_0(x_0,y_0)\}$ 频谱的宽度。因此，只要 $U_0(x_0,y_0)$ 的取样满足取样定理，便能让衍射的 D-FFT 计算满足取样定理。

由于 $U_0(x_0,y_0)$ 的频谱在计算前未知，现对如何正确取样进行讨论。设衍射场总能量为 $E$。根据能量守恒定理及离散傅里叶变换与傅里叶变换的量值关系，并将本章对图 3-1-2 的讨论推广到二维空间，若取样数为 $N$，计算宽度为 $L_0$，在离散傅里叶变换后在频域的取样点对应面积为 $1/L_0^2$，能量值为连续变换的 $N^4/L_0^4$ 倍。因此，离散变换后频域的取样点 $(p/L_0,q/L_0)$ 的能量是 $\left|\mathrm{DFT}\left\{U_0\left(m\dfrac{L_0}{N},n\dfrac{L_0}{N}\right)\right\}(p,q)\right|^2$

$\left(\frac{L_0}{N}\right)^4 \frac{1}{L_0^2}$，正确的 $U_0(x_0, y_0)$ 离散傅里叶变换计算必然满足[8]

$$E = \frac{L_0^2}{N^4} \sum_{p=-N/2}^{N/2-1} \sum_{q=-N/2}^{N/2-1} \left| \mathrm{DFT} \left\{ U_0 \left( m\frac{L_0}{N}, n\frac{L_0}{N} \right) \right\} (p,q) \right|^2 \approx \text{Constant} \qquad (3\text{-}2\text{-}14)$$

当 $U_0(x_0, y_0)$ 取样合适时，增加取样数将不改变总能量 $E$。因此，在应用研究中可以首先按需要的空间分辨率给定某取样数 $N$，并利用式 (3-2-14) 计算 $E$。此后，在同一物理尺度下将取样数减小为 $N/2$ 或增加为 $2N$，再计算总能量。若计算结果无本质区别，则认为取样数 $N$ 满足要求。以下通过理论计算与实验测量的比较证明上述结论。

### 3.2.4　D-FFT 算法的实验证明

沿用图 3-2-1 的衍射实验系统及相关实验参数，但选择包含花瓣图案透光孔而宽度为 $L_0$=4.76mm 的方形区域为物面光阑。分别用 $N = 128$，256，512 对光阑取样，则得到与三种取样数相对应的物平面光波场 $U_0(x_0，y_0)$ 。对光波场进行傅里叶变换获得其频谱，再对频谱强度用 0～255 的亮度归一化。三种取样计算获得的频谱图像示于图 3-2-3。由图可见，频谱主要能量均集中于中部。此外，根据计算得三幅图像的总能量比为 3.9667:4.0504:4.0959。按照上面对式 (3-2-14) 的讨论，三种取样均能较好地满足取样条件。

图 3-2-3　不同取样数对应的初始场频谱强度图像 ($N$/4.76mm$^{-1}$ × $N$/4.76mm$^{-1}$)

图 3-2-4(a) 给出 $d$=60mm 时 CCD 探测的图像。图 3-2-4(b)、(c)、(d) 依次给出 $N = 128$，256，512 时数值计算的光波场强度图像。

比较图 3-2-4 中各图像可以看出，理论计算与实验测量吻合很好。但取样数 $N$= 128 时分辨率相对较低，图像的细节 —— 衍射斑内部衍射条纹相对模糊。这是由于在该取样条件下频谱极大值仅为 $128/(2L_0)$≈7.26mm$^{-1}$，当每毫米范围内衍射条纹数超过 7.26 时则不能分辨。因此，当采用解析形式的传递函数计算菲涅耳衍射积分时，通常可以按照分辨率的需要确定取样数。

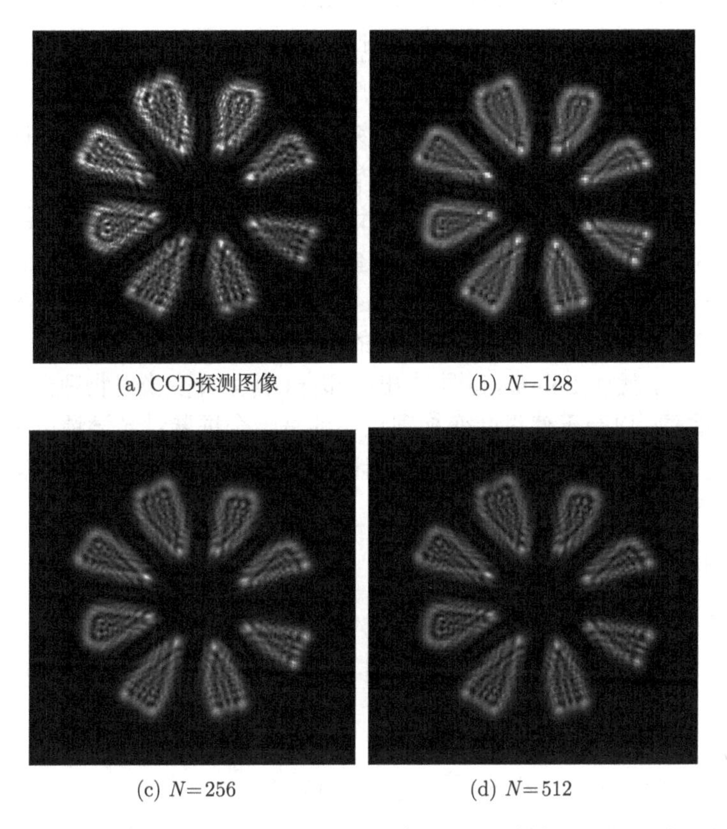

(a) CCD探测图像　(b) $N$=128

(c) $N$=256　(d) $N$=512

图 3-2-4　衍射距离 $d$=60mm 时实验测量图像与不同取样数的衍射计算图像的比较 (8.82mm×8.82mm)

但是，应该指出，按照衍射的角谱理论[1]，光波的衍射是光波场各角谱衍射的叠加。随着衍射距离的增加，衍射场的范围将线性展宽。由于 D-FFT 算法中物平面及衍射观测平面保持相同的取样宽度，当衍射距离较大时，D-FFT 算法便不能完整地给出衍射场。因此，这种算法主要用于物光场的高频角谱分量较小以及衍射距离较短的情况。

回顾菲涅耳衍射的 S-FFT 算法可知，距离较长的菲涅耳衍射计算问题可以使用 S-FFT 解决。因此，根据实际情况对 S-FFT 及 D-FFT 这两种算法作合理选择，才是有效求得衍射结果的途径。

附录 B6 给出用 MATLAB 语言编写的菲涅耳衍射 D-FFT 算法的计算程序 LJCM6.m，读者不但可以利用这个程序验证以上所有结论，而且可以解决许多菲涅耳衍射的实际计算问题。

### 3.2.5 菲涅耳衍射的分数傅里叶变换表示及其计算

在对菲涅耳衍射积分的计算研究中已经看出，为计算整个菲涅耳衍射区域的衍射场，必须根据衍射距离的长短合理使用 D-FFT 及 S-FFT 算法，才能较好地完成衍射运算。如果存在一种计算方法，能够完满地获得整个菲涅耳衍射区域的衍射场，这对与衍射相关的研究必然带来很大方便。将菲涅耳衍射用分数傅里叶变换表示，将衍射计算转换为分数傅里叶变换的计算，便是一种十分有益的尝试。

早在 1937 年，Condon[9] 就提出了分数傅里叶变换的初步概念。Bargmann[10] 在 1961 年进一步发展了这些概念。Namias[11] 在 1980 年建立了比较完整的分数傅里叶变换理论。1987 年后，经过许多学者的努力，分数傅里叶变换已经成为一个完整而严谨的理论。就如 Lohmann[12] 指出的那样，傅里叶变换对物理光学和光信息处理是如此重要，以至于傅里叶变换理论中的每一个进展对光学领域都可能是重要的。作为分数傅里叶变换在菲涅耳衍射计算中的应用，以下对菲涅耳衍射的分数傅里叶变换表示及其 FFT 计算作讨论。

1. 分数傅里叶变换的定义

为简单起见，先给出一维函数的分数傅里叶变换定义[11]，它与下面还要介绍的分数傅里叶变换性质都可以直接推广到二维情况。

$$
\begin{aligned}
G(\xi) &= \mathcal{F}^p\{g(x)\} \\
&= \frac{\exp[-\mathrm{j}\pi(1-p)/4]}{\sqrt{\sin\phi}}\int_{-\infty}^{\infty}\exp\left[\frac{\mathrm{j}\pi\left(\xi^2+x^2\right)}{\tan\phi}-\frac{\mathrm{i}2\pi\xi x}{\sin\phi}\right]g(x)\,\mathrm{d}x
\end{aligned}
\tag{3-2-15}
$$

式中，$\phi = p\pi/2$，$p$ 称为分数傅里叶变换的阶，其值应满足 $|p| \leqslant 2$，$G(\xi)$ 称为 $g(x)$ 的分数傅里叶谱。

分数傅里叶变换又称为广义傅里叶变换，常规傅里叶变换是它的特殊情况。当 $p=1$ 和 $p=-1$ 时，它转化为常规傅里叶变换及逆变换

$$
\mathcal{F}^1\{g(x)\} = \int_{-\infty}^{\infty}\exp[-\mathrm{j}2\pi\xi x]\,g(x)\,\mathrm{d}x
$$

$$
\mathcal{F}^{-1}\{G(\xi)\} = \int_{-\infty}^{\infty}\exp[\mathrm{j}2\pi\xi x]\,g(x)\,\mathrm{d}x
$$

$p=0$ 的 0 阶分数傅里叶变换由下式定义

$$
\mathcal{F}^{p\to 0}\{g(x)\} = \lim_{\phi\to 0}\frac{\sqrt{\exp(-\mathrm{j}\pi/2)}}{\sqrt{\phi}}\int_{-\infty}^{\infty}\exp\left[\frac{\mathrm{j}\pi\left(\xi^2+x^2\right)}{\phi}-\frac{\mathrm{j}2\pi\xi x}{\phi}\right]g(x)\,\mathrm{d}x
$$

$$= \int_{-\infty}^{\infty} \frac{\exp\left[\mathrm{j}\pi (x-\xi)^2/\phi\right]}{\sqrt{\mathrm{j}\phi}} g(x)\,\mathrm{d}x = g(x) \tag{3-2-16}$$

其中用到 $\delta$ 函数的下述表达式

$$\lim_{\phi\to 0} \frac{\exp\left[\mathrm{j}\pi (x-\xi)^2/\phi\right]}{\sqrt{\mathrm{j}\phi}} = \delta(x-\xi)$$

2. 分数傅里叶变换与菲涅耳积分的比较

为建立分数傅里叶变换与菲涅耳衍射的关系，令式 (3-2-15) 中

$$\xi = \sqrt{\frac{1}{\lambda f_1}} x_f, \quad x = \sqrt{\frac{1}{\lambda f_1}} x_0$$

其中，$\lambda$ 为光波长，$f_1$ 为一具有长度量纲的量。这样式 (3-2-15) 被重新写成

$$G\left(\frac{x_f}{\lambda f_1}\right) = \mathcal{F}^p\left\{g\left(\frac{x_0}{\lambda f_1}\right)\right\} = \frac{\exp\left[-\mathrm{j}\pi(1-p)/4\right]}{\sqrt{\lambda f_1 \sin\phi}} \int_{-\infty}^{\infty} g\left(\frac{x_0}{\lambda f_1}\right) \times \exp\left[\frac{\mathrm{j}\pi\left(x_f^2 + x_0^2\right)}{\lambda f_1 \tan\phi} - \frac{\mathrm{j}2\pi x_f x_0}{\lambda f_1 \sin\phi}\right] \mathrm{d}x_0 \tag{3-2-17}$$

再设 $u_p(x_f) = G\left(\frac{x_f}{\lambda f_1}\right), u_0(x_0) = g\left(\frac{x_0}{\lambda f_1}\right)$，得到

$$u_p(x_f) = \mathcal{F}^p\left\{u_0(x_0)\right\} = \frac{\exp\left[-\mathrm{j}\pi(1-p)/4\right]}{\sqrt{\lambda f_1 \sin\phi}} \int_{-\infty}^{\infty} u_0(x_0) \times \exp\left[\frac{\mathrm{j}\pi\left(x_f^2 + x_0^2\right)}{\lambda f_1 \tan\phi} - \frac{\mathrm{j}2\pi x_f x_0}{\lambda f_1 \sin\phi}\right] \mathrm{d}x_0 \tag{3-2-18}$$

现在考察一维菲涅耳衍射场的表达式。若将衍射场相位参考平面定义在衍射场的观测平面，定义物平面上的一维光波场是 $u_0(x_0)$，经距离 $d$ 的一维菲涅耳衍射为

$$u(x) = \frac{1}{\sqrt{\lambda d}} \exp\left(\mathrm{j}\frac{\pi}{\lambda d} x_0^2\right) \int_{-\infty}^{\infty} \left[u_0(x_0) \exp\left(\mathrm{j}\frac{\pi}{\lambda d} x_0^2\right)\right] \exp\left(-\mathrm{j}\frac{2\pi}{\lambda d} x_0 x\right) \mathrm{d}x_0$$

令 $x = x_f/\cos\phi$ 以及 $d = f_1 \tan\phi$, 得

$$u\left(\frac{x_f}{\cos\phi}\right) = \frac{1}{\sqrt{\lambda f_1 \tan\phi}} \exp\left(\mathrm{j}\frac{\pi x_f^2}{\lambda f_1 \sin\phi\cos\phi}\right) \times \int_{-\infty}^{\infty} \left[u_0(x_0) \exp\left(\mathrm{j}\frac{\pi}{\lambda f_1 \tan\phi} x_0^2\right)\right] \exp\left(-\mathrm{j}\frac{2\pi}{\lambda f_1 \sin\phi} x_0 x_f\right) \mathrm{d}x_0$$

和式 (3-2-18) 比较立即看出，除积分号前的相位因子不同外，分数傅里叶变换可视为距离 $d=f_1\tan\phi$的衍射表达式。若用分数傅里叶变换表示菲涅耳衍射，则有

$$u\left(\frac{x_f}{\cos\phi}\right)=\sqrt{\cos\phi}\exp\left[\mathrm{j}\pi\left(1-p\right)/4\right]\exp\left(\mathrm{j}\tan\phi\frac{\pi x_f^2}{\lambda f_1}\right)u_p\left(x_f\right) \tag{3-2-19}$$

令 $\beta=\cos\phi$ 可以将上式写成

$$\frac{1}{\sqrt{\beta}}u\left(\frac{x_f}{\beta}\right)=\exp\left[\mathrm{j}\pi\left(1-p\right)/4\right]\exp\left(\mathrm{j}\tan\phi\frac{\pi x_f^2}{\lambda f_1}\right)\mathcal{F}^p\left\{u_0\left(x_0\right)\right\} \tag{3-2-20}$$

不难看出，$p$ 的变化范围为 $0\to1$ 时对应于菲涅耳衍射的近场及远场的所有可能距离的衍射计算。如果 FRT 的计算可以用一个简单的算法来完成，菲涅耳衍射的计算则简化为一个紧凑表达式的计算，即一个 FRT 积分的数值计算和一个附加二次相位因子的乘积。此外，利用分数傅里叶变换的性质，将非常容易实现衍射的逆运算。例如，当 $|p|\leqslant1$ 时，$p$ 取正和负值时则对应于距离是 $|f_1\tan(p\pi/2)|$ 衍射的正向及逆向运算。当然，用分数傅里叶变换表示菲涅耳衍射时，其计算结果是放大了$\beta$ 倍的衍射场，还必须按照坐标缩放因子$\beta$ 进行缩放才能得到实际结果。容易看出，式 (3-2-20) 已经表明了缩放计算时应遵循的能量守恒关系。

分析 FRT 的表达式容易发现，其计算可以通过 FFT 进行，并且也像菲涅耳衍射积分一样可以用一次 FFT(S-FFT) 算法和两次 FFT(D-FFT) 算法[7,8]。然而，相对于直接使用经典的衍射公式进行计算而言，S-FFT 算法不具有特别的优点。因此，以下只对 FRT 的 D-FFT 算法进行讨论。

### 3.FRT 的 D-FFT 算法及菲涅耳衍射的计算

为便于讨论，将式 (3-2-18) 重新写出

$$u_p\left(x_f\right)=\mathcal{F}^p\left\{u_0\left(x_0\right)\right\}=\frac{\exp\left[-\mathrm{j}\pi\left(1-p\right)/4\right]}{\sqrt{\lambda f_1\sin\phi}}\int_{-\infty}^{\infty}u_0\left(x_0\right)\times\exp\left[\frac{\mathrm{j}\pi\left(x_f^2+x_0^2\right)}{\lambda f_1\tan\phi}-\frac{\mathrm{j}2\pi x_f x_0}{\lambda f_1\sin\phi}\right]\mathrm{d}x_0 \tag{3-2-21}$$

积分号内指数因子可以作如下变换

$$\begin{aligned}&\frac{\mathrm{j}\pi\left(x_f^2+x_0^2\right)}{\lambda f_1\tan\phi}-\frac{\mathrm{j}2\pi x_f x_0}{\lambda f_1\sin\phi}\\&=\frac{\mathrm{j}\pi}{\lambda f_1\sin\phi}\left[\left(x_f^2+x_0^2\right)\cos\phi-2x_f x_0\right]\\&=\frac{\mathrm{j}\pi}{\lambda f_1\sin\phi}\left[\left(x_f^2+x_0^2\right)\left(1-2\sin^2\phi/2\right)-2x_f x_0\right]\end{aligned}$$

$$
\begin{aligned}
&= \frac{\mathrm{j}\pi}{\lambda f_1 \sin\phi}\left(x_f - x_0\right)^2 - \frac{\mathrm{j}\pi}{\lambda f_1 \sin\phi} 2\left(x_f^2 + x_0^2\right)\sin^2\phi/2 \\
&= \frac{\mathrm{j}\pi}{\lambda f_1 \sin\phi}\left(x_f - x_0\right)^2 - \frac{\mathrm{j}\pi\tan\left(\phi/2\right)}{\lambda f_1}\left(x_f^2 + x_0^2\right)
\end{aligned}
$$

于是，分数傅里叶变换能写成卷积形式

$$
\begin{aligned}
u_p\left(x_f\right) &= \mathcal{F}^p\left\{u_0\left(x_0\right)\right\} \\
&= \frac{\exp\left[-\mathrm{j}\pi\left(1-p\right)/4\right]}{\sqrt{\lambda f_1 \sin\phi}} \exp\left[-\frac{\mathrm{j}\pi\tan\left(\phi/2\right)}{\lambda f_1} x_f^2\right] \int_{-\infty}^{\infty} u_0\left(x_0\right) \\
&\quad \times \exp\left[-\frac{\mathrm{j}\pi\tan\left(\phi/2\right)}{\lambda f_1} x_0^2\right] \exp\left[\frac{\mathrm{j}\pi}{\lambda f_1 \sin\phi}\left(x_f - x_0\right)^2\right] \mathrm{d}x_0
\end{aligned}
\tag{3-2-22}
$$

根据空域卷积定理[6]，得到用傅里叶变换表示的表达式

$$
\begin{aligned}
u_p\left(x_f\right) = &\frac{\exp\left[-\mathrm{j}\pi\left(1-p\right)/4\right]}{\sqrt{\lambda f_1 \sin\phi}} \exp\left(-\frac{\mathrm{j}\pi\tan\left(\phi/2\right)}{\lambda f_1} x_f^2\right) \\
&\times \mathcal{F}^{-1}\left\{\mathcal{F}\left\{u_0\left(x_0\right)\exp\left(-\frac{\mathrm{j}\pi\tan\left(\phi/2\right)}{\lambda f_1} x_0^2\right)\right\}_{f=\frac{x_f}{\lambda f_1}}\right. \\
&\left.\times \mathcal{F}\left\{\exp\left(\frac{\mathrm{j}\pi}{\lambda f_1 \sin\phi} x_0^2\right)\right\}_{f=\frac{x_f}{\lambda f_1}}\right\}
\end{aligned}
\tag{3-2-23}
$$

式中

$$
\begin{aligned}
&\mathcal{F}\left\{\exp\left(\frac{\mathrm{j}\pi}{\lambda f_1 \sin\phi} x_0^2\right)\right\}_{f=\frac{x_1}{\lambda f_1}} \\
&= \int_{-\infty}^{\infty} \exp\left(\frac{\mathrm{j}\pi}{\lambda f_1 \sin\phi} x_0^2 - \mathrm{j}2\pi\frac{x_f}{\lambda f_1} x_0\right) \mathrm{d}x_0 \\
&= \sqrt{\mathrm{j}\lambda f_1 \sin\phi}\exp\left(-\mathrm{j}\pi\lambda f_1 \sin\phi \times f^2\right)_{f=\frac{x_f}{\lambda f_1}}
\end{aligned}
$$

于是有

$$
\begin{aligned}
u_p\left(x_f\right) = &\sqrt{\mathrm{j}}\exp\left[-\mathrm{j}\pi\left(1-p\right)/4\right]\exp\left[-\frac{\mathrm{j}\pi\tan\left(\phi/2\right)}{\lambda f_1} x_f^2\right] \\
&\times \mathcal{F}^{-1}\left\{\mathcal{F}\left\{u_0\left(x_0\right)\exp\left[-\frac{\mathrm{j}\pi\tan\left(\phi/2\right)}{\lambda f_1} x_0^2\right]\right\}_{f=\frac{x_f}{\lambda f_1}}\right. \\
&\left.\times \exp\left(-\mathrm{j}\pi\lambda f_1 \sin\phi \times f^2\right)_{f=\frac{x_f}{\lambda f_1}}\right\}
\end{aligned}
\tag{3-2-24}
$$

这正是我们在研究经典衍射公式时已经很熟悉的可以用 D-FFT 计算的数学形式。按照离散傅里叶变换理论，若令 $x_0, x_f$ 的计算宽度为 $\Delta L_0 = \Delta L_f$，取样数为 $N$，则式 (3-2-24) 中离散傅里叶变换后频域的取样单位是 $1/\Delta L_f$。于是得到式 (3-2-24) 的 D-FFT 计算式

$$u_p\left(q\frac{\Delta L_f}{N}\right) = \sqrt{\mathrm{j}}\exp\left[-\mathrm{j}\pi\left(1-p\right)/4\right]\exp\left[-\frac{\mathrm{j}\pi}{\lambda f_1}\left(q\frac{\Delta L_f}{N}\right)^2\tan\left(\phi/2\right)\right]$$
$$\times \mathrm{IFFT}\left\{\begin{array}{l}\mathrm{FFT}\left\{u_0\left(m\frac{\Delta L_f}{N}\right)\exp\left[-\frac{\mathrm{j}\pi}{\lambda f_1}\left(m\frac{\Delta L_f}{N}\right)^2\tan\left(\phi/2\right)\right]\right\}\\ \times\exp\left[-\mathrm{j}\pi\lambda f_1\sin\phi\left(m'\frac{1}{\Delta L_f}\right)^2\right]\end{array}\right\}$$
$$(q, m', m = -N/2, -N/2+1, \cdots, N/2-1) \tag{3-2-25}$$

像前面对菲涅耳衍射离散计算的讨论一样，现对式 (3-2-25) 求出能够近似满足香农取样定理的条件，即令

$$\left.\frac{\partial}{\partial m'}\lambda f_1\sin\phi\left(m'\frac{1}{\Delta L_f}\right)^2\right|_{m'=N/2} \leqslant 1$$

注意到 $\Delta L_f = \sqrt{N\lambda f_1}$，求解得

$$|\sin\phi| \leqslant 1 \tag{3-2-26}$$

根据 $\left.\frac{\partial}{\partial q}\frac{1}{\lambda f_1}\left(q\frac{\Delta L_f}{N}\right)^2\tan\left(\phi/2\right)\right|_{q=N/2} \leqslant 1$，求解得

$$\left|\tan\left(\frac{\phi}{2}\right)\right| \leqslant 1 \tag{3-2-27}$$

条件式 (3-2-26) 总是满足的，条件式 (3-2-27) 仅当$\phi \leqslant \pi/2$ 或 $p \leqslant 1$ 时才成立。但这个范围已经覆盖了整个菲涅耳衍射区。

然而，上面的讨论只是针对分数傅里叶变换的计算进行的，因为式 (3-2-20) 的计算还包含与分数傅里叶变换相乘的外部相位因子。将香农定理运用于式 (3-2-20) FRT 前方的相位因子，有

$$\left.\frac{\partial}{\partial q}\frac{\tan\phi}{\lambda f_1}\left(q\frac{\Delta L_f}{N}\right)^2\right|_{q=N/2} \leqslant 1, \text{即} \ |\tan\phi| \leqslant 1 \tag{3-2-28}$$

上式仅在 $\phi \leqslant \pi/4$ 或 $d \leqslant f_1$ 时成立。

因此，如果在所有距离 $d$ 使用 D-FFT 算法，当$\phi \leqslant \pi/4$ 时所得衍射场的振幅和相位均满足取样定理，而$\pi/4 < \phi \leqslant \pi/2$ 时只能较好地给出衍射场的强度图像。

综上所述，只要给定衍射距离 $d$，确定出 $f_1$ 及$\phi$，则能通过上面方法对衍射问题求解。

这两个参数的求法很简单，由于物平面宽度 $\Delta L_0=\Delta L_f=\sqrt{\lambda f_1 N}$，给定物平面光波场后，波长$\lambda$及 $\Delta L_f$ 是确定的值。通常情况下，习惯采用基 2FFT 计算[6]，即 $N$ 是 2 的正整数次幂，并且，$N$ 的选择总是让物平面的取样满足取样定理。因此，$N$ 通常也是确定的值。于是得到

$$f_1=\frac{\Delta L_0^2}{\lambda N} \tag{3-2-29}$$

由于 $d=f_1\tan\phi$，对于给定的衍射距离 $d$，即可求出$\phi$及与$\phi$相关的各三角函数。

现在讨论 D-FFT 算法获得的衍射图样宽度 $\Delta L_d$。由于 $\beta=\cos\phi=f_1/\sqrt{d^2+f_1^2}$，则

$$\Delta L_d=\frac{\Delta L_0}{\beta}=\frac{\Delta L_0}{f_1}\sqrt{d^2+f_1^2} \tag{3-2-30}$$

分析上结果知，当衍射距离 $d$ 相对于 $f_1$ 较小时，可以认为衍射图样传播并不改变其尺寸。由于取样数 $N$ 不变，取样间隔基本保持不变，在这种情况下衍射场的振幅和相位均可以准确计算。

但当 $d$ 接近或大于 $f_1$ 时，式 (3-2-30) 计算出的衍射图样的尺寸随距离增加而增加。在这种情况下，$N$ 保持不变时，取样间距随距离增大而增大，从而使计算结果不再满足香农取样定理，根据式 (3-2-28) 的讨论，只能较好地给出衍射场的强度图像。

4. 二维光波场衍射的 FRT 计算

实用的计算通常是垂直于光传播方向上的某空间平面的二维场的计算。为便于与实际测量相比较，我们通过二维光波场的数值计算来验证分数傅里叶变换计算衍射的可行性。

将一维情况式 (3-2-15) 推广后，即得二维分数傅里叶变换式

$$\begin{aligned}\mathcal{F}^p\{g(x,y)\}=G(\xi,\eta)=&\frac{\exp[-\mathrm{j}\pi(1-p)/2]}{\sin\phi}\int_{-\infty}^{\infty}\int_{-\infty}^{\infty}\exp\left\{\frac{\mathrm{j}\pi}{\tan\phi}\left[(\xi^2+x^2)\right.\right.\\&\left.\left.+(\eta^2+y^2)\right]-\frac{\mathrm{j}2\pi}{\sin\phi}(\xi x+\eta y)\right\}g(x,y)\,\mathrm{d}x\mathrm{d}y\end{aligned} \tag{3-2-31}$$

当用二维分数傅里叶变换表示衍射时，将式 (3-2-20) 推广后得

$$\frac{1}{\beta}u\left(\frac{x_f}{\beta},\frac{y_f}{\beta}\right)=\exp[\mathrm{j}\pi(1-p)/2]\exp\left[\frac{\mathrm{j}\pi\tan\phi}{\lambda f_1}(x_f^2+y_f^2)\right]\mathcal{F}^p\{u_0(x_0,y_0)\} \tag{3-2-32}$$

式中，$u_0(x_0,y_0)$ 是物平面上的光波场的复振幅。

由此可见，直接使用 FRT 计算衍射时得到的是横向放大率为$\beta$的衍射场。为获得与实际空间坐标相对应的衍射分布，还必须对计算结果作坐标缩放变换。依照式 (3-2-25)，不难对 (3-2-32) 进行离散计算 [37]。

### 3.2.6 基于虚拟光波场的衍射计算

回顾菲涅耳衍射积分的数值计算可以看出，由于菲涅耳衍射积分可以表示为傅里叶变换及卷积两种形式，存在与这两种表达式相对应的 S-FFT 算法及 D-FFT 算法。此外，当菲涅耳衍射积分表示成分数傅里叶变换的形式时，可以采用上一节讨论的 FRT 算法求解。然而，S-FFT 算法获得的光波场物理尺寸是波长、取样数及衍射距离的函数，D-FFT 算法获得的光波场尺寸与初始光波场相同，使用 FRT 计算衍射时得到的是横向放大率为.$\beta$ 的衍射场，为获得与实际空间坐标相对应的衍射分布, 还必须对计算结果作坐标缩放变换。在应用研究中，通常期望用较高的空间分辨率表示特定观测区域的光波场，这三种算法均难满足要求。为解决这个问题，以下综合 S-FFT 及 D-FFT 算法的特点，在计算时引入一虚拟的初始光波场，将特定观测区域的光波场视为该虚拟光波场的衍射结果，介绍一种能利用初始光波场的取样数表示观测平面特定区域衍射场的方法。

1. 计算方法简介

在衍射空间建立直角坐标 $O$-$xyz$，令 $z=0$ 平面为初始光波场平面，$z=d$ 是观测平面，虚拟初始光波场平面与观测平面的距离为 $d_s$，图 3-2-5 给出相关坐标定义图。

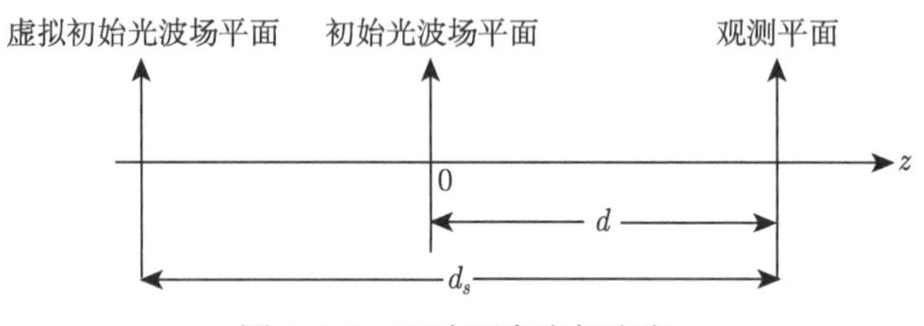


图 3-2-5　理论研究坐标定义

令初始光波场宽度为 $L_0$，取样数为 $N$，光波长为 $\lambda$。根据菲涅耳衍射的 S-FFT 计算特点，计算后观测平面的衍射场宽度为 $L=\lambda dN/L_0$，如果期望获得用 $N\times N$ 点取样数表示观测平面上任意位置的 $N_c$ 个像素宽度的特定衍射场，计算步骤如下：

1) 在 S-FFT 计算获得的衍射平面上取出这 $N_c$ 个像素宽度的区域 (物理宽度 $L_c=LN_c/N$)，将该区域平移到观测平面中央，周边补零后形成只包含该区域的光波场 $U_c(mL/N,nL/N)\,(m,n=-N/2,-N/2+1,\cdots,N/2-1)$；

2) 令 $U_i(pL_c/N, qL_c/N)$ 是在观测平面前方距离 $d_s$ 处宽度为 $L_c$ 的虚拟光波场，$U_c(mL/N, nL/N)$ 是虚拟光波场通过 S-FFT 计算获得的衍射结果。虚拟光波场可以通过 $U_c(mL/N, nL/N)$ 进行衍射距离为 $-d_s$ 的菲涅耳衍射的 S-FFT 衍射运算求出，按照 S-FFT 运算的特点，衍射距离 $d_s$ 满足 $d_s = \dfrac{L_c L}{\lambda N}$。

3) 由于 D-FFT 方法计算的衍射场宽度与初始光波场一致，将虚拟光波场视为初始衍射场，在 $z = d$ 平面上的衍射场再用 D-FFT 方法进行计算，于是获得 $N \times N$ 像素显示的物理宽度为 $L_c$ 的衍射场。

考察完成上述计算的计算量知，由于形成虚拟初始场需要两次 FFT 计算，用快速卷积公式进行波前重建还需要两次 FFT 计算。因此，可以将该方法简称为 DFF-4FFT 方法。

2. 计算实例

让波长 $\lambda$=0.000532mm 的平面波照射一唐三彩骏马的灰度图像，令图像的透射波为初始光波场 (见图 3-2-6(a))，初始光波场宽度 $L_0$=10mm，取样数 $N$=1024，衍射距离 $d$=500mm。利用 S-FFT 方法计算菲涅耳衍射积分获得的光波场振幅分布图像示于图 3-2-6(b)。不难看出，由于计算后光波场的宽度 $L = \lambda d N/L_0 = 27.2384mm$，衍射场的主要能量分布在观测平面的中央。

按照上述计算步骤 1，在图 3-2-6(b) 的马头衍射场附近取出 $N_c$=100 像素宽度的衍射场 ($L_c = LN_c\ /N$=5.32mm)，将取出区域移到平面中央，光波场 $U_c$ 的振幅图像示于图 3-2-6(c)。

按照计算步骤 2 及 3，首先求得 $d_s = 266mm$，$U_c$ 进行衍射距离为 $-d_s$ 的 S-FFT 衍射运算求出虚拟光波场后，再用 D-FFT 方法进行距离 $d_s$ 的衍射计算后获得的衍射场振幅分布示于图 3-2-6(d)。

(a) 初始物光场振幅图像
(10mm×10mm)

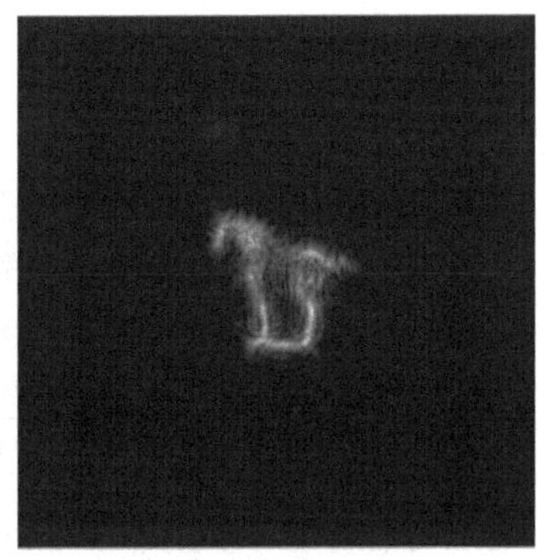

(b) S-FFT计算获得的衍射场
(27.2384mm×27.2384mm)

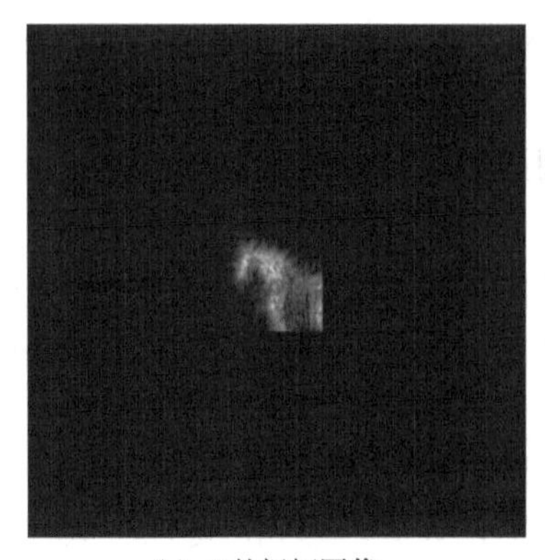

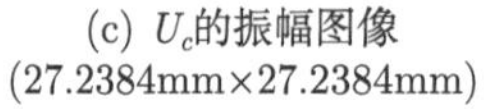

(c) $U_c$的振幅图像
(27.2384mm×27.2384mm)

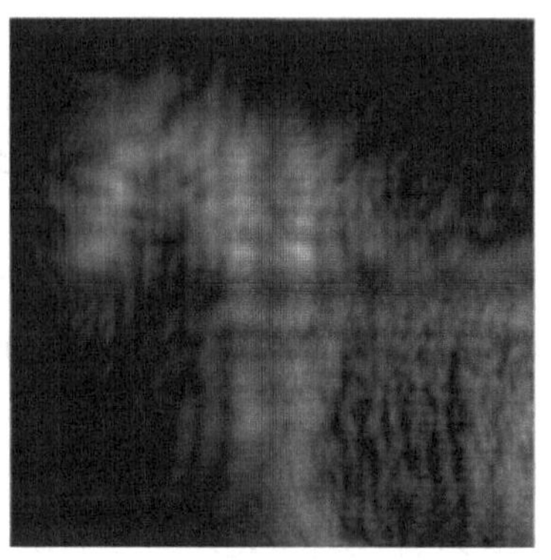

(d) DFF-4FFT计算的衍射场振幅
分布(5.32mm×5.32mm)

图 3-2-6 取样数 $N = 1024$，$L_c = 5.32\text{mm}$ 的 DFF-4FFT 衍射计算过程

实际应用中，通常期望用较高的分辨率表示某一特定观测区域的菲涅耳衍射场，上面的研究表明，DFF-4FFT 算法能为应用研究提供很大方便。本书第 5 章数字全息的 VDH4FFT 波前重建算法便是一个重要的应用实例。

### 3.2.7 菲涅耳衍射的综合孔径表示及其计算

在衍射计算的应用研究中，当初始光场有较大宽度及庞大的取样数时，会出现存放光波场的数组过大，超过微机内存而使衍射计算程序不能运行的情况。为解决这个问题，可以根据衍射的线性叠加原理，将衍射视为光波穿过构成初始平面的若干矩形孔的衍射叠加，只要矩形孔足够小，则能够用较小的数组来计算每一孔径的衍射场，通过每一衍射场的叠加得到需要的计算结果。本节导出相关的计算公式，并给出计算实例。

1. 菲涅耳衍射的综合孔径表示

在衍射空间建立直角坐标系 $O\text{-}xyz$，初始光场 $U_0(x,y)$ 所在平面为 $z=0$ 平面，将该平面上光波所在区域分解为 $M$ 个相互邻接的矩形孔，每一孔的中心坐标为 $(x_i, y_i)(i=1,2,\cdots,M)$，若沿 $x$，$y$ 坐标方向的孔宽分别是 $w_x, w_y$，初始光波场可以表示为

$$U_0(x,y) = \sum_{i=1}^{M} \mathrm{rect}\left(\frac{x-x_i}{w_y}, \frac{y-y_i}{w_y}\right) U_0(x,y) \tag{3-2-33}$$

在 $z=d$ 平面上的衍射场可以用菲涅耳衍射积分表示为

$$U(x,y) = \frac{\exp(\mathrm{j}kd)}{\mathrm{j}\lambda d} \sum_{i=1}^{M} \int_{-\infty}^{\infty}\int_{-\infty}^{\infty} \mathrm{rect}\left(\frac{x_0-x_i}{w_i}, \frac{y_0-y_i}{w_y}\right) U_0(x_0,y_0)$$

$$\times \exp\left\{\frac{\mathrm{j}k}{2d}[(x-x_0)^2+(y-y_0)^2]\right\}\mathrm{d}x_0\mathrm{d}y_0 \tag{3-2-34}$$

令 $x_0-x_i=x_s, y_0-y_i=y_s$，代入式 (3-2-34) 整理后得

$$\begin{aligned} U(x,y)=&\frac{\exp(\mathrm{j}kd)}{\mathrm{j}\lambda d}\sum_{i=1}^{M}\exp\left[-\mathrm{j}k\left(\frac{x_i}{d}x+\frac{y_i}{d}y\right)+\frac{\mathrm{j}k}{2d}\left(x_i^2+y_i^2\right)\right]\\ &\times\int_{-\infty}^{\infty}\int_{-\infty}^{\infty}\mathrm{rect}\left(\frac{x_s}{w_x},\frac{y_s}{w_y}\right)U_0\left(x_s+x_i,y_s+y_i\right)\exp\left[\mathrm{j}k\left(\frac{x_i}{d}x_s+\frac{y_i}{d}y_s\right)\right]\\ &\times\exp\left\{\frac{\mathrm{j}k}{2d}\left[(x-x_s)^2+(y-y_s)^2\right]\right\}\mathrm{d}x_s\mathrm{d}y_s \end{aligned} \tag{3-2-35}$$

式中，$\mathrm{rect}\left(\frac{x_s}{w_x},\frac{y_s}{w_y}\right)U_0\left(x_s+x_i,y_s+y_i\right)$ 代表子孔径对称中心为坐标中心的子孔径光波场，线性相位因子 $\exp\left[\mathrm{j}k\left(\frac{x_i}{d}x_s+\frac{y_i}{d}y_s\right)\right]$ 让光传播产生倾斜，使得 $z=d$ 平面获得的是每一子孔径衍射场在原坐标系观测区域的叠加。因此，综合孔径衍射的计算可以分解为对称中心为每一子孔径中心的子孔径衍射计算之和。由于子孔径宽度及取样数可以根据需要确定，可以用较小的取样数逐一计算每一子孔径的衍射，最后得到全部孔径的衍射场。

式 (3-2-35) 可以用 D-FFT 方法计算，为便于用 S-FFT 法进行计算，可以将式 (3-2-35) 重新写为

$$\begin{aligned} U(x,y)=&\frac{\exp(\mathrm{j}kd)}{\mathrm{j}\lambda d}\\ &\times\sum_{i=1}^{M}\exp\left[-\mathrm{j}k\left(\frac{x_i}{d}x+\frac{y_i}{d}y\right)+\frac{\mathrm{j}k}{2d}\left(x_i^2+y_i^2\right)\right]\exp\left[\frac{\mathrm{j}k}{2d}\left(x^2+y^2\right)\right]\\ &\times\iint_{-\infty}^{\infty}\left\{\mathrm{rect}\left(\frac{x_s}{w_x},\frac{y_s}{w_y}\right)U_0\left(x_s+x_i,y_s+y_i\right)\exp\left[\mathrm{j}k\left(\frac{x_i}{d}x_s+\frac{y_i}{d}y_s\right)\right]\right.\\ &\left.\times\exp\left[\frac{\mathrm{j}k}{2d}\left(x_s^2+y_s^2\right)\right]\right\}\exp\left[-\mathrm{j}\frac{2\pi}{\lambda d}\left(x_sx+y_sy\right)\right]\mathrm{d}x_s\mathrm{d}y_s \end{aligned} \tag{3-2-36}$$

为验证上面的讨论结果，下面给出式 (3-2-36) 的 S-FFT 法计算实例。

### 2. 综合孔径的菲涅耳衍射计算实例

令初始光波场为均匀平面波照射下的唐三彩骏马图案 (图 3-2-7(a))，取样数 $N\times N$=1024×1024。将该图像确定的孔径分解为 1、2、3、4 象限的 4 个方形子孔径，每一孔径的取样数为 512×512。计算时使用的参数为：光波长$\lambda=0.000532$mm，衍射距离 $d=200$mm；为便于考察计算结果，让初始场与衍射场具有相同的物理尺寸，即让初始场宽度按式 (3-2-8) 选择为 $L_0=\sqrt{\lambda dN}=10.4381$mm。定义 1、2、3、4 象限的

4 个子孔径中心坐标分别为 $(L_0/4, L_0/4)$、$(-L_0/4, L_0/4)$、$(-L_0/4, -L_0/4)$、$(L_0/4, -L_0/4)$，图 3-2-7(b) 给出基于式 (3-2-36) 编程序计算的衍射场振幅分布图像。

为便于了解每一子孔径衍射计算结果，图 3-2-8 分别给出 4 个象限子孔径的衍射场振幅图像。

(a) 初始场振幅分布 (1024×1024像素)

(b) 衍射场振幅分布 (512×512像素)

图 3-2-7　综合孔径的衍射计算实例

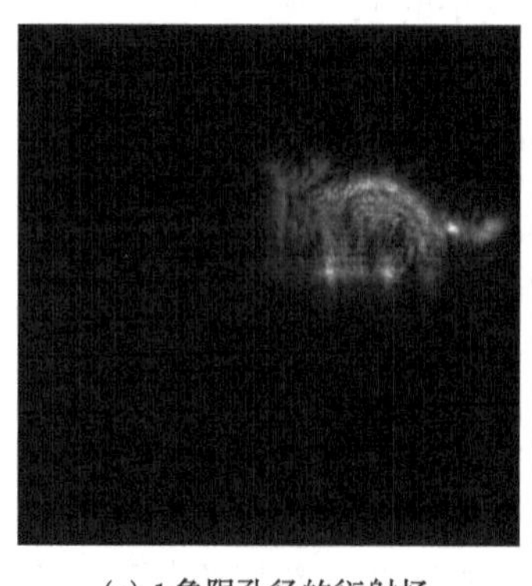

(a) 1象限孔径的衍射场

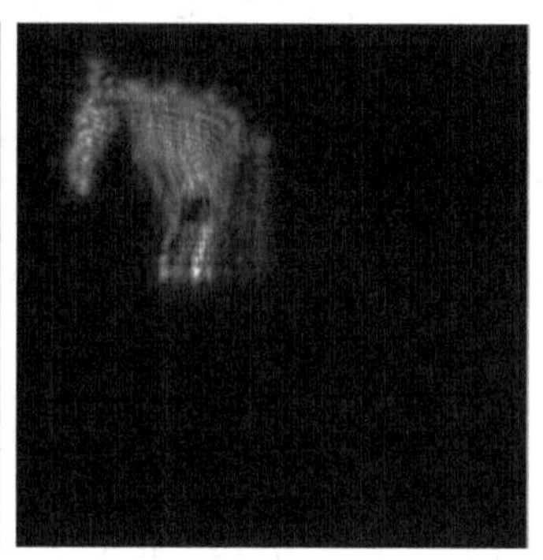

(b) 2象限孔径的衍射场

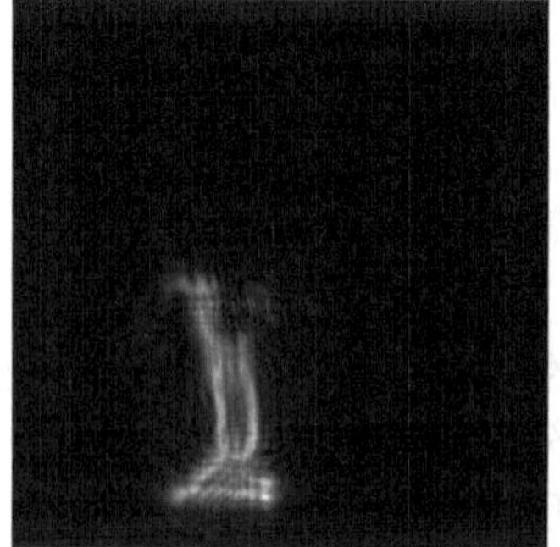

(c) 3象限孔径的衍射场

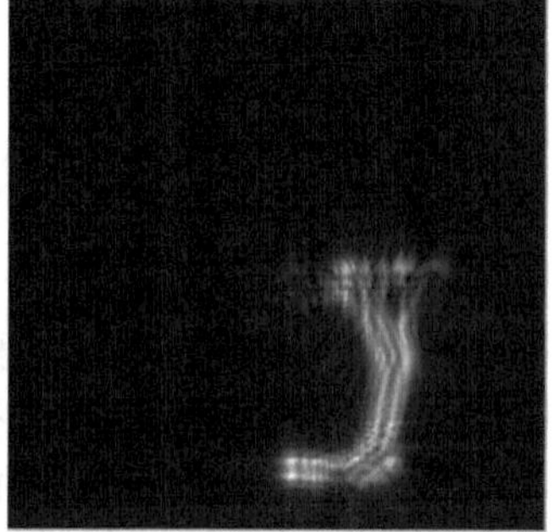

(d) 4象限孔径的衍射场

图 3-2-8　子孔径的衍射场振幅图像 (512×512 像素)

## 3.3 经典衍射公式的快速傅里叶变换计算

根据标量衍射理论，基尔霍夫公式、瑞利–索末菲公式以及衍射的角谱传播公式是亥姆霍兹方程的准确解[1]。这三个公式及它们的傍轴近似 —— 菲涅耳衍射积分，可以简称为经典的衍射公式。我们将证明，经典衍射公式均能表示成卷积形式，对应地存在不同的传递函数，并基于取样定理[1,4]，对每一公式进行研究，导出能正确计算衍射场振幅和相位时应满足的取样条件[2]。最后，通过衍射计算实例验证所得的结论。

### 3.3.1 基尔霍夫公式及瑞利–索末菲公式的卷积形式

为便于讨论，图 3-3-1 给出衍射计算的初始平面 $x_0y_0$ 与观测平面 $xy$ 的关系。令 $d$ 为初始平面与观测平面间的距离，$U_0(x_0, y_0)$ 为物平面光波场的复振幅，$U(x, y)$ 表示观测平面的光波复振幅，$\boldsymbol{r}$ 为初始平面的点 $(x_0, y_0)$ 到观察平面点 $(x, y)$ 的矢径。

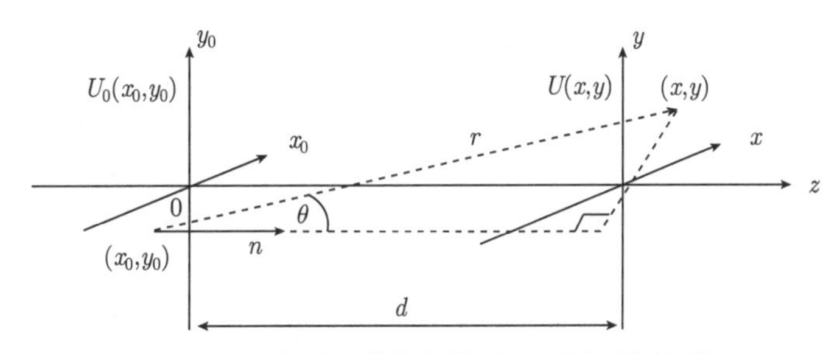


图 3-3-1 衍射计算的初始面与观测面的关系

根据式 (2-2-34)，令式中倾斜因子 $K(\theta) = \dfrac{\cos\theta + 1}{2}$，基尔霍夫公式可表示为[1]

$$U(x, y) = \frac{1}{\mathrm{j}\lambda}\iint_{\Sigma_0} U_0(x_0, y_0)\frac{\exp(\mathrm{j}kr)}{r} \times \frac{\cos(\boldsymbol{n}, \boldsymbol{r}) + 1}{2}\mathrm{d}x_0\mathrm{d}y_0 \tag{3-3-1}$$

式中，$\mathrm{j} = \sqrt{-1}$，$\lambda$为光波长；$k = 2\pi/\lambda$；$r = |\boldsymbol{r}|$，$\boldsymbol{n}$ 表示与 $z$ 轴平行的初始平面法线矢量；$\cos(\boldsymbol{n}, \boldsymbol{r})$ 表示 $\boldsymbol{r}$ 和 $\boldsymbol{n}$ 的夹角余弦。

类似地，令倾斜因子 $K(\theta) = \cos(\boldsymbol{n}, \boldsymbol{r}) = 1$，两种类型的瑞利–索末菲公式[1] 被表示为

$$U(x, y) = \frac{1}{\mathrm{j}\lambda}\iint_{\Sigma_0} U_0(x_0, y_0)\frac{\exp(\mathrm{j}kr)}{r}\cos(\boldsymbol{n}, \boldsymbol{r})\mathrm{d}x_0\mathrm{d}y_0 \tag{3-3-2}$$

$$U(x, y) = \frac{1}{\mathrm{j}\lambda}\iint_{\Sigma_0} U_0(x_0, y_0)\frac{\exp(\mathrm{j}kr)}{r}\mathrm{d}x_0\mathrm{d}y_0 \tag{3-3-3}$$

根据图 3-3-1 的坐标定义，有

$$r=\sqrt{d^2+(x-x_0)^2+(y-y_0)^2}$$

以及

$$\cos(\boldsymbol{n},\boldsymbol{r})=\frac{d}{\sqrt{d^2+(x-x_0)^2+(y-y_0)^2}}$$

可以将基尔霍夫公式写为

$$U(x,y)=\frac{1}{\mathrm{j}\lambda}\iint_{\Sigma_0}U_0(x_0,y_0)\times\frac{\exp[\mathrm{j}k\sqrt{d^2+(x-x_0)^2+(y-y_0)^2}]}{2[d^2+(x-x_0)^2+(y-y_0)^2]}\times[\sqrt{d^2+(x-x_0)^2+(y-y_0)^2}+d]\mathrm{d}x_0\mathrm{d}y_0 \tag{3-3-4}$$

将两种瑞利–索末菲公式写为

$$U(x,y)=\frac{d}{\mathrm{j}\lambda}\iint_{\Sigma_0}U_0(x_0,y_0)\times\frac{\exp\left[\mathrm{j}k\sqrt{d^2+(x-x_0)^2+(y-y_0)^2}\right]}{d^2+(x-x_0)^2+(y-y_0)^2}\mathrm{d}x_0\mathrm{d}y_0 \tag{3-3-5}$$

$$U(x,y)=\frac{1}{\mathrm{j}\lambda}\iint_{\Sigma_0}U_0(x_0,y_0)\times\frac{\exp\left[\mathrm{j}k\sqrt{d^2+(x-x_0)^2+(y-y_0)^2}\right]}{\sqrt{d^2+(x-x_0)^2+(y-y_0)^2}}\mathrm{d}x_0\mathrm{d}y_0 \tag{3-3-6}$$

不难看出，以上三式均为关于坐标 $x$，$y$ 的二维卷积，可以根据卷积定理用傅里叶变换进行表示，使用 FFT 进行计算是可能的。

### 3.3.2 经典衍射公式的统一表述

根据上面对各物理量的定义及研究结果，引用傅里叶变换及逆变换符号 $\mathcal{F}\{\}$，$\mathcal{F}^{-1}\{\}$，基尔霍夫公式、瑞利–索末菲公式、角谱衍射公式以及菲涅耳衍射积分可以统一写为以下形式

$$U(x,y)=\mathcal{F}^{-1}\{\mathcal{F}\{U_0(x_0,y_0)\}H(f_x,f_y)\} \tag{3-3-7}$$

其中，$f_x,f_y$ 是频域坐标，$H(f_x,f_y)$ 是传递函数。不同衍射公式对应的传递函数分别为[5]：

(1) 基尔霍夫衍射传递函数

$$H(f_x,f_y)=\mathcal{F}\left\{\frac{\exp\left[\mathrm{j}k\sqrt{d^2+x^2+y^2}\right]}{\mathrm{j}2\lambda(d^2+x^2+y^2)}\left(\sqrt{d^2+x^2+y^2}+d\right)\right\} \tag{3-3-8}$$

(2) 两种类型的瑞利–索末菲衍射传递函数

$$H(f_x,f_y)=\mathcal{F}\left\{d\frac{\exp(\mathrm{j}k\sqrt{d^2+x^2+y^2})}{\mathrm{j}\lambda(d^2+x^2+y^2)}\right\} \tag{3-3-9}$$

$$H(f_x,f_y)=\mathcal{F}\left\{\frac{\exp(\mathrm{j}k\sqrt{d^2+x^2+y^2})}{\mathrm{j}\lambda(d^2+x^2+y^2)}\right\} \tag{3-3-10}$$

(3) 菲涅耳衍射传递函数的傅里叶变换式 (见式 (3-2-11))

$$H(f_x,f_y)=\mathcal{F}\left\{\frac{\exp(\mathrm{j}kd)}{\mathrm{j}\lambda d}\exp\left[\frac{\mathrm{j}k}{2d}(x^2+y^2)\right]\right\} \tag{3-3-11}$$

(4) 菲涅耳衍射解析传递函数 (见式 (3-2-12))

$$H(f_x,f_y)=\exp\left\{\mathrm{j}kd\left[1-\frac{\lambda^2}{2}(f_x^2+f_y^2)\right]\right\} \tag{3-3-12}$$

(5) 角谱衍射传递函数

$$H(f_x,f_y)=\exp\left[\mathrm{j}kd\sqrt{1-(\lambda f_x)^2-(\lambda f_y)^2}\right] \tag{3-3-13}$$

可以看出，衍射过程相当于物面光波场通过一个线性空间不变系统的过程。在衍射计算过程中，基尔霍夫衍射传递函数及瑞利–索末菲衍射传递函数只能表示成傅里叶变换的形式，菲涅耳衍射传递函数既可以表示成傅里叶变换，也可以表示成频域的解析函数，而角谱衍射传递函数是频域的解析函数。如果使用 FFT 计算完成衍射计算，对于基尔霍夫公式及瑞利–索末菲公式，需要进行两次正向及一次负向快速傅里叶变换。若使用菲涅耳衍射传递函数的傅里叶变换表达式进行计算，也需要进行两次正向及一次负向快速傅里叶变换。而对于使用角谱衍射公式及菲涅耳衍射传递函数的解析表达式进行计算时，只需要进行一次正向及一次负向快速傅里叶变换。因此，在实际研究中，通常使用后两个衍射传递函数进行计算。特别应该指出，由于角谱衍射公式严格满足亥姆霍兹方程，是衍射问题的准确解，近年来，在应用研究中获得广泛使用。

### 3.3.3 计算卷积形式的经典衍射公式时取样条件的讨论

若物平面光波场 $U_0(x_0, y_0)$ 分布在宽度为 $L_0$ 的方形区域，式 (3-3-7)D-FFT 计算后的 $U(x,y)$ 也有相同的物理尺度[5~7]。图 3-3-2 给出衍射的初始平面与观测平面的空间关系。

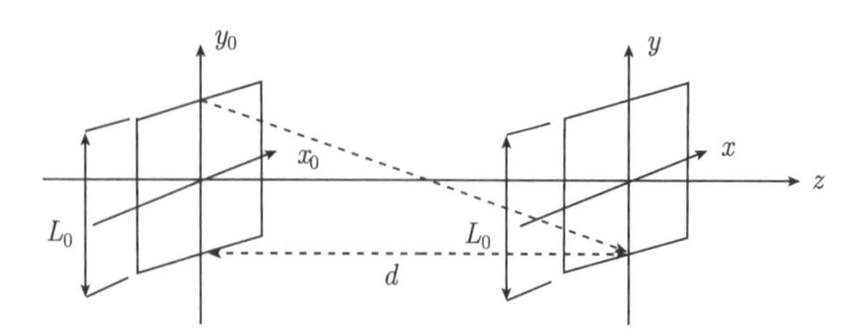


图 3-3-2　D-FFT 计算的初始面与观测面的关系

按照衍射的角谱理论[1]，观测平面的光波场 $U(x,y)$ 在坐标方向可能包含的最高频率为

$$f_{\max}=\frac{L_0}{\lambda\sqrt{d^2+L_0^2}} \tag{3-3-14}$$

由于频率高于 $f_{\max}$ 的角谱不能到达观测面，为得到满意的计算结果，在计算前最好是对物平面光波场进行一次带通滤波，滤除高于 $f_{\max}$ 的频谱，离散计算时，应让 $U_0(x_0,\ y_0)$ 的取样数 $N$ 满足 $\dfrac{N}{L}\geqslant 2f_{\max}$。于是有

$$N\geqslant\frac{2L^2}{\lambda\sqrt{d^2+2L^2}} \tag{3-3-15}$$

现按照取样定理讨论衍射计算问题。当式 (3-3-7) 进行逆变换运算时 $F^{-1}\{\ \}$ 括号内的函数 $F\{U_0(x_0,y_0)\}H(f_x,f_y)$ 同时满足取样定理，便能实现正确的离散运算。现首先考虑基尔霍夫传递函数及瑞利–索末菲传递函数满足取样定理的问题。

分析式 (3-3-8)~ 式 (3-3-10) 知，$\exp\left[\mathrm{j}k\sqrt{d^2+x^2+y^2}\right]$ 的空间变化率高于变换函数中其余各项。只要 $\exp\left[\mathrm{j}k\sqrt{d^2+x^2+y^2}\right]$ 的取样满足取样定理，整个被变换函数的取样将近似满足取样定理。于是，可以由下面不等式确定满足香农取样定理的条件[2]

$$\left|\frac{\partial}{\partial x}\frac{2\pi}{\lambda}\sqrt{d^2+x^2+y^2}\right|_{x,y=\Delta L/2}\times\frac{L_0}{N}\leqslant\pi \tag{3-3-16}$$

求解得

$$N\geqslant\frac{L_0^2}{\lambda\sqrt{d^2+L_0^2/2}} \tag{3-3-17}$$

利用类似的讨论，对菲涅耳衍射传递函数的傅里叶变换表达式作数值计算时应满足的条件是

$$\left|\frac{\partial}{\partial x}\frac{\pi}{\lambda d}\left(x^2+y^2\right)\right|_{x,y=\Delta L_0/2}\times\frac{L_0}{N}\leqslant\pi \tag{3-3-18}$$

求解得

$$N\geqslant\frac{L_0^2}{\lambda d} \tag{3-3-19}$$

式 (3-3-19) 与式 (3-3-17) 比较可以看出，当 $d \gg L_0$ 时其取样条件是一致的。此外，比较式 (3-3-15) 及式 (3-3-17) 右方可以看出，当 $d \ll L_0$ 时，两式确定的取样数 $N$ 相同，但 $d \gg L_0$ 时式 (3-3-15) 的取样数是式 (3-3-17) 的两倍。由于式 (3-3-11) 是根据衍射的物理意义导出的结果，从严格的物理意义看，它也是角谱衍射公式及菲涅耳衍射公式应该遵从的取样条件。

根据式 (3-3-15) 有

$$\frac{L_0}{N} \leqslant \frac{\lambda\sqrt{d^2 + 2L_0^2}}{2L_0} \tag{3-3-20}$$

可以看出，当 $d^2 \ll 2L_0^2$ 时，取样间隔将是 $\dfrac{L_0}{N} \leqslant \dfrac{\lambda\sqrt{2}}{2}$。按照这个条件，若期望得到一个可供实际应用的衍射场尺寸，庞大的取样数将使严格的计算无法进行。

### 3.3.4 基于能量守恒原理对实际取样条件的讨论

由于衍射计算通常涉及的是垂直于光传播方向的空间平面上光波场，$F\{U_0(x_0, y_0)\}$ 的主要能量分布在二维频率空间的坐标原点周围，只要衍射场主要能量对应的频谱能正确计算，就能足够准确地获得衍射场。尽管 $U_0(x_0, y_0)$ 的频谱在计算前未知，根据能量守恒定理，正确的取样应使频谱的总能量保持一致。可以按照下面的方法考察取样的正确性。

若取样数为 $N$，计算宽度为 $L_0$，类似式 (3-2-14) 的讨论，正确的 $U_0(x_0, y_0)$ 离散傅里叶变换计算应满足

$$E = \frac{L_0^2}{N^4} \sum_{p=-N/2}^{N/2-1} \sum_{q=-N/2}^{N/2-1} \left| \mathrm{DFT}\left\{ U_0\left( m\frac{L_0}{N}, n\frac{L_0}{N} \right) \right\}(p, q) \right|^2 \approx \text{Constant} \tag{3-3-21}$$

按照能量守恒原理，当 $U_0(x_0, y_0)$ 取样合适时，增加取样数将不改变总能量 $E$。在应用研究中可以首先按需要的分辨率给定某取样数 $N$，并利用上式计算 $E$。此后，在同一物理尺度下将取样数减小为 $N/2$ 或增加为 $2N$，再计算总能量。若计算结果无本质区别，则认为取样数 $N$ 满足要求。

由于角谱衍射传递函数及菲涅耳衍射传递函数式 (3-3-12) 是解析表达式，当 $U_0(x_0, y_0)$ 的离散傅里叶变换满足取样定理后，利用这两个传递函数进行的 2-FFT 计算将能得到正确结果。

然而，基尔霍夫衍射传递函数及瑞利–索末菲衍射传递函数只能表示成傅里叶变换的形式，利用这两个传递函数进行计算时，只能通过 FFT 求得它们的数值解，于是，存在传递函数计算时的正确取样问题[2]。通常情况下，基尔霍夫衍射传递函数及瑞利–索末菲衍射传递函数的取样条件比 $U_0(x_0, y_0)$ 的取样条件苛刻[2]，但是，在一些情况下，取样不足的“频谱混叠”效应只让 FFT 求得的传递函数的高频部

分产生畸变，这时，只要 $U_0(x_0,y_0)$ 的主要频谱不落在传递函数的畸变区，在高频区的频谱值接近零，就能足够准确地计算衍射场。以下通过理论计算与实验测量的比较证明上述结论。

### 3.3.5　不同衍射积分的计算实例

为验证上述不同计算方法的可行性，了解基于取样定理进行计算的必要性，我们将取样数 $N$ 固定为 512，对图 3-2-1 的衍射实验结果作理论模拟。鉴于两种形式的瑞利–索末菲衍射公式获得的模拟衍射图像几乎没有区别，为简明起见，下面研究中只使用第一种类型的瑞利–索末菲衍射公式。

照射光阑的光波近似为均匀平面波，设光阑的透过率为 $P(x_0,\ y_0)$，穿过光阑的光波场可以简单地表示为

$$U_0(x_0,y_0)=P(x_0,y_0) \tag{3-3-22}$$

令 $L_0$=8.82mm，λ=632.8μm，将上面物平面光波场的表达式代入不同的衍射计算式，图 3-3-3～ 图 3-3-5 分别给出 $d$=60mm，$d$=120mm，$d$=240mm 时 CCD 采样光斑及不同方法的理论模拟结果。很明显，在衍射距离较小时，不同的传递函数计算结果与实验测量相比有明显的差别。现通过对每种计算是否满足取样定理的分析，对上述计算结果进行讨论。

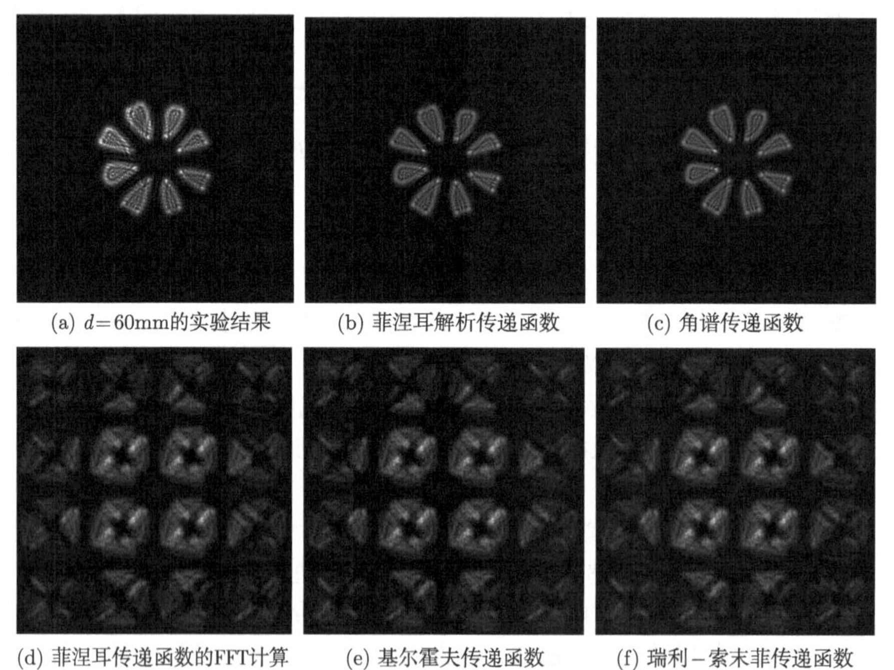

(a) $d$= 60mm的实验结果　(b) 菲涅耳解析传递函数　(c) 角谱传递函数

(d) 菲涅耳传递函数的FFT计算　(e) 基尔霍夫传递函数　(f) 瑞利－索末菲传递函数

图 3-3-3　衍射距离 $d$=60mm 时不同计算方法获得的衍射图像与实验测量的比较

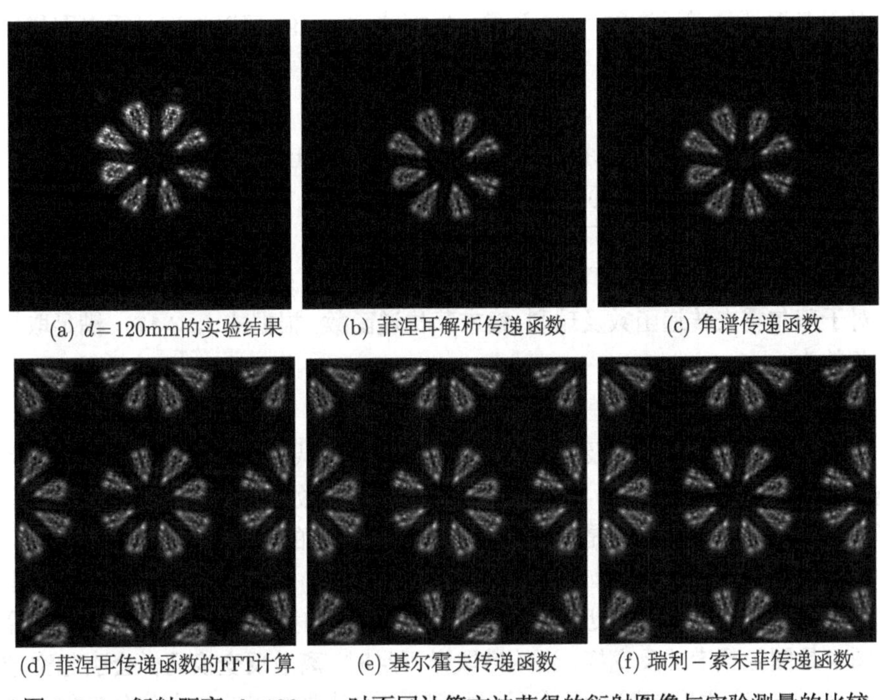

(a) $d$=120mm的实验结果 (b) 菲涅耳解析传递函数 (c) 角谱传递函数

(d) 菲涅耳传递函数的FFT计算 (e) 基尔霍夫传递函数 (f) 瑞利–索末菲传递函数

图 3-3-4 衍射距离 $d$=120mm 时不同计算方法获得的衍射图像与实验测量的比较

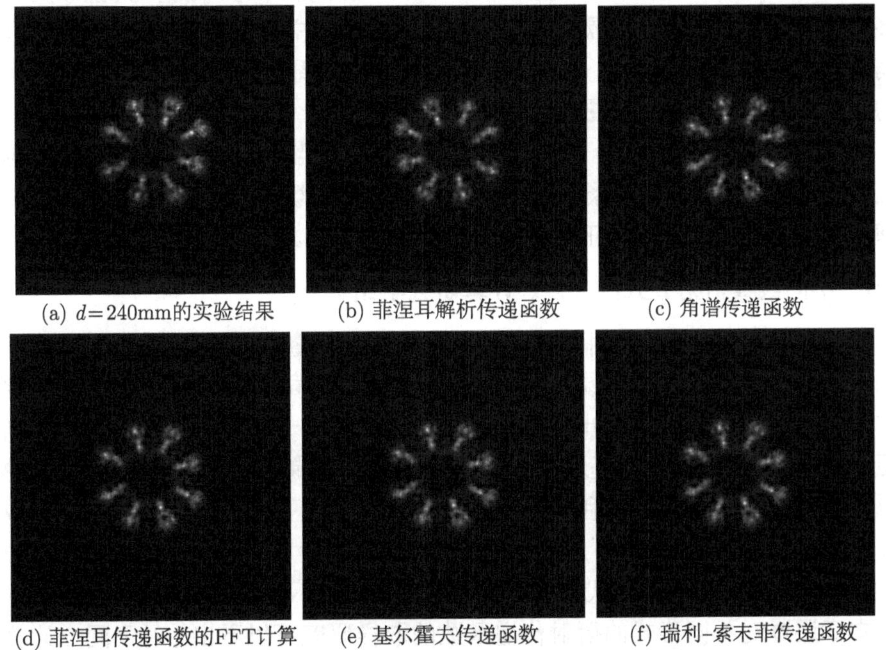

(a) $d$=240mm的实验结果 (b) 菲涅耳解析传递函数 (c) 角谱传递函数

(d) 菲涅耳传递函数的FFT计算 (e) 基尔霍夫传递函数 (f) 瑞利–索末菲传递函数

图 3-3-5 衍射距离 $d$=240mm 时不同计算方法获得的衍射图像与实验测量的比较

对于菲涅耳传递函数的 FFT 计算，根据式 (3-3-19) 可以将满足香农取样定理的条件写成

$$L_0 \leqslant \sqrt{N\lambda d} \tag{3-3-23}$$

将图 3-3-3、图 3-3-4 以及图 3-3-5 相关参数依次代入上式右端得：

$d$=60mm(图 3-3-3)，$\sqrt{512 \times 0.000\,6328 \times 60} \approx 4.409 < L_0$，不满足取样定理；

$d$=120mm(图 3-3-4)，$\sqrt{512 \times 0.000\,6328 \times 120} \approx 6.235 < L_0$，不满足取样定理；

$d$=240mm(图 3-3-5)，$\sqrt{512 \times 0.000\,6328 \times 240} \approx 8.818 \approx L_0$，满足取样定理。

对于基尔霍夫传递函数及瑞利–索末菲传递函数，根据式 (3-3-17)，满足取样定理的条件为

$$L_0^2 \leqslant N\lambda\sqrt{d^2 + L_0^2/2} \tag{3-3-24}$$

将图 3-3-3、图 3-3-4 以及图 3-3-5 相关参数依次代入上式右端计算表明，对于菲涅耳衍射传递函数的 FFT 计算、基尔霍夫传递函数以及瑞利–索末菲传递函数，只有 $d$=240mm 时的计算才是近似满足香农取样定理的。

从形式上看，对于 $d$=120mm 的计算 (图 3-3-4(d)，(e)，(f))，似乎只要取出中央部分也可以获得与实验接近的结果。然而，这是衍射图像的混叠图像。由于空域衍射图像是图像频谱的反变换，当频谱取样不足时，离散反变换同样会引起空域图像的周期减小，产生空域图像混叠。这里能够取出计算结果的中央部分来作近似描述，是因为空域衍射图像能量比较集中于计算区域中部，反变换形成的空域周期还能够有效容纳衍射图像，图像周边的复振幅混叠不对中央图像结构产生明显影响。当偏离取样条件更远，例如，$d$=60mm 的情况，空域周期进一步减小，引起衍射图像的强烈混叠，与实际衍射图已经是天渊之别。

上面的讨论结果给我们一个重要的启示，那就是当取样不足时，空域衍射图像的混叠通常伴随着模拟计算场的能量大于物平面光波场的能量。因此，实际计算结果满足能量守恒是衡量取样正确性的一个必要条件[8]。

### 3.3.6　不同经典衍射公式的 FFT 计算研究小结

根据标量衍射理论，衍射的角谱传播公式与基尔霍夫、瑞利–索末菲公式一样，它们均是同一物理问题在空域与频域的等价表述，不同之处只是基尔霍夫、瑞利–索末菲传递函数只能用傅里叶变换表示。使用 FFT 计算衍射的实际问题时，当衍射距离较短，取样不足时，基尔霍夫、瑞利–索末菲传递函数会显现出很大的误差，其原因并不是基尔霍夫、瑞利–索末菲传递函数本身不正确，而是因为 FFT 取样计算传递函数时，由于取样不足的问题，离散函数的性质已经与原函数有较大的差别。如果离散函数已经不能代表原函数，也就必然得不到正确的结果。

本章通过对不同形式的衍射传递函数的取样研究可以看出，对于同一计算问题，衍射的角谱传递函数通常要比其他传递函数有效。并且很容易证实，从取样数

及计算时间看，它与使用菲涅耳衍射解析传递函数的计算基本相同。但理论上却能得到衍射问题的准确解。因此，实际应用中使用角谱衍射公式应能得到更可靠的结果。

基尔霍夫公式及瑞利–索末菲公式究竟哪一个更准确，一直没有定论[1]，本章所给出的传递函数以及如何让传递函数满足取样定理的讨论，为深入研究这两个公式提供了一种可循的途径。

附录 B6 给出用 MATLAB 语言编写的经典衍射公式 D-FFT 算法的计算程序 LJCM6.m，读者不但可以利用这个程序验证以上所有结论，而且可以解决许多菲涅耳衍射的实际计算问题。

### 3.3.7 经典衍射积分的逆运算

在激光应用研究中，衍射的逆运算是一件十分重要的工作。例如，进行二元光学元件设计[13] 及本书后面将系统讨论的数字全息 [14]，就涉及衍射的逆运算。讨论经典衍射积分的逆运算具有重要意义。

衍射传递函数的建立为衍射的逆运算提供了很大的方便，对经典衍射公式的统一表达式 (3-3-7) 两边作傅里叶变换，整理可得

$$U_0(x_0,y_0)=\mathcal{F}^{-1}\left\{\mathcal{F}\{U(x,y)\}\times\frac{1}{H(f_x,f_y)}\right\} \tag{3-3-25}$$

式中，$U_0\left(x_0,y_0\right)$ 代表初始平面 $x_0y_0$ 上的光波复振幅，$U\left(x,y\right)$ 为经过距离 $d$ 传播后到达观测屏 $xy$ 上的光波场；$H\left(f_x,f_y\right)$ 为衍射传递函数。原则上，根据经典衍射公式传递函数的讨论，可以利用不同的传播函数完成衍射的逆运算，让计算满足取样定理的条件与衍射的 D-FFT 算法相似。然而，由于基尔霍夫衍射传递函数及瑞利–索末菲衍射传递函数无解析表达式，只能用复函数的傅里叶变换表示，不但计算量较大，而且数值计算时较难处理分母为零的问题。值得庆幸的是，角谱衍射传递函数及菲涅耳衍射传递函数不但是解析函数，而且，传递函数的倒数也是解析函数，计算量较小，不会出现分母为零的问题。因此，通常只使用角谱衍射传递函数及菲涅耳衍射传递函数解决衍射逆运算问题。

1) 使用角谱传递函数的 D-FFT 衍射逆运算

根据式 (3-3-13)，由于

$$\frac{1}{H(f_x,f_y)}=\exp\left[-\mathrm{j}kd\sqrt{1-(\lambda f_x)^2-(\lambda f_y)^2}\right]$$

逆运算表达式即为

$$U_0\left(x_0,y_0\right)=\mathcal{F}^{-1}\left\{\mathcal{F}\left\{U\left(x,y\right)\right\}\exp\left[-\mathrm{j}kd\sqrt{1-\left(\lambda f_x\right)^2-\left(\lambda f_y\right)^2}\right]\right\} \tag{3-3-26}$$

2) 使用菲涅耳衍射传递函数的 D-FFT 衍射逆运算

根据式 (3-3-12)，由于

$$\frac{1}{H(f_x,f_y)}=\exp\left\{-\mathrm{j}kd\left[1-\frac{\lambda^2}{2}(f_x^2+f_y^2)\right]\right\}$$

逆运算表达式即为

$$U_0(x_0,y_0)=\mathcal{F}^{-1}\left\{\mathcal{F}\{U(x,y)\}\exp\left[-\mathrm{j}kd\left[1-\frac{\lambda^2}{2}\left(f_x^2+f_y^2\right)\right]\right]\right\}\tag{3-3-27}$$

不难看出，为完成衍射的逆运算，式 (3-3-26) 和式 (3-3-27) 主要进行一次傅里叶变换及一次傅里叶逆变换。为获得满足取样定理的计算，遵循的条件与正向衍射的 D-FFT 运算没有区别。

3) 菲涅耳衍射的 S-FFT 逆运算

与菲涅耳衍射的 S-FFT 运算相对应，存在衍射的 S-FFT 逆运算方法。根据卷积定理，式 (3-3-27) 可以写为

$$U_0(x_0,y_0)=U(x,y)*\mathcal{F}^{-1}\left\{\exp\left[-\mathrm{j}kd\left[1-\frac{\lambda^2}{2}\left(f_x^2+f_y^2\right)\right]\right]\right\}\tag{3-3-28}$$

容易证明

$$\mathcal{F}^{-1}\left\{\exp\left[-\mathrm{j}kd\left[1-\frac{\lambda^2}{2}(f_x^2+f_y^2)\right]\right]\right\}=\frac{\exp(-\mathrm{j}kd)}{-\mathrm{j}\lambda d}\exp\left[-\frac{\mathrm{j}k}{2d}(x^2+y^2)\right]$$

因此，式 (3-3-28) 可以写为

$$U_0(x_0,y_0)=\frac{\exp(-\mathrm{j}kd)}{-\mathrm{j}\lambda d}\int_{-\infty}^{\infty}\int_{-\infty}^{\infty}U(x,y)\exp\left\{-\frac{\mathrm{j}k}{2d}[(x-x_0)^2+(y-y_0)^2]\right\}\mathrm{d}x\mathrm{d}y\tag{3-3-29}$$

很明显，该表达式与菲涅耳衍射正向传播表达式完全相似。将积分式内二次相位因子展开后，可以表示成能够利用傅里叶逆变换计算的形式

$$\begin{aligned}U_0(x_0,y_0)=&\frac{-\exp(-\mathrm{j}kd)}{-\mathrm{j}\lambda d}\exp\left[-\frac{\mathrm{j}k}{2d}(x_0^2+y_0^2)\right]\int_{-\infty}^{\infty}\int_{-\infty}^{\infty}U(x,y)\\&\times\exp\left[-\frac{\mathrm{j}k}{2d}(x^2+y^2)\right]\exp\left[\mathrm{j}\frac{2\pi}{\lambda d}(xx_0+yy_0)\right]\mathrm{d}x\mathrm{d}y\end{aligned}\tag{3-3-30}$$

让上式满足取样定理的条件可以沿用本章对式 (3-2-1) 的 S-FFT 计算的相关研究。

鉴于衍射的逆运算与衍射正向衍射的表达式有相似的形式，满足取样定理的条件一致，通常情况下，当建立了一个计算正向衍射的程序后，只要将衍射距离 $d$ 修改为 $-d$，将输入程序的初始光波场修改为到达观测平面的光波场，便能利用原程序进行衍射的逆运算。因此，对本书附录 B 中提供的衍射计算程序 LJCM5.m 及 LJCM6.m 作简单修改，便能完成衍射的 S-FFT 及 D-FFT 逆运算工作。

## 3.4 柯林斯公式的计算

光波通过傍轴光学系统的衍射研究中，柯林斯公式[15] 及其逆运算[16] 是一组方便使用的公式。例如，对于物光通过一傍轴光学系统到达 CCD 的数字全息研究，引入柯林斯公式的逆运算可以有效简化波面重构的计算[17]。对柯林斯公式的计算方法研究表明，柯林斯公式及其逆运算也可以采用 S-FFT 方法及 D-FFT 方法进行计算。本节对柯林斯公式的这两种算法及满足取样定理的条件进行讨论[16]，给出实验证明，为柯林斯公式的应用提供方便。

### 3.4.1 柯林斯公式及其逆运算式

设轴对称傍轴光学系统可由 2×2 的矩阵 $\begin{bmatrix} A & B \\ C & D \end{bmatrix}$ 描述[15]，入射平面及出射平面的坐标分别由 $x_0y_0$ 及 $xy$ 定义。柯林斯建立了根据入射平面光波场 $U_0(x_0, y_0)$ 计算出射平面光波场 $U(x, y)$ 的下述关系[15]

$$U(x,y)=\frac{\exp(\mathrm{j}kL_{abcd})}{\mathrm{j}\lambda B}\int_{-\infty}^{\infty}\int_{-\infty}^{\infty}U_0(x_0,y_0)\times\exp\left\{\frac{\mathrm{j}k}{2B}\left[A\left(x_0^2+y_0^2\right)+D\left(x^2+y^2\right)-2\left(xx_0+yy_0\right)\right]\right\}\mathrm{d}x_0\mathrm{d}y_0 \quad (3\text{-}4\text{-}1)$$

式中，$\mathrm{j}=\sqrt{-1}$，$L_{abcd}$ 为 $ABCD$ 光学系统的轴上光程，$k=2\pi/\lambda$，$\lambda$为光波长。

为得到柯林斯公式的逆运算式，对式 (3-4-1) 作变量代换 $x_a=Ax_0$，$y_a=Ay_0$ 得

$$U(x,y)\exp\left[\mathrm{j}\frac{k}{2B}\left(\frac{1}{A}-D\right)\left(x^2+y^2\right)\right]=\int_{-\infty}^{\infty}\int_{-\infty}^{\infty}U_0\left(\frac{x_a}{A},\frac{y_a}{A}\right)\frac{\exp(\mathrm{j}kL_{axe})}{\mathrm{j}\lambda BA^2}\exp\left\{\mathrm{j}\frac{k}{2BA}\left[(x_a-x)^2+(y_a-y)^2\right]\right\}\mathrm{d}x_a\mathrm{d}y_a \quad (3\text{-}4\text{-}2)$$

等式两边作傅里叶变换并利用卷积定律

$$\begin{aligned}&\mathcal{F}\left\{U(x,y)\exp\left[\mathrm{j}\frac{k}{2B}\left(\frac{1}{A}-D\right)\left(x^2+y^2\right)\right]\right\}\\&=\mathcal{F}\left\{U_0\left(\frac{x}{A},\frac{y}{A}\right)\right\}\mathcal{F}\left\{\frac{\exp(\mathrm{j}kL_{axe})}{\mathrm{j}\lambda BA^2}\exp\left[\mathrm{j}\frac{k}{2BA}\left(x^2+y^2\right)\right]\right\}\\&=\mathcal{F}\left\{U_0\left(\frac{x}{A},\frac{y}{A}\right)\right\}\frac{\exp[\mathrm{j}k(L_{axe}-BA)]}{A}\exp\left\{\mathrm{j}kBA\left[1-\frac{\lambda^2}{2}\left(f_x^2+f_y^2\right)\right]\right\}\end{aligned} \quad (3\text{-}4\text{-}3)$$

于是

$$\mathcal{F}\left\{U_0\left(\frac{x}{A},\frac{y}{A}\right)\right\}=A\exp[-\mathrm{j}k(L_{axe}-BA)]\exp\left\{-\mathrm{j}kBA\left[1-\frac{\lambda^2}{2}\left(f_x^2+f_y^2\right)\right]\right\}$$

$$
\begin{aligned}
&\times \mathcal{F}\left\{U(x,y)\exp\left[\mathrm{j}\frac{k}{2B}\left(\frac{1}{A}-D\right)\left(x^2+y^2\right)\right]\right\}\\
&= A\mathcal{F}\left\{\frac{\exp(-\mathrm{j}kL_{axe})}{-\mathrm{j}\lambda BA}\exp\left[-\mathrm{j}\frac{k}{2BA}\left(x^2+y^2\right)\right]\right\}\\
&\times \mathcal{F}\left\{U(x,y)\exp\left[\mathrm{j}\frac{k}{2B}\left(\frac{1}{A}-D\right)\left(x^2+y^2\right)\right]\right\}
\end{aligned}
$$

再对等式两边作逆傅里叶变换

$$
\begin{aligned}
U_0\left(\frac{x_a}{A},\frac{y_a}{A}\right) &= \frac{\exp(-\mathrm{j}kL_{axe})}{-\mathrm{j}\lambda B}\\
&\times\int_{-\infty}^{\infty}\int_{-\infty}^{\infty}U(x,y)\exp\left[\mathrm{j}\frac{k}{2B}\left(\frac{1}{A}-D\right)\left(x^2+y^2\right)\right]\\
&\times\exp\left\{-\mathrm{j}\frac{k}{2BA}\left[(x-x_a)^2+(y-y_a)^2\right]\right\}\mathrm{d}x\mathrm{d}y
\end{aligned}
\tag{3-4-4}
$$

对上式利用 $x_a = Ax_0$，$y_a = Ay_0$ 的坐标变换关系，即得

$$
\begin{aligned}
U_0(x_0,y_0) = &\frac{\exp(-\mathrm{j}kL_{axe})}{-\mathrm{j}\lambda B}\int_{-\infty}^{\infty}\int_{-\infty}^{\infty}U(x,y)\\
&\times\exp\left\{-\frac{\mathrm{j}k}{2B}\left[D\left(x^2+y^2\right)+A\left(x_0^2+y_0^2\right)-2\left(x_0x+y_0y\right)\right]\right\}\mathrm{d}x\mathrm{d}y
\end{aligned}
\tag{3-4-5}
$$

于是，式 (3-4-1) 和式 (3-4-5) 构成轴对称傍轴光学系统入射平面及出射平面光波场间的相互运算关系。

### 3.4.2　柯林斯公式的 S-FFT 计算

柯林斯公式 (3-4-1) 可用傅里叶变换表示为

$$
\begin{aligned}
U(x,y) = &\frac{\exp(\mathrm{j}kL_{axe})}{\mathrm{j}\lambda B}\exp\left[\frac{\mathrm{j}k}{2B}D\left(x^2+y^2\right)\right]\\
&\times\mathcal{F}\left\{U_0(x_0,y_0)\exp\left[\frac{\mathrm{j}k}{2B}A\left(x_0^2+y_0^2\right)\right]\right\}_{f_x=\frac{x}{\lambda B},f_y=\frac{y}{\lambda B}}
\end{aligned}
\tag{3-4-6}
$$

式中，$f_x, f_y$ 是频域坐标。

柯林斯公式的计算过程，可以视为是输入信号和二次相位因子乘积的傅里叶变换，但傅里叶变换结果还要再乘以一个二次相位因子。

令 $L_0$，$L$ 分别是使用 FFT 计算时入射平面及出射平面光波场的空域宽度，取样数为 $N \times N$。按照离散傅里叶变换理论，离散变换后其频域宽度为 $N/L_0$，于是有

$$
\frac{L}{\lambda B} = \frac{N}{L_0},\ \text{或者}\quad L_0L = \lambda BN \tag{3-4-7}
$$

由于$\dfrac{L}{N}=\dfrac{1}{L_0}\lambda B$是离散变换计算结果的空域取样单位，利用快速傅里叶变换符号 FFT{} 可得到式 (3-4-6) 的离散傅里叶变换表达式

$$U\left(p\frac{\lambda|B|}{L_0},q\frac{\lambda|B|}{L_0}\right)=\frac{\exp(\mathrm{j}kL_{axe})}{\mathrm{j}\lambda B}\exp\left[\mathrm{j}\pi\frac{\lambda BD}{L_0^2}\left(p^2+q^2\right)\right]$$
$$\times\mathrm{FFT}\left\{U_0\left(m\frac{L_0}{N},n\frac{L_0}{N}\right)\exp\left[\mathrm{j}\pi\frac{AL_0^2}{\lambda BN^2}\left(m^2+n^2\right)\right]\right\}$$
$$(p,q,m,n=-N/2,-N/2+1,\cdots,N/2-1) \tag{3-4-8}$$

通常情况下，物函数 $U_0$ 的最高空间频率小于二次相位因子的最高频率，如何对指数相位因子适当取样，让其满足取样条件是需要解决的问题。由于在区域边界对应于 $\pm N/2$ 点离散取样以及二次相位的最大变化，按照本章对菲涅耳衍射积分的 S-FFT 计算满足取样定理的讨论，边界处相邻取样点引起的相位变化应小于 π，即二次相位因子取样应满足

$$\left|\frac{\partial}{\partial m}\left[\pi\frac{AL_0^2}{\lambda BN^2}\left(m^2+n^2\right)\right]\Big|_{m,n=N/2}\right|\leqslant\pi \tag{3-4-9}$$

求解得

$$|B|\geqslant\frac{|A|L_0^2}{\lambda N} \tag{3-4-10}$$

该式可以作为 S-FFT 变换法正确获得衍射场强度分布计算的条件。为让所计算的衍射场复振幅满足取样定理，式 (3-4-5) 中 FFT 前方的二次相位因子的取样也应满足

$$\left|\frac{\partial}{\partial p}\pi\frac{\lambda BD}{L_0^2}\left(p^2+q^2\right)\Big|_{p,q=N/2}\right|\leqslant\pi \tag{3-4-11}$$

求解后有

$$|B|\leqslant\frac{L_0^2}{N\lambda|D|} \tag{3-4-12}$$

综合式 (3-4-10) 和式 (3-4-12) 得

$$|A|\leqslant\frac{|B|\lambda N}{L_0^2}\leqslant\frac{1}{|D|} \tag{3-4-13}$$

上式给出柯林斯公式的 S-FFT 计算满足取样条件时各量之间的关系。

在上不等式左边令 $|A|=\dfrac{|B|\lambda N}{L_0^2}$，得到一个满足取样定理的特殊情况

$$L_0=\sqrt{|B\lambda N/A|} \tag{3-4-14}$$

这个结果表明，当 $L_0=\sqrt{|B\lambda N/A|}$ 满足时，式 (3-4-8) 计算的光波场满足取样定理。这个结论将在稍后实验验证 S-FFT 计算柯林斯公式的理论计算结果时应用。

### 3.4.3　柯林斯公式逆运算的 S-IFFT 计算

柯林斯公式逆运算式 (3-4-5) 可以用傅里叶逆变换表示为

$$\begin{aligned} U_0(x_0,y_0) &= \frac{\exp(-\mathrm{j}kL_{axe})}{-\mathrm{j}\lambda B}\exp\left[-\frac{\mathrm{j}k}{2B}A\left(x_0^2+y_0^2\right)\right] \\ &\times\int_{-\infty}^{\infty}\int_{-\infty}^{\infty}U(x,y)\exp\left[-\frac{\mathrm{j}k}{2B}D\left(x^2+y^2\right)\right]\exp\left[\mathrm{j}\frac{2\pi}{\lambda B}(xx_0+yy_0)\right]\mathrm{d}x\mathrm{d}y \\ &= \frac{\exp(-\mathrm{j}kL_{axe})}{-\mathrm{j}\lambda B}\exp\left[-\frac{\mathrm{j}k}{2B}A\left(x_0^2+y_0^2\right)\right] \\ &\times\mathcal{F}^{-1}\left\{U(x,y)\exp\left[-\frac{\mathrm{j}k}{2B}D\left(x^2+y^2\right)\right]\right\}_{f_x=\frac{x_0}{\lambda B},f_y=\frac{y_0}{\lambda B}} \end{aligned} \tag{3-4-15}$$

上式表明，柯林斯公式逆运算的计算主要分为两个步骤：先对函数 $U(x,y)\exp\left[-\frac{\mathrm{j}k}{2B}D\left(x^2+y^2\right)\right]$ 作傅里叶逆变换，再将变换结果乘与二次相位因子 $\frac{\exp(-\mathrm{j}kL_{axe})}{-\mathrm{j}\lambda B}\exp\left[-\frac{\mathrm{j}k}{2B}A\left(x_0^2+y_0^2\right)\right]$。

令 $L_0$，$L$ 分别是使用快速傅里叶反变换 IFFT 计算时系统入射平面及出射平面光波场的空域宽度，按照离散傅里叶变换理论，若取样数为 $N\times N$，频率平面的宽度则为 $N/L$，于是有 $\frac{L_0}{\lambda B}=\frac{N}{L}$，即

$$L_0=\frac{\lambda|B|N}{L} \tag{3-4-16}$$

由于 $\frac{L_0}{N}=\frac{\lambda|B|}{L}$是入射平面取样单位，利用快速傅里叶逆变换符号 IFFT{}，式 (3-4-15) 的离散式则是

$$\begin{aligned} U_0\left(m\frac{\lambda|B|}{L},n\frac{\lambda|B|}{L}\right) &= \frac{\exp(-\mathrm{j}kL_{axe})}{-\mathrm{j}\lambda B}\exp\left[-\mathrm{j}\pi\frac{\lambda BA}{L^2}\left(m^2+n^2\right)\right] \\ &\times\mathrm{IFFT}\left\{U\left(p\frac{L}{N},q\frac{L}{N}\right)\exp\left[-\mathrm{j}\pi\frac{DL^2}{\lambda BN^2}\left(p^2+q^2\right)\right]\right\} \\ &(m,n,p,q=-N/2,-N/2+1,\cdots,N/2-1) \end{aligned} \tag{3-4-17}$$

很容易证明，在柯林斯公式 (3-4-1) 中使用下述代换

$L_0\to L$，　$L_{axe}\to -L_{axe}$，　$A\to D$，　$D\to A$，　$B\to -B$

则能得到柯林斯公式的逆运算式 (3-4-5)。这个事实给我们一个有益的启示: 利用这几个代换于上面的研究结果，就能得到用 S-IFFT 计算柯林斯公式逆运算时应该满足的取样条件。

根据式 (3-4-13)，S-IFFT 计算柯林斯公式逆运算时的取样应该满足以下不等式

$$|D| \leqslant \frac{|B|\,\lambda N}{L^2} \leqslant \frac{1}{|A|} \tag{3-4-18}$$

在上不等式右边令 $\frac{|B|\,\lambda N}{L^2} = \frac{1}{|A|}$，得到一个满足取样定理的特殊情况

$$L = \sqrt{|AB\lambda N|} \tag{3-4-19}$$

这个结论表明，当出射平面宽度满足 $L = \sqrt{|AB\lambda N|}$ 时，式 (3-4-17) 计算的入射平面光波场满足取样定理。 回顾前面柯林斯公式的 S-FFT 计算研究中对式 (3-4-14) 的讨论，当入射平面宽度满足 $L_0 = \sqrt{|B\lambda N/A|}$ 时，式 (3-4-8) 计算的出射平面光波场满足取样定理。很容易发现，对于这两种情况乘积 $L_0L$ 满足关系式 $L_0L = \lambda\,|B|\,N$，这是 S-FFT 及 SIFFT 计算时均应满足的基本关系式。因此，当数值计算中式 (3-4-14) 及式 (3-4-19) 同时满足时，入射平面光波场 $U_0\,(x_0, y_0)$ 及出射平面光波场 $U\,(x, y)$ 可以相互运算，计算结果均满足取样定理。这个有益的结论将在后面的实验证明中得到应用。

现在，根据式 $L_0L = \lambda BN$ 考查 S-FFT 及 S-IFFT 计算衍射场时的空域宽度问题。当给定光学系统输入平面宽度 $L_0$ 时，输出衍射场范围 $L$ 随 $B$ 增加而线性展宽。然而，对于有限的取样数 $N$，若 $B$ 趋近于 0，则计算结果的取样区域宽度 $L$ 将趋近于 0。鉴于 $B$ 趋近于 0 对应于输出平面趋于物平面或像平面[5]，柯林斯公式的 S-FFT 及 S-IFFT 算法将难于计算近场以及邻近光学系统像平面的衍射场。

### 3.4.4 柯林斯公式的 D-FFT 计算

根据式 (3-4-2)，柯林斯公式 (3-4-1) 可以写为卷积形式

$$\begin{aligned} U\,(x, y) = & \frac{\exp\left(\mathrm{j}kL_{axe}\right)}{\mathrm{j}A^2\lambda B} \exp\left[-\mathrm{j}\frac{k}{2B}\left(\frac{1}{A} - D\right)\left(x^2 + y^2\right)\right] \\ & \times \left[U_0\left(\frac{x}{A}, \frac{y}{A}\right) * \exp\left(\frac{\mathrm{j}k}{2BA}\left(x^2 + y^2\right)\right)\right] \end{aligned} \tag{3-4-20}$$

令 $f_x, f_y$ 是频域坐标，理论上容易证明

$$\mathcal{F}\left\{\exp\left[\frac{\mathrm{j}k}{2BA}\left(x^2 + y^2\right)\right]\right\} = \mathrm{j}\lambda BA \exp\left[-\mathrm{j}\pi\lambda BA\left(f_x^2 + f_y^2\right)\right]$$

利用卷积定律可将式 (3-4-20) 表为

$$U\,(x, y) = \exp\left(\mathrm{j}kL_{axe}\right) \exp\left[-\mathrm{j}\frac{k}{2B}\left(\frac{1}{A} - D\right)\left(x^2 + y^2\right)\right]$$

$$\times \mathcal{F}^{-1}\left\{\mathcal{F}\left\{\frac{1}{A}U_0\left(\frac{x}{A},\frac{y}{A}\right)\right\}\exp\left[-\mathrm{j}\pi\lambda BA\left(f_x^2+f_y^2\right)\right]\right\} \tag{3-4-21}$$

可以看出，将横向放大 $A$ 倍的光波场 $\frac{1}{A}U_0\left(\frac{x}{A},\frac{y}{A}\right)$ 视为一线性空间不变系统 [4] 的输入信号，柯林斯公式的计算主要是一个线性变换，其传递函数是 $\exp[-\mathrm{j}\pi\lambda BA\left(f_x^2+f_y^2\right)]$。令 $L_0$ 是方形入射平面的宽度，取样数为 $N$，通过 FFT 计算频谱 $\mathcal{F}\left\{\frac{1}{A}U_0\left(\frac{x}{A},\frac{y}{A}\right)\right\}$ 后，其频域宽度为 $N/L_0$。由于函数 $\mathcal{F}\left\{\frac{1}{A}U_0\left(\frac{x}{A},\frac{y}{A}\right)\right\}$ 与传递函数的乘积不改变其频谱宽度，这意味着该乘积经快速傅里叶逆变换 IFFT 计算返回空域的宽度将为 $L=(1/L_0)^{-1}=L_0$。因此，式 (3-4-21) 对应的使用 FFT 及 IFFT 的离散计算式可以表示为

$$U\left(p\frac{L_0}{N},q\frac{L_0}{N}\right)=\exp\left(\mathrm{j}kL_{axe}\right)\exp\left[-\mathrm{j}\frac{k}{2B}\left(\frac{1}{A}-D\right)\left(\frac{L_0}{N}\right)^2\left(p^2+q^2\right)\right]$$
$$\times \mathrm{IFFT}\left\{\mathrm{FFT}\left\{\frac{1}{A}U_0\left(r\frac{L_0}{AN},s\frac{L_0}{AN}\right)\right\}\exp\left(-\mathrm{j}\pi\lambda BA\frac{m^2+n^2}{L_0^2}\right)\right\}$$
$$(p,q,r,s,m,n=-N/2,-N/2+1,\cdots,N/2-1) \tag{3-4-22}$$

令 $E$ 为入射平面光波场的总能量。正如前面对卷积形式的经典衍射公式运算研究中指出的那样，由于柯林斯公式对应的衍射传递函数是能准确传递任意给定的频率值的解析函数，我们只须研究物函数 $\frac{1}{A}U_0\left(r\frac{L_0}{AN},s\frac{L_0}{AN}\right)$ 的取样问题。物函数取样时应满足的取样条件是

$$E=\frac{A^2L_0^2}{N^4}\sum_{p=-N/2}^{N/2-1}\sum_{q=-N/2}^{N/2-1}\left|\mathrm{FFT}\left\{\frac{1}{A}U_0\left(r\frac{L_0}{AN},s\frac{L_0}{AN}\right)\right\}(p,q)\right|^2\approx \mathrm{Constant} \tag{3-4-23}$$

该式可以作为获得正确的衍射场强度图像的取样条件。当物函数 $\frac{1}{A}U_0\left(r\frac{L_0}{AN},s\frac{L_0}{AN}\right)$ 的取样合适时，增加取样数将不改变总能量 $E$。在应用研究中可以首先按需要的分辨率给定某取样数 $N$，并利用上式计算 $E$。此后，在同一物理尺度下将取样数减小为 $N/2$ 或增加为 $2N$，再计算总能量。若计算结果无本质区别，则认为取样数 $N$ 满足要求。

由于式 (3-4-22) 的整个计算还包含 IFFT 的计算结果与前方相位因子的乘积，为能让整个计算结果满足取样定理，IFFT 前方二次相位因子的取样必须满足以下不等式

$$\left|\frac{\partial}{\partial p}\frac{k}{2B}\left(\frac{1}{A}-D\right)\left(\frac{L_0}{N}\right)^2\left(p^2+q^2\right)\Big|_{p,q=N/2}\right|\leqslant \pi \tag{3-4-24}$$

求解上式很容易得到 $\dfrac{L_0^2}{\lambda}\left|\dfrac{1}{B}\left(\dfrac{1}{A}-D\right)\right|\leqslant N$，利用基本关系式 $AC-BD=1$，可得

$$\frac{L_0^2}{\lambda}\left|\frac{C}{A}\right|\leqslant N \tag{3-4-25}$$

遵照式 (3-4-23) 及式 (3-4-25) 所规定的条件，便能用 D-FFT 法对柯林斯公式进行计算。

### 3.4.5 柯林斯公式逆运算的 D-FFT 计算

鉴于将参数代换 $L_{axe}\to -L_{axe}$，$A\to D$，$D\to A$，$B\to -B$ 代入柯林斯公式 (3-4-1) 后可以得到柯林斯公式的逆运算式 (3-4-5)，利用这些代换也很容易得到用 D-FFT 法计算柯林斯公式的逆运算应满足的取样条件。

根据式 (3-4-22)，可以得到柯林斯公式逆运算的离散表达式

$$\begin{aligned}U_0\left(r\frac{L}{N},s\frac{L}{N}\right)=&\exp\left(-\mathrm{j}kL_{axe}\right)\exp\left[\mathrm{j}\frac{k}{2B}\left(\frac{1}{D}-A\right)\left(\frac{L}{N}\right)^2\left(r^2+s^2\right)\right]\\&\times\mathrm{IFFT}\left\{\mathrm{FFT}\left\{\frac{1}{D}U\left(p\frac{L}{DN},q\frac{L}{DN}\right)\right\}\exp\left(\mathrm{j}\pi\lambda BD\frac{m^2+n^2}{L^2}\right)\right\}\\&(r,s,p,q,m,n=-N/2,-N/2+1,\cdots,N/2-1)\end{aligned} \tag{3-4-26}$$

按照式 (3-4-23) 及式 (3-4-25)，柯林斯公式逆运算的 D-FFT 计算应满足的取样条件是

$$E=\frac{D^2L^2}{N^4}\sum_{r=-N/2}^{N/2-1}\sum_{s=-N/2}^{N/2-1}\left|\mathrm{FFT}\left\{\frac{1}{D}U\left(p\frac{L}{DN},q\frac{L}{DN}\right)\right\}(r,s)\right|^2\approx\mathrm{Constant} \tag{3-4-27}$$

$$\frac{L^2}{\lambda}\left|\frac{C}{D}\right|\leqslant N \tag{3-4-28}$$

以上两结论将通过下面的实验研究进行验证。

### 3.4.6 数值计算及实验证明

为验证上面的研究，在波长为 632.8nm的氦氖激光下进行实验。图 3-4-1 是实验装置示意图。图中，光波沿 $z$ 轴正向传播，透镜 $\mathrm{L}_1$ 右方焦点后的光波形成沿 $z$ 轴传播的发散球面波，该光波照明透光孔为 “龙” 字的光阑形成输入平面光波场。实验测得 $d_0$=908mm。透过光阑的光波经过距离 $d_1$=147mm 的衍射到达焦距 $f_2$=698.8mm 的透镜 $\mathrm{L}_2$，穿过透镜后再经距离 $d_2$=1315mm 的传播到达 CCD 接收平面。

将光阑平面定义为 $ABCD$ 系统的入射平面，CCD 平面定义为 $ABCD$ 系统的出射平面。根据实验测量，投射到光阑的光波可以视为波面半径为 $d_0$，半径约

18mm 的基横模高斯光束，将照射光阑的光波视为平行光但在光阑平面上有一个焦距为 $-d_0$ 的负透镜。$ABCD$ 系统的矩阵元素则由下式确定

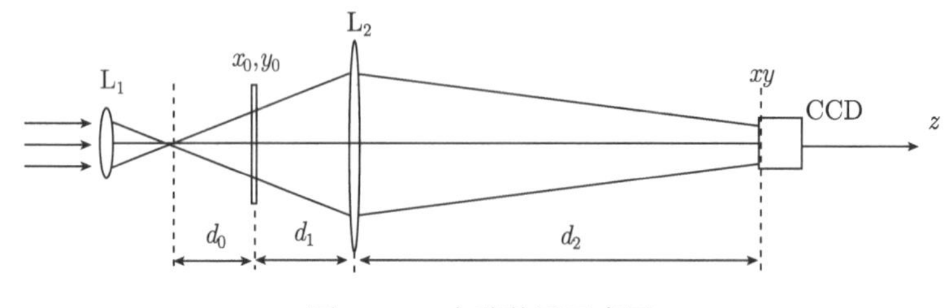


图 3-4-1　实验装置示意图

$$\begin{bmatrix} A & B \\ C & D \end{bmatrix} = \begin{bmatrix} 1 & d_3 \\ 0 & 1 \end{bmatrix} \begin{bmatrix} 1 & 0 \\ -1/f_2 & 1 \end{bmatrix} \begin{bmatrix} 1 & d_1 \\ 0 & 1 \end{bmatrix} \begin{bmatrix} 1 & 0 \\ 1/d_0 & 1 \end{bmatrix}$$

将有关参数代入后求得: $A \approx 0.4388$，$B \approx 1164\text{mm}$，$C \approx -0.0006\text{mm}^{-1}$，$D \approx 0.7896$。

1) S-FFT 方法的实验证明

令式 (3-4-13) 左边不等式取等号得 $L_0 = \sqrt{|B\lambda N/A|}$ ，设 $N$=512 求得 $L_0$= 29.32mm。图 3-4-2(a) 给出物平面光波场 $U_0$ 的二值化强度分布图像。实验时采用的 CCD 窗口尺寸是 4.64mm × 6.17mm，对应像素 552×784。根据式 (3-4-7) 知，计算结果是宽度 $L = \sqrt{|AB\lambda N|} = 12.87\text{mm}$ 的方形区域。为便于比较，我们通过插值及周边补零，将 CCD 记录的结果变换为宽度为 12.87mm 的 512×512 像素的灰度图像示于图 3-4-2(b)。

将有关参数代入式 (3-4-5) 计算，计算结果通过归一化形成 0~255 灰度等级的强度图像由计算机输出，并示于图 3-4-2(c)。可以看出，理论计算与实验测量吻合很好。

由于 $L_0 = \sqrt{|B\lambda N/A|}$ 及 $L = \sqrt{|AB\lambda N|}$ 分别是式 (3-4-14) 及式 (3-4-19)，在此情况下，我们已经证明入射平面光波场 $U_0(x_0, y_0)$ 及出射平面光波场 $U(x, y)$ 间可以相互作满足取样定理的计算。根据计算重建的输入平面光波场 0 ~255 级的归一化强度分布示于图 3-4-2(d)。与图 3-4-2(a) 比较可以看出，二者基本没有区别。当然，这个比较仅仅给出了振幅重构的可行性。事实上，逆运算的相位重构是非常精确的。根据计算结果，在透光孔内相位的最大变化小于 $10^{-12}$ 弧度，完全可以视为平面波的相位。注意到照明光阑的球面波已经处理成光阑平面的焦距为 $-d_0$ 的负透镜，因此，根据本书导出的满足取样定理的条件，逆运算式 (3-4-15) 可以非常准确地重建输入平面光波场。如果在数字全息中用柯林斯公式逆运算 S-FFT 方法进行波面重构，将是完全可行的。

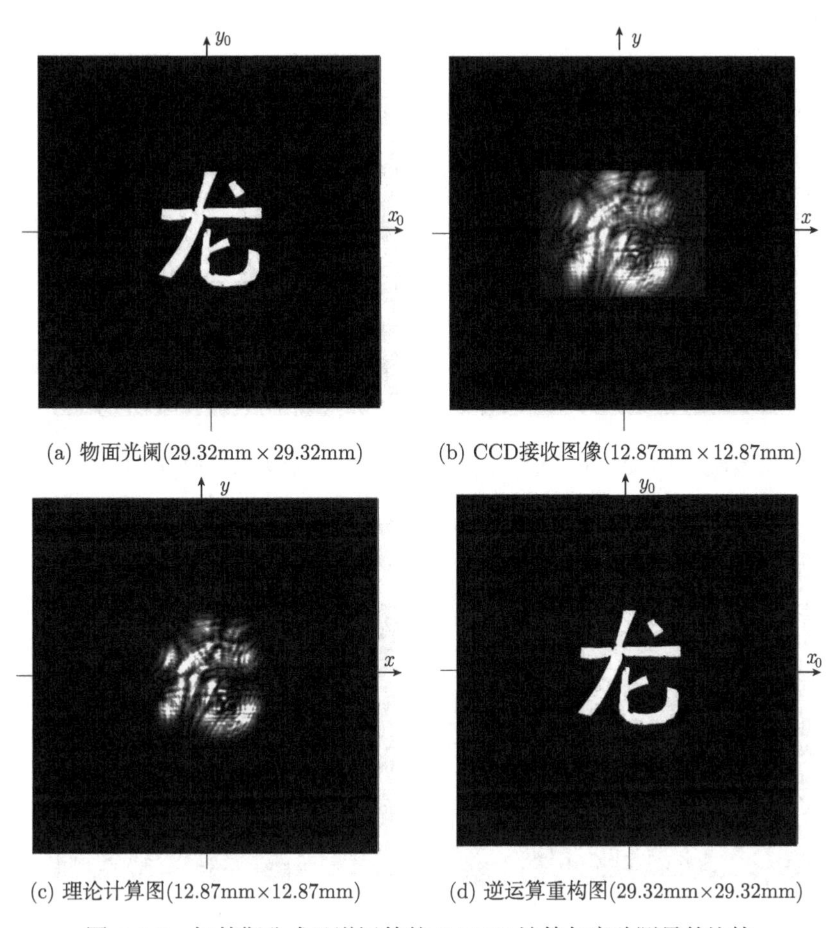


(a) 物面光阑(29.32mm×29.32mm)　(b) CCD接收图像(12.87mm×12.87mm)

(c) 理论计算图(12.87mm×12.87mm)　(d) 逆运算重构图(29.32mm×29.32mm)

图 3-4-2 柯林斯公式及逆运算的 S-FFT 计算与实验测量的比较

2) D-FFT 方法的实验证明

仍然选择 $N$=512，令 $L_0 = \sqrt{|AB\lambda N|} = 12.87\text{mm}$。入射平面光波场强度图像示于图 3-4-3(a)。由于计算结果边宽 $L=L_0$，实验时采用的 CCD 尺寸是 4.64mm×6.17mm，为便于比较，通过对 CCD 探测图像周边的补零操作，图 3-4-3(b) 给出实验测量图像。按照式 (3-4-22) 作计算，其结果归一化处理成 0~255 灰度图示于图 3-4-3(c)。与图 3-4-3(b) 比较看出，D-FFT 计算能够很好地模拟实验测量结果。

在柯林斯公式的正向及逆向运算中，由于 $L_0 = L$=12.87mm，容易证明，本计算实例的取样条件式 (3-4-25) 及式 (3-4-28) 均得到满足，为简明地验证柯林斯公式逆运算的可行性，将图 3-4-3(c) 对应的光波场复振幅代入逆运算式 (3-4-26)，求得的物平面强度分布如图 3-4-3(d) 所示。可以看出，逆运算重构图像与图 3-4-3(a) 基本吻合。

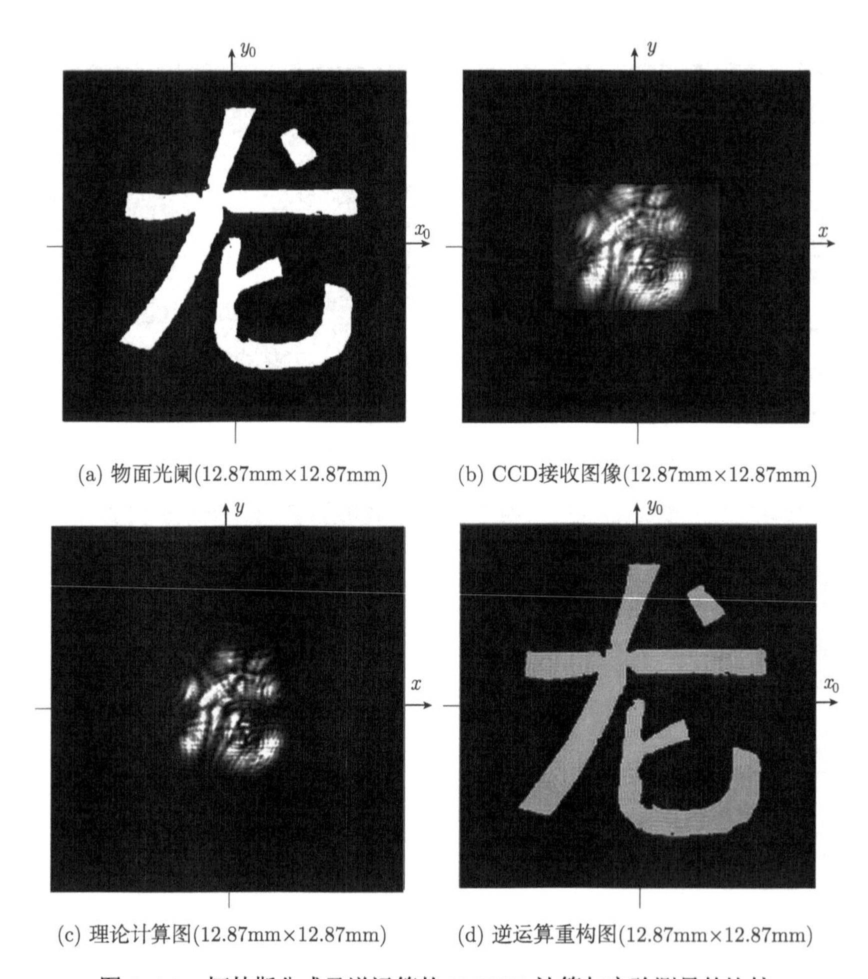


(a) 物面光阑(12.87mm×12.87mm)　(b) CCD接收图像(12.87mm×12.87mm)

(c) 理论计算图(12.87mm×12.87mm)　(d) 逆运算重构图(12.87mm×12.87mm)

图 3-4-3　柯林斯公式及逆运算的 D-FFT 计算与实验测量的比较

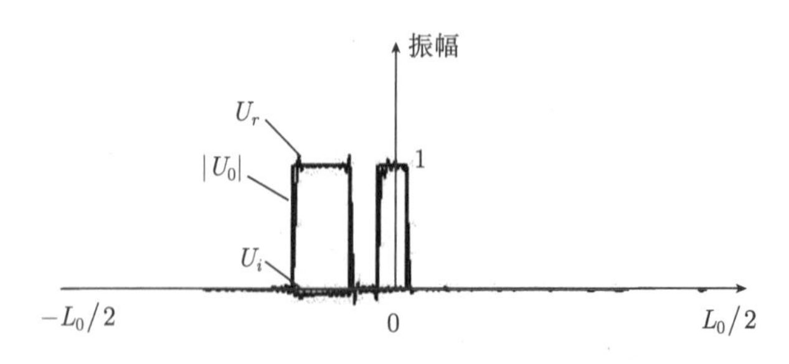


图 3-4-4　重构物光场 $x_0$ 轴上复振幅的实部 $U_r$，虚部 $U_i$ 与原物光场模 $|U_0|$ 的比较

现在，考察该方法完成重建运算时需要的 FFT 次数：1-FFT 重建像平面需要

一次 FFT 运算，求得虚拟数字全息图的运算需要一次 IFFT 运算，从虚拟数字全息图到像平面的 D-FFT 衍射运算需要一次 FFT 及一次 IFFT 运算。因此，需要 4 次 FFT 的运算量。考虑到使用了虚拟数字全息图 (Virtual digital hologram) 及 4 次 FFT 运算，该算法简称为 VDH4FFT 算法。回顾本书 3.2.6 节的讨论，VDH4FFT 算法可以视为是基于虚拟光波场衍射计算的一个应用实例。

## 3.5 空间曲面衍射场的计算

随着计算机技术的进步，利用标量衍射理论已经可以较方便和精确地模拟光波传播的大量物理过程，然而，经典的衍射公式基本上是表述光波在垂直于光轴的空间平面间的传播，虽然柯林斯公式能够计算光波通过轴对称傍轴光学系统的衍射，但是，该公式表述的仍然是光学系统前后的两个垂直于系统光轴的空间平面上光波场的关系。在应用研究中，通常会遇到空间曲面光源或观测平面并不垂直于光轴的衍射计算问题。例如，激光热处理或热损伤研究中，被照射的物体通常不是垂直于激光束的平面物体，根据物体的表面形状计算到达物体表面的光波场才能更准确地为后续热作用进行分析，并且，在激光照射下物体表面的反射或散射光的传播，实际上就是空间曲面光源的衍射问题。近年来，随着空间光调制器技术的进步，全息三维显示以及利用理论计算生成三维虚拟物体的计算全息图，也涉及空间曲面光源的衍射计算[18,19]。因此，基于标量衍射理论，研究空间曲面间衍射场的计算具有重要意义。

在空间曲面间衍射场计算研究领域，已经有不少学者进行过讨论，针对一些特殊情况，提出过不同的计算方法。本节将基于文献 [20]~[25] 的研究，讨论发光面及观测面均为空间曲面的衍射场计算问题，并给出相应的实验证明。此外，还将简要介绍作者基于惠更斯–菲涅耳原理及角谱衍射理论，将空间曲面光源变换为垂直于光轴的平面光源，利用标量衍射理论提供的衍射计算公式进行空间曲面间衍射场计算的方法。

### 3.5.1 倾斜发光面及倾斜观测面的衍射计算

倾斜发光面及倾斜观测面的衍射计算是发光面及观测面均为空间曲面的衍射计算问题研究基础，下面首先进行讨论。

#### 1. 计算方法概述

为便于分析，图 3-5-1 定义三个坐标系：一是主坐标系 $(\hat{x},\hat{y},\hat{z})$，其中 $\hat{z}$ 轴为光轴 (图中用虚线表示出与图面垂直的 $(\hat{x},\hat{y},0)$ 及 $(\hat{x},\hat{y},d)$ 的两个平面)；二是原点在光轴上 $\hat{z}=0$ 处的源坐标系 $(x_0,y_0,z_0)$，光源的复振幅 $g_0(x_0,y_0)$ 定义在 $(x_0,y_0,0)$

平面上；三是原点在光轴上 $\hat{z} = d$ 处的观测平面坐标系 $(x, y, z)$，到达观测平面 $(x, y, 0)$ 的光波场为 $g(x, y)$。下面讨论给定 $g_0(x_0, y_0)$ 如何计算 $g(x, y)$ 的问题。

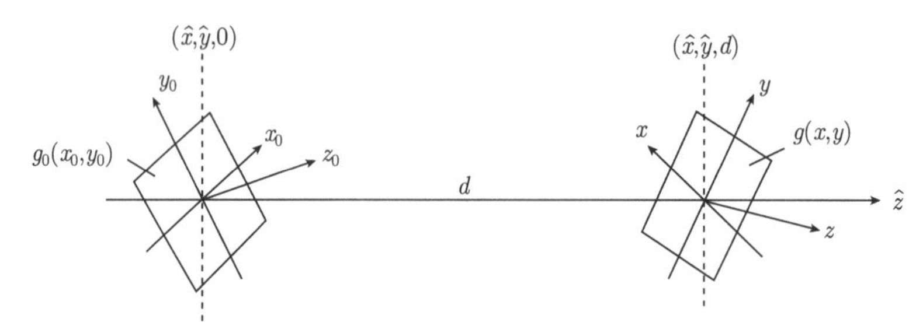


图 3-5-1　倾斜发光面及倾斜观测面衍射计算坐标定义

根据角谱衍射理论，空间平面上的光波场可以利用傅里叶变换分解为沿不同方向传播的平面波，对光波场作傅里叶变换等效于求出这些平面波的复振幅。因此，如果能够通过频率空间的坐标变换，将原先表示在某空间平面的这些平面波在与原平面不平行的新坐标系中重新表示，则能通过新坐标系中的傅里叶逆变换求出在新坐标平面上的光波场。按照这个基本思想，倾斜发光面发出的光波传播到倾斜观测面的计算由以下四个步骤组成：

(1) 利用傅里叶变换，在源平面 $(x_0, y_0, 0)$ 上求 $g_0(x_0, y_0)$ 的频谱；

(2) 在频率空间通过坐标变换，先将 $g_0(x_0, y_0)$ 的频谱转换到平面 $(\hat{x}, \hat{y}, 0)$ 的频率空间，然后用角谱衍射传递函数，求出到达平面 $(\hat{x}, \hat{y}, d)$ 上的光波场频谱；

(3) 在频率空间通过坐标变换，将平面 $(\hat{x}, \hat{y}, d)$ 上的光波场频谱转换为观测平面 $(x, y, 0)$ 的频谱；

(4) 对观测平面 $(x, y, 0)$ 的光波场频谱求傅里叶逆变换，获得观测平面的光波场 $g(x, y)$。

分析图 3-5-1 可知，如果建立与上述计算步骤相对应的理论表达式，对于实际给定的问题，让主坐标系的 $\hat{z}$ 轴与光源平面中心到观测平面中心的连线相重合，建立主坐标系及相关坐标系，即可对实际衍射问题求解。

2. 基本计算公式

源平面 $(x_0, y_0, 0)$ 上的光波场 $g_0(x_0, y_0)$ 的频谱可通过二维傅里叶变换表为

$$
\begin{aligned}
G_0(f_{x0}, f_{y0}) &= \mathcal{F}\left\{g_0\left(x_0, y_0\right)\right\} \\
&= \int_{-\infty}^{\infty}\int_{-\infty}^{\infty} g_0\left(x_0, y_0\right)\exp\left[-\mathrm{j}2\pi\left(f_{x0}x_0 + f_{y0}y_0\right)\right]\mathrm{d}x_0\mathrm{d}y_0 \quad (3\text{-}5\text{-}1)
\end{aligned}
$$

$g_0(x_0, y_0)$ 由傅里叶逆变换给出

$$g_0(x_0, y_0) = \mathcal{F}\left\{G_0\left(f_{x0}, f_{y0}\right)\right\}$$

$$= \int_{-\infty}^{\infty}\int_{-\infty}^{\infty} G_0(f_{x0}, f_{y0}) \exp\left[\mathrm{j}2\pi (f_{x0}x_0 + f_{y0}y_0)\right] \mathrm{d}f_{x0}\mathrm{d}f_{y0} \quad (3\text{-}5\text{-}2)$$

根据衍射的角谱理论，令光波长为 $\lambda$，式 (3-5-2) 可以重新写为

$$g_0(x_0, y_0) = \mathcal{F}\{G_0(f_{x0}, f_{y0})\} = \int_{-\infty}^{\infty}\int_{-\infty}^{\infty} G_0(f_{x0}, f_{y0}) \times \exp\left[\mathrm{j}\frac{2\pi}{\lambda}(\lambda f_{x0}x_0 + \lambda f_{y0}y_0)\right] \mathrm{d}f_{x0}\mathrm{d}f_{y0} \quad (3\text{-}5\text{-}3)$$

上式的物理意义为，光波场 $g_0(x_0, y_0)$ 可以分解为一系列复振幅为 $G_0(f_{x0}, f_{y0})$ $\mathrm{d}f_{x0}\mathrm{d}f_{y0}$ 的平面波叠加，平面波的波矢量方向余弦为 $\lambda f_{x0}$，$\lambda f_{y0}$，$\lambda f_{z0}$ ，波矢量 $\boldsymbol{k}_0$ 可用矩阵表为

$$\boldsymbol{k}_0 = \frac{2\pi}{\lambda}\begin{bmatrix} \lambda f_{x0} \\ \lambda f_{y0} \\ \lambda f_{z0} \end{bmatrix} \quad (3\text{-}5\text{-}4)$$

由于方向余弦满足关系式 $(\lambda f_{x0})^2 + (\lambda f_{y0})^2 + (\lambda f_{z0})^2 = 1$，则有

$$\lambda f_{z0} = \sqrt{1 - \lambda^2 f_{x0}^2 - \lambda^2 f_{y0}^2} \quad (3\text{-}5\text{-}5)$$

设中间平面 $(\hat{x}, \hat{y}, 0)$ 上的光波场为 $f_0(\hat{x}, \hat{y})$，它的频谱则为

$$F_0(\hat{f}_x, \hat{f}_y) = \mathcal{F}\{f_0(\hat{x}, \hat{y})\} = \int_{-\infty}^{\infty}\int_{-\infty}^{\infty} f_0(\hat{x}, \hat{y}) \exp\left[-\mathrm{j}2\pi\left(\hat{f}_x\hat{x} + \hat{f}_y\hat{y}\right)\right] \mathrm{d}\hat{x}\mathrm{d}\hat{y} \quad (3\text{-}5\text{-}6)$$

类似于式 (3-5-4) 的讨论，光波场分解为平面波后，平面光波的波矢量 $\hat{\boldsymbol{k}}$ 可用矩阵表为

$$\hat{\boldsymbol{k}} = \frac{2\pi}{\lambda}\begin{bmatrix} \lambda \hat{f}_x \\ \lambda \hat{f}_y \\ \lambda \hat{f}_z \end{bmatrix} \quad (3\text{-}5\text{-}7)$$

并且

$$\lambda \hat{f}_z = \sqrt{1 - \lambda^2 \hat{f}_x^2 - \lambda^2 \hat{f}_y^2} \quad (3\text{-}5\text{-}8)$$

式 (3-5-4) 和式 (3-5-7) 分别给出两空间平面 $(x_0, y_0, 0)$ 和 $(\hat{x}, \hat{y}, 0)$ 上表述的同一平面元波集的波矢量，下面研究波矢量的坐标变换关系。

令源坐标 $(x_0, y_0, z_0)$ 和主坐标 $(\hat{x}, \hat{y}, \hat{z})$ 间满足下述旋转变换关系

$$\begin{bmatrix} x_0 \\ y_0 \\ z_0 \end{bmatrix} = \begin{bmatrix} a_1 & a_2 & a_3 \\ a_4 & a_5 & a_6 \\ a_7 & a_8 & a_9 \end{bmatrix}\begin{bmatrix} \hat{x} \\ \hat{y} \\ \hat{z} \end{bmatrix} \quad (3\text{-}5\text{-}9)$$

两空间平面 $(x_0, y_0, 0)$ 和 $(\hat{x}, \hat{y}, 0)$ 上定义的同一元波的波矢量必然满足

$$\begin{bmatrix} f_{x0} \\ f_{y0} \\ f_{z0} \end{bmatrix} = \begin{bmatrix} a_1 & a_2 & a_3 \\ a_4 & a_5 & a_6 \\ a_7 & a_8 & a_9 \end{bmatrix} \begin{bmatrix} \hat{f}_x \\ \hat{f}_y \\ \hat{f}_z \end{bmatrix} \tag{3-5-10}$$

展开上式得

$$\begin{cases} f_{x0} = \alpha\left(\hat{f}_x, \hat{f}_y\right) = a_1\hat{f}_x + a_2\hat{f}_y + a_3\hat{f}_z \\ f_{y0} = \beta\left(\hat{f}_x, \hat{f}_y\right) = a_4\hat{f}_x + a_5\hat{f}_y + a_6\hat{f}_z \end{cases} \tag{3-5-11}$$

因此，源平面 $(x_0, y_0, 0)$ 上光波场 $g_0(x_0, y_0)$ 的频谱可以通过式 (3-5-11) 转化为中间平面 $(\hat{x}, \hat{y}, 0)$ 上的频谱。但是，在频率空间坐标变换后利用傅里叶逆变换表示中间平面 $(\hat{x}, \hat{y}, 0)$ 上的光波场时，根据能量守恒，积分面元必须满足 $\mathrm{d}f_{x0}\mathrm{d}f_{y0} = \left|J\left(\hat{f}_x, \hat{f}_y\right)\right|\mathrm{d}\hat{f}_x\mathrm{d}\hat{f}_y$ 的数学关系[26]，其中，$J\left(\hat{f}_x, \hat{f}_y\right)$ 称雅可比行列式。

$$\begin{aligned} J\left(\hat{f}_x, \hat{f}_y\right) &= \begin{bmatrix} \dfrac{\partial\alpha}{\partial\hat{f}_x} & \dfrac{\partial\alpha}{\partial\hat{f}_y} \\ \dfrac{\partial\beta}{\partial\hat{f}_x} & \dfrac{\partial\beta}{\partial\hat{f}_y} \end{bmatrix} \\ &= (a_2a_6 - a_3a_5)\frac{\hat{f}_x}{\hat{f}_z} + (a_3a_4 - a_1a_6)\frac{\hat{f}_y}{\hat{f}_z} + (a_1a_5 - a_2a_4) \end{aligned} \tag{3-5-12}$$

因此，当通过频率空间的坐标变换表示中间平面 $(\hat{x}, \hat{y}, 0)$ 上的光波场时，其表达式应为

$$\begin{aligned} f_0(\hat{x}, \hat{y}) = &\int_{-\infty}^{\infty}\int_{-\infty}^{\infty} G_0\left(\alpha\left(\hat{f}_x, \hat{f}_y\right), \beta\left(\hat{f}_x, \hat{f}_y\right)\right) \\ &\times \exp\left[2\pi\left(\hat{f}_x\hat{x} + \hat{f}_y\hat{y}\right)\right]\left|J\left(\hat{f}_x, \hat{f}_y\right)\right|\mathrm{d}\hat{f}_x\mathrm{d}\hat{f}_y \end{aligned} \tag{3-5-13}$$

研究式 (3-5-13) 可知，中间平面 $(\hat{x}, \hat{y}, 0)$ 上光波场的频谱是

$$F_0\left(\hat{f}_x, \hat{f}_y\right) = G_0\left(\alpha\left(\hat{f}_x, \hat{f}_y\right), \beta\left(\hat{f}_x, \hat{f}_y\right)\right)\left|J\left(\hat{f}_x, \hat{f}_y\right)\right| \tag{3-5-14}$$

到此，式 (3-5-14) 给出了利用源平面的频谱 $G_0$ 表示中间平面频谱 $F_0$ 的表达式。然而，由于源平面不垂直于光轴，频谱函数 $G_0$ 中沿主光轴负向传播的角谱不能到达观测屏，此外，源平面的倾斜还让沿主光轴方向传播的光波缺少了一部分角谱，必须考虑这些因素才能获得正确的结果。为便于说明这个问题，图 3-5-2 绘出 $f_{y0}, f_{z0}, \hat{f}_y, \hat{f}_z$ 在同一平面的情况，图中，能够到达观测屏的角谱只在虚线双箭头所标示的范围内，实际计算式 (3-5-14) 时，必须修改频谱函数 $G_0$ 及 $F_0$，让频谱分量

落在 $f_{y0}$ 轴与 $\hat{f}_y$ 轴夹角内的那部分频谱为零 (图中阴影区)。由于这部分频谱的损失起因于源平面的倾斜，可称这种损失为“角谱的源平面倾斜损失”。

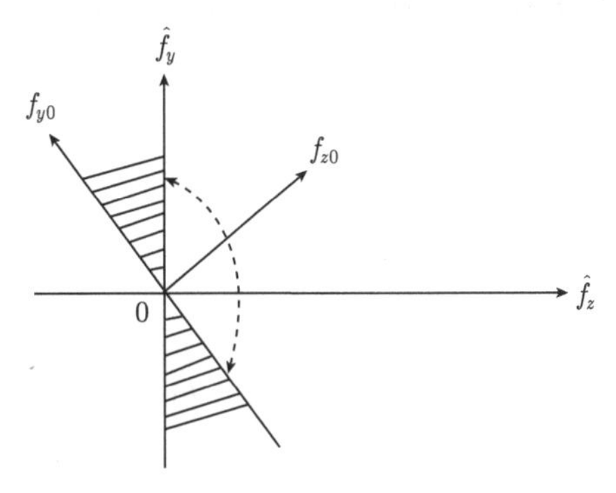


图 3-5-2 能够到达观测平面的角谱范围示意图

按照角谱衍射理论，到达中间平面 $(\hat{x},\hat{y},d)$ 光波场的频谱可以用角谱衍射传递函数求出

$$F_d\left(\hat{f}_x,\hat{f}_y\right)=F_0\left(\hat{f}_x,\hat{f}_y\right)\exp\left[\mathrm{j}\frac{2\pi}{\lambda}d\sqrt{1-\left(\lambda\hat{f}_x\right)^2-\left(\lambda\hat{f}_y\right)^2}\right] \tag{3-5-15}$$

如果观测平面 $(x,y,0)$ 与中间平面 $(\hat{x},\hat{y},d)$ 重合，观测平面的光波场即由逆傅里叶变换给出

$$f_d(\hat{x},\hat{y})=\int_{-\infty}^{\infty}\int_{-\infty}^{\infty}F_d\left(\hat{f}_x,\hat{f}_y\right)\exp\left[2\pi\left(\hat{f}_x\hat{x}+\hat{f}_y\hat{y}\right)\right]\mathrm{d}\hat{f}_x\mathrm{d}\hat{f}_y \tag{3-5-16}$$

至此，上述讨论给出倾斜面光源而观测平面是垂直于主坐标 $\hat{z}$ 轴的空间平面的计算方法。下面，继续讨论观测平面 $(x,y,0)$ 与中间平面 $(\hat{x},\hat{y},d)$ 不重合的一般情况。

将 $(\hat{x},\hat{y},\hat{z})$ 的坐标原点平移到 $\hat{z}=d$ 处，并设坐标 $(x,y,z)$ 与平移后坐标的关系为

$$\begin{bmatrix}\hat{x}\\ \hat{y}\\ \hat{z}-d\end{bmatrix}=\begin{bmatrix}b_1 & b_2 & b_3\\ b_4 & b_5 & b_6\\ b_7 & b_8 & b_9\end{bmatrix}\begin{bmatrix}x\\ y\\ z\end{bmatrix} \tag{3-5-17}$$

于是，两空间平面 $(x,y,0)$ 和 $(\hat{x},\hat{y},0)$ 上定义的同一元波矢量满足

$$\begin{bmatrix}\hat{f}_x\\ \hat{f}_y\\ \hat{f}_z\end{bmatrix}=\begin{bmatrix}b_1 & b_2 & b_3\\ b_4 & b_5 & b_6\\ b_7 & b_8 & b_9\end{bmatrix}\begin{bmatrix}f_x\\ f_y\\ f_z\end{bmatrix} \tag{3-5-18}$$

展开上式得

$$\begin{cases}\hat{f}_x=\alpha'\left(f_x,f_y\right)=b_1f_x+b_2f_y+b_3f_z\\ \hat{f}_y=\beta'\left(f_x,f_y\right)=b_4f_x+b_5f_y+b_6f_z\end{cases} \tag{3-5-19}$$

式中，$\lambda f_z=\sqrt{1-\lambda^2 f_x^2-\lambda^2 f_y^2}$。

为通过频率空间的坐标变换获得观测平面的光波场，定义雅可比行列式 $J'(f_x,f_y)$，

$$J'(f_x,f_y)=\begin{bmatrix}\dfrac{\partial\alpha'}{\partial f_x} & \dfrac{\partial\alpha'}{\partial f_y}\\ \dfrac{\partial\beta'}{\partial f_x} & \dfrac{\partial\beta'}{\partial f_y}\end{bmatrix}$$
$$=(b_2b_6-b_3b_5)\frac{f_x}{f_z}+(b_3b_4-b_1b_6)\frac{f_y}{f_z}+(b_1b_5-b_2b_4)\tag{3-5-20}$$

类似于式 (3-5-13) 的讨论，观测平面 $(x,y,0)$ 上的光波场即为

$$g(x,y)=\int_{-\infty}^{\infty}\int_{-\infty}^{\infty}F_d\left(\alpha'(f_x,f_y),\beta'(f_x,f_y)\right)\exp\left[2\pi\left(f_xx+f_yy\right)\right]\left|J'(f_x,f_y)\right|\mathrm{d}f_x\mathrm{d}f_y\tag{3-5-21}$$

至此，我们从理论上导出了与系统光轴 $\hat{z}$ 不垂直的两个空间平面上光波场的关系。虽然实际光波场的傅里叶变换一般无解析解，但可以通过快速傅里叶变换进行计算，因此，以上研究为解决倾斜面光源到倾斜观测面光波的传播计算提供了依据。然而，在进行 FFT 计算时，取样点是等间隔取样的，在以上算式中，$G_0\left(\alpha\left(\hat{f}_x,\hat{f}_y\right),\beta\left(\hat{f}_x,\hat{f}_y\right)\right)$ 及 $F_d\left(\alpha'(f_x,f_y),\beta'(f_x,f_y)\right)$ 必须通过等间隔取样函数 $G_0(f_{x0},f_{y0})$ 及 $F_d\left(\hat{f}_x,\hat{f}_y\right)$ 的插值获得。为得到准确的计算结果，选择较精确的插值方法是必须的。

### 3. 实验证明

根据图 3-5-1 及光传播的可逆特性，以下只进行倾斜面光源发出的光波到达中间平面 $(\hat{x},\hat{y},d)$ 的探测实验及理论模拟。此外，为避免不精确的插值运算引入误差，选择频谱 $G_0(f_{x0},f_{y0})$ 是具有精确解析解的三角形面光源。

图 3-5-3 是实验装置示意图，图中，沿光轴 $\hat{z}$ 传播的平面波照射一个倾斜放置的直角三角形透光孔光阑，照明光的波长 $\lambda=0.000532\mathrm{mm}$。光阑平面为 $(x_0,y_0,0)$ 平面，$x_0$ 轴与主坐标的 $\hat{x}$ 轴重合。三角形孔的两直角边分别与 $x_0$ 轴及 $y_0$ 轴重合，长度分别为 $c=2.5\mathrm{mm}$ 及 $a=4.6\mathrm{mm}$。实验研究中 $y_0$ 与 $\hat{y}$ 轴的夹角 $\theta=45°$，透射波由 CCD 检测，CCD 平面坐标 $\hat{z}=d=200\mathrm{mm}$。

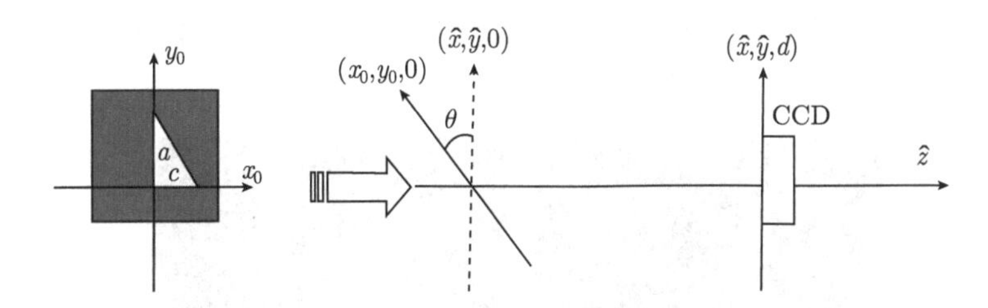


图 3-5-3 倾斜三角形孔被平面波照射的衍射实验

根据图 3-5-3，源坐标与主坐标的关系为

$$\begin{cases} x_0 = \hat{x} \\ y_0 = \hat{y}\cos\theta - \hat{z}\sin\theta \\ z_0 = \hat{y}\sin\theta + \hat{z}\cos\theta \end{cases}$$

即

$$\begin{bmatrix} x_0 \\ y_0 \\ z_0 \end{bmatrix} = \begin{bmatrix} a_1 & a_2 & a_3 \\ a_4 & a_5 & a_6 \\ a_7 & a_8 & a_9 \end{bmatrix} \begin{bmatrix} \hat{x} \\ \hat{y} \\ \hat{z} \end{bmatrix} = \begin{bmatrix} 1 & 0 & 0 \\ 0 & \cos\theta & -\sin\theta \\ 0 & \sin\theta & \cos\theta \end{bmatrix} \begin{bmatrix} \hat{x} \\ \hat{y} \\ \hat{z} \end{bmatrix} \tag{3-5-22}$$

相关量代入式 (3-5-11) 得

$$\begin{cases} f_{x0} = \alpha\left(\hat{f}_x, \hat{f}_y\right) = \hat{f}_x \\ f_{y0} = \beta\left(\hat{f}_x, \hat{f}_y\right) = \hat{f}_y\cos\theta - \hat{f}_z\sin\theta \end{cases} \tag{3-5-23}$$

根据第 2 章式 (2-3-12) 的研究，当光波垂直照射第一象限直角三角形孔时，透射光的频谱有解析解 $T_1(f_{x0}, f_{y0})$。对于图 3-5-3 的实验，在源平面上的照明光是倾斜入射光，其复振幅为 $\exp\left(-\mathrm{j}\dfrac{2\pi}{\lambda}y_0\sin\theta\right)$，利用傅里叶变换的相移定理容易证明，透射光的频谱变为

$$G_0(f_{x0}, f_{y0}) = T_1\left(f_{x0}, f_{y0} + \frac{\sin\theta}{\lambda}\right) \tag{3-5-24}$$

利用式 (3-5-22) 的参数，式 (3-5-12) 定义的雅可比行列式的值为

$$J\left(\hat{f}_x, \hat{f}_y\right) = \cos\theta - \sin\theta\frac{\hat{f}_x}{\hat{f}_z} \tag{3-5-25}$$

将以上三式代入式 (3-5-14)，并注意扣除角谱的源平面倾斜损失，再利用式 (3-5-15) 及式 (3-5-16)，即可求得到达 CCD 平面的衍射场。图 3-5-4 是理论

模拟与实验检测的比较图像，理论计算与实验结果吻合甚好。为便于阅读，附录 B9 给出可以完成上述计算的 MATLAB 程序。

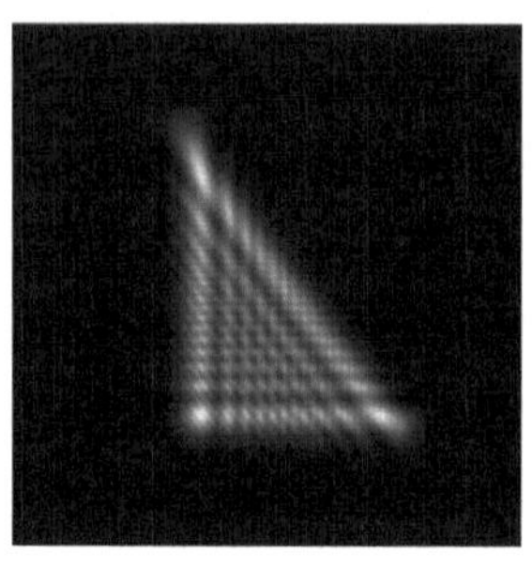
(a) 理论模拟

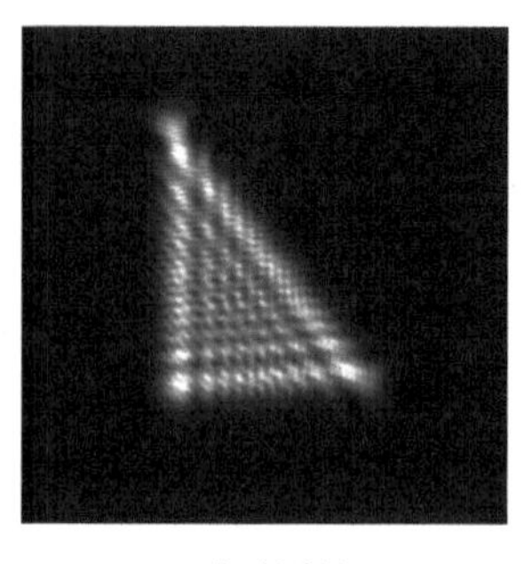
(b) 实验测量

图 3-5-4 倾斜三角形孔衍射场强度图像的理论模拟与实验测量的比较 (图面宽度 4.76mm)

4. 倾斜平面光源衍射场的计算实例

应用研究中，面光源的频谱通常只能采用二维 FFT 进行数值计算，根据实际情况合理选择近似，将式 (3-5-13) 中的 $G_0(\alpha(\hat{f}_x,\hat{f}_y),\beta(\hat{f}_x,\hat{f}_y))$ 直接表示成经过投影变换的平面光源的离散傅里叶变换，引入角谱的源平面倾斜损失，通常也能够得到足够满意的计算结果。例如，在上面的实验研究中，如果不采用三角形面光源频谱的解析解，直接用倾斜三角形在 $\hat{z}=0$ 平面的投影的离散傅里叶变换进行计算，也能得到与实验检测吻合较好的结果。

利用图 3-5-3 所示相同的实验，将具有三角形孔的平面用振幅透过率与一幅唐三彩骏马图像亮度成正比的光阑代替，下面给出计算实例。

图 3-5-5(a) 是唐三彩骏马图像，经过投影变换后，在 $\hat{z}=0$ 平面投影图像的频谱示于图 3-5-5(b)。将图 3-5-5(b) 对应的频谱视为 $G_0(\alpha(\hat{f}_x,\hat{f}_y),\beta(\hat{f}_x,\hat{f}_y))$ 代入式 (3-5-13) 计算，观测平面的衍射场振幅分布示于图 3-5-5(c)。为验证计算的可行性，利用角谱衍射公式的逆运算进行 $\hat{z}=0$ 平面图像的重建，图 3-5-5(d) 给出重建结果。

附录 B10 给出以上计算的 MATLAB 程序 LJCM10.m，并假定发光面为散射面，给出相应的计算结果。

### 3.5.2 发光面为空间曲面的衍射场计算

1. 空间曲面光源视为三角形面元组合的衍射场计算

空间曲面通常可以分解为彼此相连而形状及大小不同的微小三角形平面的组合。由于倾斜面光源的衍射已经能够计算，将空间曲面光源分解为三角形面光源后，根据线性叠加原理，原则上便能计算空间曲面光源的光传播。

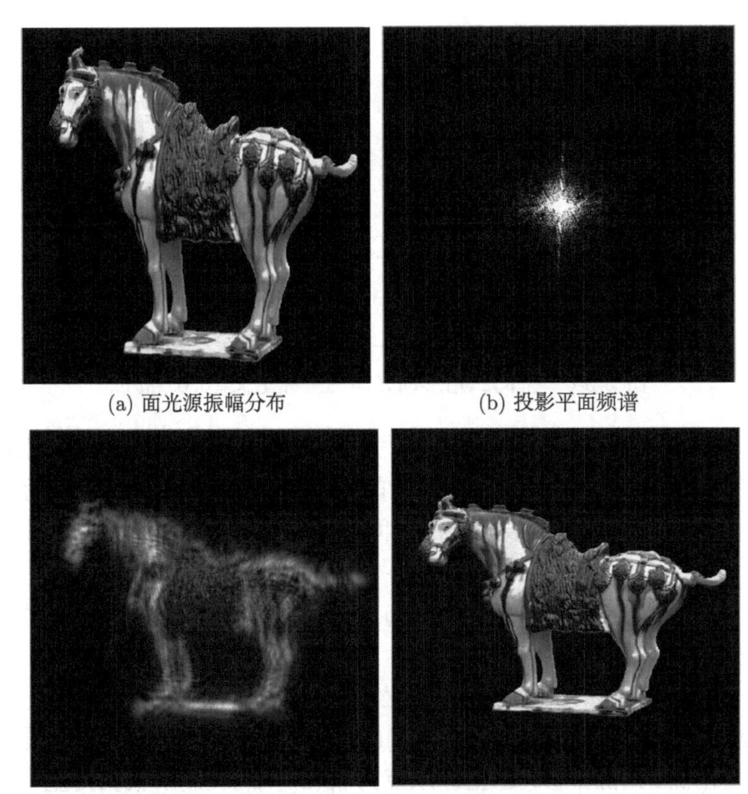

(a) 面光源振幅分布 (b) 投影平面频谱

(c) 衍射距离为200mm的光波场振幅 (d) 逆运算重建的$\hat{z}=0$平面图像

图 3-5-5 面光源倾斜 45° 的衍射场计算实例

为便于定量研究，令空间曲面光源由 $N$ 个三角形面光源组成，图 3-5-6 给出空间曲面上第 $k$ 个三角形面光源的坐标定义。图中，$(\hat{x},\hat{y},\hat{z})$ 为主坐标，观测平面为 $\hat{z}=d$ 的平面。在三角形面光源上建立源坐标 $(x_{0k},y_{0k},z_{0k})$，让三角形面源的最长边与 $x_{0k}$ 轴重合，$y_{0k}$ 轴过该边所对的三角形顶点，并让主坐标中源坐标的原点位置为 $o_k(\hat{x}_{0k},\hat{y}_{0k},\hat{z}_{0k})$。

令三角形面光源发出的光波到达观测平面 $\hat{z}=d$ 的频谱为 $F_{kd}(\hat{f}_x,\hat{f}_y)$。当组成曲面的每一三角形面源发出的光波传播到观测平面的频谱均能计算时，根据光波场的线性叠加特性，观测平面的光波场由到达观测面的所有三角形面源光波频谱之和的逆傅里叶变换给出

$$U_d(\hat{x},\hat{y})=\mathcal{F}^{-1}\left\{\sum_{k=1}^{N}F_{kd}\left(\hat{f}_x,\hat{f}_y\right)\right\} \tag{3-5-26}$$

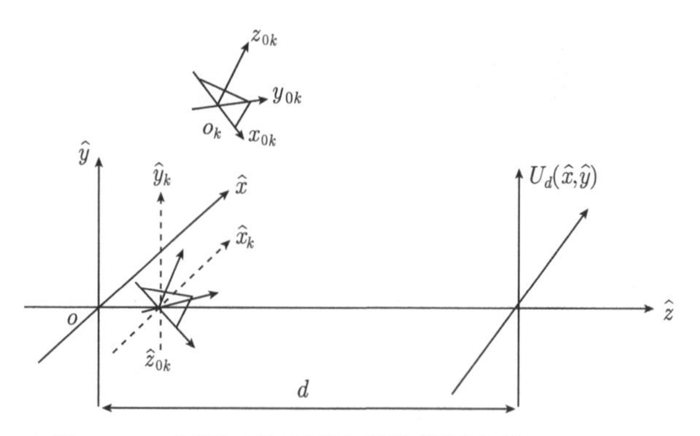


图 3-5-6 空间三角形面光源的坐标定义 $(0, 0, \hat{z}_{0k})$

然而，在前面倾斜平面光源衍射的研究中，我们只讨论了源平面的原点在主坐标光轴上的衍射计算问题，对于实际给定的物体，微三角形面源的源坐标原点通常不在主坐标光轴上，必须更一般地导出空间微三角形面源发出的光波在观测平面频谱

$F_{kd}(\hat{f}_x, \hat{f}_y)$ 的表达式，才能对式 (3-5-26) 进行计算。现在，基于傅里叶变换的相移定理再讨论这个问题。

如果三角形面光源的坐标原点在主坐标中的位置为 $(0, 0, \hat{z}_{0k})$，利用 3.5.1 节的讨论，已经能够计算中间平面 $(\hat{x}_k, \hat{y}_k, \hat{z}_{0k})$(图 3-5-6) 上三角形面光源的频谱 $\hat{F}_{k0}(\hat{f}_x, \hat{f}_y)$。将该三角形面光源平移，让坐标原点为 $o_k(\hat{x}_{0k}, \hat{y}_{0k}, \hat{z}_{0k})$，根据傅里叶变换的相移定理，平移后三角形面光源的频谱则为

$$F_{k0}(\hat{f}_x, \hat{f}_y) = \hat{F}_{k0}(\hat{f}_x, \hat{f}_y) \exp\left[-\mathrm{j}2\pi\left(\hat{f}_x x_{0k} + \hat{f}_y y_{0k}\right)\right] \tag{3-5-27}$$

到达观测平面的光波场频谱可利用角谱衍射传递函数得到，即

$$F_{kd}(\hat{f}_x, \hat{f}_y) = F_{k0}(\hat{f}_x, \hat{f}_y) \exp\left[\mathrm{j}\frac{2\pi}{\lambda}(d - \hat{z}_{0k})\sqrt{1 - \left(\lambda \hat{f}_x\right)^2 - \left(\lambda \hat{f}_y\right)^2}\right] \tag{3-5-28}$$

综上所述，将式 (3-5-28) 代入式 (3-5-26) 后，即得到便于实际计算的基本公式

$$U_d(\hat{x}, \hat{y}) = \mathcal{F}^{-1}\left\{\sum_{k=1}^{N}\left(F_{k0}(\hat{f}_x, \hat{f}_y) \exp\left[\mathrm{j}\frac{2\pi}{\lambda}(d - \hat{z}_{0k})\sqrt{1 - \left(\lambda \hat{f}_x\right)^2 - \left(\lambda \hat{f}_y\right)^2}\right]\right)\right\} \tag{3-5-29}$$

应该指出，本节的讨论适用于空间曲面源的光波场为任意分布的情况，将给定的曲面光源分解为 $N$ 个三角形面光源，逐一确定每一面光源的相关参数，即能计算空间曲面光源的衍射场。

本章 3.6.2 节将给出三维虚拟物体的全息图计算实例。

### 2. 空间曲面光源视为点源集合的算法

空间曲面光源视为点源集合的算法是较传统的算法，该算法可以基于基尔霍夫公式、瑞利–索末菲公式导出。现以本章式 (3-3-3) 表示的瑞利–索末菲公式为例，导出便于使用的表达式。

在空间中建立直角坐标 O-$xyz$，设观测平面为 $z=d$，将空间曲面光源视为大量点源的集合，$(x_i,y_i,z_i)$ 是曲面光源第 $i$ 个点源的坐标，若能够对记录平面的光波场有贡献的点源数为 $N$，空间曲面光源在观测平面的衍射场可以通过瑞利–索末菲公式表示为

$$U(x,y)=\sum_{i=1}^{N}\frac{1}{\mathrm{j}\lambda}\int_{-\infty}^{\infty}\int_{-\infty}^{\infty}A_i\exp(\mathrm{j}\varphi_i)\delta(x_0-x_i,y_0-y_i)\frac{\exp(\mathrm{j}kr_{0i})}{r_{0i}}\mathrm{d}x_0\mathrm{d}y_0 \quad (3\text{-}5\text{-}30)$$

式中，$\mathrm{j}=\sqrt{-1}$，$\lambda$ 为光波长，$A_i$ 和 $\varphi_i$ 分别表示第 $i$ 个点源的振幅和初始相位，$k=2\pi/\lambda$，$r_{0i}=\sqrt{(x-x_0)^2+(y-y_0)^2+(d-z_i)^2}$。

利用 $\delta$ 函数的筛选性质，上式简化为

$$U(x,y)=\sum_{i=1}^{N}\frac{A_i}{\mathrm{j}\lambda r_i}\exp(\mathrm{j}\varphi_i)\exp(\mathrm{j}kr_i) \quad (3\text{-}5\text{-}31)$$

式中，$r_i=\sqrt{(x-x_i)^2+(y-y_i)^2+(d-z_i)^2}$。

当空间曲面光源是由相干光照明物体表面形成时，由于实际物体的表面通常为散射面，散射面可以视为大量相位随机取值的点元的集合，让 $\varphi_i$ 选择为 $0\sim2\pi$ 内的随机值，当选择的点满足取样定理，这种算法能够较理想地计算空间曲面光源的衍射场。然而，实际计算时，为精确表示空间曲面，密集的点源让 $N$ 的取值非常庞大，需要长时间的计算。

### 3. 空间曲面光源变换为平面光源的衍射计算

由于标量衍射理论已经给出垂直于光轴的空间平面间衍射场的计算公式，如果能够找到一种方法，将空间曲面光源变换为垂直于光轴的平面光源，则能利用本章讨论的方法计算垂直于光传播方向的任意空间平面的衍射场。下面简明介绍作者提出的计算方法。

图 3-5-7 是将空间曲面光源变换为平面光源衍射计算的示意图，为简明起见，以一半圆柱形曲面光源为例进行讨论。图中，$z=0$ 平面是与曲面光源相切并垂直于光轴的平面，$z=d$ 是观测衍射场的平面。为将空间曲面的衍射场变换为 $z=0$ 平面的衍射场，首先让一序列垂直于光轴的平面 (图中虚线) 与空间曲面相交，将空间曲面分解为许多子曲面的集合。参照式 (3-5-31)，空间曲面上的面光源发出的光

波可以视为构成曲面的空间点源发出的球面波的叠加。让空间曲面的取样是沿曲面的等间隔取样，令每一取样点上的光波复振幅为所对应方形面元的光波复振幅，当取样满足取样定理时，只要能够将图中每一子曲面上所有不受到遮挡的取样点源发出的球面光波映射到与该子曲面相邻的右方平面上，空间曲面光源的衍射就可以等效为平面光源簇的衍射。现以图 3-5-7 中的取样点源 $p$ 发出的球面波映射到右方平面 1 为例介绍映射方法。实际计算中，观测平面总是一个有限尺寸的平面，当观测平面给定后，点源 $p$ 在平面 1 上的衍射场只包含 $p$ 点与观测平面形成的立体角与平面 1 相交区域内 $p$ 点发出的球面波，当平面 1 的取样点确定后，事实上，点源 $p$ 发出的球面波只映射到平面 1 上很少的几个取样点上。当子曲面上的每一取样点发出的光波通过光波场的叠加运算映射到右方平面后，映射平面则形成一个面光源。利用角谱衍射理论将每一面光源到达 $z=0$ 平面的衍射场进行叠加，便完成空间曲面光源转换为 $z=0$ 平面光源的变换。

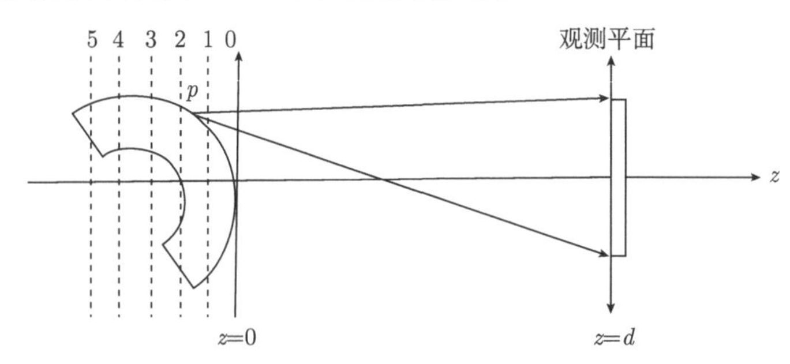


图 3-5-7　空间曲面光源变换为平面光源的衍射计算示意图

可以看出，上面将空间曲面光源变换为垂直于光轴的平面光源的方法部分地利用了将空间曲面光源视为点源集合的算法，然而，与传统的点源集合计算法比较可以看出，传统算法将每一点源在 $z$=0 的观测平面上的衍射场进行叠加时，必须按照式 (3-5-31) 计算每一点源在每一观测点的复振幅，有庞大的计算量。用平面簇将曲面光源分解为子曲面光源后，只需要计算每一点源在邻近分割平面上的一个较小范围的衍射场，计算量显著减小。

将空间曲面光源变换为 $z=0$ 平面垂直于光轴的平面光源后，在 $z>0$ 的后续空间中，便能根据需要利用标量衍射理论提供的不同的计算公式进行后续空间的衍射计算。由于式 (3-5-31) 根据瑞利–索末菲公式导出，该公式可以视为是惠更斯–菲涅耳原理的数学表达式[1]，将平面簇上的光波会聚到 $z=0$ 平面时使用了角谱衍射理论，上述算法可以视为是融合了惠更斯–菲涅耳原理及角谱衍射理论的计算方法。

与传统的点源及三角形面源算法的比较表明，在同等计算精度下上述算法计算速度提高了两个数量级以上。在第 9 章数字全息的 3D 显示及 3D 动画研究中，将给出这种算法的应用研究实例。

### 3.5.3 观测面为空间曲面的衍射场计算

基于 3.5.1 节对倾斜观测面衍射计算的研究，如果将观测面视为许多彼此相连的微小三角形平面的组合，原则上便能够进行观测面为空间曲面的衍射场计算，然而，其计算十分繁杂。

由于计算垂直于光轴平面上的光波场并不困难，将空间曲面的取样置于空间曲面与垂直于光轴的一系列间隔较小的平面的交线上，对一系列垂直于光轴的空间平面的衍射场计算后，选择适当的插值方法求出交线上取样点的值，原则上也能求出空间曲面上的衍射场。但实际研究表明，为让计算结果满足取样定理，必须选择较大数量的彼此间距较小的平面进行计算，计算时间较长。

以下介绍一种得到实验证实的用菲涅耳函数表示菲涅耳衍射的计算方法[5]。在许多情况下，计算速度高于上述两种方法。

**用菲涅耳函数表示菲涅耳衍射**

为简明起见，在直角坐标 $o\text{-}xyz$ 中定义 $U_0(x,y)$ 为 $z=0$ 平面的光波振幅，即假定 $U_0(x,y)$ 是实函数，现研究 $z$ 轴正向某空间曲面的衍射场。

回顾第 2 章复杂形状孔径的菲涅耳衍射的研究及物理意义知，$U_0(x,y)$ 可以视为取样点间隔为宽度的矩形面光源的组合，每一矩形面光源的复振幅对应于矩形面光源中心取样点的值。若取样数为 $N$，经过距离 $d$ 衍射后，观测点 $(x,y,d)$ 衍射场的值可以根据式 (2-4-17) 表示为所有矩形面光源衍射场之和

$$U_d(x,y) \approx \frac{\exp(\mathrm{j}kd)}{\mathrm{j}\lambda d}\sum_{p=1}^{N}\left[U_{00p}(x,y)+U_{0xp}(x,y)+U_{0yp}(x,y)\right] \tag{3-5-32}$$

式中，$\mathrm{j}=\sqrt{-1}$，$k=2\pi/\lambda,\lambda$ 为光波长。求和号内各项依次为

$$\begin{aligned}U_{00p}(x,y)=&\frac{1}{2}U_0(x,y)\left\{\left[C(\xi_{2p}(x))-C(\xi_{1p}(x))\right]+\mathrm{j}\left[S(\xi_{2p}(x))-S(\xi_{1p}(x))\right]\right\}\\&\times\left\{\left[C(\eta_{2p}(y))-C(\eta_{1p}(y))\right]+\mathrm{j}\left[S(\eta_{2p}(y))-S(\eta_{1p}(y))\right]\right\}\end{aligned} \tag{3-5-32a}$$

$$\begin{aligned}U_{0xp}(x,y)=&-\mathrm{j}\frac{\sqrt{|\lambda d|}}{2\sqrt{2\pi}}\left.\frac{\partial U_0}{\partial x_0}\right|_{x,y}\sin\left[\frac{2\pi}{\lambda d}L_{xp}(x_{0p}-x)\right]\exp\left\{\mathrm{j}\frac{\pi}{\lambda d}\left[(x_{0p}-x)^2+L_{xp}^2\right]\right\}\\&\times\left\{\left[C(\eta_{2p}(y))-C(\eta_{1p}(y))\right]+\mathrm{j}\left[S(\eta_{2p}(y))-S(\eta_{1p}(y))\right]\right\}\end{aligned} \tag{3-5-32b}$$

$$\begin{aligned}U_{0yp}(x,y)=&-\mathrm{j}\frac{\sqrt{|\lambda d|}}{2\sqrt{2\pi}}\left.\frac{\partial U_0}{\partial y_0}\right|_{x,y}\sin\left[\frac{2\pi}{\lambda d}L_{yp}(y_{0p}-y)\right]\exp\left\{\mathrm{j}\frac{\pi}{\lambda d}\left[(y_{0p}-y)^2+L_{yp}^2\right]\right\}\\&\times\left\{\left[C(\xi_{2p}(x))-C(\xi_{1p}(x))\right]+\mathrm{j}\left[S(\xi_{2p}(x))-S(\xi_{1p}(x))\right]\right\}\end{aligned} \tag{3-5-32c}$$

$$\xi_{1p}(x)=\sqrt{\frac{2}{\lambda d}}\left[(x_{0p}-L_{xp})-x\right],\quad \xi_{2p}(x)=\sqrt{\frac{2}{\lambda d}}\left[(x_{0p}+L_{xp})-x\right]$$

$$\xi_{1p}(x)=\sqrt{\frac{2}{\lambda d}}\left[\left(y_{0p}-L_{yp}\right)-y\right],\quad \eta_{2p}(y)=\sqrt{\frac{2}{\lambda d}}\left[\left(y_{0p}+L_{yp}\right)-y\right]$$

在以上诸式中，$S(z), C(z)$ 为菲涅耳函数，可用第 2 章式 (2-4-14a) 和式 (2-4-14b) 计算。$2L_{xp}, 2L_{yp}$ 是沿 $x$ 及 $y$ 方向的取样间距。

如果 $z=0$ 平面上的光波场 $U_0(x,y)$ 分解为尺寸足够小的矩形区域，每一小矩形区域内 $\partial U_0/\partial x_0|_{x,y}$ 及 $\partial U_0/\partial y_0|_{x,y}$ 足够小，使得 $|U_{0xp}(x,y)/U_{00p}(x,y)| \ll 1$，$|U_{0yp}(x,y)/U_{00p}(x,y)| \ll 1$，衍射场也可以近似成

$$U(x,y)\approx\frac{\exp(\mathrm{j}kd)}{\mathrm{j}\lambda d}\sum_{p=1}^{N}U_{00p}(x,y) \tag{3-5-33}$$

由于式 (3-5-32) 代表 $z=0$ 平面后任意空间点 $(x,y,d)$ 上的光波场，观测面是一个空间曲面的衍射场，不难逐点求出。

容易证明[5]，当 $z=0$ 平面上矩形面元的光波场 $U_0$ 是球面波时，将 $U_0$ 的球面波相位因子与菲涅耳衍射积分中的相位因子合并后，能够重新整理成具有某等效衍射距离的平面波的菲涅耳衍射，利用上面的表达式求解。3.6.3 节将通过计算实例对上述研究作出证明。

## 3.6　衍射数值计算的应用实例

半个世纪以来，激光已经在科学研究、工业生产及国防科技中获得广泛应用。在标量衍射理论的框架下，激光的传播被表示为不同形式的衍射积分。基于本章对衍射积分的 FFT 计算以及空间曲面衍射场的计算研究，对于应用研究中遇到的实际问题，通常可以利用衍射的数值计算作出足够准确的解。为便于实际应用，本节给出衍射的数值计算在二元光学元件的设计、全息光镊相位板设计、虚拟三维物体的计算全息、激光穿过一波导腔光学系统的光波场计算以及空间曲面衍射场计算的几个应用实例。应该指出，衍射计算的一个十分成功的应用研究领域是数字全息，在该研究领域，对衍射计算公式的灵活应用可以解决大量的实际问题。但数字全息涉及内容较多[14]，本书后续章节将进行较详细的介绍。

### 3.6.1　二元光学元件的设计

1. 角谱衍射变换

根据式 (3-3-7) 及式 (3-3-13)，可以将衍射的正向运算表示为

$$U(x,y)=\mathcal{F}^{-1}\{\mathcal{F}\{U_0(x_0,y_0)\}\exp[\mathrm{j}kd]\sqrt{1-(\lambda f_x)^2-(\lambda f_y)^2}\} \tag{3-6-1a}$$

利用式 (3-3-26)，衍射的逆运算表示为

$$U_0(x_0,y_0)=\mathcal{F}^{-1}\left\{\mathcal{F}\{U(x,y)\}\exp\left[-\mathrm{j}kd\sqrt{1-(\lambda f_x)^2-(\lambda f_y)^2}\right]\right\} \tag{3-6-1b}$$

将式 (3-6-1a) 定义为角谱衍射正变换，用符号 $F_{(d)}\{\}$ 表示，相应地，式 (3-6-1b) 定义为角谱衍射逆变换，简写为 $F_{(d)}^{-1}\{\}$，每个符号的下标 $d$ 为衍射距离。于是衍射变换对可以简单地表示为

$$U(x,y)=F_{(d)}\{U_0(x_0,y_0)\} \tag{3-6-2a}$$

$$U_0(x_0,y_0)=F_{(d)}^{-1}\{U(x,y)\} \tag{3-6-2b}$$

2. 二元光学元件

在光束整形的应用研究中，通常期望光波通过二元光学系统后成为一个给定强度分布并沿某预定方向传播的平行光。这种既变换振幅又变换波面的二元光学系统通常可以由两个二元光学元件组成[13]，图 3-6-1 为所研究问题的示意图，图中，平面 $x_0y_0$ 上的第一个元件作振幅变换，使到达 $xy$ 平面的第二个元件表面的光波强度分布满足设计要求；第二个元件则作波面整形，使透过元件的光波成为沿光轴传播的平面波。以下通过衍射变换讨论光学元件的设计问题。

设第一个元件的复振幅变换函数为 $T_0(x_0,y_0)$，复振幅为 $U_i(x_0,y_0)$ 的光束自左向右传播，期望通过距离 $d$ 的传播到达 $xy$ 平面时形成复振幅为 $U(x,y)$ 的光波场。根据图 3-6-1 有

$$U(x,y)=F_{(d)}\{U_i(x_0,y_0)T_0(x_0,y_0)\} \tag{3-6-3}$$

对式 (3-6-3) 两边作衍射逆变换后容易得到

$$T_0(x_0,y_0)=\frac{F_{(d)}^{-1}\{U(x,y)\}}{U_i(x_0,y_0)} \tag{3-6-4}$$

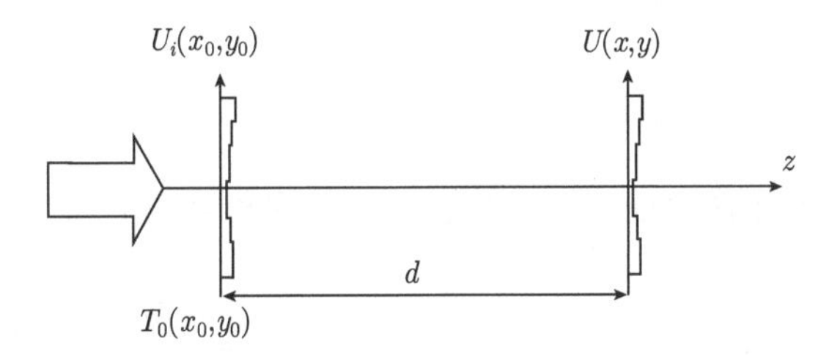


图 3-6-1 二元光学元件及坐标定义

令 $T_A(x_0,y_0)$、$p_0(x_0,y_0)$ 以及 $\exp[\mathrm{j}\phi(x_0,y_0)]$ 分别为二元光学元件的振幅透过率、光瞳及相位变换因子，可将该元件的复振幅透过函数表为

$$T_0(x_0,y_0)=T_A(x_0,y_0)\,p_0(x_0,y_0)\exp[\mathrm{j}\phi(x_0,y_0)] \tag{3-6-5}$$

于是得到

$$p_0(x_0,y_0)\exp[\mathrm{j}\phi(x_0,y_0)]=\frac{F_{(d)}^{-1}\{U(x,y)\}}{T_A(x_0,y_0)\,U_i(x_0,y_0)} \tag{3-6-6}$$

由于光瞳内 $p_0(x_0,y_0)=1$ 是实函数，理想的纯相位型元件应满足

$$T_A(x_0,y_0)=1 \tag{3-6-7}$$

给定入射到元件表面的光波场 $U_i(x_0,y_0)$ 及期望通过光学系统形成的光波场强度分布 $I(x,y)$ 后，二元光学元件的设计主要任务是求出满足制作工艺要求的相位变换因子，由于第二个光学元件的设计比较简单，以下主要对第一个元件的设计作讨论。

3. 二元光学元件设计的 GS 算法

二元光学元件的设计有不同的方法，根据 Gerchberg-Saxton 提出的 GS 算法[13]，现介绍一种用角谱衍射变换进行上述衍射元件设计的方法。

(1) 令 $Q(x,y)$ 为 0～2π 满足给定约束条件的随机数，观测平面的初始振幅可设为

$$U_1(x,y)=|U(x,y)|\exp[\mathrm{j}Q(x,y)] \tag{3-6-8}$$

式中，$|U(x,y)|=\sqrt{I(x,y)}$，约束条件是 $Q(x,y)$ 所确定的波面法线方向是来自第一个元件光瞳并指向 $I(x,y)$ 的非零区域的方向。

(2) 二元光学元件的理论尝试解即为

$$\widehat{T}_{01}(x_0,y_0)=\frac{F_{(d)}^{-1}\{U_1(x,y)\}}{U_i(x_0,y_0)} \tag{3-6-9}$$

(3) 对上面得到的相位分布作量化处理，得到附合光刻要求的尝试解 $T_{01}(x_0,y_0)$

$$|T_{01}(x_0,y_0)|=\left|\widehat{T}_{01}(x_0,y_0)\right| \tag{3-6-10}$$

例如，利用二值化掩膜处理工艺的尝试解的幅角可按下式作量化

$$\arg[T_{01}(x_0,y_0)]=\mathrm{INT}\left\{2^L\frac{\arg\left[\widehat{T}_{01}(x_0,y_0)\right]}{2\pi}\right\}\frac{2\pi}{2^L} \tag{3-6-11}$$

式中，$L$ 为正整数，INT{}表示对{}内的数据作取整操作。当设计完成后，$L$ 次掩膜融刻处理便能生成具有 $2^L$ 级不同相位调制的衍射元件[13]。

(4) 将尝试解归一化，重新表出观测平面的复振幅

$$U_1'(x,y)=F_{(d)}\left\{U_i(x_0,y_0)\frac{T_{01}(x_0,y_0)}{|T_{01}(x_0,y_0)|}\right\} \tag{3-6-12}$$

(5) 上式归一化并将观测平面复振幅重新设为

$$U_1(x,y)=|U(x,y)|\frac{U_1'(x,y)}{|U_1'(x,y)|} \tag{3-6-13}$$

(6) 将上结果作为新的迭代计算初始值，反复进行从 (2) 到 (5) 的操作，直到获得满足误差要求或达到设定迭代次数的复振幅变换函数 $T_{01}(x_0,y_0)$。

如果应用研究中只需要在 $xy$ 平面形成期待的强度分布，可以不使用第二个光学元件。反之，如果期望经过 $xy$ 平面后的光波变为具有期待强度分布的平面波，在上面的设计已经达到要求后，将最后一次迭代时到达观测平面的复振幅 $U_1'(x,y)$ 作类同于式 (3-6-11) 的量化处理，第二个光学元件的复振幅透过函数应满足

$$T_1(x,y)=\exp[\mathrm{j}\phi_1(x,y)] \tag{3-6-14}$$

$$\phi_1(x,y)=-\mathrm{INT}\left\{2^L\frac{\arg[U_1'(x,y)]}{2\pi}\right\}\frac{2\pi}{2^L} \tag{3-6-15}$$

至此，就基本完成了将光束强度分布进行变换并准直的二元光学设计。

4. 二元光学标记元件设计实例

在激光对材料表面改性处理应用研究中，利用激光在材料表面烧融成特殊的图案或文字的激光标记技术获得了重要应用。只要将给定衍射距离的光波场强度分布设计成与被标记的图案相对应的形式，二元光学技术就可以方便地用于激光标记元件的设计，获得能量利用率高、标记时间短、标记图案丰富多彩的标记元件。以下，以波长 $\lambda$=10.6μm 的千瓦级 $CO_2$ 激光及一幅龙的剪纸图案为标记图案 (图 3-6-2(a)) 为例，给出二元光学元件的一个设计实例。

到达二元光学元件的 $CO_2$ 激光强度分布如图 3-6-3(a) 所示，图 3-6-3(b) 给出经过 10 次迭代运算后在平面 $xy$ 上光斑的强度分布。

为简明地显示变换后光束在材料表面的标记效果，令材料表面对作用光束强度分布响应的阈值为变换后光束强度分布极大值的 5%，即大于该阈值的光束作用于材料表面后，将在材料表面留下热化学作用的印迹。图 3-6-2(b) 给出大于阈值后的光束强度分布图案。与原图比较容易看出，“标记图案” 是原图较忠实的复现。

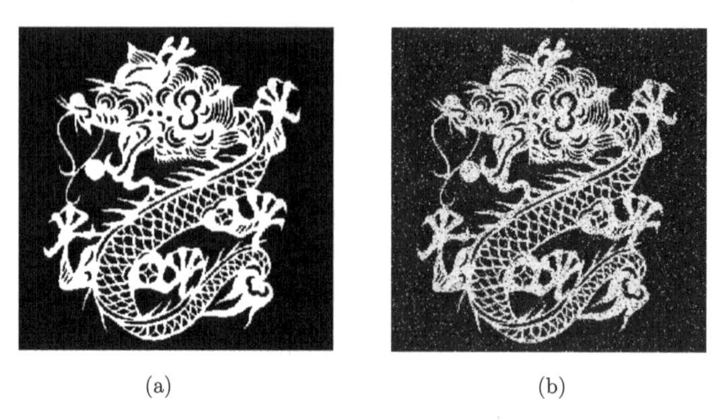

(a)　(b)

图 3-6-2　标记图案 (a) 及标记光束强度图案 (b) 比较 (图面尺寸 30mm×30mm)

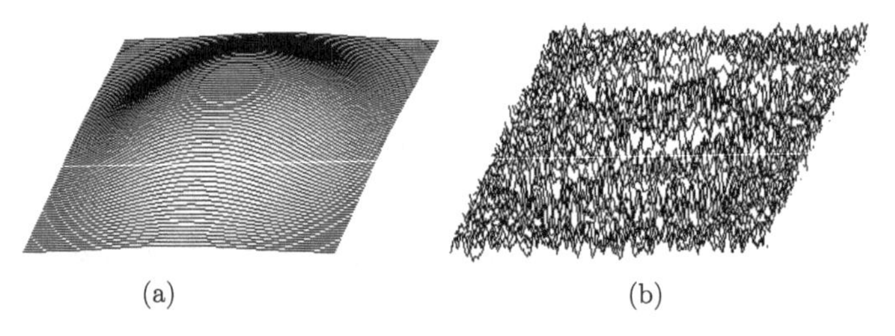

(a)　(b)

图 3-6-3　入射光束 (a) 及变换后光束 (b) 的强度分布比较 (图面尺寸 30mm×30mm)

5. 全息光镊相位板的设计

光镊技术出现于 1986 年，国外学者 A. Ashkin[27] 利用经过高数值孔径的物镜聚焦单束激光，用单光束成功捕获在水中不同尺寸的电介质小球。二十多年来，光镊技术得到广泛研究和应用，成为从原子到数百微米级别微观粒子操控及微加工的一种新兴技术。光镊技术的研究有多个分支，其中一个重要分支是全息光镊[28]。相比于传统的单光束捕获，全息光镊具有多光阱实时独立操作的优势，极大地丰富了光学捕获的功能。图 3-6-4 给出中国科学院西安光学精密机械研究所的研究人员利用全息光镊将一束激光在样品平面实时会聚成按照预定路径移动的双光阱的光强分布图像[29]。

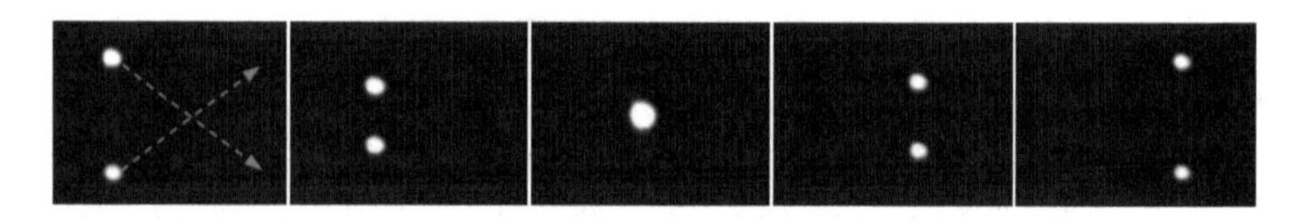

图 3-6-4　双光阱沿 “×” 形轨迹运动的动态再现图像 (截取周期 0.5s)

图 3-6-5 是基于反射式空间光调制器形成的一种全息光镊系统光路[29]。图中，

经过 $L_E$ 扩束和 $L_C$ 准直的激光被反射式空间光调制器 SLM 调制，再经过一个缩束系统 (telescope) 将光斑缩小至与物镜 (objective) 入瞳相匹配的尺寸，最后在物镜焦平面上 (即样品所在平面 sample) 形成期望的光场分布。样品平面通过物镜成像于计算机控制的 CCD，从而能够实时观察及记录样品被全息光镊操纵的过程。

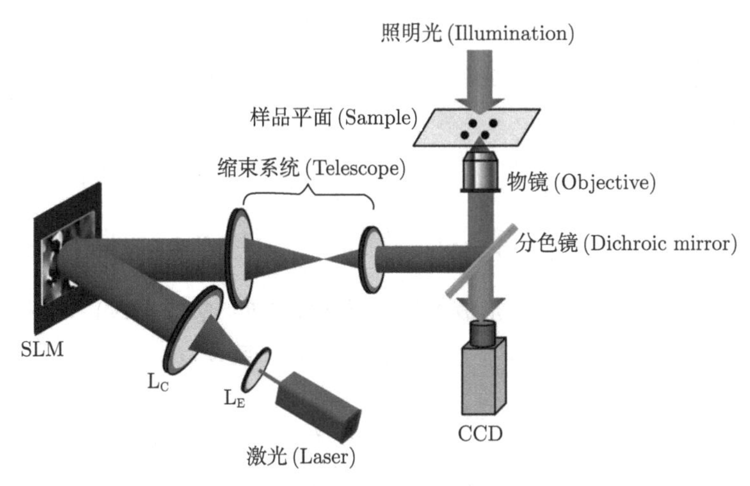


图 3-6-5 基于反射式空间光调制器的全息光镊系统光路

从该光路可以看出，SLM 相当于一个二元光学元件，入射到 SLM 上的光波经 SLM 调制和反射并通过后续光学系统后，在样品平面上形成期待形式的光强分布。

由于反射式空间光调制器可以等价于垂直于反射光的一个透射式二元光学元件或相位板，为能由计算机提供给 SLM 正确的控制信号，必须正确设计该相位板的复振幅变换函数。文献 [29] 将相位板平面与样品平面间的光学元件等效为一个傅里叶透镜，让相位板平面与样品平面互为傅里叶变换平面，对相位板的设计方法进行了详细的研究。为让研究更具一般性，以下将相位板平面与样品平面间的光学系统等效为 2×2 元素光学矩阵 $\begin{bmatrix} A & B \\ C & D \end{bmatrix}$ 描述的任意轴对称傍轴光学系统，介绍相位板复振幅变换函数的设计方法。

该设计方法的基本研究思路是：由于透过相位板的透射波可以通过后续光学系统成像，射向样品平面的光可以视为在像空间中相位板像发出的光波。如果物光场和像光场间有准确的数学关系，并且能够确定像空间中相位板的位置，在像空间中利用上面给出的二元光学元件设计方法设计相位板像的复振幅变换函数，便能利用物光场和像光场的关系得到相位板的复振幅变换函数。

令物空间中透过相位板的光波复振幅为 $O_0(x,y)$，像空间的像为 $O(x_i,y_i)$，

$\begin{bmatrix} A' & 0 \\ C' & D' \end{bmatrix}$为物平面到像平面间的光学矩阵。理论研究可以证明[28](参见第 6 章式 (6-1-10) 的推导)，二者的关系为

$$O\left(x_i, y_i\right) = \exp\left[\mathrm{j}\frac{kC'}{2A'}\left(x_i^2 + y_i^2\right)\right]\frac{1}{A'}O_0\left(\frac{x_i}{A'}, \frac{y_i}{A'}\right) \tag{3-6-16}$$

式中，$\mathrm{j} = \sqrt{-1}$，$k = 2\pi/\lambda, \lambda$ 为光波长。

设射向相位板的初始光波复振幅为 $U_i\left(x_0, y_0\right)$，待求相位变换板的复振幅变换函数为 $\hat{T}_{01}\left(x_0, y_0\right)$，将 $O_0\left(\frac{x_0}{A'}, \frac{y_0}{A'}\right) = \widehat{T}_{01}\left(\frac{x_0}{A'}, \frac{y_0}{A'}\right) U_i\left(\frac{x_0}{A'}, \frac{y_0}{A'}\right)$ 代入上式得

$$O\left(x_i, y_i\right) = \exp\left[\mathrm{j}\frac{kC'}{2A'}\left(x_i^2 + y_i^2\right)\right]\frac{1}{A'}\widehat{T}_{01}\left(\frac{x_i}{A'}, \frac{y_i}{A'}\right) U_i\left(\frac{x_i}{A'}, \frac{y_i}{A'}\right) \tag{3-6-17}$$

若 $I\left(x, y\right)$ 为期望在样品平面上形成的光波场强度分布，令 $\left|U\left(x, y\right)\right| = \sqrt{I\left(x, y\right)}$，再根据式 (3-6-8) 定义 $U_1\left(x, y\right)$。由于在像空间进行设计时 $O\left(x_i, y_i\right) = F_{(d)}^{-1}\left\{U_1\left(x, y\right)\right\}$，代入式 (3-6-18) 得

$$\widehat{T}_{01}\left(\frac{x_0}{A'}, \frac{y_0}{A'}\right) = \frac{F_{(d)}^{-1}\left\{U_1\left(x, y\right)\right\}}{\exp\left[\mathrm{j}\frac{kC'}{2A'}\left(x_0^2 + y_0^2\right)\right]\frac{1}{A'}U_i\left(\frac{x_0}{A'}, \frac{y_0}{A'}\right)} \tag{3-6-18}$$

将上结果与式 (3-6-9) 比较可以看出，只要将相位板在像空间的像视为一个需要设计的二元光学元件，将射向该元件的光波场复振幅视为 $\exp\left[\mathrm{j}\frac{kC'}{2A'}\left(x_0^2 + y_0^2\right)\right]\frac{1}{A'}U_i\left(\frac{x_0}{A'}, \frac{y_0}{A'}\right)$，将二元光学元件到样品平面的距离视为 $d_i$，则可以利用上面介绍的二元光学元件设计的 GS 算法进行设计。在设计时，首先获得的是坐标尺度放大了 $A'$ 倍的相位变换板的复振幅变换函数 $\widehat{T}_{01}\left(\frac{x_0}{A'}, \frac{y_0}{A'}\right)$，将该函数的坐标尺度缩小 $A'$ 倍，即得到需要的设计结果。

由于像平面到样品平面的距离 $d_i$ 可以通过实验测定[31]，剩下的问题是如何确定光学矩阵元素 $A', C'$ 的值。

对于给定的光学系统，通常能够确定的是空间光调制器 SLM(即相位板) 到样品平面间的光学矩阵元素 $A$，$B$，$C$，$D$。由于相位板的像在样品平面前方距离 $d_i$ 处，根据矩阵光学理论有

$$\begin{bmatrix} A' & 0 \\ C' & D' \end{bmatrix} = \begin{bmatrix} 1 & -d_i \\ 0 & 1 \end{bmatrix}\begin{bmatrix} A & B \\ C & D \end{bmatrix} = \begin{bmatrix} A - d_iC & B - d_iD \\ C & D \end{bmatrix} \tag{3-6-19}$$

即 $A' = A - d_iC, C' = C$。

因此，尽管空间光调制器与样品平面间有光学元件，也可以在像空间中利用 GS 算法完成相位板复振幅变换函数的设计。

### 3.6.2　三角形面源集合算法在计算全息中的应用

计算全息是基于衍射的数值计算理论及计算机形成的一项新兴技术，计算机在空间光调制器 (spatial light modulator，SLM) 上生成全息图及相干光照射全息图后，透射光能够完整重现三维物体的波前，具有重要的应用前景。近年来，随着计算机技术及空间光调制器技术的进步，计算全息图的形成及三维物体实像的显示逐渐成为国内外三维显示技术的一个研究热点[18]。为克服使用点源组成平面光源时需要大数量点光源而给数值计算带来的困难，将物体表面视为一定形状微小面元集合的算法受到研究人员的积极关注。由于平面波照射三角形孔时透射波的频谱有解析解，2008 年，Lukas Ahrenberg 等[33] 基于衍射的角谱理论以及 T. Tommasi[34] 和 K. Matsushima[35] 等对倾斜发光面衍射计算的研究，提出将物体表面视为不同形状的光滑三角形面元集合的算法。参照这些文献的工作，作者在前面曾导出计算公式 (3-5-29)，现给出一个虚拟三维球体的计算全息实例。为方便起见，将式 (3-5-29) 重写如下

$$U_d(\hat{x},\hat{y})=\mathcal{F}^{-1}\left\{\sum_{k=1}^{N}\left(F_{k0}(\hat{f}_x,\hat{f}_y)\exp\left[\mathrm{j}\frac{2\pi}{\lambda}(d-\hat{z}_{0k})\sqrt{1-\left(\lambda\hat{f}_x\right)^2-\left(\lambda\hat{f}_y\right)^2}\right]\right)\right\} \tag{3-6-20}$$

理论计算坐标定义示于图 3-6-6(a)，$(\hat{x},\hat{y},\hat{z})$ 为主坐标，半径为 $R$ 的虚拟球中心在主坐标原点，$o_k$ 是球体表面第 $k$ 个三角形面源相对应的源坐标原点，在主坐标中的位置是 $o_k(\hat{x}_{0k},\hat{y}_{0k},\hat{z}_{0k})$，三角形面源三个顶点 $P_1,P_2,P_3$ 在主坐标系中的坐标为 $P_1(\hat{x}_{1k},\hat{y}_{1k},\hat{z}_{1k})$，$P_2(\hat{x}_{2k},\hat{y}_{2k},\hat{z}_{2k})$ 及 $P_3(\hat{x}_{3k},\hat{y}_{3k},\hat{z}_{3k})$，并且，与三角形面源相联系的坐标 $(x_{0k},y_{0k},z_{0k})$ 的 $x_{0k}$ 轴过 $P_1,P_2$ 点，$y_{0k}$ 轴过 $o_k,P_3$ 点。式 (3-6-20) 中的 $F_{k0}(\hat{f}_x,\hat{f}_y)$ 是该三角形面光源在 $\hat{z}=\hat{z}_{0k}$ 平面上的频谱。只要能够求出构成球面的每一三角形面光源的频谱，便能用式 (3-6-20) 计算球面光源到达观测屏 $\hat{z}=d$ 的衍射场。为便于通过坐标变换计算 $F_{k0}(\hat{f}_x,\hat{f}_y)$，平移该三角形面源，让其坐标原点平移到 $o'_k(0,0,\hat{z}_{0k})$，平移后的 $(x'_{0k},y'_{0k},z'_{0k})$ 与主坐标的关系示于图 3-6-6(b)。

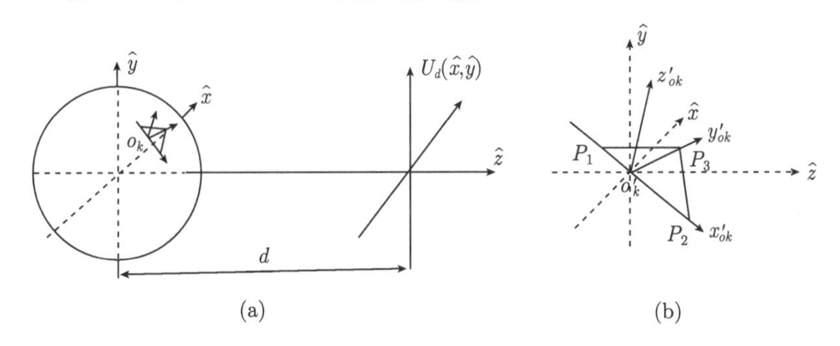


图 3-6-6　虚拟球面计算全息图坐标

将球面分解为三角形面元有不同的方法，图 3-6-7(a) 给出本计算中沿 $\hat{z}$ 轴负向看到的半个球面的分解图。

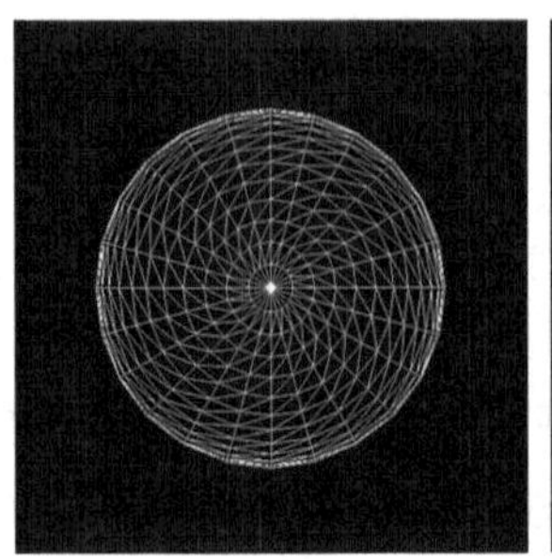

(a) 球面分解图

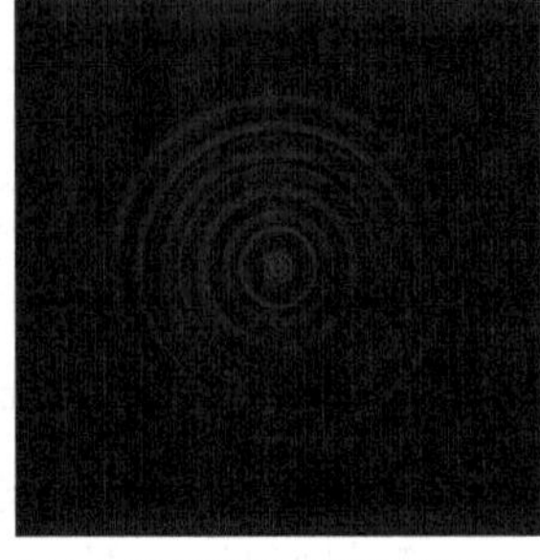

(b) 全息平面光波场强度分布

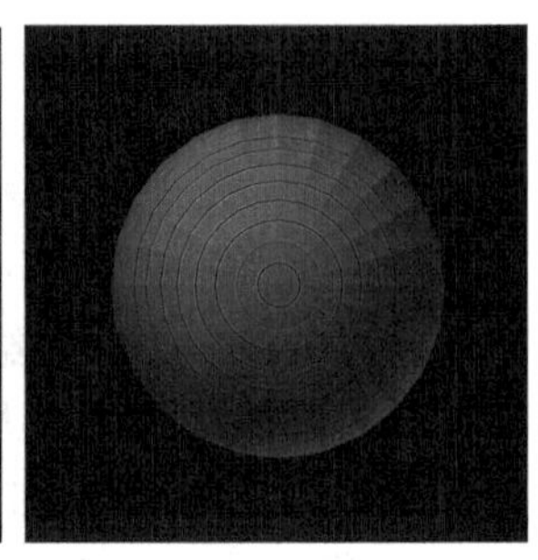

(c) 重建球体像

图 3-6-7　空间曲面衍射计算在计算全息中的应用实例

令坐标 $(x'_{0k}, y'_{0k}, z'_{0k})$ 与主坐标 $(\hat{x}, \hat{y}, \hat{z})$ 的关系为

$$\begin{bmatrix} x'_{0k} \\ y'_{0k} \\ z'_{0k} \end{bmatrix} = \begin{bmatrix} a_{1k} & a_{2k} & a_{3k} \\ a_{4k} & a_{5k} & a_{6k} \\ a_{7k} & a_{8k} & a_{9k} \end{bmatrix} \begin{bmatrix} \hat{x} \\ \hat{y} \\ \hat{z} - \hat{z}_{0k} \end{bmatrix} \tag{3-6-21}$$

根据上述坐标定义，式中矩阵元素 $a_{1k}, a_{2k}, \cdots, a_{6k}$ 可以分别表为

$$a_{1k} = \frac{x_{2k} - \hat{x}_{0k}}{\sqrt{(x_{2k} - \hat{x}_{0k})^2 + (y_{2k} - \hat{y}_{0k})^2 + (z_{2k} - \hat{z}_{0k})^2}}$$

$$a_{2k} = \frac{y_{2k} - \hat{y}_{0k}}{\sqrt{(x_{2k} - \hat{x}_{0k})^2 + (y_{2k} - \hat{y}_{0k})^2 + (z_{2k} - \hat{z}_{0k})^2}}$$

$$a_{3k} = \frac{z_{2k} - \hat{z}_{0k}}{\sqrt{(x_{2k} - \hat{x}_{0k})^2 + (y_{2k} - \hat{y}_{0k})^2 + (z_{2k} - \hat{z}_{0k})^2}}$$

$$a_{4k} = \frac{x_{3k} - \hat{x}_{0k}}{\sqrt{(x_{3k} - \hat{x}_{0k})^2 + (y_{3k} - \hat{y}_{0k})^2 + (z_{3k} - \hat{z}_{0k})^2}}$$

$$a_{5k} = \frac{y_{3k} - \hat{y}_{0k}}{\sqrt{(x_{3k} - \hat{x}_{0k})^2 + (y_{3k} - \hat{y}_{0k})^2 + (z_{3k} - \hat{z}_{0k})^2}}$$

$$a_{6k} = \frac{z_{3k} - \hat{z}_{0k}}{\sqrt{(x_{3k} - \hat{x}_{0k})^2 + (y_{3k} - \hat{y}_{0k})^2 + (z_{3k} - \hat{z}_{0k})^2}}$$

根据式 (3-5-14)，中间平面 $(\hat{x}, \hat{y}, \hat{z}_{0k})$ 上光波场的频谱为

$$F_{0k}\left(\hat{f}_x, \hat{f}_y\right) = G_{0k}\left(\alpha_k\left(\hat{f}_x, \hat{f}_y\right), \beta_k\left(\hat{f}_x, \hat{f}_y\right)\right)\left|J_k\left(\hat{f}_x, \hat{f}_y\right)\right| \tag{3-6-22}$$

式中

$$\begin{cases} \alpha_k\left(\hat{f}_x,\hat{f}_y\right)=a_{1k}\hat{f}_x+a_{2k}\hat{f}_y+a_{3k}\hat{f}_z \\ \beta_k\left(\hat{f}_x,\hat{f}_y\right)=a_{4k}\hat{f}_x+a_{5k}\hat{f}_y+a_{6k}\hat{f}_z \end{cases} \tag{3-6-23}$$

$$\hat{f}_z=\sqrt{1/\lambda^2-\hat{f}_x^2-\hat{f}_y^2}$$

其雅可比行列式 $J_k\left(\hat{f}_x,\hat{f}_y\right)$ 为

$$J_k\left(\hat{f}_x,\hat{f}_y\right)=(a_{2k}a_{6k}-a_{3k}a_{5k})\frac{\hat{f}_x}{\hat{f}_z}+(a_{3k}a_{4k}-a_{1k}a_{6k})\frac{\hat{f}_y}{\hat{f}_z}+(a_{1k}a_{5k}-a_{2k}a_{4k}) \tag{3-6-24}$$

为能够观测到具有立体感的图像，不但应让透过三角形孔的光波沿主光轴 $\hat{z}$ 传播，并且，还应让其强度分布与球体表面对给定照明光及反射光的物理响应相适应。为此，令照射三角形孔的光波复振幅为$A_{0k}\exp\left[\mathrm{j}\frac{2\pi}{\lambda}\left(x_{0k}\cos\theta_{xk}+y_{0k}\cos\theta_{yk}\right)\right]$，其中，$\theta_{xk},\theta_{yk}$ 为 $\hat{z}$ 轴与 $x'_{0k},y'_{0k}$ 轴的夹角，即 $a_{3k}=\cos\theta_{xk}$，$a_{6k}=\cos\theta_{yk}$。而振幅 $A_{0k}$ 为与源坐标 $o_k$ 位置相关的函数。在本例的计算中，取 $A_{0k}=1+0.5\left|\boldsymbol{N}_k\cdot\boldsymbol{N}_0\right|$ ($\boldsymbol{N}_k,\boldsymbol{N}_0$ 分别是第 $k$ 个面元外法向单位矢量及重建球面上最亮点的外法向单位矢量)，选择最亮点在第二象限重建球面中央，让球体受左上方的平面光波照射，并让球体右下方有来自环境的反射光。

第 $k$ 个三角形面元透射光的频谱可以利用傅里叶变换的相移定理写出

$$\begin{aligned} F_{k0}(\hat{f}_x,\hat{f}_y)=&\exp\left[-\mathrm{j}2\pi\left(\hat{f}_x x_{0k}+\hat{f}_y y_{0k}\right)\right] \\ &\times A_{0k}T_k\left(\hat{f}_x-\frac{\cos\theta_{xk}}{\lambda},\hat{f}_y-\frac{\cos\theta_{yk}}{\lambda}\right) \end{aligned} \tag{3-6-25}$$

式中，频谱表达式 $T_k$ 使用第 2 章式 (2-3-12) 的解析解。

将以上结果代入式 (3-6-20)，对每一三角形面元重复上述计算，便能对到达全观测屏 $\hat{z}=d$ 的光波场求解。

通过数值计算，图 3-6-7(b) 给出全息平面光波场的强度图像。相关计算参数为：光波长 $\lambda=0.000532\mathrm{mm}$，球体半径 3.5mm，球心到全息图面距离 $d=200\mathrm{mm}$。

为验证计算结果，利用衍射的逆运算，图 3-6-7(c) 给出重建球体的图像。不难看出，根据理论设计及上面推导的计算公式获得的光波场能够重建出具有真实立体感的球体重建像。然而，由于每一三角形面元是当为均匀面光源进行计算的，在全息三维显示研究中，较难利用这种方法表示物体表面的特性。相对而言，本章 3.5.2 节介绍的空间曲面光源变换为平面光源的衍射计算方法具有很突出的优点，第 9 章中将详细介绍空间曲面光源变换为平面光源的衍射计算在全息三维显示中的应用。

### 3.6.3 空间观测曲面衍射场计算的应用实例

1. 方形波导腔叠像系统

图 3-6-8 所示的方形波导腔叠像器是一种很适用的光束强度均匀化光学系统[36]。图中，自左向右传播的激光首先穿过焦距为 $f_0$ 的透镜 $L_0$ 在方形波导腔的入口聚焦。波导腔是由四面矩形内反射镜组成的两端开口的长方体，进入波导腔的光束经多次反射后从右侧方形出口射出，波导腔出口的光波场可以视为在入口平面上一序列因反射形成的二维点光源阵列的照射结果。出口后放置一成像透镜 $L_1$，在透镜 $L_1$ 右侧 $d_c$ 处形成波导腔出口光波场的像。理论及实验研究表明[5]，在像平面上将形成一个边界整齐的方形光斑。

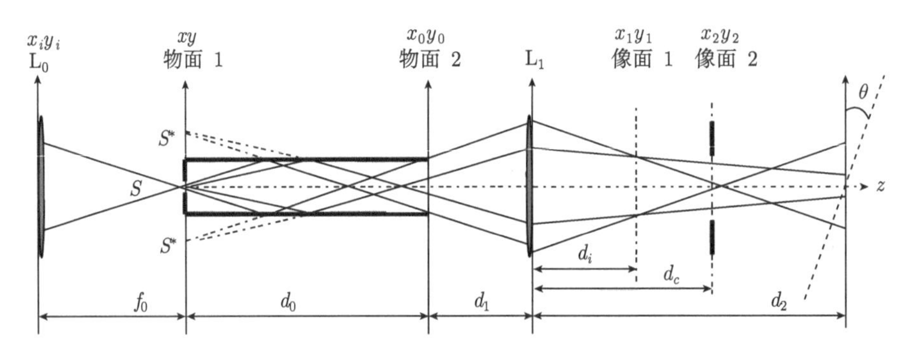


图 3-6-8 方形波导腔叠像器原理示意图

在热辐射研究中，该系统被用于对材料的激光辐照加热。为便于热辐射探测，必须让试件表面正对热辐射探测仪传感器窗口，试件必须旋转一个角度 (见图中虚线)。于是，试件表面与光束变换系统的光轴不再垂直。如何能够快速准确地计算试件旋转后从激光中实际获得的能量分布，是需要解决的问题。

基于对衍射计算的讨论，可以使用瑞利的理论来研究光波通过光学系统的衍射场[1]: 将波导腔出口平面到透镜 $L_1$ 视为一个光学系统，并设透镜 $L_1$ 的尺寸足够大，使得波导腔出口是光学系统的入射光瞳，光波通过光学系统的衍射则成为光学系统出射光瞳的菲涅耳衍射。

2. 倾斜观测面光波场的计算

根据图 3-6-8，设 $x_iy_i$ 为透镜 $L_0$ 的坐标，$xy$ 为波导腔入口坐标，$x_0y_0$ 为波导腔出口坐标，$x_1y_1$ 为成像透镜 $L_1$ 的坐标，$x_2y_2$ 为观察平面坐标；$f_0$ ，$d_0$ ，$d_1$ 及 $d_2$ 分别为以上各平面的间距；$f_0$ ，$f_1$ 分别为透镜 $L_0$ 及 $L_1$ 的焦距；$d_i$，$d_c$ 分别为波导腔入口及出口平面经透镜 $L_1$ 成像后的像距，$2a$ 为方形波导腔出口宽度。

令波导腔入口平面上坐标为 $(x_m，y_n)$ 的点光源在波导腔出口平面的复振幅为

$U_{0mn}(x_0,y_0)$。由于波导腔出口的像为光学系统的出射光瞳，波导腔入口平面上坐标为 $(x_m, y_n)$ 的点光源在出射光瞳上的光波场可以表为

$$U_{pmn}(x_c,y_c)=\left|\frac{1}{M_c}U_{0mn}\left(\frac{x_c}{M_c},\frac{y_c}{M_c}\right)\right| \times\exp\left\{\frac{\mathrm{j}k}{2(d_c-d_i)}\left[(x_c-M_ix_m)^2+(y_c-M_iy_n)^2\right]\right\} \tag{3-6-26}$$

式中，$M_c=-\dfrac{d_c}{d_1}$，$M_i=-\dfrac{d_i}{d_0+d_1}$。

根据瑞利的理论及衍射的菲涅耳近似，在观察平面光波场则为

$$U_{2mn}(x_2,y_2)=\frac{\exp[\mathrm{j}k(d_2-d_c)]}{\mathrm{j}\lambda(d_2-d_c)}\int_{-\infty}^{\infty}\int_{-\infty}^{\infty}U_{pmn}\left(\frac{x_c}{M_c},\frac{y_c}{M_c}\right) \times\exp\left\{\frac{\mathrm{j}k}{2(d_2-d_c)}\left[(x_c-x_2)^2+(y_c-y_2)^2\right]\right\}\mathrm{d}x_c\mathrm{d}y_c \tag{3-6-27}$$

略去上式中对能量测量无关的相位因子，设入射到透镜 $L_0$ 的光波复振幅为 $U_i(x_i,y_i)$，利用菲涅耳函数近似表示衍射的办法，可以将上式足够准确地表为

$$\begin{aligned}U_{2mn}(x_2,y_2)=&\frac{1}{2M_0M_fM_c}U_i\Big((-1)^m\frac{x_2-(M_i-M_fM_i+M_fM_c)x_m}{M_0M_fM_c},\\&(-1)^n\frac{y_2-(M_i-M_fM_i+M_fM_c)y_n}{M_0M_fM_c}\Big)\\&\times\{[C(\alpha_2(x_2))-C(\alpha_1(x_2))]+\mathrm{j}\,\mathrm{sgn}(M_f)[S(\alpha_2(x_2))-S(\alpha_1(x_2))]\}\\&\times\{[C(\beta_2(y_2))-C(\beta_1(y_2))]+\mathrm{j}\,\mathrm{sgn}(M_f)[S(\beta_2(y_2))-S(\beta_1(y_2))]\}\end{aligned} \tag{3-6-28}$$

其中，$M_0=-\dfrac{d_0}{f_0}$，$M_f=1+\dfrac{d_2-d_c}{d_c-d_i}$。

$$\begin{aligned}\alpha_1(x_2)&=\sqrt{2}\frac{-M_fa_c-x_2+(1-M_f)M_ix_m}{\sqrt{|\lambda M_f(d_2-d_c)|}}\\\alpha_2(x_2)&=\sqrt{2}\frac{M_fa_c-x_2+(1-M_f)M_ix_m}{\sqrt{|\lambda M_f(d_2-d_c)|}}\\\beta_1(y_2)&=\sqrt{2}\frac{-M_fa_c-y_2+(1-M_f)M_iy_n}{\sqrt{|\lambda M_f(d_2-d_c)|}}\\\beta_2(y_2)&=\sqrt{2}\frac{M_fa_c-y_2+(1-M_f)M_iy_n}{\sqrt{|\lambda M_f(d_2-d_c)|}}\\a_c&=|M_c|\,a\end{aligned}$$

引入各子光束间的相干系数[5]，将像空间中的光波场视为像面 1 上各像点发出的球面波，可以将光波场的强度分布写为

$$I_2(x_2,y_2)=\sum_{m=-N}^{N}\sum_{n=-N}^{N}\sum_{p=-N}^{N}\sum_{q=-N}^{N}F_{mnpq}\left|F_mF_nU_{2mn}(x_2,y_2)\right|\left|F_pF_qU_{2pq}(x_2,y_2)\right|$$
$$\times\cos\left[\frac{2\pi}{T_{mp}}\left(x_2-M_i\frac{x_m+x_p}{2}\right)+\frac{2\pi}{T_{nq}}\left(y_2-M_i\frac{y_n+y_q}{2}\right)\right] \tag{3-6-29}$$

其中

$$T_{mp}=\frac{d_2-d_i}{M_i(x_p-x_m)}\lambda \tag{3-6-29a}$$

$$T_{nq}=\frac{d_2-d_i}{M_i(y_q-y_n)}\lambda \tag{3-6-29b}$$

各相干系数取不同数值时的意义如下：

$F_{mnpq}=0$，各瓣光束完全不相干；

$F_{mnpq}=1$，各瓣光束完全相干；

$0<F_{mnpq}<1$，各瓣光束部分相干。

而 $F_s=R^{|s|}\,(0<R<1,s=p,q,m,n)$。$F_{mnpq}$ 及 $R$ 的数值可以通过实验测定[5]。

于是，对于试件旋转问题，只要确定出试件表面观测点在光轴上的投影距离 $d_2$，将到达试件表面各子光束的入射角均近似为$\theta$，试件表面对光能的吸收即可表为式 (3-6-29) 的计算结果与 $\cos\theta$ 的乘积。

### 3. 理论计算与实验测量的比较

实验在波长为 $\lambda$=10.6μm 的 $CO_2$ 激光下进行，激光功率 $P_0$=100W 时用热敏纸[5] 采样获得入射光束的光斑如图 3-6-9(a) 所示。根据热敏纸的特性及数值分析，入射到光学系统光束的功率密度分布可以足够满意地由下式描述

$$P(x_i,y_i)=\frac{4\eta P_0}{\pi w^2}\left(\frac{x_i^2+y_i^2}{w^2}\right)\exp\left(-2\frac{x_i^2+y_i^2}{w^2}\right)$$
$$+\frac{2(1-\eta)P_0}{\pi w^2}\exp\left[-2\frac{(x_i-\Delta x)^2+(y_i-\Delta y)^2}{w^2}\right] \tag{3-6-30}$$

式中，$\eta$=0.5，$w$ =6.14mm，$\Delta x$=0.6mm，$\Delta y$=−0.6mm。图 3-6-9 是模拟光束及实际光束的热敏图像。

为证明式 (3-6-29) 的计算，在光学系统的像平面附近上放置可围绕 $y_2$ 轴旋转的热敏纸观测屏，图 3-6-10 第一行图像是观测屏旋转角$\theta=0°$，30°，45° 时获得的热敏图像。利用式 (3-6-29) 模拟计算的对应结果由图 3-6-10 第二行图像表示。可以看出，模拟计算可以获得很接近实验的结果。

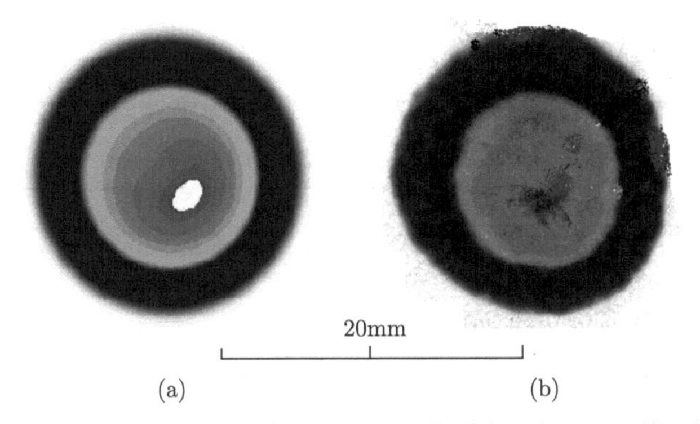


图 3-6-9 模拟的入射光束光斑 (a) 及实验测量光斑 (b) 的比较

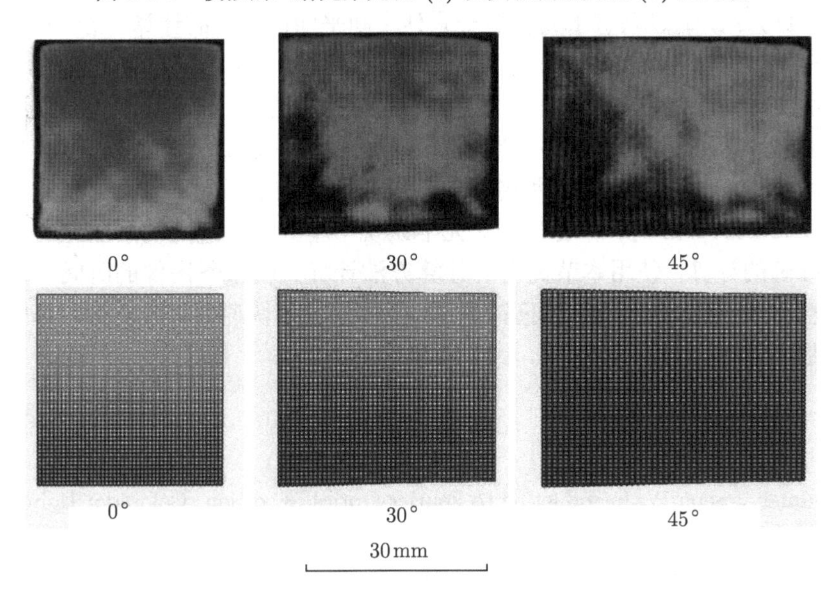


图 3-6-10 理想像平面附近不同转角的理论模拟与实验测量的比较

此外，根据式 (3-6-29a) 及式 (3-6-29b) 可以看出，叠加光斑上分别沿 $x, y$ 方向形成不同间隔的多组干涉条纹。条纹的最大间距为

$$T_{\max} = \frac{\lambda(d_2 - d_i)}{2M_i a} \tag{3-6-31}$$

为进一步证实理论计算的可行性，表 3-6-1 给出在横向放大率约 3.19 的理想像平面附近实验测量光斑与理论计算光斑干涉条纹间距的比较。根据式 (3-6-31)，干涉条纹间距随 $d_2$ 增加而增加。因此，分别选择光斑中央及左右两侧垂直方向的干涉斑为比较对象。在理论上，它们对应于式 (3-6-31) 中 $d_2 = d_c - d\sin\theta$，$d_2 = d_c$ 以及 $d_2 = d_c + d\sin\theta$ 的干涉条纹间距。可以看出，理论计算能够足够准确地预计实

验结果。

**表 3-6-1 衍射条纹间距的理论计算与实验测量的比较**

$d_1 = 166.7\text{mm}, d_c = 533\text{mm}, d = 15\text{mm}$

| | $d_c - d\sin\theta$ | | | $d_c$ | | | $d_c + d\sin\theta$ | | |
|---|---|---|---|---|---|---|---|---|---|
| | 理论/mm | 实验/mm | 误差/% | 理论/mm | 实验/mm | 误差/% | 理论/mm | 实验/mm | 误差/% |
| $\theta$=0° | 0.679 | 0.689 | 1.5 | 0.679 | 0.689 | 1.5 | 0.679 | 0.689 | 1.5 |
| $\theta$=30° | 0.656 | 0.673 | 2.5 | 0.679 | 0.695 | 2.3 | 0.693 | 0.706 | 1.8 |
| $\theta$=45° | 0.649 | 0.641 | 1.2 | 0.679 | 0.684 | 0.7 | 0.711 | 0.717 | 0.8 |

对于本实验的理论分析，原则上也可以使用本章讨论的衍射积分的快速傅里叶变换计算方法，通过垂直于光轴的一系列空间平面衍射场的计算，逐一获取倾斜观测面与每一计算平面交线上的数值，最后计算出整个观测平面的光波场。但是，对于上述实际问题，在倾斜平面上的衍射场具有密集的干涉条纹，如果要得到满足取样定理的计算，沿横向每一条纹的宽度区域必须有两条交线，为完成图 3-6-10 中一幅倾斜图像的计算需要大于两倍横向条纹数的二维衍射场的计算。当光波场的取样数设为 512×512 时，作者曾经对光学系统中垂直于系统光轴平面上的光能分布作过准确的计算，使用本节提出的计算方法计算一幅倾斜图像的时间与快速傅里叶变换计算一次二维场的时间基本相同。因此，使用快速傅里叶变换计算需要的时间将是本节方法的百倍以上。

## 参 考 文 献


[1] Goodman Joseph W. Introduction to Fourier Optics. 3 edition. Colorado: Roberts and Company Publishers, 2005

[2] Li J C, Peng Z J, Fu Y C.Diffraction transfer function and its calculation of classic diffraction formula. Optics Communications, 2007, 280: 243-248

[3] Cooley J W,Tukey J W. Analgorithm for the machine calculation of complex Fourier series.Mathematics of Comptation, 1965, 19(90): 297-301

[4] Max J, Lacoume J L. Méthodes et techniques de traitement du signal et applications aux mesures physiques. 5 edition. Paris Milan Barcelonc: MASSON, 1996

[5] 李俊昌. 激光的衍射及热作用计算 (修订版). 北京. 科学出版社, 2008

[6] Mas D, Garcia J, Ferreira C, et al. Fast algorithms for free-space diffraction patterns calculation. Optics Communications, 1999, 164: 233-245

[7] Mas D, Perez J, Hernandez C, et al. Fast numerical calculation of Fresnel patterns in convergent systems. Optics Communications, 2003, 227: 245-258

[8] Li J C, Yuan C J, Tankam P, et al. The calculation research of classical diffraction formulas in convolution form. Optics Communications, 2011, 284(13): 3202-3206

[9] Condon E U. Immersion of the Fourier transfrom in a continuous group of functional transformation. Acad. Sci. USA, 1937, 23: 158

[10] Bargmann V.On a Hilbert space of analyse function and an associated integral transforms. Patri. Comm. Pure Appl. Maths., 1961, 14: 187

[11] Namias V.The fractional order Fourier transform and its application to quantum mechanics. J. Inst. Maths Applics., 1980, 25: 241

[12] Lormann A W.Image rotation ,Wigner rotation and fractional Fourier transform. J. Opt. Soc. Am., 1993, A10: 2181

[13] 金国藩, 严英白, 邬敏贤, 等. 二元光学. 北京: 国防工业出版社, 1998

[14] Li J C, Picart P. Holographie Numérique: Principe, algorithmes et applications. Paris: Editions Hermès Sciences, 2012

[15] Collins S A.Lens-system diffraction integral written in terms of matrix optics. J. Optics, Soc Am, 1970, 60: 1168

[16] Li J C, Li C G. Algorithm study of Collins formula and inverse Collins formula. Applied Optics, 2008, 47(4): A97-A102

[17] LI J C, Zhu J, Peng Z J. The S-FFT calculation of collins formula and its application in digital holography. Eur. Phys. J. D, 2007, 45: 325-330

[18] 王涌天. 三维呈现. 中国计算机学会通讯, 2013, 9(11): 16

[19] 贾甲, 曹良才, 金国藩. 一种真三维显示技术: 计算全息术. 中国计算机学会通讯, 2013, 9(11): 26

[20] Ahrenberg L, Benzie P, Magnor M, et al. Computer generated holograms from three dimensional meshes using an analytic light transport model. Applied Optics, 2008, 47(10): 1567

[21] Tommasi T, Bianco B. Frequency analysis of light diffraction between rotated planes. Opt. Lett., 1992, 17: 556-558

[22] Matsushima K, Schimmel H,Wyrowski F. Fast calculation method for optical diffraction on tilted planes by use of the angular spectrum of plane waves. J. Opt. Soc. Am. A, 2003, 20: 1755-1762

[23] Li J C, Li C G, Delmas A. Calculation of diffraction patterns in spatial surface.Journal of Optical Society of America-A, 2007, 24(7): 1950-1954

[24] 李俊昌. 空间曲面衍射场计算. 光学前沿 —— 第四届全国信息光学与光子器件学术会议 (特邀报告), 2012

[25] 李俊昌, 桂进斌, 楼宇丽, 等. 漫反射三维物体计算全息算法研究. 激光与光电子学进展, 2013, 50: 020903

[26] 沈永欢, 等. 实用数学手册. 北京: 科学出版社, 1992

[27] Ashkin A, Dziedzic J M, Bjorkholm J E, et al. Observation of a single-beam gradient force optical trap for dielectric particles. Opt. Lett., 1986, 11: 288-290

[28] Sinclair G, Jordan P, Courtial J, et al. Assembly of 3-dimensional structures using programmable holographic optical tweezers. Opt. Express, 2004, 12: 5475-5480

[29] 马百恒. 全息光镊及相关技术的理论与实验研究. 中国科学院西安光学精密机械研究所博士论文, 2012

[30] 李俊昌, 楼宇丽, 桂进斌, 等. 数字全息图取样模型的简化研究. 物理学报, 2013, 62(12): 124203

[31] 李俊昌, 楼宇丽, 桂进斌, 等. 光学系统光学矩阵元素的数字全息检测. 光学学报, 2013, 33(2): 0209001

[32] Lucente M. Interactive computation of holograms using a look-up table. J. Electron. Imag., 1993, 2: 28-34

[33] Ahrenberg L,Benzie P, Magnor M, et al. Computer generated holograms from three dimensional meshes using an analytic light transport model. Applied Optics, 2008, 47(10): 1567

[34] Tommasi T, Bianco B. Frequency analysis of light diffraction between rotated planes. Opt. Lett., 1992, 17: 556-558

[35] Matsushima K,Schimmel H,Wyrowski F.Fast calculation method for optical diffraction on tilted planes by use of the angular spectrum of plane waves. J. Opt. Soc. Am. A, 2003, 20: 1755-1762

[36] Li J C, Lopes R, Vialle C, et al. Study of an optical device for energy homogenization of a high power laser.Journal of Laser Applications, 1999, 11(6): 279

[37] 李俊昌, 熊秉衡, 信息光学理论与计算 (M), 北京. 科学出版社, 126(2009)

# 第 4 章　光全息的基本理论

1948 年，英国伦敦帝国理工学院的匈牙利科学家丹尼斯 · 加伯 (Dennis Gabor) 为了提高电子显微镜的分辨率，用一种干涉法记录光波的振幅和相位，提出了全息术的原理[1]。然而，他当时使用的光学系统是同轴全息系统，由于 “孪生像” 问题，无法形成高质量的物体图像。并且，由于光全息术需要相干光源，激光出现前这项技术的发展十分缓慢。1960 年激光问世后，情况发生了根本变化，光全息术获得飞速发展。在光全息术发展进程中，美国科学家 E. 利思 (Emmett Leith) 和 J. 乌帕特尼克斯 (J. Upatnieks) 作出了十分重要的贡献[2]，他们将旁视雷达的原理应用到光全息照相术中，1962 年提出了离轴全息的概念和记录方法，有效地解决了重建物像时 “孪生像” 的干扰问题。从此，全息技术在三维全息显示、光学精密检测及科学研究中得到了广泛应用[3,4]。丹尼斯 · 加伯也因发明全息照相术获得了 1971 年的诺贝尔物理学奖。

在光全息的研究中，光波的衍射及干涉是最基本的内容。本书前面的研究中，我们假设光源具有严格的单色性，较详细地讨论了光波在介质空间的衍射表述及不同衍射公式的计算问题。然而，实际光源发出的光波不可能是严格单色的。为研究全息技术的需要，本章将对非单色光的干涉及光全息研究中对干涉场采用的近似进行简要讨论。由于本书主要侧重研究数字全息，我们将只对数字全息有直接意义的平面全息图进行讨论。

## 4.1　光全息术的基本原理

### 4.1.1　光全息术概述

当眼睛接收到来自物体的光信息时，由于两眼的视差而能看到物体的三维立体像。但是，从形成视觉的物体意义上看，眼睛只要能接收到物光，便产生看见物体的视觉，至于该物体是否真实存在并不重要。能将物光波记录其上并在特定光照下重新发出物光的载体称为 “全息图”(hologram)，在特定的光照条件下人们能通过全息图看到所记录物体的三维像。这种与传统照相术完全不同的成像技术称为光全息术[5~7]。在光全息术中，记录物光波的过程称为 “波前记录”，重现物光波的过程称为 “波前再现”，并且，将波前再现时照明全息图的光波称为 “重现波” 或 “重现光”。

为形象地表示光全息术与传统照相术的区别，图 4-1-1 给出两者记录及再现物体过程的示意图。图 4-1-1(a) 是用透镜成像记录物体图像的简单照相机，图中，银盐感光板记录的是来自物体的光强信息。当感光板经过显影、定影处理形成物体图像的负片后，利用负片能够制作成载有物光强度信息的物体照片。在光亮的环境下人眼便能在照片上看到物体的图像 (图 4-1-1(b))。全息图的记录过程示于图 4-1-1(c)，当用相干光照明物体时，由物体表面散射的光波形成物光到达银盐感光板，让一束与物光相干的光波 (即参考光) 同时照明感光板，感光板上将记录下物光与参考光干涉的强度分布。感光板经过显影、定影处理形成的图像便是全息图。观看物体三维像的过程示于图 4-1-1(d)，观测物体时，若用拍摄全息图时的参考光作重现光照明全息图，在全息图的衍射光中将出现物光，人眼能透过全息图在原物体位置看到物体的三维虚像。

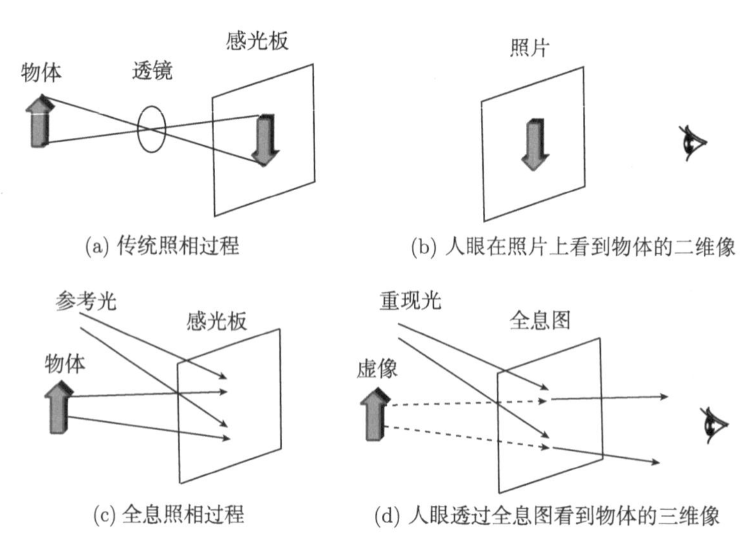

(a) 传统照相过程　(b) 人眼在照片上看到物体的二维像
(c) 全息照相过程　(d) 人眼透过全息图看到物体的三维像

图 4-1-1　传统照片的拍摄及观看与全息术的比较

可以看出，全息图不但记录了来自物体表面的物光强度或振幅的信息，而且记录了能够体现物体表面不同位置到达记录载体距离差别的物光相位信息。这是我们能够看到物体三维图像的基本原因。在观看物体的虚像时，全息图就如一个窗口，可以通过变换眼睛的位置透过窗口看到窗外不同视角时物体的三维像。当遮挡住部分全息图时，就像窗口被部分关闭一样，我们仍然能够透过未被遮挡的区域看到窗口外整个物体的三维像。40 多年前，人们远不像今天那样了解全息术，1964 年美国光学学会年会上，利思和乌帕特尼克斯首次展示的一列玩具火车的全息图轰动了整个大会。当时，所有与会者排着长队观看这个奇妙的三维立体全息图，重现的玩具火车是如此逼真，就像它真是在全息图后面的什么地方[8]。

应该指出，在进行物体的全息显示时，可以采用不同波长及不同方位照射的光波为重现光，这时，物体重现像的放大率及位置均会发生变化。此外，全息术也不仅仅局限于可见光范畴。由于光波是电磁波，只要能够设计相应的记录及重现系统、找到相应的记录全息图的载体，便能对所有波段的电磁波实现物体全息记录及记录信息的重现[7]。正如加伯 1971 年获得诺贝尔奖的演说中所述[8]，利思在旁视雷达中用的电磁波长比光波长长 10 万倍，而他本人在电子显微镜中用的波长比光波短了 10 万倍，他们分别在相差 $10^{10}$ 倍波长的两个方向上发展了全息术。现在，光全息术不仅在物体三维显示领域获得应用，在光学精密检测及科学研究中亦成为一种重要的手段。由于计算机及 CCD 探测技术的进步，用 CCD 代替传统的银盐感光板，用计算机虚拟重现光照明数字全息图，用衍射的数值计算模拟重现物光的传播，最后，用计算机图像显示技术重现物体图像的数字全息术正取得瞩目的进步[9~11]。

事实上，全息图在重现光照明下除产生物光外，还产生其他性质的衍射光。为对光全息技术有较定量的了解，以下基于标量衍射理论，在介绍加伯的同轴全息后，将对利思–乌帕特尼克斯的离轴全息、全息重现图像与重现光参数的关系分别进行介绍。

### 4.1.2 同轴全息图

同轴全息图是加伯首先提出全息照相概念时使用的记录方法，也称 Gabor 全息图 (Gabor hologram)。使用该方法记录同轴全息图时，物体中心、参考光中心和全息图中心三点共轴线。图 4-1-2 是同轴全息光路示意图[4]，图中物体用位于物平面 $x_0y_0$ 中央的一个不透明的小实心箭头表示。光轴 $z$ 上点光源发出的球面波经透镜后变换为均匀平面波，平面波穿过物平面后，形成波面仍然为平面的透射波及受物体调制的散射波。透射波与散射波干涉的强度图像被感光板记录形成同轴全息图。

令 $R$ 及 $O(x,y)$ 分别是到达记录介质的平面波及散射光的复振幅，投射到距离 $z_0$ 处的记录介质上的光强可以写成

$$\begin{aligned} I(x,y) &= |R+O(x,y)|^2 \\ &= |R|^2 + |O(x,y)|^2 + R^*O(x,y) + RO^*(x,y) \end{aligned} \tag{4-1-1}$$

感光板经显影及定影处理后便成为全息图，将感光控制在光敏响应的线性区时，全息图的透射率正比于式 (4-1-1)。引入实常数$\beta$，可将全息图的振幅透射率写为

$$t_A(x,y) = \beta|R|^2 + \beta\left[|O(x,y)|^2 + R^*O(x,y) + RO^*(x,y)\right] \tag{4-1-2}$$

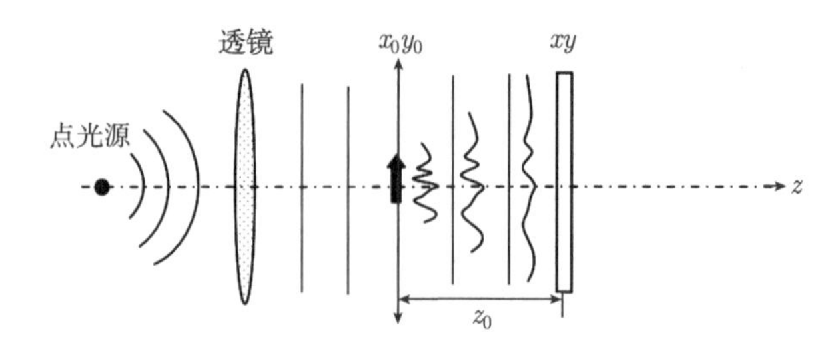


图 4-1-2　同轴全息光路示意图

用一振幅为 $A$ 的均匀平面波垂直入射照明全息图，透射光波场由以下 4 项组成

$$At_A(x,y) = A\beta|R|^2 + A\beta|O(x,y)|^2 + A\beta R^*O(x,y) + A\beta RO^*(x,y) \tag{4-1-3}$$

当物体尺寸较小时，$|O(x,y)| \ll |R|$，上式右边第二项可以忽略不计，第三项表示一个与原始散射波振幅 $O(x,y)$ 成正比的场分量。观察者从全息图右边往左观察时，将在全息图的左边距离 $z_0$ 处看到物体的虚像 (图 4-1-3)。由于第四项正比于 $O^*(x,y)$，根据光波的复函数表示，它将在观察者一方距离全息图 $z_0$ 处形成一实像。

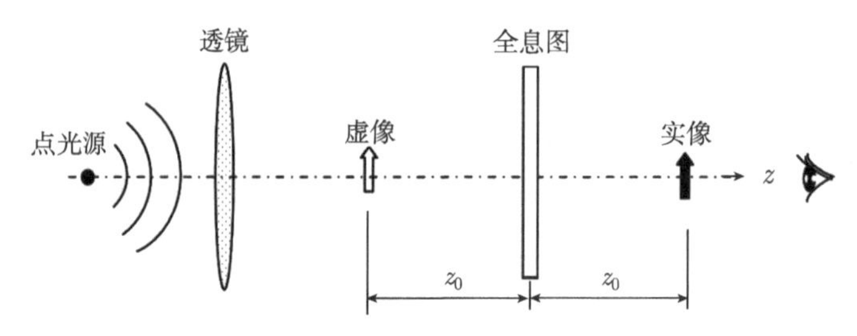


图 4-1-3　观察同轴全息物体重建像的示意图

可以看出，加伯全息图在重现光照明下将同时产生物体的实像和虚像，两个像的中心都在光轴上，这两个像统称 “孪生像”。但是，应该指出，由于在透射光中还存在 $A\beta|R|^2$ 及 $A\beta|O(x,y)|^2$ 两项，它们将形成观察物体重建像的背景噪声。即便重现光是均匀平面波并且 $A\beta|O(x,y)|^2$ 可以忽略，由于 “孪生像” 问题，观察者对实像聚焦时，总是伴随着一个离焦的虚像成为干扰，反之，观察者对虚像聚焦时，代表实像的光波形成干扰。因此，用一张加伯全息图或同轴全息图，只能对透明背景上的不透明字符这类的物体成像[12]。严重限制了它的应用。

### 4.1.3　离轴全息图

离轴全息是美国密歇根大学 (University of Michigan) 的 E. 利思和 J. 乌帕特尼克斯首先提出来的[8]。借鉴加伯的全息理论，基于他们在孔径雷达方面的研究成果，提出离轴全息方法，不但有效解决了“孪生像”问题，而且首先使用激光成功地拍摄了三维物体的透射型全息图，对全息技术的发展作出了重大贡献。

一种简单的离轴全息记录光路及坐标定义如图 4-1-4 所示 [12,13]。点光源 $S$ 经透镜 L 准直后形成的平行光被棱镜 P 及透明物分成两个部分。穿过透明物体 $O$ 的光波成为物光，经棱镜 P 折射的光波形成参考光。两列光同时照射在全息记录平面 $H$ 上。在光学系统中建立三维直角坐标 o-$xyz$，令 $xy$ 平面与全息记录平面重合，设参考光 R 的振幅为 $R_0$，与 $z$ 轴的夹角为 $\theta$，波矢量在与 $yz$ 相平行的平面内，即

$$R(x,y) = R_0 \exp\left[-k(\sin\theta)y\right] \tag{4-1-4}$$

式中，$k = 2\pi/\lambda$, $\lambda$ 为光波长。

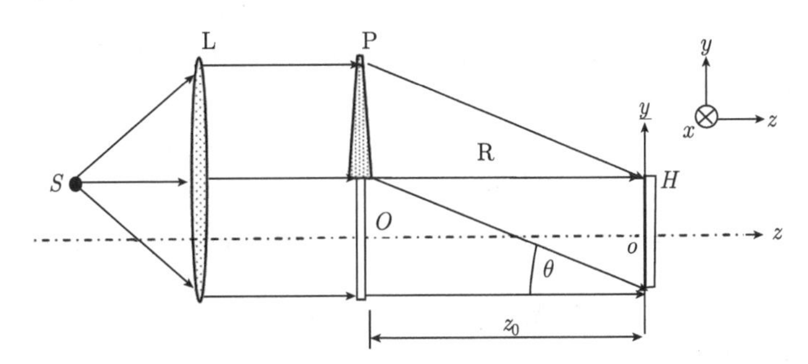


图 4-1-4 离轴全息记录系统示意图

令 $O(x,y)$ 表示物光在全息记录屏上的复振幅分布

$$O(x,y) = O_0(x,y)\exp[-\mathrm{j}\phi_0(x,y)] \tag{4-1-5}$$

全息记录屏上的光场的复振幅分布则为

$$u(x,y) = R(x,y) + O(x,y) \tag{4-1-6}$$

于是，得到全息图的光强分布

$$I(x,y) = R_0^2 + |O(x,y)|^2 + O(x,y)R_0\exp[\mathrm{j}k(\sin\theta)y] + O^*(x,y)R_0\exp[-\mathrm{j}k(\sin\theta)y] \tag{4-1-7}$$

在感光乳胶的线性区域内控制曝光量，定义实常数$\beta$，经显影定影后形成的全息图复振幅透射率则为

$$\begin{aligned} t_A(x,y) = t_0 + \beta\{R_0^2 + |O(x,y)|^2 + R_0 O(x,y)\exp\left[k(\sin\theta)y\right] \\ + R_0 O^*(x,y)\exp\left[-k(\sin\theta)y\right]\} \end{aligned}$$

$$= t_1 + t_2 + t_3 + t_4 \tag{4-1-8}$$

式中

$$\begin{cases} t_1 = t_b = t_0 + \beta R_0^2 \\ t_2 = \beta \left| O(x,y) \right|^2 \\ t_3 = \beta R_0 O(x,y) \exp\left[ k(\sin\theta) y \right] \\ t_4 = \beta R_0 O^*(x,y) \exp\left[ -k(\sin\theta) y \right] \end{cases} \tag{4-1-9}$$

当制作好全息图后，可以采用不同形式的重现光再现物体的像。以下对两种不同方向重现光照明下的物体全息重现像进行研究。

1) 重现光沿原参考光方向照射全息图

实际观看全息图时重现光强度可以调整，为让研究适应于这种情况，将重现光的振幅改为 $A_0$，即重现光设为 $A(x,y) = A_0 \exp\left[ -k(\sin\theta) y \right]$。全息图被重现光照射后，衍射光则为

$$\begin{aligned} u(x,y) &= A(x,y)\, t_A(x,y) \\ &= At_1 + At_2 + At_3 + At_4 = u_1 + u_2 + u_3 + u_4 \end{aligned} \tag{4-1-10}$$

以下对等式右边 4 项衍射光的性质逐一地进行讨论。

第一项衍射光：

$$u_1 = At_1 = A_0 t_b \exp\left[ -k(\sin\theta) y \right] \tag{4-1-11}$$

这是一束沿着重现光方向传播的平面波，其振幅比重现光衰减了 $t_b$ 倍。

第二项衍射光：

$$u_2 = At_2 = A_0 \beta \left| O(x,y) \right|^2 \exp\left[ -k(\sin\theta) y \right] \tag{4-1-12}$$

这是一束振幅受物光强度 $\left| O(x,y) \right|^2$ 调制的沿重现光方向传播的光波，由于振幅是空间坐标的函数，具有一定范围的空间频谱。根据衍射的角谱理论，该列波将沿传播方向轻微发散，常称“晕轮光”[2]。

以上两束衍射光的传播方向相同，合称为零级衍射光。

第三项衍射光：

$$u_3 = At_3 = A_0 \beta R_0 O(x,y) = A_0 \beta R_0 O_0(x,y) \exp\left[ -\mathrm{j} \phi_0(x,y) \right] \tag{4-1-13}$$

通常也称为正一级衍射光。它具有和原来物光完全相同的波前，只是振幅比原来物光衰减了 $A_0 \beta R_0$ 倍。它沿着 $z$ 轴方向，也就是原来物光的方向传播。观察者迎着它看，可以看到物体的虚像。

第四项衍射光：

$$u_4 = At_4 = A_0\beta' R_0 O^*(x,y)\exp\left[-\mathrm{j}k\left(2\sin\theta\right)y\right] \tag{4-1-14}$$

通常称为负一级衍射光。由于 $O$ 是由物体表面发出的发散光波，$O^*$ 则是会聚为物体实像的光波。它的传播方向沿着与 $z$ 轴夹角为 $\theta'$ 的方向。按照平面波的复函数表示有

$$\theta' = \arcsin(2\sin\theta) \tag{4-1-15}$$

$u_3$ 和 $u_4$ 分别位于零级衍射光的两侧，如图 4-1-5 所示。

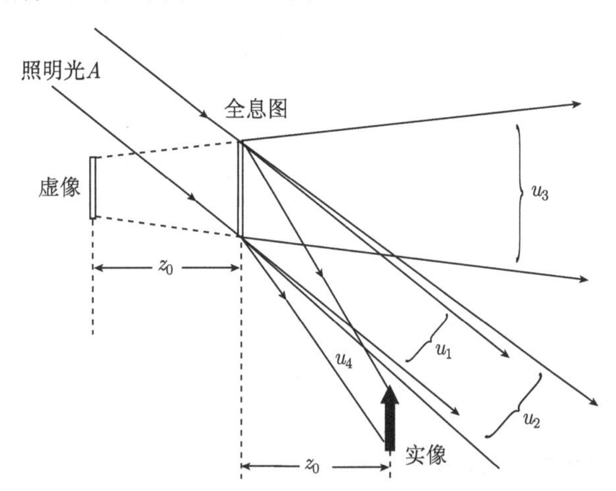


图 4-1-5 再现光沿原参考光方向的物体全息像重现

2) 重现光垂直照射全息图

若再现光 $A$ 仍为平行光，振幅为 $A_0$，但沿 $z$ 轴方向垂直照射全息图。全息图被照射后的四项衍射光 $u_1$，$u_2$，$u_3$，$u_4$ 讨论如下。

第一项衍射光：

$$u_1 = A_0 t_b \tag{4-1-16}$$

它是沿 $z$ 轴方向传播的平面波。

第二项衍射光：

$$u_2 = A_0\beta\left|O(x,y)\right|^2 \tag{4-1-17}$$

它也沿 $z$ 轴方向传播，是微微有些发散的“晕轮光”。

第三项衍射光：

$$u_3 = A_0\beta R_0 O(x,y)\exp\left[\mathrm{j}k(\sin\theta)y\right] \tag{4-1-18}$$

它含有 $O\left(x,y\right)$ 项，表示它具有与物光相同的性质，只是振幅衰减了 $A_0\beta R_0$ 倍，但传播方向与 $z$ 轴的夹角为 $\theta$，形成的虚像在干版左侧 $z_0$ 处，如图 4-1-6 所示。

第四项衍射光：

$$u_4 = A_0 \beta R_0 O^*(x,y) \exp\left[-\mathrm{j}k(\sin\theta)y\right] \tag{4-1-19}$$

它是再现的物光共轭波，共轭波形成的实像处于干版右侧，和虚像位置对称，如图 4-1-6 所示。我们看到，再现时的照明光不一定要沿原来记录时使用的参考光方向。不过，这时的再现物光将发生相应的偏移。

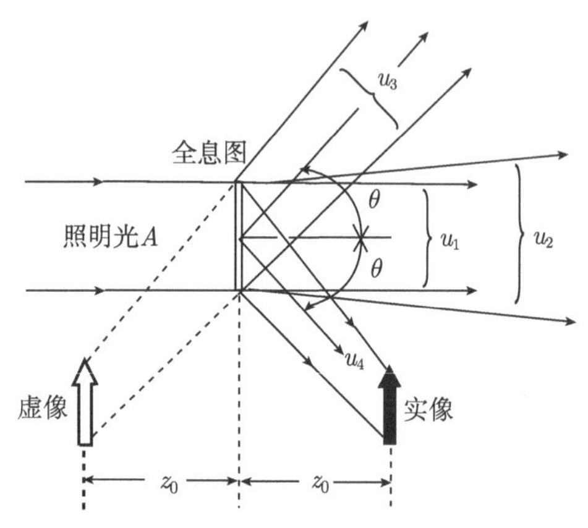


图 4-1-6　再现光垂直照射全息图时的全息像

### 4.1.4　离轴全息图衍射像分离的条件

上面对离轴全息图重现像的研究表明，原始像和共轭像在全息图再现时它们总是同时出现，但是，当参考光的偏角 $\theta$ 大于某一极小值时，不但能让孪生像彼此分开，而且能与零级衍射光也分开。因为衍射光的空间频率反映了衍射光的传播方向，根据文献 [4]，[12] 的研究，让 $u_1$，$u_2$，$u_3$，$u_4$ 的空间频谱刚好不重叠即能导出这个极小值$\theta_{\min}$。现以再现光垂直照射全息图的情况为例，讨论衍射像分离的条件。

令 $f_x, f_y$ 为频域坐标，可将 $u_1, u_2, u_3, u_4$ 的傅里叶变换分别表示为

$$\tilde{u}_1(f_x,f_y) = \mathcal{F}\left\{u_1(x,y)\right\} = A_0 t_b \delta(f_x,f_y) \tag{4-1-20}$$

$$\tilde{u}_2(f_x,f_y) = \mathcal{F}\left\{u_2(x,y)\right\} = A_0 \beta \tilde{O}(f_x,f_y) ☆ \tilde{O}^*(f_x,f_y) \tag{4-1-21}$$

式中，“☆” 是相关运算符号。

$$\tilde{u}_3(f_x,f_y) = \mathcal{F}\left\{u_3(x,y)\right\} = A_0 \beta R_0 \tilde{O}\left(f_x, f_y - \frac{\sin\theta}{\lambda}\right) \tag{4-1-22}$$

$$\tilde{u}_4(f_x,f_y) = \mathcal{F}\left\{u_4(x,y)\right\} = A_0 \beta R_0 \tilde{O}^*\left(-f_x, -f_y - \frac{\sin\theta}{\lambda}\right) \tag{4-1-23}$$

以上诸式中，$\tilde{O}(f_x, f_y)$ 是全息图上物光 $O(x, y)$ 的频谱。根据衍射的角谱理论，$O(x, y)$ 的频谱是物平面上物光频谱与传递函数 $\exp\left[jkz_0\sqrt{1-(\lambda f_x)^2-(\lambda f_y)^2}\right]$ 之乘积，这个纯相位型的传递函数并不改变物光频谱的宽度。因此，$O(x, y)$ 频谱的带宽与物平面上物光频谱的带宽相同。

设物光最高频率为 $B$。频域内 $\tilde{O}(f_x, f_y)$ 的分布如图 4-1-7 所示。

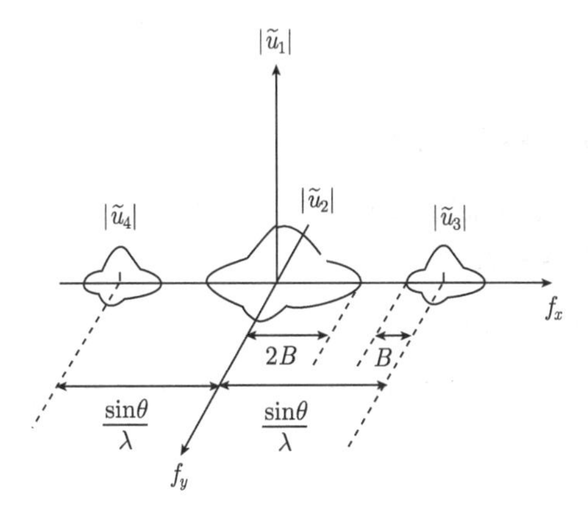


图 4-1-7 离轴全息图的频谱

其中，$\tilde{u}_1(f_x, f_y)$ 是原点的 $\delta$ 函数。$\tilde{u}_2(f_x, f_y)$ 正比于 $\tilde{O}(f_x, f_y)$ 的自相关函数，频谱宽度扩展到 $2B$。$|\tilde{u}_3(f_x, f_y)|$ 与 $\tilde{O}(f_x, f_y)$ 简单地成正比，其频谱宽度为 $B$，中心频率位于 $(0, \sin\theta/\lambda)$ 处。$|\tilde{u}_4(f_x, f_y)|$ 则与 $\tilde{O}^*(f_x, f_y)$ 成正比，频谱宽度也是 $B$，中心频率位于 $(0, -\sin\theta/\lambda)$ 处。显然，它们彼此能分开的条件是 $\sin\theta/\lambda \geqslant 3B$，于是有

$$\theta_{\min} = \sin^{-1}(3B\lambda) \tag{4-1-24}$$

当物光甚弱于参考光，即 $O_0 \ll R_0$ 时，$\tilde{u}_2(f_x, f_y)$ 的大小比 $\tilde{u}_1(f_x, f_y)$，$\tilde{u}_3(f_x, f_y)$ 和 $\tilde{u}_4(f_x, f_y)$ 都小得多，可以忽略不计。这时，最小参考角只需满足 $\tilde{u}_3(f_x, f_y)$ 和 $\tilde{u}_4(f_x, f_y)$ 两项衍射光不相互重叠即可，即

$$\theta_{\min} = \sin^{-1}(B\lambda) \tag{4-1-25}$$

可以看出，若记录时所使用的参考光沿着 $z$ 轴方向，即同轴全息图的情况，上述四项衍射光都在 $z$ 轴方向，彼此相互干扰而不能分离。

## 4.2 部分相干理论及其在全息研究中的应用

在上述光全息的理论研究中已经看出，光波的干涉是产生全息图的基本条件。并且，为研究方便，我们将照明光视为能够产生干涉的理想单色相干光，点光源视

为体积为零的点源。然而，理论及实验研究表明，在光全息的应用研究中实际使用的激光不是严格单色的，经透镜聚焦后来自焦点的激光也是有一定尺寸的光源发出的光波。并且，实际激光由大量微观辐射元 (原子和分子) 发出的光辐射叠加而成。由于对微观辐射元的状态和运动无法作出精确的描述，只能作为随机过程来讨论其相干性质。为让光全息的理论研究结果与实际情况相吻合，必须对有一定物理尺寸的非单色光干涉以及光全息研究中采用单色光理论近似必须满足的条件进行讨论。

### 4.2.1　非单色光波场的解析信号表示

以下基于第 2 章单色光波的复振幅表示，首先导出非单色光的光波场的复函数表示方法 —— 解析信号表示[2~4]。

1. 单色信号的复函数表示

在直角坐标系 $o\text{-}xyz$ 中，空间点 $P(x,y,z)$ 的振幅为 $A$、频率为 $\nu_0$、初相位为 $\phi(P)$ 的单色实信号 $u^r(P,t)$ 为

$$u^r(P,t) = A\cos\left[\phi(P) - 2\pi\nu_0 t\right] \tag{4-2-1}$$

这个信号用复函数表示成

$$u(P,t) = A\exp\left[-\mathrm{j}\left(2\pi\nu_0 t - \phi(P)\right)\right] \tag{4-2-2}$$

它的实部 $\mathrm{Re}\left[u(P,t)\right]$ 即原来的实信号 $u^r(P,t)$，解析信号为 $A\exp\left[\mathrm{j}\phi(P)\right]$。

利用欧拉公式将式 (4-2-1) 表示成

$$u^r(P,t) = \frac{1}{2}A\left\{\exp\left[\mathrm{j}\left(2\pi\nu_0 t - \phi(P)\right)\right] + \exp\left[-\mathrm{j}\left(2\pi\nu_0 t - \phi(P)\right)\right]\right\} \tag{4-2-3}$$

作关于时间 $t$ 的傅里叶变换有

$$\tilde{u}^r(P,\nu) = \frac{1}{2}A\left\{\exp\left[-\mathrm{j}\phi(P)\right]\delta(\nu+\nu_0) + \exp\left[\mathrm{j}\phi(P)\right]\delta(\nu-\nu_0)\right\} \tag{4-2-4}$$

它代表单色实信号的傅里叶谱。

若对式 (4-2-2) 所表示的复信号作傅里叶变换，有

$$\tilde{U}(P,\nu) = A\exp\left[\mathrm{j}\phi(P)\right]\delta(\nu-\nu_0) \tag{4-2-5}$$

比较以上两式可以看出，去掉实信号的负频成分，加倍实信号的正频成分，便能构成单色信号在频域的复函数表示，并且，其傅里叶逆变换则成为单色信号在时间域的复函数表示。下面利用这个结果讨论多色信号的复函数表示。

2. 多色信号的复函数表示

用 $u^r(P,t)$ 表示时间域的实多色信号，令其傅里叶变换为

$$\tilde{u}^r(P,\nu)=\int_{-\infty}^{\infty}u^r(P,t)\exp(-\mathrm{j}2\pi\nu t)\,\mathrm{d}t \tag{4-2-6}$$

根据上面对单色信号的讨论，构成多色信号的复函数的表示时，应去掉实信号的负频成分，加倍实信号的正频成分。考虑到不应对 $\nu=0$ 时的频率成分加倍，多色信号在时间域的复函数表示应为

$$u(P,t)=\int_{-\infty}^{\infty}[1+\mathrm{sgn}(\nu)]\,\tilde{u}^r(P,\nu)\exp(\mathrm{j}2\pi\nu t)\,\mathrm{d}\nu \tag{4-2-7}$$

式中，sgn() 是第 1 章式 (1-1-7) 定义的符号函数

$$\mathrm{sgn}(\nu)=\begin{cases}+1, & \nu<0\\ 0, & \nu=0\\ -1, & \nu>0\end{cases} \tag{4-2-8}$$

通常也称复函数 $u(P,t)$ 为实函数 $u^r(P,t)$ 的解析信号。

至此，我们用实多色场信号 $u^r(P,t)$ 构造了一个多色场的解析信号 $u(P,t)$。

3. 实际激光的解析信号表示及实际激光的频谱

根据物理光学理论[7]，激光是来自原子及分子组成的大量元辐射源发出的简谐电磁波列的叠加。每一辐射元发出的电磁波列的持续时间为 $\tau_c$，初始相位取值是随机量。可以将 $t$ 时刻在空间点 $P(x,y,z)$ 的光扰动 $u^r(P,t)$ 表示为

$$u^r(P,t)=A\cos[\phi(P)-2\pi\nu_0 t]\,\mathrm{rect}\left(\frac{t}{\tau_c}\right) \tag{4-2-9}$$

式中，$A$ 为振幅，$\nu_0$ 是频率，$\phi(P)$ 为初始相位。

该波列的解析信号表达式则为

$$u(P,t)=A\exp[-\mathrm{j}(2\pi\nu_0 t-\phi(P))]\,\mathrm{rect}\left(\frac{t}{\tau_c}\right) \tag{4-2-10}$$

该式的实部 $\mathrm{Re}[u(P,t)]$ 即光扰动 $u^r(P,t)$。

利用欧拉公式，式 (4-2-9) 可以重新写为

$$u^r(P,t)=\frac{1}{2}A\{\exp[\mathrm{j}(2\pi\nu_0 t-\phi(P))]+\exp[-\mathrm{j}(2\pi\nu_0 t-\phi(P))]\}\,\mathrm{rect}\left(\frac{t}{\tau_c}\right) \tag{4-2-11}$$

对上式进行关于时间变量 $t$ 的傅里叶变换得

$$\tilde{u}^r(P,\nu)=\frac{1}{2}A\left[\exp\left(-\mathrm{j}\phi(P)\right)\delta(\nu+\nu_0)+\exp\left(\mathrm{j}\phi(P)\right)\delta(\nu-\nu_0)\right]*\tau_c\mathrm{sinc}(\nu\tau_c) \tag{4-2-12}$$

删除式中负频率部分，加倍正频率部分，得到该波列的频谱

$$\tilde{U}(P,\nu)=A\tau_c\exp\left[\mathrm{j}\phi(P)\right]\mathrm{sinc}\left[\tau_c(\nu-\nu_0)\right] \tag{4-2-13}$$

以上结果表明，实际激光并不是单色光波。根据“ sinc ”函数的性质，频率为 $\nu_0$ 的激光频谱乃是在 $\nu_0$ 处有极大值而在 $\nu_0-1/\tau_c$ 与 $\nu_0+1/\tau_c$ 间有较强分布的频谱 (图 4-2-1)。

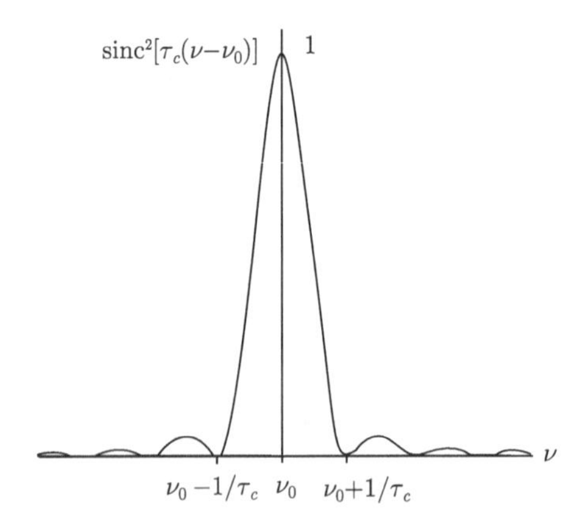


图 4-2-1　实际激光的频谱强度分布

由于频谱的大部分能量集中于 $\nu_0\pm1/(2\tau_c)$ 区间，实际激光的频谱宽度通常定义为

$$\Delta\nu=1/\tau_c \tag{4-2-14}$$

显然，若波列的持续时间 $\tau_c\to\infty$，激光的频谱宽度 $\Delta\nu\to0$。因此，将激光视为理想的单一频率的单色光，是将波列的持续时间视为无穷，这种情况事实上不存在。由于只有波列存在的时间内才有可能考虑该波列的干涉问题，通常也将 $\tau_c$ 称为激光的相干时间[13]。

令 $c$ 为光波的传播速度，波列的长度则为

$$L_c=c\tau_c \tag{4-2-15}$$

相应地，$L_c$ 称为激光的相干长度[13]。

令$\lambda$ 为光波波长，光振动的频率则为 $\nu = c/\lambda$。对该式微分得 $\Delta\nu = (-c/\lambda^2)\cdot\Delta\lambda$。将式 (4-2-14) 代入这个结果可以得到相干长度的另一种表达式

$$L_c = \frac{\lambda^2}{\Delta\lambda} \tag{4-2-16}$$

为对相干长度有一个较直观的概念，现给出一个实例。对于波长 $\lambda = 0.6943\mu\text{m}$ 的红宝石激光，由于 $\Delta\lambda = 0.5 \times 10^{-8}\text{mm}$，有 $L_c \approx 10\text{mm}$。

### 4.2.2　非单色光杨氏干涉实验研究

图 4-2-2 是使用多色扩展光源的杨氏干涉实验示意图。有限带宽的扩展光源 $S$ 发出的光照射到具有两个针孔 $P_0$ 和 $P_1$ 的不透明屏 $A$ 上，在远离它的观察屏 $H$ 上的 $Q$ 点附近观察两光波叠加的结果。不难看出，从记录全息图的角度而言，如果将孔 $P_0$ 发出的光波视为物光，$P_1$ 发出的光波视为参考光，不透明屏 $H$ 则记录了物点 $P_0$ 的全息图。由于任意物体表面发出的光波可以视为表面上不同微面元发出的光波的叠加，我们可以通过杨氏实验较简明地研究多色扩展光源照明下的全息图的性质。

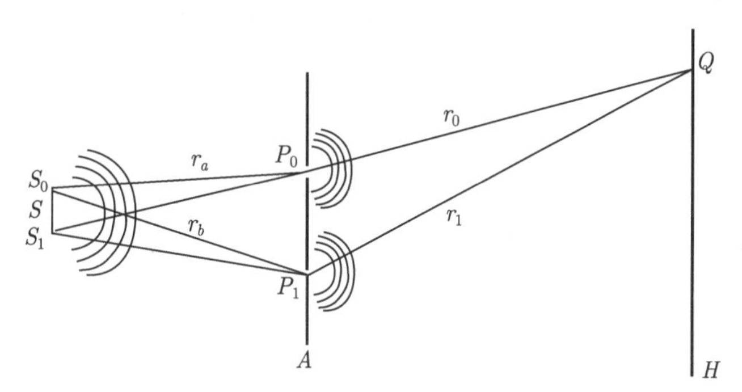


图 4-2-2　多色扩展光源的杨氏干涉实验

设针孔 $P_0$ 和 $P_1$ 到观察点 $Q$ 的距离分别为 $r_0$ 和 $r_1$，$t$ 时刻 $P_0$ 和 $P_1$ 点的光振动分别用解析信号 $u_0(P_0,t)$ 和 $u_1(P_1,t)$ 表示。按照线性叠加原理，$Q$ 点的光振动为

$$U(Q,t) = K_0 u(P_0, t-t_0) + K_1 u(P_1, t-t_1) \tag{4-2-17}$$

式中，$t_0 = r_0/c$，$t_1 = r_1/c$，$c$ 是真空中的光速。$K_0$ 和 $K_1$ 称为传播因子，它们分别与 $r_0$ 和 $r_1$ 成反比，与针孔的大小及 $P_0$ 和 $P_1$ 点处光波的入射角和衍射角相关。由于同时包含了衰减和相移的因素，通常是一个虚数。

由于探测器的响应时间比相干时间长得多，在 $Q$ 点探测到的光强是观察时间内的平均效应，即

$$I(Q) = \langle U(Q,t)\, U^*(Q,t) \rangle \tag{4-2-18}$$

式中，角括号表示对时间的平均运算。

将式 (4-2-17) 代入式 (4-2-18) 得

$$\begin{aligned} I(Q) = {} & K_0^2 \langle u(P_0, t - t_0)\, u^*(P_0, t - t_0) \rangle + K_1^2 \langle u(P_1, t - t_1)\, u^*(P_1, t - t_1) \rangle \\ & + K_0 K_1 \langle u(P_0, t - t_0)\, u^*(P_1, t - t_1) \rangle \\ & + K_0 K_1 \langle u^*(P_0, t - t_0)\, u(P_1, t - t_1) \rangle \end{aligned} \tag{4-2-19}$$

在光学研究中，通常遇到的光学过程可以视为平稳和各态历经的过程[5]，即统计性质不随时间改变，互相干函数只与下式表达的时间差有关

$$\tau = t_1 - t_0 = (r_1 - r_0)/c \tag{4-2-20}$$

可以将光波场的互相干函数 $\Gamma_{01}(\tau)$ 定义为

$$\Gamma_{01}(\tau) = \langle u(P_0, t - t_0)\, u^*(P_1, t - t_1) \rangle = \langle u(P_0, t + \tau)\, u^*(P_1, t) \rangle \tag{4-2-21}$$

于是有

$$\Gamma_{01}^*(\tau) = \langle u^*(P_0, t - t_0)\, u(P_1, t - t_1) \rangle = \langle u(P_0, t + \tau)\, u^*(P_1, t) \rangle^* \tag{4-2-22}$$

当 $P_0$ 和 $P_1$ 点重合时，互相干函数变为自相干函数

$$\langle u(P_0, t + \tau)\, u^*(P_0, t) \rangle = \Gamma_{00}(\tau) \tag{4-2-23}$$

或

$$\langle u(P_1, t + \tau)\, u^*(P_1, t) \rangle = \Gamma_{11}(\tau) \tag{4-2-24}$$

当 $\tau = 0$ 时，以上两式变为

$$\langle u(P_0, t - t_0)\, u^*(P_0, t - t_0) \rangle = \langle u(P_0, t)\, u^*(P_0, t) \rangle = \Gamma_{00}(0) \tag{4-2-25}$$

$$\langle u(P_1, t - t_1)\, u^*(P_1, t - t_1) \rangle = \langle u(P_1, t)\, u^*(P_1, t) \rangle = \Gamma_{11}(0) \tag{4-2-26}$$

以上两式分别是 $P_0$ 和 $P_1$ 点的光强，由这两点发出的光波在 $Q$ 点产生的光强分别为

$$I_0(Q) = K_0^2 \Gamma_{00}(0) \tag{4-2-27}$$

$$I_1(Q) = K_1^2 \Gamma_{11}(0) \tag{4-2-28}$$

按照互相干函数的定义，式 (4-2-19) 可以重写为

$$\begin{aligned} I(Q) &= I_0(Q) + I_1(Q) + K_0 K_1 \left[\Gamma_{01}(\tau) + \Gamma_{01}^*(\tau)\right] \\ &= I_0(Q) + I_1(Q) + 2K_0 K_1 \mathrm{Re}\left[\Gamma_{01}(\tau)\right] \end{aligned} \tag{4-2-29}$$

为简明地表述光的相干性，定义归一化的互相干函数为互相干度

$$\gamma_{01}(\tau) = \frac{\Gamma_{01}(\tau)}{\left[\Gamma_{00}(0)\Gamma_{11}(0)\right]^{1/2}} \tag{4-2-30}$$

利用什瓦茨不等式容易证明[6]

$$\left|\Gamma_{01}(\tau)\right| \leqslant \left[\Gamma_{00}(0)\Gamma_{11}(0)\right]^{1/2} \tag{4-2-31}$$

即 $|\gamma_{01}(\tau)| \leqslant 1$。这样，式 (4-2-29) 也可以用互相干度表示为

$$I(Q) = I_0(Q) + I_1(Q) + 2\sqrt{I_0(Q) I_1(Q)}\mathrm{Re}\left[\gamma_{01}(\tau)\right] \tag{4-2-32}$$

根据 $|\gamma_{01}(\tau)|$ 的取值，通常对两列波的相干性作下述规定：

(1) 当 $|\gamma_{01}(\tau)|$ 取最大值 1 时，$P_0$ 和 $P_1$ 点发出的光波在 $Q$ 点是完全相干的；

(2) 当 $|\gamma_{01}(\tau)|$ 取最小值零时，$Q$ 点的光强为两光波在 $Q$ 点的光强之和，$P_0$ 和 $P_1$ 发出的光波在 $Q$ 点不相干；

(3) 当 $0 < |\gamma_{01}(\tau)| < 1$ 时，$P_0$ 和 $P_1$ 点发出的光波在 $Q$ 点的光振动为部分相干。

根据迈克耳孙关于干涉条纹对比度的定义[7]，在 $Q$ 点干涉条纹对比度可以用 $Q$ 点邻域叠加光波场强度的极大值 $I_{\max}$ 及极小值 $I_{\min}$ 表示

$$C = \frac{I_{\max} - I_{\min}}{I_{\max} + I_{\min}} \tag{4-2-33}$$

根据式 (4-2-32)，我们得到

$$\begin{aligned} I_{\max} &= I_0(Q) + I_1(Q) + 2\sqrt{I_0(Q) I_1(Q)}\left|\gamma_{01}(\tau)\right| \\ I_{\min} &= I_0(Q) + I_1(Q) - 2\sqrt{I_0(Q) I_1(Q)}\left|\gamma_{01}(\tau)\right| \end{aligned}$$

在 $Q$ 点干涉条纹对比度可以重新写为

$$C = \frac{2\sqrt{I_0(Q) I_1(Q)}}{I_0(Q) + I_1(Q)}\left|\gamma_{01}(\tau)\right| = \frac{2K_0 K_1}{K_0^2 + K_1^2}\left|\gamma_{01}(\tau)\right| \tag{4-2-34}$$

这个结果表明，干涉条纹的对比度是互相干度绝对值 $|\gamma_{01}(\tau)|$ 的函数，并且，当 $K_1 = K_0$，即到达 $Q$ 点的两光波强度相同时，我们得到对比度的极大值 $C_{\max} = |\gamma_{01}(\tau)|$。

### 4.2.3 全息研究中将光波视为完全相干波时应满足的条件讨论

由于激光是来自原子或分子组成的大量元辐射源发出的简谐电磁波列的叠加，通常可以将实际激光用下面的等长波列窄带光源模型进行描述。

1. 等长波列窄带光源模型

图 4-2-3 是这种模型的示意图。设光源有 $N$ 个发光基元，$A_m(z,t)$ 代表第 $m$ 个原子发出的波列在 $t$ 时刻沿 $z$ 轴的振幅分布。在激光器工作时，每个原子辐射的光波都具有同样的持续时间 $\tau_c$、每次辐射的光波波列都具有相等的长度，并有相同频率、相同振幅和相同偏振方向。每个原子发出一个波列后有一短暂的时间间隔，这个时间间隔对应于原子从低能级激发到高能级的时间。短暂的时间停留后，原子紧接着辐射下一个波列。发射波列对应于原子从高能级返回低能级时辐射一个光子的时间。设原子从低能级激发到高能级的时间甚小于从高能级返回低能级时辐射光子 (即辐射一个波列) 的时间，并且，在每次辐射光子的持续时间 $\tau_c$ 保持恒值不变，这样，则可以近似认为原子是不间断地辐射等长度 $L_c = c\tau_c$ 的波列，但每次辐射的波列的初相位 $\phi$ 不同 (图 4-2-3)，即不同波列初相位的取值具有随机性[7]。

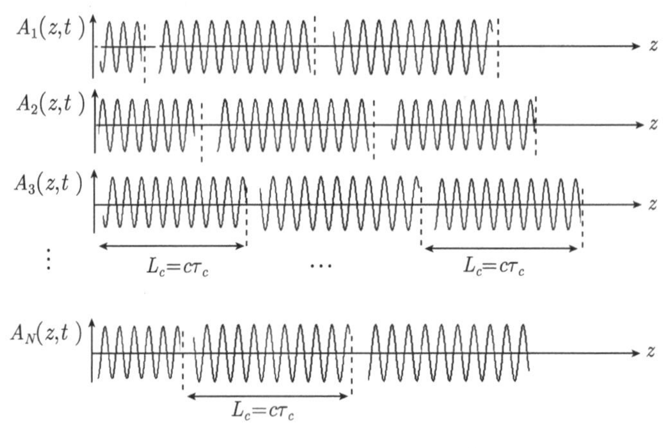


图 4-2-3 等长波列窄带光源模型

由于波列长度或持续时间有限，对每一波列作关于时间 $t$ 的傅里叶变换，其变换结果并不是只在频率坐标上某一点才存在的 $\delta$ 函数，所辐射电磁波的振荡频率事实上分布在 $\bar{\nu}-\delta\nu$ 至 $\bar{\nu}+\delta\nu$ 范围内。具有平均频率 $\bar{\nu}$ 的波列成分最多，低于或高于平均频率的波列成分逐渐减少，$\delta\nu$ 称为光源的 “频谱宽度” 或 “频带宽度”，简称 “带宽”。在频率分布对称的情况下，平均频率处于频率分布的中心，也称为中心频率。因此，实际激光并不是理想的单色光，而是非单色光。但波列长度越长的激光带宽越窄，单色性越好。

2. 等长波列窄带光源的时间相干性

为简化研究，我们首先将图 4-2-2 中照明屏 $A$ 的光源简化为扩展光源 $S$ 上方的一点 $S_0$ 发出的光波。并且，令该点发出的光波满足等长波列窄带光源模型。研究结果将在稍后推广于扩展光源。令 $r_a$ 为点源 $S_0$ 与孔 $P_0$ 间的距离，$r_b$ 为点源 $S_0$ 与孔 $P_1$ 间的距离，由点源 $S_0$ 发出的 $N$ 个波列在观测点 $Q$ 形成的解析信号则可以表示为

$$\sum_{m=1}^{N} K_0 U_m(t) = K_0 \sum_{m=1}^{N} u_m \exp(-\mathrm{j}2\pi\nu t) \exp[\mathrm{j}\phi_m(t)] = K_0 U(t) \tag{4-2-35}$$

式中，$K_0$ 是与距离 $(r_a + r_0)$ 成反比的传播因子。

类似地，由点源 $S_0$ 发出的 $N$ 个波列经过孔 $P_1$ 到达观测点 $Q$ 形成的解析信号表示为

$$\begin{aligned}&\sum_{n=1}^{N} K_1 U_n(t+\tau)\\&= K_1 \sum_{n=1}^{N} u_n \exp[-\mathrm{j}2\pi\nu(t+\tau)] \exp[\mathrm{j}\phi_n(t+\tau)] = K_1 U(t+\tau)\end{aligned} \tag{4-2-36}$$

式中，$K_1$ 是与距离 $(r_b + r_1)$ 成反比的传播因子，并且

$$\tau = \frac{(r_b + r_1) - (r_a + r_0)}{c} \tag{4-2-37}$$

于是，$Q$ 点的解析信号为上面两解析信号之和，即

$$U_Q = K_1 U(t+\tau) + K_0 U(t) \tag{4-2-38}$$

注意到每一波列的振幅均相同，点源 $S_0$ 的自相干函数则是

$$\begin{aligned}\Gamma_{01}(\tau) &= \langle U(t+\tau) U^*(t) \rangle\\&= \exp(-\mathrm{j}2\pi\nu\tau) \left\langle \sum_{n=1}^{N} \sum_{m=1}^{N} u_n u_m^* \exp\{\mathrm{j}[\phi_n(t+\tau) - \phi_m(t)]\} \right\rangle\end{aligned} \tag{4-2-39}$$

将对 $m$ 的求和号分解为 $m = n$ 和 $m \neq n$ 两组，上式变为

$$\Gamma_{01}(\tau) = \exp(-\mathrm{j}2\pi\nu\tau) \left\langle \sum_{n=1}^{N} |u_n|^2 \exp\{\mathrm{j}[\phi_n(t+\tau) - \phi_n(t)]\} + (\text{cross} - \text{terms}) \right\rangle \tag{4-2-40}$$

式中

$$\text{(cross}-\text{terms)}=\sum_{n=1}^{N}\sum_{\substack{m=1\\(m\neq n)}}^{N}u_nu_m^*\exp\{\mathrm{j}[\phi_n(t+\tau)-\phi_m(t)]\}\tag{4-2-40a}$$

式中，第二组求和项 $(m\neq n)$ 是对不同原子辐射的两波列求和，称交叉项 (cross-terms)。对于 $n\neq m$ 的交叉项，由于每个原子每次辐射的波列初相位是随机的，在 $0\sim 2\pi$ 随机变化，不同原子辐射的波列之间的相位差 $\phi_n(t+\tau)-\phi_m(t)$ 也随之随机变化。因此

$$\langle\text{cross}-\text{terms}\rangle=\left\langle\sum_{n=1}^{N}\sum_{\substack{m=1\\(m\neq n)}}^{N}|u_m|^2\exp\{\mathrm{j}[\phi_n(t+\tau)-\phi_m(t)]\}\right\rangle=0\tag{4-2-41}$$

再考虑式 (4-2-40) 中第一个求和项 $(m=n)$，注意到在这个求和号内的每一项都是同一个原子辐射的波列被分成两束并分别通过两只光路后在探测器上相遇的叠加。在时间间隔 $0\leqslant t<\tau$ 内，当第 $n$ 个原子辐射的波列 1 到达探测器上时，该原子同一次辐射的波列 2 还未到达，与之在探测器 D 上相遇的是该原子前一次辐射的波列 2。故它们的相位差一般不为零，以 $\Delta\phi_n$ 表示它们的相位差，即 $[\phi_n(t+\tau)-\phi_n(t)]=\Delta\phi_n$。而在 $\tau\leqslant t<\tau_c$ 时间间隔内，则是同一个原子同一次辐射的波列 1 与波列 2 相遇，它们的初相位是相等的，在此时间间隔内它们的相位差为零，即 $\phi_n(t+\tau)-\phi_n(t)=0$。因此，在时间间隔 $0\leqslant t<\tau_c$ 内相位差可以表示为

$$\phi_n(t+\tau)-\phi_n(t)=\begin{cases}\Delta\phi_n, & 0\leqslant t<\tau\\ 0, & \tau\leqslant t<\tau_c\end{cases}\tag{4-2-42}$$

在 $0\leqslant t<\tau_c$ 时间内 $\exp\{\mathrm{j}[\phi_n(t+\tau)-\phi_n(t)]\}$ 的平均值为

$$\begin{aligned}&\frac{1}{\tau_c}\int_0^{\tau_c}\exp\{\mathrm{j}[\phi_n(t+\tau)-\phi_n(t)]\}\mathrm{d}t\\=&\frac{1}{\tau_c}\left[\int_0^{\tau}\exp(\mathrm{j}\Delta\phi_n)\mathrm{d}t+\int_{\tau}^{\tau_c}\mathrm{d}t\right]\\=&\frac{\tau}{\tau_c}\exp(\mathrm{j}\Delta\phi_n)+1-\frac{\tau}{\tau_c}\end{aligned}$$

对足够长时间求平均时，因为不同原子的初相位以及同一原子相邻前后两次辐射的初相位和初相位差取值都是随机的，即不同序数 $n$ 以及不同发光持续时间的 $\phi_n$ 和 $\Delta\phi_n$ 之值都是随机的。故 $\exp(\mathrm{j}\Delta\phi_n)$ 对时间的平均值为零，即 $\langle\exp(\mathrm{j}\Delta\phi_n)\rangle=0$。因此，有

$$\langle\exp\{\mathrm{j}[\phi_n(t+\tau)-\phi_n(t)]\}\rangle=1-(\tau/\tau_c)\tag{4-2-43}$$

于是

$$\left\langle \sum_{n=1}^{N} |u_n|^2 \exp\{\mathrm{j}[\phi_n(t+\tau)-\phi_n(t)]\} \right\rangle = \sum_{n=1}^{N} |u_n|^2 \left(1-\frac{\tau}{\tau_c}\right) = I_0\left(1-\frac{\tau}{\tau_c}\right) \tag{4-2-44}$$

式中，$I_0$ 是在不考虑衰减和相位滞后情况下，由 $S_0$ 发出的 $N$ 个波列在探测器上的总光强，即

$$I_0 = \sum_{n=1}^{N} |u_n|^2 = N|u_0|^2 \tag{4-2-45}$$

于是，式 (4-2-40) 可写为

$$\Gamma_{01}(\tau) = I_0 \exp(-\mathrm{j}2\pi\nu\tau)\left[1-(\tau/\tau_c)\right] \tag{4-2-46}$$

不过，当 $\tau$ 取负值时，式中 $\tau$ 应取绝对值，即式 (4-2-46) 应改写为

$$\Gamma_{01}(\tau) = I_0 \exp(-\mathrm{j}2\pi\nu\tau)\left[1-(|\tau|/\tau_c)\right] = I_0 \exp(-\mathrm{j}2\pi\nu\tau)\Lambda(|\tau|/\tau_c) \tag{4-2-47}$$

式中，“$\Lambda$” 为三角状函数符号 (见第 1 章)，在这里的具体形式为

$$\Lambda(|\tau|/\tau_c) = \begin{cases} 1-(|\tau|/\tau_c), & |\tau| < \tau_c \\ 0, & |\tau| \geqslant \tau_c \end{cases}$$

容易证明 $\Gamma_{00}(\tau) = \Gamma_{11}(\tau) = \Gamma_{01}(\tau)$。于是，复自相干度为

$$\gamma_{01}(\tau) = \frac{\Gamma_{01}(\tau)}{\left[\Gamma_{00}(0)\,\Gamma_{01}(0)\right]^{1/2}} = \exp(-\mathrm{j}2\pi\nu\tau)\Lambda\left(\frac{|\tau|}{\tau_c}\right) \tag{4-2-48}$$

至此，我们导出了等长波列窄带光源的自相干函数及复自相干度的表达式。

在式 (4-2-32) 中，还有 $I_0(Q)$ 及 $I_1(Q)$ 两项，由于 $\Gamma_{00}(\tau) = \Gamma_{11}(\tau) = \Gamma_{01}(\tau)$，用类似方法可得

$$I_0(Q) = K_0^2\Gamma_{00}(0) = K_0^2 N|u_0|^2 \tag{4-2-49}$$

$$I_1(Q) = K_1^2\Gamma_{11}(0) = K_1^2 N|u_0|^2 \tag{4-2-50}$$

将上述结果以及式 (4-2-48) 代入式 (4-2-32)，有

$$I(Q) = K_0^2 N|u_0|^2 + K_1^2 N|u_0|^2 + 2K_0K_1N|u_0|^2\cos(-2\pi\nu\tau)\Lambda\left(\frac{\tau}{\tau_c}\right) \tag{4-2-51}$$

根据式 (4-2-34)，干涉条纹的对比度则为

$$C = \frac{2|K_0K_1|}{K_0^2+K_1^2}\Lambda\left(\frac{\tau}{\tau_c}\right) \tag{4-2-52}$$

根据式 (4-2-51)，图 4-2-4 给出 $K_0$ 及 $K_1$ 有不同比值时的两组 $I(Q) \sim \tau$ 曲线[10,11]。

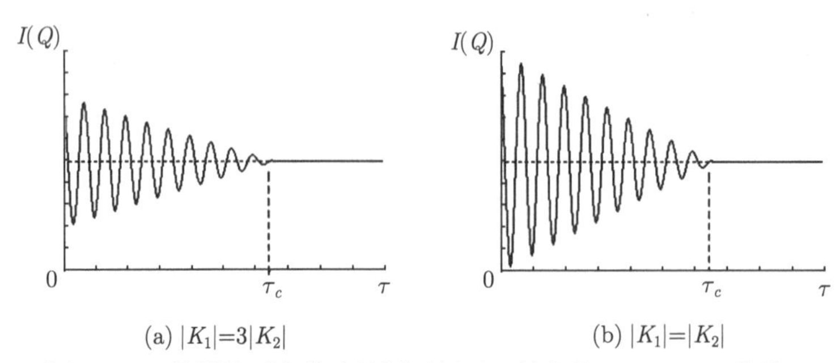


(a) $|K_1|=3|K_2|$　　(b) $|K_1|=|K_2|$

图 4-2-4　等长波列窄带光波通过杨氏干涉仪的 $I(Q) \sim \tau$ 曲线

由图 4-2-4(b) 可知，当到达屏 $A$ 上 $P_0$ 及 $P_1$ 两个孔的光强相等时，在观测屏 $H$ 上的干涉条纹对比度未必等于 1，而是等于复自相干度的模量，其值随着时间差 $\tau$ 的增加而减小。由于 $\tau$ 与到达观测点的两路光的光程差 $|(r_b+r_1)-(r_a+r_0)|$ 成正比，当 $\tau$ 大于相干时间 $\tau_c$ 或光程差超过相干长度 $L_c=c\tau_c$ 时，将不能形成干涉条纹。虽然上面的结论是基于等长波列窄带光源模型得到的，但其结论与使用实际激光照明的实验吻合甚好[13]。由于不同的激光有不同的相干时间及相干长度，为获得较好的全息图质量，在全息图记录系统中布置光路时，通常让物光及参考光的程差尽量小，即作到它们之间的程差为零或接近于零，常称等光程或零程差配置。

将照明双孔 $P_0$ 及 $P_1$ 的光源视为点光源，我们得到了能够有效拍摄全息图的等光程条件。以下，将上面的讨论结果推广到有一定的物理尺寸的实际光源的情况。实际光源可以视为在不同位置的点源的非相干叠加[13]，很容易证明，其叠加结果在一定程度降低了干涉条纹的对比度。因此，为记录一个高质量的全息图，应该尽可能使用尺寸较小的照明光源[7]。在应用研究中，通常是使用一焦距较小的透镜将光束聚焦，并且，在焦平面上放置一个孔径较小的空间滤波器，仅仅让光束接近零频率的分量通过。这样，通过聚焦及空间滤波的激光束变为振幅分布较均匀的来自滤波孔的球面波。用这样的光源来作为照明物光及参考光，则能获得质量较好的全息图。

现在，再来讨论将实际照明光视为单色及完全相干光的物理特性。在同轴及离轴全息的研究中，式 (4-1-1) 或者式 (4-1-7) 是描述全息图的最基本的理论表达式，这两个式子均可以写为下面的形式

$$I(x,y)=|R|^2+|O(x,y)|^2+2|R||O(x,y)|\cos[\arg(R)-\arg(O(x,y))] \tag{4-2-53}$$

式中，$\arg(R)$ 及 $\arg(O(x,y))$ 分别是参考光及物光复振幅的辐角。将上式与式 (4-2-51) 比较不难看出，除了式 (4-2-51) 中的三角状函数有可能降低干涉条纹的

对比度外，它们具有相同的物理意义。但是，只要我们在记录全息图时让物光及参考光的光程基本相等，并且，让照明光变为上面所述的来自空间滤波孔的球面波，就可以继续将实际照明光视为单色及完全相干光来简化问题的研究。

### 4.2.4 记录菲涅耳平面全息图的光学系统

在物光的菲涅耳衍射区拍摄的全息图称为菲涅耳全息图。基于上面的研究及离轴全息图的基本原理，图 4-2-5 给出一个实用的记录菲涅耳平面全息图的光学系统。图中，来自激光器的光束经分束镜 $S$ 分为两部分。穿过 $S$ 并沿水平方向传播的光束经透镜 $L_0$ 及空间滤波器后，成为来自滤波孔的球面波，再经反射镜 $M_0$ 反射后，形成照明物光投向物体。经物体表面散射的光波到达感光屏 $H$ 形成物光。沿分束镜 $S$ 上方传出的另一束光经平面镜 $M_1$，$M_2$，$M_3$ 反射后到达透镜 $L_1$，经 $L_1$ 及空间滤波器后，形成球面参考光波到达感光屏 $H$。图中，$M_1$ 和 $M_2$ 组成光程补偿器，通过这两面反射镜位置的上下平移，能够让到达感光屏的物光和参考光的轴上光程一致，保持物光和参考光的高相干性，形成高质量的全息图。

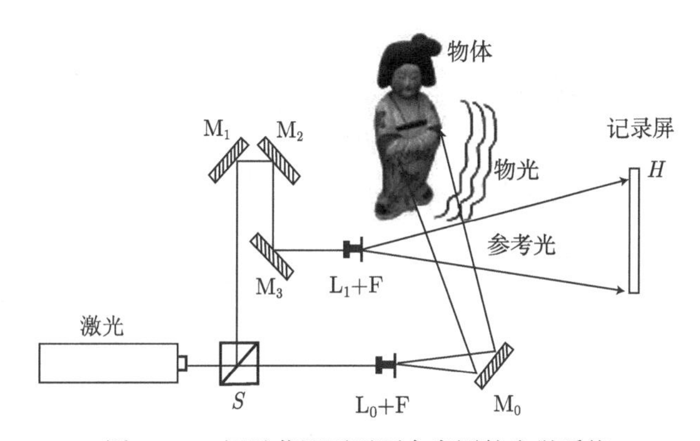


图 4-2-5 记录菲涅耳平面全息图的光学系统

以上仅仅给出一个记录菲涅耳平面全息图光学系统的实例。在应用研究中，根据需要可以设计出多种形式的全息记录系统。例如，将通过空间滤波器的球面波用透镜变换为平行光照明物体或形成参考光。本书后续研究中还将介绍许多不同形式的全息图记录系统。

## 4.3 菲涅耳全息图及重现像性质研究

在以上的研究中，我们默认全息图记录时使用的是二维感光材料，全息图记录了物光和参考光在其传播空间的某一平面上的干涉图样，这种全息图称平面全息图 (plane hologram)。事实上，物光和参考光的干涉存在于它们相遇的三维空间，采用有一定厚度的感光材料能记录下物光和参考光在某一空间范围的干涉图像，称为体积全息图 (volume holograms)[7,12]。但是，为与本书将研究的数字全息相对应，我们不对体积全息图进行研究。以下将基于菲涅耳衍射积分及柯林斯公式，对应用研究中最重要也是最常见的菲涅耳全息图的记录及重现像性质进行讨论。

由于任意发光物体都可视为发光点的集合，平面波可以视为波面半径无限大的球面波。不失一般性，下面以物体表面某一发光点为研究对象，将参考光及重现光均视为空间点源发出的球面波，研究点源形成的全息图及重现光照射下重现像的形成规律[4,13]。

### 4.3.1　点源全息图的记录

为便于理论分析，在图 4-2-5 的全息记录光路中定义直角坐标 $o$-$xyz$，图 4-3-1 给出记录点源全息图的简化光路及坐标定义图[4]。图中，全息图记录平面为 $z=0$ 平面，被研究的物体表面上发光点为 $P_0(x_0,y_0,-z_0)$，球面参考光由 $P_r(x_r,y_r,-z_r)$ 点发出。

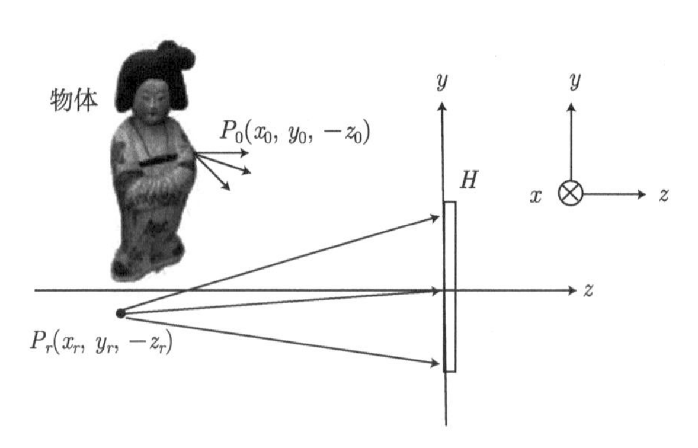


图 4-3-1　点源全息图的理论研究坐标定义

用 $\delta$ 函数表示点源，物光和参考光到达记录平面的光波场可根据菲涅耳衍射近似分别写为[12]

$$u_0(x,y)=\frac{\exp(\mathrm{j}kz_0)}{\mathrm{j}\lambda z_0}\int_{-\infty}^{\infty}\int_{-\infty}^{\infty}\delta(\xi-x_0,\eta-y_0)\times\exp\left\{\mathrm{j}\frac{k}{2z_0}\left[(x-\xi)^2+(y-\eta)^2\right]\right\}\mathrm{d}\xi\mathrm{d}\eta \tag{4-3-1}$$

$$u_r(x,y)=\frac{\exp(\mathrm{j}kz_r)}{\mathrm{j}\lambda z_r}\int_{-\infty}^{\infty}\int_{-\infty}^{\infty}\delta(\xi-x_r,\eta-y_r)\times\exp\left\{\mathrm{j}\frac{k}{2z_r}\left[(x-\xi)^2+(y-\eta)^2\right]\right\}\mathrm{d}\xi\mathrm{d}\eta \tag{4-3-2}$$

根据 $\delta$ 函数的筛选性质有

$$u_0(x,y) = A_0' \exp\left\{\mathrm{j}\frac{k}{2z_0}\left[(x-x_0)^2+(y-y_0)^2\right]\right\} \tag{4-3-3}$$

$$u_r(x,y) = A_r' \exp\left\{\mathrm{j}\frac{k}{2z_r}\left[(x-x_r)^2+(y-y_r)^2\right]\right\} \tag{4-3-4}$$

式中，$A_0' = \dfrac{\exp(\mathrm{j}kz_0)}{\mathrm{j}\lambda z_0}$，$A_r' = \dfrac{\exp(\mathrm{j}kz_r)}{\mathrm{j}\lambda z_r}$。

定义复常数 $A_0 = A_0' \exp\left[\dfrac{\mathrm{j}k}{2z_0}\left(x_0^2+y_0^2\right)\right]$，$A_r = A_r' \exp\left[\dfrac{\mathrm{j}k}{2z_r}\left(x_r^2+y_r^2\right)\right]$，以上两式也可以写为

$$u_0(x,y) = A_0 \exp\left[\frac{\mathrm{j}k}{2z_0}(x^2+y^2)\right]\exp\left[-\mathrm{j}k\left(\frac{x_0}{z_0}x+\frac{y_0}{z_0}y\right)\right] \tag{4-3-5}$$

$$u_r(x,y) = A_r \exp\left[\frac{\mathrm{j}k}{2z_r}(x^2+y^2)\right]\exp\left[-\mathrm{j}k\left(\frac{x_r}{z_r}x+\frac{y_r}{z_r}y\right)\right] \tag{4-3-6}$$

到达感光屏的光强分布则是

$$I(x,y) = |u_0|^2 + |u_r|^2 + u_0u_r^* + u_0^*u_r$$

引入实常数$\beta$，在记录材料的线性区域，正常曝光及显影定影处理后全息图的复振幅透射率即为

$$t_A = t_0 + \beta I = t_b + \beta|u_0|^2 + \beta u_0u_r^* + \beta u_0^*u_r \tag{4-3-7}$$

至此，我们得到了点源的全息图。

### 4.3.2 点源全息图的再现

1. 用同波长的点光源照明全息图

设照明全息图的点源位于 $P_B(x_B, y_B, z_B)$ 点，按照上面球面波的表示方式，到达全息图的光波复振幅分布可直接写为

$$u_B(x,y) = A_B \exp\left[\frac{\mathrm{j}k}{2z_B}(x^2+y^2)\right]\exp\left[-\mathrm{j}k\left(\frac{x_B}{z_B}x+\frac{y_B}{z_B}y\right)\right] \tag{4-3-8}$$

式中，$A_B$ 为与点光源的位置、初始相位及强度相关的复常数。于是，全息图的衍射光复振幅分布为

$$u_Bt_A = u_Bt_b + u_B\beta|u_0|^2 + u_B\beta u_0u_r^* + u_B\beta u_0^*u_r = u_1+u_2+u_3+u_4 \tag{4-3-9}$$

现对等式右边第 3 项代表的衍射光进行讨论。

$$\begin{aligned} u_3 &= u_B \beta u_0 u_r^* \\ &= A_3 \exp\left[\frac{\mathrm{j}k}{2}\left(\frac{1}{z_B}+\frac{1}{z_0}-\frac{1}{z_r}\right)(x^2+y^2)\right] \\ &\quad \times \exp\left\{-\mathrm{j}k\left[\left(\frac{x_B}{z_B}+\frac{x_0}{z_0}-\frac{x_r}{z_r}\right)x+\left(\frac{y_B}{z_B}+\frac{y_0}{z_0}-\frac{y_r}{z_r}\right)y\right]\right\} \\ &= A_3 \exp\left[\frac{\mathrm{j}k}{2z_p}(x^2+y^2)\right]\exp\left[-\mathrm{j}k\left(\frac{x_p}{z_p}x+\frac{y_p}{z_p}y\right)\right] \end{aligned} \tag{4-3-10}$$

式中，$A_3=\beta A_B A_0 A_r^*$。以及 (4-3-11)

$$\frac{1}{z_p}=\frac{1}{z_B}+\frac{1}{z_0}-\frac{1}{z_r} \tag{4-3-12}$$

$$\frac{x_p}{z_p}=\frac{x_B}{z_B}+\frac{x_0}{z_0}-\frac{x_r}{z_r} \tag{4-3-13}$$

$$\frac{y_p}{z_p}=\frac{y_B}{z_B}+\frac{y_0}{z_0}-\frac{y_r}{z_r} \tag{4-3-14}$$

可见，第 3 项衍射光等效于位置在 $P_p(x_p,y_p,z_p)$ 处的点光源发出的球面波。

不难看出，若再现时照明点光源放在原参考点源处，即 $x_B=x_r$，$y_B=y_r$，$z_B=z_r$，则有 $z_p=z_0$，$x_p=x_0$，$y_p=y_0$，即 $P_p(x_p,y_p,z_p)$ 与 $P_0(x_0,y_0,z_0)$ 点重合。这时，第 3 项衍射光 $u_3$ 是再现原来物点源 $u_0$ 的光波。若 $z_p=z_0>0$，则 $u_3$ 是发散的球面波，在 $z$ 轴负向的观察者能透过全息图看到物点的虚像，就好像光波是从原来的物点发出一样。因此，常将 $u_3$ 称为物光。反之，$z_p<0$ 时，衍射光 $u_3$ 是向 $(x_p,y_p,-|z_p|)$ 点会聚的形成原物点实像的球面波。

类似地，第 4 项衍射光可以展开成

$$\begin{aligned} u_4 &= u_B \beta u_0^* u_r \\ &= A_4 \exp\left[\frac{\mathrm{j}k}{2}\left(\frac{1}{z_B}-\frac{1}{z_0}+\frac{1}{z_r}\right)(x^2+y^2)\right] \\ &\quad \times \exp\left\{-\mathrm{j}k\left[\left(\frac{x_B}{z_B}-\frac{x_0}{z_0}+\frac{x_r}{z_r}\right)x+\left(\frac{y_B}{z_B}-\frac{y_0}{z_0}+\frac{y_r}{z_r}\right)y\right]\right\} \\ &= A_4 \exp\left[\frac{\mathrm{j}k}{2z_c}(x^2+y^2)\right]\exp\left[-\mathrm{j}k\left(\frac{x_c}{z_c}x+\frac{y_c}{z_c}y\right)\right] \end{aligned} \tag{4-3-15}$$

式中，$A_4=\beta A_B A_0^* A_r$。 (4-3-16)

比较相应系数得

$$\frac{1}{z_c}=\frac{1}{z_B}-\frac{1}{z_0}+\frac{1}{z_r} \tag{4-3-17}$$

$$\frac{x_c}{z_c}=\frac{x_B}{z_B}-\frac{x_0}{z_0}+\frac{x_r}{z_r} \tag{4-3-18}$$

$$\frac{y_c}{z_c} = \frac{y_B}{z_B} - \frac{y_0}{z_0} + \frac{y_r}{z_r} \tag{4-3-19}$$

这就是说，第 4 项衍射光有如一个位置在 $P_c(x_c, y_c, z_c)$ 点处的点光源发出的球面波。若再现时照明点光源放在原参考点源处，$x_B = x_r$，$y_B = y_r$，$z_B = z_r$，则

$$\frac{1}{z_c} = \frac{2}{z_r} - \frac{1}{z_0} \quad 或 \quad z_c = \frac{z_0 z_r}{2z_0 - z_r} \tag{4-3-20}$$

第 4 项衍射光常称共轭物光，所形成的像称共轭像。从式 (4-3-20) 容易看出，当 $z_0 > z_r/2$ 时，$z_c > 0$，$u_4$ 为发散的球面波，共轭像为虚像。反之，当 $z_0 < z_r/2$ 时，$z_c < 0$，$u_4$ 为会聚的球面波，形成的共轭像为实像。

2. 用另一波长的点光源照明全息图

令记录时使用的光源波长为 $\lambda_1$，再现时使用的光源波长为 $\lambda_2$，通过类似的计算，可得与衍射光 $u_3$ 对应的原始像坐标表达式[12]

$$\frac{1}{z_p} = \frac{1}{z_B} + \mu\left(\frac{1}{z_0} - \frac{1}{z_r}\right) \tag{4-3-21}$$

$$\frac{x_p}{z_p} = \frac{x_B}{z_B} + \mu\left(\frac{x_0}{z_0} - \frac{x_r}{z_r}\right) \tag{4-3-22}$$

$$\frac{y_p}{z_p} = \frac{y_B}{z_B} + \mu\left(\frac{y_0}{z_0} - \frac{y_r}{z_r}\right) \tag{4-3-23}$$

式中

$$\mu = \lambda_2/\lambda_1 \tag{4-3-24}$$

另外，还能得到衍射光 $u_4$ 对应的共轭像坐标的表达式

$$\frac{1}{z_c} = \frac{1}{z_B} - \mu\left(\frac{1}{z_0} - \frac{1}{z_r}\right) \tag{4-3-25}$$

$$\frac{x_c}{z_c} = \frac{x_B}{z_B} - \mu\left(\frac{x_0}{z_0} - \frac{x_r}{z_r}\right) \tag{4-3-26}$$

$$\frac{y_c}{z_c} = \frac{y_B}{z_B} - \mu\left(\frac{y_0}{z_0} - \frac{y_r}{z_r}\right) \tag{4-3-27}$$

3. 参考光及重现光均为平面波的讨论

当参考光和照明光均为平行光时，可根据以上研究结果令 $z_r \to \infty$ 及 $z_B \to \infty$ 进行讨论。例如，同一波长照明光重建时，式 (4-3-12)，式 (4-3-13) 及式 (4-3-14) 变为

$$\frac{1}{z_p} = \frac{1}{z_0} \tag{4-3-28}$$

$$\frac{x_p}{z_p} = \frac{x_0}{z_0} \tag{4-3-29}$$

$$\frac{y_p}{z_p} = \frac{y_0}{z_0} \tag{4-3-30}$$

又如，用另一波长的点光源照明全息图时，式 (4-3-21)，式 (4-3-22) 及式 (4-3-23) 变为

$$\frac{1}{z_p} = \mu\frac{1}{z_0} \tag{4-3-31}$$

$$\frac{x_p}{z_p} = \mu\frac{x_0}{z_0} \tag{4-3-32}$$

$$\frac{y_p}{z_p} = \mu\frac{y_0}{z_0} \tag{4-3-33}$$

### 4.3.3　像的放大率

1. 像的横向放大率

若物点 $x_0$ 或 $y_0$ 坐标发生微小变化时，其余参数不变，像的横向放大率 $M_p$ 定义为像点坐标 $x_p$ 的变化与 $x_0$ 变化之比 (或 $y_p$ 的变化与 $y_0$ 变化之比)。

根据式 (4-3-22) 式及式 (4-3-23)，利用偏微分容易证明物体像的放大率为

$$M_p = \frac{\partial x_p}{\partial x_0} = \frac{\partial y_p}{\partial y_0} = \mu\frac{z_p}{z_0} \tag{4-3-34}$$

若物点 $x_0$ 或 $y_0$ 坐标发生微小变化，其余参数不变，共轭像的横向放大率 $M_c$ 定义为像点坐标 $x_c$ 的变化与 $x_0$ 变化之比 (或 $y_c$ 的变化与 $y_0$ 变化之比)。

根据式 (4-3-26) 及式 (4-3-27)，得

$$M_c = \frac{\partial x_c}{\partial x_0} = \frac{\partial y_c}{\partial y_0} = -\mu\frac{z_c}{z_0} \tag{4-3-35}$$

2. 像的轴向放大率

若物点 $z_0$ 坐标发生微小变化，其余参数不变，像的轴向放大率 $M_{Lp}$ 定义为像点坐标 $z_p$ 的变化量与 $z_0$ 变化量之比。对式 (4-3-21) 求微分有

$$\frac{\Delta z_p}{z_p^2} = \mu\frac{\Delta z_0}{z_0^2}$$

于是得

$$M_{Lp} = \frac{\Delta z_p}{\Delta z_0} = \mu\frac{z_p^2}{z_0^2} \tag{4-3-36}$$

类似地，若物点 $z_0$ 坐标发生微小变化，其余参数不变，共轭像的轴向放大率 $M_{Lc}$ 定义为像点坐标 $z_c$ 的变化量与 $z_0$ 变化量之比。根据式 (4-3-25) 可以得到

$$M_{Lc} = \frac{\Delta z_c}{\Delta z_0} = -\mu\frac{z_c^2}{z_0^2} \tag{4-3-37}$$

### 4.3.4 像的线模糊

像的分辨率或线模糊和记录与再现时参考光源与再现光源的大小，光源的单色性以及衍射受限等因素有关，下面在无像差的情况下进行讨论。

1. 照明光源尺寸对再现像的影响

将 $x_B$ 视为变量，根据式 (4-3-13) 对 $x_p$ 求微分得

$$\frac{\Delta x_p}{z_p} = \frac{\Delta x_B}{z_B}$$

于是有

$$\Delta x_p = \frac{z_p}{z_B}\Delta x_B \tag{4-3-38}$$

类似地，利用式 (4-3-14)，式 (4-3-18) 及式 (4-3-19) 可得

$$\Delta y_p = \frac{z_p}{z_B}\Delta y_B \tag{4-3-39}$$

$$\Delta x_c = \frac{z_c}{z_B}\Delta x_B \tag{4-3-40}$$

$$\Delta y_c = \frac{z_c}{z_B}\Delta y_B \tag{4-3-41}$$

基于上面的结果可以想象，长为 $\overline{BB}'$ 的线光源照明全息图后，点源的重现像变成长为 $\overline{PP}'$ 的线段。根据以上诸式，在 $\overline{PP}'$ 不很长的情况下，对于重现实像及虚像分别有

$$\overline{PP}' = \frac{z_p}{z_B}\overline{BB}' \tag{4-3-42}$$

$$\overline{PP}' = \frac{z_c}{z_B}\overline{BB}' \tag{4-3-43}$$

容易看出，当物体由大量点源组成时，这种展宽将引起像各个部分的重叠而导致重现像的线模糊，所以 $\overline{PP}'$ 必须限制在一定范围之内。当 $\overline{PP}'$ 的限制值一定时，若 $(z_p/z_B)$ 的比值甚小，则 $\overline{BB}'$ 可以取较大之值。例如，当 $z_p \to 0$ 时，$\overline{BB}'$ 可以很大。因此，拍全息图时，常使物体尽量靠近全息片。当物体位于全息片上时，$z_p = 0$，$\overline{PP}' = 0$。在此情况下，即使采用扩展光源照明全息图也能再现出清晰的像。应用研究中，通常可以利用透镜将物体的实像成像在全息记录屏上，或用共轭再现的方法，将物体的实像成像在全息记录屏上。

2. 再现光源单色性的影响

若照明光源有一定的线宽 $\Delta\lambda$，线宽的存在会使再现像点扩展而变模糊。这种现象称为色模糊或色差。色差也分为横向色差与纵向色差两种。现以横向色差为例作讨论。

当波长$\lambda_2$ 的照明光源有 $\Delta\lambda$ 波长展宽时，将式 (4-3-22) 写成

$$x_p = \frac{x_B}{z_B} z_p + \frac{\lambda_2}{\lambda_1}\left(\frac{x_0}{z_0} - \frac{x_r}{z_r}\right) z_p$$

对上式求微分 $\Delta x_p$，并注意 $z_p$ 也是波长的变量，则得到 $x$ 方向的横向色差

$$\Delta x_p = \frac{x_B}{z_B}\Delta z_p + \frac{\Delta\lambda}{\lambda_1}\left(\frac{x_0}{z_0} - \frac{x_r}{z_r}\right) z_p + \frac{\lambda_2}{\lambda_1}\left(\frac{x_0}{z_0} - \frac{x_r}{z_r}\right)\Delta z_p \tag{4-3-44}$$

类似地，对式 (4-3-23) 求微分 $\Delta y_p$，$y$ 方向的横向色差为

$$\Delta y_p = \frac{y_B}{z_B}\Delta z_p + \frac{\Delta\lambda}{\lambda_1}\left(\frac{y_0}{z_0} - \frac{y_r}{z_r}\right) z_p + \frac{\lambda_2}{\lambda_1}\left(\frac{y_0}{z_0} - \frac{y_r}{z_r}\right)\Delta z_p \tag{4-3-45}$$

为计算以上两式，必须知道纵向色差 $\Delta z_p$ 与 $\Delta\lambda$的关系。根据式 (4-3-21)，求 $z_p$ 的微分即得

$$\Delta z_p = -\frac{\Delta\lambda}{\lambda_1}\left(\frac{1}{z_0} - \frac{1}{z_r}\right) z_p^2 \tag{4-3-46}$$

至此，我们导出了横向色差及纵向色差的表达式。可以看出，当物体靠近全息图，即 $z_0 \to 0$ 时，再现像的轴向距离 $z_p \to 0$，由式 (4-3-44)，式 (4-3-45) 及式 (4-3-46) 可知，$\Delta x_p \to 0$，$\Delta y_p \to 0$，$\Delta z_p \to 0$。这样，当物体位于或邻近全息片时，全息图的横向色差和纵向色差都趋于零，可以用白光再现出清晰的彩色图像。

作为实例，图 4-3-2 及图 4-3-3 分别给出两组用白炽灯照明重现并在正面及两侧观察到的像全息重现图像。可以看出，从不同的视角能够看到物体的不同侧面。

右视图像

正视图像

左视图像

图 4-3-2　用白炽灯照明重现的假面具像

(拍摄于北京邮电大学全息陈列室)

(彩图见下册附录 C 或者见随书所附光盘)

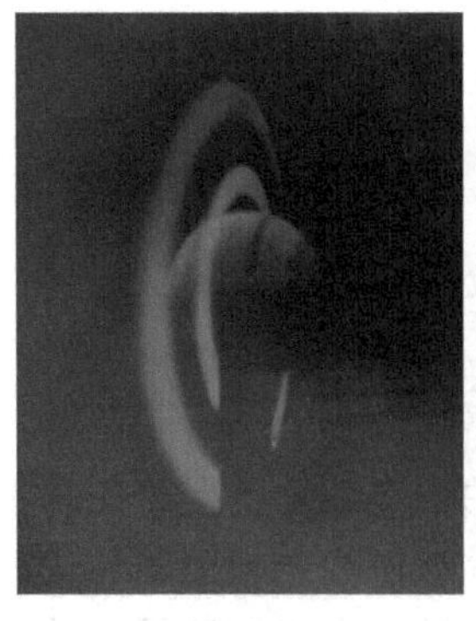
右视图像

正视图像

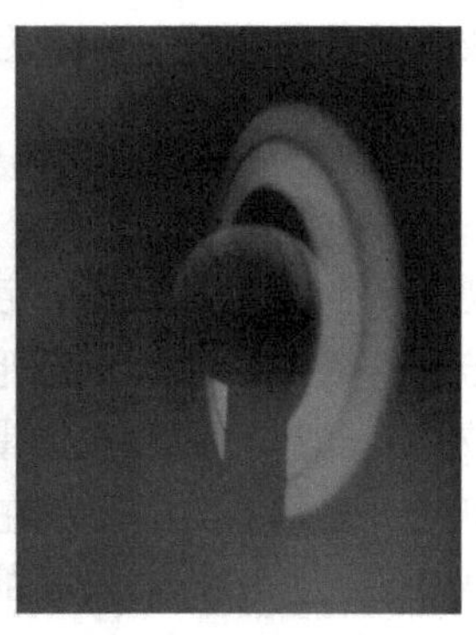
左视图像

图 4-3-3 用白炽灯照明重现的土星模型像

(拍摄于昆明理工大学全息陈列室)

(彩图见下册附录 C 或者见随书所附光盘)

## 4.4 几种常用的平面全息图

### 4.4.1 夫琅禾费全息图

定义直角坐标 $o\text{-}xyz$，全息记录屏处于 $xy$ 平面，其中心位于坐标原点，垂直于光轴 $z$，并与物体表面相切的平面是 $x_0y_0$ 平面，两平面间的距离为 $z_0$。若物平面光波场复振幅分布为 $o(x_0, y_0)$，根据式 (2-2-46)，到达全息记录屏的物光场为[7]

$$O(x,y)=\frac{\exp(\mathrm{j}kz_0)}{\mathrm{j}\lambda z_0}\exp\left[\frac{\mathrm{j}k}{2z_0}\left(x^2+y^2\right)\right]\int_{-\infty}^{\infty}\int_{-\infty}^{\infty}o(x_0,y_0)$$
$$\times\exp\left[\frac{\mathrm{j}k}{2z_0}\left(x_0^2+y_0^2\right)\right]\exp\left\{-\mathrm{j}2\pi\left(\frac{x}{\lambda z_0}x_0+\frac{y}{\lambda z_0}y_0\right)\right\}\mathrm{d}x_0\mathrm{d}y_0 \quad (4\text{-}4\text{-}1)$$

式中，$k=2\pi/\lambda$, $\lambda$ 为光波长。

在应用研究中，全息图均在物光的菲涅耳衍射区记录。原则上，可以将能用上积分表述物光场的全息图均视为菲涅耳全息图。然而，当到达记录屏的物光取某些特殊形式时，为强调这些全息图的特殊性，通常将这些全息图冠予特殊的名称。以下讨论的夫琅禾费衍射图便是一例。

当 $z_0$ 与所拍摄物体的线度相比甚大，即 $(k/2z_0)\left(x_0^2+y_0^2\right)\ll\pi$ 时，忽略物光衍射式中 $x_0, y_0$ 的二次项，根据上式得到物光在夫朗禾费衍射区的分布

$$O(x,y)=\frac{\exp(\mathrm{j}kz_0)}{\mathrm{j}\lambda z_0}\exp\left[\frac{\mathrm{j}k}{2z_0}\left(x^2+y^2\right)\right]$$
$$\times\int_{-\infty}^{\infty}\int_{-\infty}^{\infty}o(x_0,y_0)\exp\left\{-\mathrm{j}2\pi\left(\frac{x}{\lambda z_0}x_0+\frac{y}{\lambda z_0}y_0\right)\right\}\mathrm{d}x_0\mathrm{d}y_0 \quad (4\text{-}4\text{-}2)$$

上式成立的条件也可以表示为

$$z_0 \gg (1/\lambda)\left(x_0^2+y_0^2\right) \tag{4-4-3}$$

现在结合实例对上式确定的衍射距离形成一个较具体的概念。

若有一个半径为 $a$ 的圆形物体，即 $x_0^2+y_0^2=a^2$，则有 $z_0 \gg a^2/\lambda$。不难证明，若用波长 0.633μm 的激光拍摄 10cm 尺寸的物体，则需 $z_0 \gg 15\text{km}$。

可见，按照上面的要求在实验室对一般的物体拍摄夫朗禾费全息图是不可能的。要想使用 0.633μm 波长的激光，在距离为米级的范围内拍摄无透镜夫朗禾费全息图，被摄物体投影尺寸必须甚小于 $\sqrt{\lambda z_0}$。因此，这类全息图可用于拍摄粒子场、微生物等场合。然而，下面即将看到，利用透镜的傅里叶变换特性，使用透镜对物光场进行变换后，就可以将物光的夫朗禾费衍射区缩短到透镜焦距的量级。

### 4.4.2 傅里叶变换全息图

参考光为平面波的夫朗禾费全息图被称为“傅里叶全变换全息图”。使用透镜的傅里叶变换全息图的典型记录光路如图 4-4-1 所示[14]。

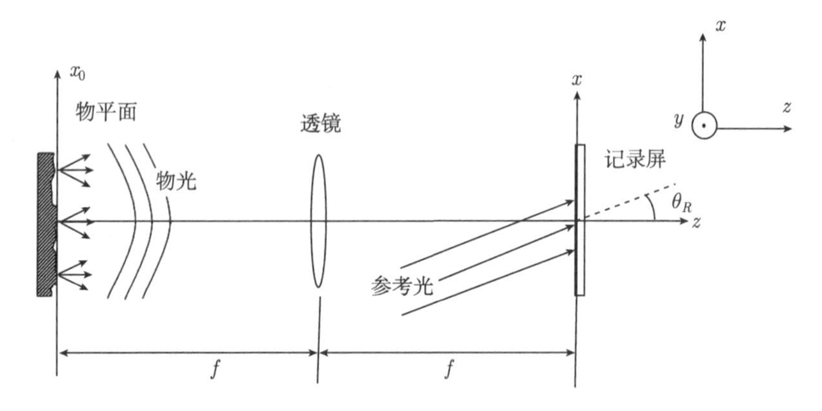


图 4-4-1　有透镜傅里叶变换全息图的记录光路

将物体放置在透镜的前焦面上，全息记录屏放置在透镜的后焦面上，透镜焦距为 $f$，根据第 2 章式 (2-6-7) 的讨论，全息记录屏上的物光复振幅正好是放置在透镜的前焦面上物平面光波场 $o(x_0,y_0)$ 的傅里叶变换，即全息记录屏上的物光复振幅分布为

$$O(x,y)=\frac{\exp(\mathrm{j}2kf)}{\mathrm{j}\lambda f}\int_{-\infty}^{\infty}\int_{-\infty}^{\infty} o(x_0,y_0)\exp\left\{-\mathrm{j}2\pi\left(\frac{x}{\lambda f}x_0+\frac{y}{\lambda f}y_0\right)\right\}\mathrm{d}x_0\mathrm{d}y_0 \tag{4-4-4}$$

若参考光波矢在 $yz$ 平面，与 $z$ 轴的夹角为 $\theta_R$，参考光在全息记录屏上的复

振幅分布可表为

$$R(x,y) = R_0 \exp(\mathrm{j}k \sin\theta_R x) \tag{4-4-5}$$

于是，记录平面上光场的强度分布为

$$\begin{aligned} I(x,y) = {} & R_0^2 + O(x,y)\,O^*(x,y) + R_0 \exp(-\mathrm{j}k\sin\theta_R x)\,O(x,y) \\ & + R_0 \exp(\mathrm{j}k\sin\theta_R x)\,O^*(x,y) \end{aligned} \tag{4-4-6}$$

当记录的是振幅全息图时，在线性区经处理后获得的振幅透射率为

$$t_A(x,y) = t_0 + \beta I(x,y) = t_1 + t_2 + t_3 + t_4 \tag{4-4-7}$$

式中

$$t_1 = t_0 + \beta R_0^2 \tag{4-4-8}$$

$$t_2(x,y) = \beta O(x,y)\,O^*(x,y) \tag{4-4-9}$$

$$\begin{aligned} t_3(x,y) = {} & \beta R_0 \exp(-\mathrm{j}k\sin\theta_R x)\frac{\exp(\mathrm{j}2kf)}{\mathrm{j}\lambda f} \\ & \times \int_{-\infty}^{\infty}\int_{-\infty}^{\infty} o(x_0,y_0)\exp\left\{-\mathrm{j}2\pi\left(\frac{x}{\lambda f}x_0 + \frac{y}{\lambda f}y_0\right)\right\}\mathrm{d}x_0\mathrm{d}y_0 \end{aligned} \tag{4-4-10}$$

$$\begin{aligned} t_4(x,y) = {} & \beta R_0 \exp(\mathrm{j}k\sin\theta_R x)\frac{\exp(-\mathrm{j}2kf)}{-\mathrm{j}\lambda f} \\ & \times \int_{-\infty}^{\infty}\int_{-\infty}^{\infty} o^*(x_0,y_0)\exp\left\{\mathrm{j}2\pi\left(\frac{x}{\lambda f}x_0 + \frac{y}{\lambda f}y_0\right)\right\}\mathrm{d}x_0\mathrm{d}y_0 \end{aligned} \tag{4-4-11}$$

下面研究物体像的重现。

用振幅为 $A$ 的平面波垂直照射全息图，并将全息图放置于焦距为 $f'$ 的透镜前焦面 $(x,y)$，观察屏放置于透镜的后焦面 $(x_i,y_i)$ 上，如图 4-4-2 所示。

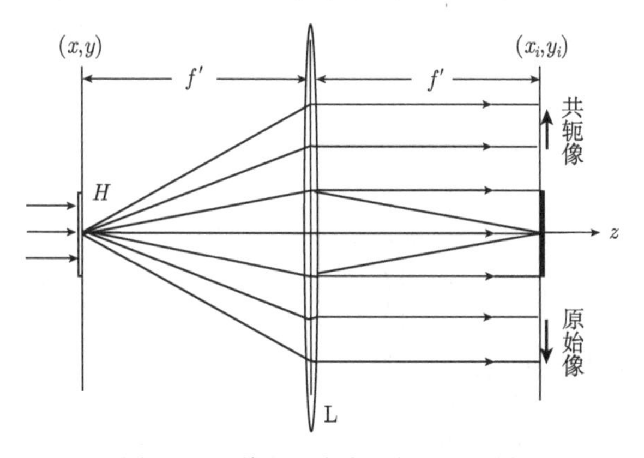


图 4-4-2 傅里叶全息图的再现光路

此时前焦面 $(x, y)$ 上衍射光的光场复振幅分布为

$$\begin{aligned} u(x,y) &= At_A(x,y) = At_1 + At_2 + At_3 + At_4 \\ &= u_1(x,y) + u_2(x,y) + u_3(x,y) + u_4(x,y) \end{aligned} \tag{4-4-12}$$

参照式 (4-4-4)，后焦面 $(x_i, y_i)$ 上衍射光的光场复振幅分布 $\tilde{u}(x_i, y_i)$ 可以引用傅里叶变换符号 $F\{\}$ 表示为

$$\tilde{u}(x_i,y_i) = \frac{\exp(\mathrm{j}2kf')}{\mathrm{j}\lambda f'} F\{u(x_i,y_i)\}_{\frac{x_i}{\lambda f'},\frac{y_i}{\lambda f'}} \tag{4-4-13}$$

式中，傅里叶变换号的下标是变换后的取值坐标。根据式 (4-4-12) 可将上式写成

$$\tilde{u}(x_i,y_i) = \frac{\exp(\mathrm{j}2kf')}{\mathrm{j}\lambda f'}\left[\tilde{u}_1(x_i,y_i) + \tilde{u}_2(x_i,y_i) + \tilde{u}_3(x_i,y_i) + \tilde{u}_4(x_i,y_i)\right] \tag{4-4-14}$$

方括号中各项对应于式 (4-4-12) 中 $u_1, u_2, u_3, u_4$ 各项的傅里叶变换。为简明起见，令方括号前方的复常数为 $C$，逐一对括号内各级衍射光进行讨论。

第一项衍射光：

$$C\tilde{u}_1(x_i,y_i) = C\mathcal{F}\{At_1\} = CA\delta(x_i,y_i) \tag{4-4-15}$$

它代表观测屏中心强度较高的亮斑。

第二项衍射光：

$$C\tilde{u}_2(x,y) = C\mathcal{F}\{At_2\} = CA\mathcal{F}\{O(x,y)O^*(x,y)\}_{\frac{x_i}{\lambda f'},\frac{y_i}{\lambda f'}} \tag{4-4-16}$$

根据第 1 章相关的定义，上式是物光的自相关运算。在观测屏上以坐标原点为中心形成晕轮光。按照傅里叶变换运算坐标取值 $\frac{x_i}{\lambda f'}, \frac{y_i}{\lambda f'}$，晕轮光宽度是物光频谱宽度的两倍。

第三项衍射光：

$$\begin{aligned} C\tilde{u}_3(x,y) &= C\beta AR_0\frac{\exp(\mathrm{j}2kf)}{\mathrm{j}\lambda f}\int_{-\infty}^{\infty}\int_{-\infty}^{\infty} o(x_0,y_0)\mathrm{d}x_0\mathrm{d}y_0 \\ &\quad\times\int_{-\infty}^{\infty}\int_{-\infty}^{\infty}\exp\left\{-\mathrm{j}2\pi\left[\left(\frac{x_0}{\lambda f}+\frac{x_i}{\lambda f'}+\frac{\sin\theta_R}{\lambda}\right)x+\left(\frac{y_0}{\lambda f}+\frac{y_i}{\lambda f'}\right)y\right]\right\}\mathrm{d}x\mathrm{d}y \\ &= C\beta AR_0\frac{\exp(\mathrm{j}2kf)}{\mathrm{j}\lambda f}\int_{-\infty}^{\infty}\int_{-\infty}^{\infty} o(x_0,y_0) \\ &\quad\times\delta\left(\frac{x_0}{\lambda f}+\frac{x_i}{\lambda f'}+\frac{\sin\theta_R}{\lambda},\frac{y_0}{\lambda f}+\frac{y_i}{\lambda f'}\right)\mathrm{d}x_0\mathrm{d}y_0 \end{aligned}$$

$$
\begin{aligned}
&= C\beta AR_0\left(\lambda f\right)^2\frac{\exp\left(\mathrm{j}2kf\right)}{\mathrm{j}\lambda f}\int_{-\infty}^{\infty}\int_{-\infty}^{\infty}o\left(\lambda fX,\lambda fY\right)\\
&\quad\times\delta\left(X+\frac{x_i}{\lambda f'}+\frac{\sin\theta_R}{\lambda},Y+\frac{y_i}{\lambda f'}\right)\mathrm{d}x\mathrm{d}y\\
&= C\beta AR_0\left(\lambda f\right)^2\frac{\exp\left(\mathrm{j}2kf\right)}{\mathrm{j}\lambda f}o\left(-\frac{x_i}{f'/f}-f\sin\theta_R,\ -\frac{y_i}{f'/f}\right)
\end{aligned}
$$

令 $M'=f'/f$，并将 $C$ 的值代入得

$$
C\tilde{u}_3\left(x,y\right)=\beta AR_0\frac{\exp\left[\mathrm{j}2k\left(f+f'\right)\right]}{-M'}o\left(-\frac{x_i+f'\sin\theta_R}{M'},-\frac{y_i}{M'}\right) \tag{4-4-17}
$$

可以看出，在观察屏上再现的是原始像，它比原物放大了 $M'$ 倍，相对于原来坐标 $(x_0,y_0)$ 为一个倒像。若坐标 $(x_i,y_i)$ 与 $(x_0,y_0)$ 取向相同，原点都在 $z$ 轴上，该倒像位于 $x_i$ 轴负侧，中心在 $x_i=-f'\sin\theta_R$ 处，如图 4-4-2 所示。

第四项衍射光：

$$
\begin{aligned}
C\tilde{u}_4\left(x,y\right)&=C\beta AR_0\frac{\exp\left(-\mathrm{j}2kf\right)}{-\mathrm{j}\lambda f}\int_{-\infty}^{\infty}\int_{-\infty}^{\infty}o^*\left(x_0,y_0\right)\mathrm{d}x_0\mathrm{d}y_0\\
&\quad\times\int_{-\infty}^{\infty}\int_{-\infty}^{\infty}\exp\left\{-\mathrm{j}2\pi\left[\left(-\frac{x_0}{\lambda f}+\frac{x_i}{\lambda f'}-\frac{\sin\theta_R}{\lambda}\right)x+\left(-\frac{y_0}{\lambda f}+\frac{y_i}{\lambda f'}\right)y\right]\right\}\mathrm{d}x\mathrm{d}y\\
&=C\beta AR_0\frac{\exp\left(-\mathrm{j}2kf\right)}{-\mathrm{j}\lambda f}\int_{-\infty}^{\infty}\int_{-\infty}^{\infty}o^*\left(x_0,y_0\right)\\
&\quad\times\delta\left(-\frac{x_0}{\lambda f}+\frac{x_i}{\lambda f'}-\frac{\sin\theta_R}{\lambda},-\frac{y_0}{\lambda f}+\frac{y_i}{\lambda f'}\right)\mathrm{d}x_0\mathrm{d}y_0\\
&=C\beta AR_0\left(\lambda f\right)^2\frac{\exp\left(-\mathrm{j}2kf\right)}{-\mathrm{j}\lambda f}\int_{-\infty}^{\infty}\int_{-\infty}^{\infty}o^*\left(\lambda fX,\lambda fY\right)\\
&\quad\times\delta\left(-X+\frac{x_i}{\lambda f'}-\frac{\sin\theta_R}{\lambda},-Y+\frac{y_i}{\lambda f'}\right)\mathrm{d}X\mathrm{d}Y\\
&=C\beta AR_0\left(\lambda f\right)^2\frac{\exp\left(-\mathrm{j}2kf\right)}{-\mathrm{j}\lambda f}o^*\left(\frac{x_i}{f'/f}-f\sin\theta_R,\ \frac{y_i}{f'/f}\right)
\end{aligned}
$$

将 $M'=f'/f$，并将 $C$ 的值代入最后得到

$$
C\tilde{u}_4\left(x,y\right)=\beta AR_0\frac{\exp\left[\mathrm{j}2k\left(f'-f\right)\right]}{M'}o^*\left(\frac{x_i-f'\sin\theta_R}{M'},\frac{y_i}{M'}\right) \tag{4-4-18}
$$

第四项衍射光是物体的共轭像，是一个正像，也放大了 $M'$ 倍，位于 $x_i$ 轴正侧，中心在 $x_i=f'\sin\theta_R$ 处。见图 4-4-2。

利用类似的分析可以证明，当再现时的准直照明光与记录时的参考光同方向时，则再现的原始像位于后焦面的中心，仍为放大了 $M'$ 倍的倒像。

傅里叶变换全息图记录的实际上是物光的傅里叶谱，其光能大部分集中在低频范围，为避免曝光不够均匀，可以使全息记录屏少许离焦，以期在大部分曝光区域有比较合适的参物光比。此外，对于低频物体，傅里叶变换全息图记录面上有价值的信息分布仅在直径为毫米量级的中心区，记录时可以直接采用细束激光作参考光，可使全息图的面积小于 $2\text{mm}^2$ 左右，这种全息图特别适用于高密度全息存储。

### 4.4.3　无透镜傅里叶变换全息图

不使用透镜也可以拍摄傅里叶变换全息图。关键是采用点光源发出的球面波作为参考光，并将它放置在与平面物体同一个平面内，如图 4-4-3 所示。这种全息图称为无透镜傅里叶变换全息图。

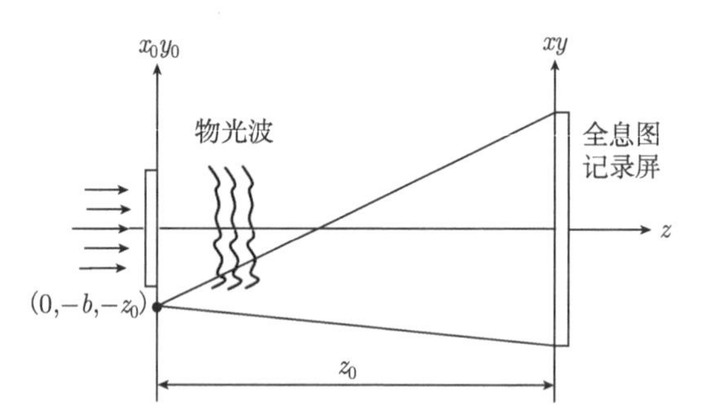


图 4-4-3　无透镜傅里叶变换全息图的拍摄光路示意图

下面，介绍其原理。在直角坐标系 $o\text{-}xyz$ 中定义 $z=0$ 的 $xy$ 平面为全息记录片平面，物体和作为参考光的点光源都位于 $z=-z_0$ 的 $x_0y_0$ 平面内，物平面上物光的复振幅分布为 $o(x_0,y_0)$，到达全息记录片的物光复振幅 $O(x,y)$ 可由衍射的菲涅耳近似表为

$$O(x,y)=\frac{\exp(\mathrm{j}kz_0)}{\mathrm{j}\lambda z_0}\exp\left[\frac{\mathrm{j}k}{2z_0}(x^2+y^2)\right]\int_{-\infty}^{\infty}\int_{-\infty}^{\infty}\left\{o(x_0,y_0)\exp\left[\frac{\mathrm{j}k}{2z_0}(x_0^2+y_0^2)\right]\right\}$$
$$\times\exp\left\{-\mathrm{j}2\pi\left(\frac{x}{\lambda z_0}x_0+\frac{y}{\lambda z_0}y_0\right)\right\}\mathrm{d}x_0\mathrm{d}y_0 \tag{4-4-19}$$

参考光为来自 $(0,-b,-z_0)$ 点的球面波，它在全息记录片上的复振幅分布为

$$\begin{aligned}R(x,y)&=r_0\exp\left\{\frac{\mathrm{j}k}{2z_0}\left[x^2+(y+b)^2\right]\right\}\\&=r_0\exp\left(\frac{\mathrm{j}k}{2z_0}b^2\right)\exp\left(\frac{\mathrm{j}k}{z_0}by\right)\exp\left[\frac{\mathrm{j}k}{2z_0}(x^2+y^2)\right]\end{aligned} \tag{4-4-20}$$

全息记录片记录的全息图则为

$$I(x,y)=|O(x,y)|^2+|R(x,y)|^2+O^*(x,y)R(x,y)+O(x,y)R^*(x,y) \tag{4-4-21}$$

式中， $O^*(x,y)R(x,y)$ 与 $O(x,y)R^*(x,y)$ 两项恰好消去了相位因子 $\exp\left[\frac{\mathrm{j}k}{2z_0}(x^2+y^2)\right]$。忽略 $R(x,y)$ 中的常数相位因子 $\exp\left(\frac{\mathrm{j}k}{2z_0}b^2\right)$，并令

$$O_g(x,y)=\frac{\exp(\mathrm{j}kz_0)}{\mathrm{j}\lambda z_0}\times\int_{-\infty}^{\infty}\int_{-\infty}^{\infty}\left\{o(x_0,y_0)\exp\left[\frac{\mathrm{j}k}{2z_0}(x_0^2+y_0^2)\right]\right\}$$
$$\times\exp\left\{-\mathrm{j}2\pi\left(\frac{x}{\lambda z_0}x_0+\frac{y}{\lambda z_0}y_0\right)\right\}\mathrm{d}x_0\mathrm{d}y_0 \tag{4-4-22}$$

可以将式 (4-4-21) 写为

$$I(x,y)=|O(x,y)|^2+r_0^2+r_0O_g^*(x,y)\exp\left(\frac{\mathrm{j}k}{z_0}by\right)+r_0O_g(x,y)\exp\left(-\frac{\mathrm{j}k}{z_0}by\right) \tag{4-4-23}$$

无透镜傅里叶变换的物体像重现有两种方式[15]，现绘于图 4-4-4。令全息图所在平面为 $z=0$ 平面，图 4-4-4(a) 是用波面半径为 $z_c$ 的发散球面波照射全息图，逆着透射光方向可以在 $z=-z_c$ 平面上看到物体的两个取向相反的虚像；图 4-4-4(b) 是用波面半径为 $z_c$ 的会聚球面波照射全息图，在 $z=z_c$ 平面上形成物体的两个取向相反的实像。

现以图 4-4-4(b) 为例进行理论分析。全息图在波面半径为 $z_c$ 的会聚球面波照射下，$z=z_c$ 平面上的透射光可以表为

$$U(x_i,y_i)=\frac{\exp(\mathrm{j}kz_c)}{\mathrm{j}\lambda z_c}\times\int_{-\infty}^{\infty}\int_{-\infty}^{\infty}I(x,y)\exp\left[-\frac{\mathrm{j}k}{2z_c}(x^2+y^2)\right]$$
$$\times\exp\left\{\frac{\mathrm{j}k}{2z_c}\left[(x-x_i)^2+(y-y_i)^2\right]\right\}\mathrm{d}x\mathrm{d}y \tag{4-4-24}$$

将 $I(x,y)$ 代入上式得到

$$U(x_i,y_i)=U_{12}(x_i,y_i)+U_3(x_i,y_i)+U_4(x_i,y_i) \tag{4-4-25}$$

式中，$U_{12}(x_i,y_i)$ 代表沿光轴传播的平面波 $|O(x,y)|^2+r_0^2$ 经距离 $z_c$ 的衍射形成的图像，其分布特点是围绕坐标原点的弥散分布；$U_3(x_i,y_i)$ 及 $U_4(x_i,y_i)$ 分别代表式 (4-4-23) 右边第 3、4 两项在 $z=z_c$ 再现平面的图像。对于 $U_3(x_i,y_i)$ 有

$$U_3(x_i,y_i)=\frac{\exp(\mathrm{j}kz_c)}{\mathrm{j}\lambda z_c}\int_{-\infty}^{\infty}\int_{-\infty}^{\infty}r_0O_g^*(x,y)\exp\left(\frac{\mathrm{j}k}{z_0}by\right)\exp\left[-\frac{\mathrm{j}k}{2z_c}(x^2+y^2)\right]$$
$$\times\exp\left\{\frac{\mathrm{j}k}{2z_c}\left[(x-x_i)^2+(y-y_i)^2\right]\right\}\mathrm{d}x\mathrm{d}y \tag{4-4-26}$$

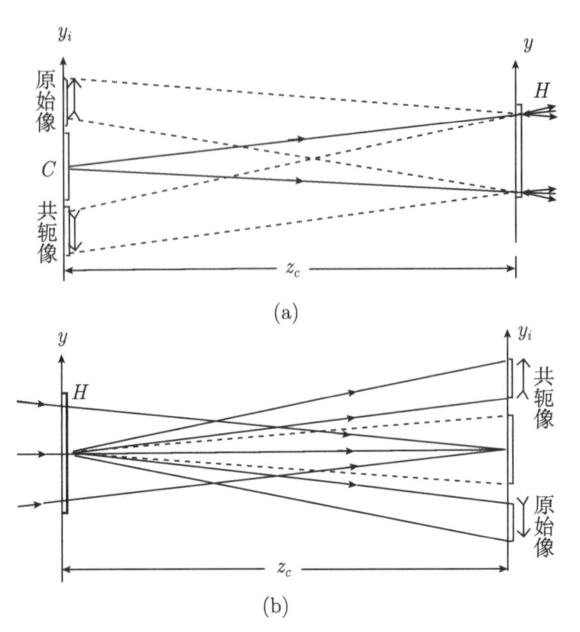


图 4-4-4　无透镜傅里叶变换全息重现图像的两种方式

利用式 (4-4-22) 表述的共轭项 $O_g^*(x,y)$ 代入上式整理后得

$$
\begin{aligned}
U_3(x_i,y_i) = {} & r_0\frac{\exp[\mathrm{j}k(z_c-z_0)]}{z_c/z_0}\exp\left[\frac{\mathrm{j}k}{2z_c}(x_i^2+y_i^2)\right] \\
& \times\int_{-\infty}^{\infty}\int_{-\infty}^{\infty}\left(\int_{-\infty}^{\infty}\int_{-\infty}^{\infty}\left\{o^*(\lambda z_0x_0',\lambda z_0y_0')\right.\right. \\
& \left.\times\exp\left[-\frac{\mathrm{j}k}{2z_0}(\lambda z_0)^2(x_0'^2+y_0'^2)\right]\right\}\exp[\mathrm{j}2\pi(x_0'x+y_0'y)]\mathrm{d}x_0'\mathrm{d}y_0'\Big) \\
& \times\exp\left\{-\mathrm{j}2\pi\left[\frac{x_i}{\lambda z_c}x+\frac{1}{\lambda z_c}\left(y_i-\frac{z_c}{z_0}b\right)y\right]\right\}\mathrm{d}x\mathrm{d}y
\end{aligned}
\tag{4-4-27}
$$

式中，$x_0'=\dfrac{x_0}{\lambda z_0}$，$y_0'=\dfrac{y_0}{\lambda z_0}$。

式 (4-4-27) 表明，$U_3(x_i,y_i)$ 是 $o^*(x_0,y_0)\exp\left[-\dfrac{\mathrm{j}k}{2z_0}(x_0^2+y_0^2)\right]$ 首先将空间尺度放大 $1/\lambda z_0$ 倍进行傅里叶逆变换，然后再作一次傅里叶正变换的结果，但傅里叶正变换时在再现平面上空间尺度放大了 $\lambda z_c$ 倍。鉴于相位因子 $\exp\left[-\dfrac{\mathrm{j}k}{2z_0}(x_0^2+y_0^2)\right]$ 不影响物光场的强度分布，综合两次放大效应，$U_3(x_i,y_i)$ 代表空间尺度放大 $z_c/z_0$ 倍的物体实像，并且，再现平面上的实像中心在 $\left(0,\dfrac{z_c}{z_0}b\right)$ 处 (图 4-4-4(b) 中的共轭像)。

利用类似的讨论容易证明，$U_4(x_i, y_i)$ 是 $o(x_0, y_0)\exp\left[\frac{\mathrm{j}k}{2z_0}(x_0^2+y_0^2)\right]$ 首先将空间尺度放大 $1/\lambda z_0$ 倍进行傅里叶正变换，然后再作一次傅里叶正变换的结果，但傅里叶正变换时在再现平面上空间尺度放大了 $\lambda z_c$ 倍。注意到连续两次傅里叶变换得到的是原函数的“倒立”分布，$U_4(x_i, y_i)$ 代表空间尺度放大 $z_c/z_0$ 倍的物体倒立实像，并且，再现平面上的实像中心在 $\left(0, -\frac{z_c}{z_0}b\right)$ 处 (图 4-4-4(b) 中的原始像)。

### 4.4.4 像全息图

让物体靠近记录介质或利用成像系统使物体成像在记录介质附近，就可以拍摄像全息图。当物体的像位于记录介质面上时，称为像面全息。这时对于记录介质，物体的像就是被记录的“物”，物距为零，再现的像距也相应为零。由式 (4-3-44)，式 (4-3-45) 和式 (4-3-46) 可以看出，这时像的清晰度最高，色模糊也为零。对于像面全息，甚至可以用宽光源和白光照明再现出清晰的像。对于“物体”靠近记录介质的像全息图，线模糊与色模糊也非常小。显然，这个特性对于全息的实际应用有重要的意义。

像全息图记录时所用的成像光波一般有两种方式，一种是通过透镜成像拍摄全息图，如图 4-4-5 所示。另一种是用全息图的再现像进行拍摄，图 4-4-6 是其示意图。后一种方法需要先对物体记录一张菲涅耳全息图，用原参考光的共轭光作为照明光再现出一实像，将记录介质置于像面上，与参考光叠加制成像全息图。像全息图可以用扩展白光光源照明再现，不管参考光是发散光还是平行光，都可以用一个灯丝稍集中的白炽灯，按记录时参考光的方向照明进行再现。

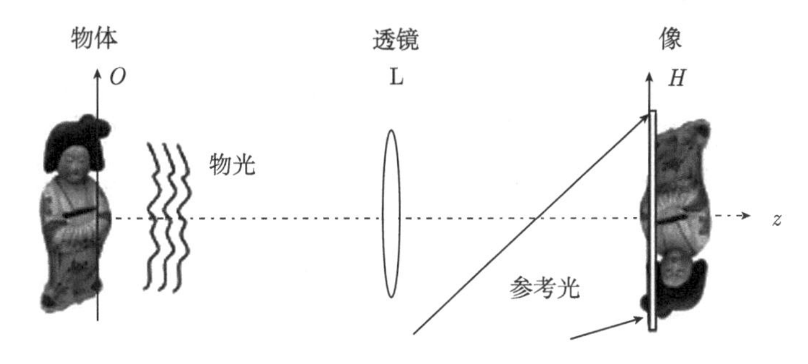


图 4-4-5 用透镜成像方式记录全息图

像全息图可以视为是物距和像距均趋近于零的菲涅耳全息图，我们可以利用菲涅耳全息图的理论研究公式进行讨论。由于像全息图可以用扩展白光光源照明再现，不必一定要在实验室用激光照明才能观看到物体的三维图像，为观看逼真的物体三维图像提供了极大的方便 (见图 4-2-2 及图 4-2-3)。

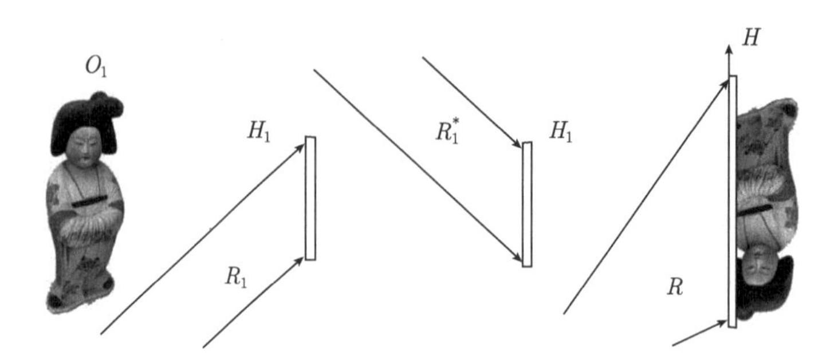


图 4-4-6　用全息图的再现像记录全息图

### 4.4.5　相位型全息图

在上面的所有研究中，我们始终认为全息图的复振幅透过率与到达全息图的物光及参考光干涉的强度成正比。事实上，若定义 $xy$ 为平面全息图的坐标平面，令 $\mathrm{j}=\sqrt{-1}$，全息图的透过率一般可表示为

$$t_H(x,y)=t_A(x,y)\exp[\mathrm{j}\phi_H(x,y)] \tag{4-4-28}$$

因此，可以将上式中 $\phi_H(x,y)$ 为常量的称为振幅型全息图，$t_A(x,y)$ 为常量的称为相位型全息图。在稍后的研究中将看到，如果将带有物体信息的物光或参考光视为需要获取的信息，定义物光强度与重现光强度之比为全息图的衍射效率，相位型全息图的衍射效率通常高于振幅型全息图。相位型全息图可以分为折射率型及表面浮雕型两种[7]。如全息图的相位分布是由折射率变化引起的，则称为折射率型全息图。例如，将银盐干板制成的全息图置于氧化剂中漂白，可得到折射率型全息图。若相位分布是由记录介质表面厚度变化引起的，则称为表面浮雕型。例如，将银盐干板制成的全息图置于鞣化漂白液中，经干燥便可制作成浮雕型全息图。在全息光学检测中，相位型全息图获得广泛使用。因此，本节对相位型全息图进行研究。

令到达记录屏的物光及参考光复振幅分别为

$$O(x,y)=O_0(x,y)\exp[\mathrm{j}\varphi_0(x,y)]$$
$$R(x,y)=R_0(x,y)\exp[\mathrm{j}\varphi_r(x,y)]$$

两光波干涉图强度分布则是

$$\begin{aligned}I(x,y)=|O(x,y)+R(x,y)|^2&=O_0^2(x,y)\\&+R_0^2(x,y)+2O_0(x,y)R_0(x,y)\cos[\varphi_0(x,y)-\varphi_r(x,y)]\end{aligned} \tag{4-4-29}$$

对某些记录材料进行特殊处理后，可以得到复振幅透过率满足下式的相位型全息图[7]

$$t_H(x,y) = t_a \exp[\mathrm{j}gI(x,y)] \tag{4-4-30}$$

式中，$t_a$ 及 $g$ 均为实常数。

定义

$$K(x,y) = \exp\left\{\mathrm{j}g\left[O_0^2(x,y) + R_0^2(x,y)\right]\right\} \tag{4-4-31}$$

$$\alpha(x,y) = 2gO_0(x,y)R_0(x,y) \tag{4-4-32}$$

$$\psi(x,y) = \varphi_0(x,y) - \varphi_r(x,y) \tag{4-4-33}$$

式 (4-4-30) 可以重新写成

$$t_H(x,y) = K(x,y)\exp[\mathrm{j}\alpha(x,y)\cos\psi(x,y)] \tag{4-4-34}$$

根据整数阶贝塞尔函数 $\mathrm{J}_n(\alpha)$ 的性质，将上式展开为[16]

$$t_H(x,y) = K(x,y)\sum_{n=-\infty}^{\infty}\mathrm{J}_n(\alpha(x,y))\exp[\mathrm{j}n\psi(x,y)] \tag{4-4-35}$$

可以看出，当用单位振幅平面波照明相位型全息图时，透射光中有沿光轴 $z$ 传播的 $n=0$ 的零级衍射波，并且两侧对称地分布有 $n=\pm1, \pm2, \cdots$ 的衍射波。然而，实际上通常能够看到的只有 $n=0$ 及 $n=\pm1$ 所定义的三列衍射波。例如，若物光沿光轴传播，参考光是平行于$xz$平面传播并与 $z$ 轴夹角为$\theta_x$ 的光波，即 $\varphi_r(x,y) = \dfrac{2\pi}{\lambda}x\sin\theta_x$($\lambda$ 是光波长)。由于 $n\psi(x,y) = \dfrac{n\pi}{2} - n\varphi_0(x,y) + \dfrac{2\pi}{\lambda}nx\sin\theta_x$，当 $|n\sin\theta_x| \geqslant 1$ 的衍射波事实上不存在。这时，当 $\theta_x \geqslant 30°$ 时，便只能够看到 $n=0$ 及 $n=\pm1$ 的三列衍射波。

根据式 (4-4-32) 有 $|\mathrm{J}_n(\alpha(x,y))| \propto O_0(x,y)R_0(x,y)$。其中，参考光振幅 $R_0(x,y)$ 通常是随坐标缓慢变化的函数而可以视为常数，此外，由于 $K(x,y)$ 是纯相位因子，对于光波场的强度图像不产生影响。于是，当用单位振幅平面波照明相位型全息图时，与振幅型全息图的衍射波形式相似，在 $n=0$ 的零级衍射波的两侧 $\pm\theta_x$ 方向存在 $n=1$ 及 $n=-1$ 两列衍射波，它们分别沿光传播方向形成物体的实像和逆着光传播方向形成物体的虚像。

## 4.5 平面全息图的衍射效率

平面全息图的衍射效率$\eta$ 定义为，衍射成像光波的光通量与再现时照明光的总光通量之比[7]，即

$$\eta = \text{衍射成像光通量} / \text{再现照明光总光通量} \tag{4-5-1}$$

衍射效率越高，成像光波的光能量越大，全息再现像越明亮。以下就振幅型和相位型两种全息图的衍射效率进行分析。

### 4.5.1 振幅全息图的衍射效率

对于正弦型振幅全息图，其振幅透过率函数表达为

$$\begin{aligned} t_H(x,y) &= t_0 + t_1\cos(2\pi ux) \\ &= t_0 + \frac{t_1}{2}\left[\exp(\mathrm{j}2\pi ux) + \exp(-\mathrm{j}2\pi ux)\right] \end{aligned} \tag{4-5-2}$$

式中，$t_0$ 为平均透过率；$t_1$ 是调制幅度，其大小与记录时参考光和物光强度比以及记录介质的性质有关。理想条件下应有 $t_0 = 1/2$，$t_1 = 1/2$。根据上式不难看出，若用振幅为 $A$ 的照明光对全息图再现，正一级及负一级衍射光的振幅均为 $At_1/2 = A/4$。由衍射效率的定义可知，最佳衍射效率为

$$\eta = \frac{(A/4)^2 \cdot \Sigma_H}{A^2 \cdot \Sigma_H} = \frac{1}{16} = 6.25\% \tag{4-5-3}$$

式中，$\Sigma_H$ 是全息图的面积。

对于非正弦型振幅全息图，其透过率函数可以用傅里叶级数表示为

$$t_H(x,y) = t_0 + \frac{1}{2}\sum_{m=1}^{\infty} t_m\left[\exp(\mathrm{j}2\pi u_m x) + \exp(-\mathrm{j}2\pi u_m x)\right] \tag{4-5-4}$$

若透过率函数为矩形函数，此时应有 $t_0=1/2$，$t_1 = 2/\pi$。在振幅为 $A$ 的平行光照射下，正一级的衍射效率应为

$$\eta = \frac{(A/\pi)^2 \cdot \Sigma_H}{A^2 \cdot \Sigma_H} = \frac{1}{\pi^2} = 10.13\% \tag{4-5-5}$$

可见，矩形振幅全息图较正弦型的效率高。

### 4.5.2 相位全息图的衍射效率

与前面的讨论相似，这里仍然以矩形振幅全息图及正弦型全息图为例进行分析。正弦型相位全息图的透过率函数可表示为

$$\begin{aligned} t_H(x,y) &= t_0\exp\left[\mathrm{j}\phi_H(x)\right] \\ &= t_0\exp\left[\mathrm{j}\left(\phi_0 + \phi_1\cos 2\pi ux\right)\right] \end{aligned} \tag{4-5-6}$$

忽略介质的吸收，有 $t_0=1$，且有

$$\exp\left[\mathrm{j}\left(\phi_0 + \phi_1\cos 2\pi ux\right)\right] = \sum_{m=-\infty}^{\infty} j^m \mathrm{J}_m(\phi_1)\exp(-\mathrm{j}m2\pi ux) \tag{4-5-7}$$

式中，$J_m(\phi_1)$ 是 $m$ 阶贝塞尔函数。第 $m$ 阶衍射光的效率公式应为

$$\eta = \left|j^m J_m(\phi_1)\right|^2 \tag{4-5-8}$$

$\phi_1$ 的值取决于记录介质特性以及记录和处理条件。$\phi_1$ 不同，$J_m$ 的值有很大差别。为便于说明，图 4-5-1 给出 $J_m-\phi_1$ 曲线。可以看出，正负一级衍射光最大的衍射效率的理论值对应于 $J_1(\phi_1)$ 取第一极大值 $J_{1\max}$ 的情况。理论值 $J_{1\max}$ 约 0.582[16]，即最大的衍射效率的理论值应为$\eta_{\max}$=33.9%。

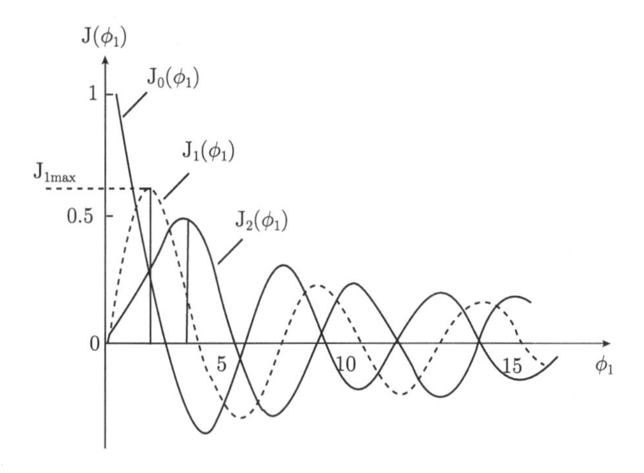


图 4-5-1 $J_m-\phi_1$ 曲线

而对于矩形相位全息图，式 (4-5-6) 的透射函数中 $\phi_H(x)$ 可以写成

$$\phi_H(x) = \begin{cases} 0, & 0 \leqslant x \leqslant d/2 \\ \pi, & d/2 \leqslant x < 0 \end{cases} \tag{4-5-9}$$

式中，$d$ 是全息图光栅间距。根据式 (4-5-6) 知

$$t_H(x,y) = \begin{cases} t_0, & 0 \leqslant x \leqslant d/2 \\ -t_0, & d/2 \leqslant x < 0 \end{cases} \tag{4-5-10}$$

这时的相位全息图等效于上式确定透射率的振幅全息图。将式 (4-5-10) 展开为级数，有

$$t_H(x,y) = \frac{2t_0}{j\pi}\left[\exp(j2\pi ux) - \exp(-j2\pi ux) + \cdots\right] \tag{4-5-11}$$

在理想情况下，$t_0$=1，±1 级的最大衍射效率理论值为$\eta_{\max}=(2/\pi)^2$=40.5%。显然，对于相位全息图，矩形型的衍射效率亦高于正弦型。

## 参 考 文 献


[1] Gabor D. Proc. A new microscopic pinciple, vol.161, 1948: 777–778

[2] 史密斯 H M. 全息学原理. 北京：科学出版社, 1973

[3] 史密斯 H M. 全息记录材料. 北京：科学出版社, 1984

[4] 顾德门 J W. 傅里叶光学导论. 北京：科学出版社,1979

[5] 于美文, 张静方. 全息显示技术. 北京：科学出版社, 1989

[6] 于美文. 光全息及其应用. 北京：北京理工大学出版社, 1996

[7] 熊秉衡, 李俊昌. 全息干涉计量 —— 原理和方法. 北京：科学出版社, 2009

[8] 羊国光. 纪念全息照相术的先驱 ——Emmett Leith 教授. 物理, 2006, 35(7): P611

[9] Kreis T. Handbook of Holographic Interferometry-Optical and Digital Methods. Berlin: Wiley-VCH, 2004

[10] Li J C, Picart P. Holographie Numérique: Principe, Algorithmes et Applications. Paris: Editions Hermès Sciences, 2012

[11] Picart P, Li J C. Digital Holography. London: ISTE WILEY, 2012

[12] Goodman J W. 傅里叶光学导论. 秦克诚, 刘培森, 陈家璧, 等, 译. 北京: 电子工业出版社, 2006

[13] Collier R J. Burckhardt C B, Lin L H. Optical Holgraphy. New York and London：Academic Press, 1971

[14] 李俊昌, 熊秉衡. 信息光学教程. 北京：科学出版社, 2011

[15] 陈家璧, 苏显渝. 光学信息技术原理及应用. 北京：高等教育出版社, 2002

[16] 沈永欢, 梁在中, 许履瑚, 等. 实用数学手册. 北京: 科学出版社, 2004

# 第 5 章　数字全息及物光波前重建计算

光学全息除了能够逼真地显示物体的三维图像外，已经形成一种精密的光学检测技术，在科学研究及工业生产中获得广泛应用。然而，用传统全息干板记录全息图时必须作显影及定影的湿处理，实际应用有许多不便。在 20 世纪 70 年代，人们便开始用 CCD(charge-coupled device) 记录干涉图，并用计算机进行物体图像重建的研究[1~3]，最早的研究报道可以追溯到 1967 年由 J. W. Goodmen 发表于美国*Appl. Phys. Lett.*杂志的一篇论文[1]。1971 年，T. Huang[2] 介绍计算机在光波场分析中的进展时，首次提出了数字全息 (digital holography) 的概念。

现在，随着计算机处理速度的提高及廉价 CCD 的问世，数字全息已经成为一个十分活跃的研究领域[4~16]。虽然，在记录数字全息图时，由于 CCD 面阵尺寸及分辨率还远小于传统的全息感光板，数字全息图记录的三维信息容量及物体重建像的显示质量还远不及传统全息，但是，在干涉计量研究领域，对于变化量的检测，数字全息的分辨率在多数情况已经能够满足实际需要。由于数字全息图能够由 CCD 记录并由计算机直接处理，及时地获得结果，用数字全息取代传统全息的干涉计量技术正形成一个重要的研究趋势[14~16]。为适应数字全息应用研究的需要，如何基于衍射计算理论优化设计数字全息光学系统，高质量地重建物光场，是最基本的研究内容。

由于离轴数字全息便于实时记录动态物光场，获得比较广泛的应用，本章将基于衍射的数值计算理论，介绍离轴数字全息系统的优化设计及物光波前重建的不同计算方法，研究与重建方法相对应的数字全息重建像的焦深，并且，基于上述研究结果及计算机的彩色图像显示原理，研究能够综合多种波长探测信息的彩色数字全息波前重建方法。最后，本章还将基于取样定理及 CCD 的结构特点，对同轴及离轴数字全息进行比较，介绍能够充分利用 CCD 的性能超分辨率重建物光场的方法。

## 5.1　离轴数字全息及波前的 1-FFT 重建

### 5.1.1　离轴数字全息记录系统

将传统的离轴全息系统的记录介质改为 CCD 则成为一离轴数字全息系统。图 5-1-1 是数字全息记录及重建的简化光路及坐标定义图。定义 $x_0y_0$ 是与物体相切的平面，$xy$是 CCD 窗口平面，$x_iy_i$ 是在重建波照射下物体的像平面。三平面间的距离分别是 $z_0$ 和 $z_i$。在数字全息研究中，参考光可以是平面波或球面波。由于平面波可以视为波面半径为无穷大的球面波，不失一般性，令参考光是位于 $(a,b,-z_r)$ 的点源发出的球面波。

当用 CCD 记录下数字全息图后，重建光对数字全息图的辐照以及物光场的重建均通过衍射的数值计算在计算机的虚拟空间进行，菲涅耳衍射积分是最常用的重建计算工具[14]。菲涅耳衍射积分表示成傅里叶变换形式时，可以通过一次 FFT(the fast fourier transform) 进行计算，表示成卷积形式时，可以通过两次 FFT 进行计算[7,8]，为便于与本书讨论的不同重建方法相区别，将这两种流行的波前重建方法称为 1-FFT 及 2-FFT 重建法[16]。

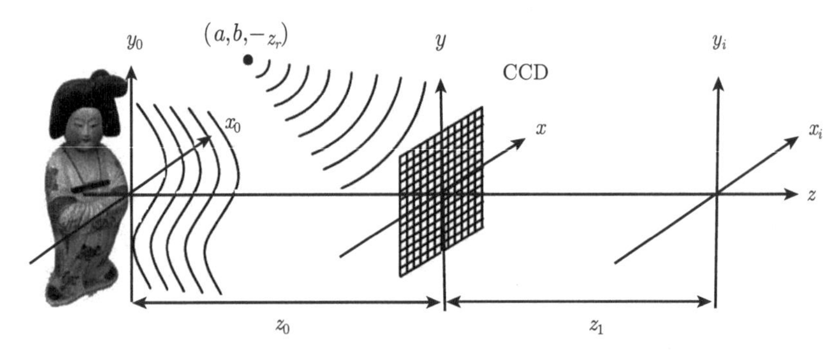


图 5-1-1　数字全息系统的简化光路及坐标定义图

由于 CCD 的分辨率、面阵尺寸及像素数目均远低于传统的全息感光材料，为让 CCD 既能充分记录物光信息，又能让重建物光与零级衍射光有效分离，对数字全息记录系统的优化设计是一个十分重要的问题。为此，以下基于离散傅里叶变换计算的特点，对数字全息图的记录及重建过程进行讨论[15,16]。

### 5.1.2　数字全息图的记录及重建过程中透射光的传播特性

根据散射光的统计特性，来自光学粗糙表面的散射光是物体表面大量散射基元散射光的叠加[17]。引入$\delta$函数可将物平面上坐标 $(\xi,\ \eta)$ 处基元的光波场表示为

$$u_0(x_0,y_0;\xi,\eta)=o(\xi,\eta)\,\delta(x_0-\xi,y_0-\eta)\exp\left[\mathrm{j}\phi_0(\xi,\eta)\right] \tag{5-1-1}$$

式中 $\mathrm{j}=\sqrt{-1}$，$o(\xi,\eta)$ 是随机振幅，$\phi_0(\xi,\eta)$ 是取值范围 $-\pi\sim\pi$ 的随机相位。到达 CCD 平面的光波场可以根据菲涅耳衍射积分及 $\delta$ 函数的筛选性质[18] 得到

$$u_\delta(x,y;\xi,\eta)=\frac{\exp\left[\mathrm{j}kz_0+\mathrm{j}\phi_0(\xi,\eta)\right]}{\mathrm{j}\lambda z_0}o(\xi,\eta)\exp\left\{\frac{\mathrm{j}k}{2z_0}\left[(x-\xi)^2+(y-\eta)^2\right]\right\} \tag{5-1-2}$$

式中，$k=2\pi/\lambda, \lambda$ 是光波长。于是，到达 CCD 平面的物光场可以表为物平面所有散射基元衍射场的叠加

$$U(x,y)=\sum_{\xi}\sum_{\eta}u_{\delta}(x,y;\xi,\eta) \tag{5-1-3}$$

按照图 5-1-1，定义到达 CCD 平面的参考光是振幅为 $A_r$ 的均匀球面波

$$R(x,y)=A_r\exp\left\{\frac{\mathrm{j}k}{2z_r}\left[(x-a)^2+(y-b)^2\right]\right\} \tag{5-1-4}$$

CCD 平面上物光及参考光干涉场强度则为

$$I(x,y)=|U(x,y)|^2+A_r^2+R(x,y)U^*(x,y)+R^*(x,y)U(x,y) \tag{5-1-5}$$

设用单位振幅球面波 $R_c(x,y)=\exp\left[\mathrm{j}\frac{k}{2z_c}\left(x^2+y^2\right)\right]$ 作为重建波照射数字全息图，$w(x,y)$ 是 CCD 的窗口函数，根据式 (5-1-5)，透过全息图的光波由以下四项组成

$$\begin{cases} U_{0U}(x,y)=w(x,y)R_c(x,y)|U(x,y)|^2 \\ U_{0R}(x,y)=w(x,y)R_c(x,y)A_r^2 \\ U_{+}(x,y)=w(x,y)R_c(x,y)R(x,y)U^*(x,y) \\ U_{-}(x,y)=w(x,y)R_c(x,y)R^*(x,y)U(x,y) \end{cases} \tag{5-1-6}$$

其中，$U_{0U}$ 及 $U_{0R}$ 两项统称零级衍射光，$U_+$ 是共轭物光，$U_-$ 是物光。

下面首先研究共轭物光衍射场，导出重建物光场的放大率及重建像平面位置与相关参数的关系；然后，再对物光及零级衍射光进行研究。

1) 共轭物光衍射场

利用菲涅耳衍射积分可以将经距离 $z_i$ 衍射的共轭物光复振幅表示为

$$U_i(x_i,y_i)=\frac{\exp(\mathrm{j}kz_i)}{\mathrm{j}\lambda z_i}\int_{-\infty}^{\infty}\int_{-\infty}^{\infty}U_+(x,y)\exp\left\{\frac{\mathrm{j}k}{2z_i}\left[(x-x_i)^2+(y-y_i)^2\right]\right\}\mathrm{d}x\mathrm{d}y \tag{5-1-7}$$

将相关各量代入上式整理得

$$\begin{aligned} U_i(x_i,y_i)=&\frac{\exp(\mathrm{j}kz_i)}{\mathrm{j}\lambda z_i}\exp\left[\frac{\mathrm{j}k}{2z_i}\left(x_i^2+y_i^2\right)\right]\exp\left\{\frac{\mathrm{j}k}{2z_r}\left[a^2+b^2\right]\right\} \\ &\times\sum_{\xi}\sum_{\eta}\frac{\exp\left[-\mathrm{j}kz_0-\mathrm{j}\phi_o(\xi,\eta)\right]}{-\mathrm{j}\lambda z_0}o(\xi,\eta)A_r\exp\left[-\frac{\mathrm{j}k}{2z_0}\left(\xi^2+\eta^2\right)\right] \\ &\times\int_{-\infty}^{\infty}\int_{-\infty}^{\infty}w(x,y)\exp\left[\frac{\mathrm{j}k}{2}\left(\frac{1}{z_c}+\frac{1}{z_r}+\frac{1}{z_i}-\frac{1}{z_0}\right)\left(x^2+y^2\right)\right] \end{aligned}$$

$$\times\exp\left\{-\mathrm{j}2\pi\left[\left(x_i+\frac{z_i}{z_r}a-\frac{z_i}{z_0}\xi\right)\frac{x}{\lambda z_i}+\left(y_i+\frac{z_i}{z_r}b-\frac{z_i}{z_0}\eta\right)\frac{y}{\lambda z_i}\right]\right\}\mathrm{d}x\mathrm{d}y \tag{5-1-8}$$

若 $\frac{1}{z_c}+\frac{1}{z_r}+\frac{1}{z_i}-\frac{1}{z_0}=0$，即衍射距离满足

$$z_i=\left(\frac{1}{z_0}-\frac{1}{z_c}-\frac{1}{z_r}\right)^{-1} \tag{5-1-9}$$

则式 (5-1-8) 中每一积分变为 CCD 窗口函数 $w(x,y)$ 的夫琅禾费衍射图像。令 $M=z_i/z_0$ 不难看出，衍射图像中心为 $(-z_ia/z_r+M\xi,-z_ib/z_r+M\eta)$。虽然每一衍射图像的相位是随机量，但夫琅禾费衍射图像能量集中于图像中心，且图像中心振幅正比于 $o(\xi,\eta)$，即 $(-z_ia/z_r+M\xi,-z_ib/z_r+M\eta)$ 处的强度正比于 $|o(\xi,\eta)|^2$。因此，对所有 $\xi,\eta$ 进行求和运算后，将在 $z=z_i$ 平面上形成放大 $M$ 倍、中心在 $(-z_ia/z_r,-z_ib/z_r)$ 的物光场像。在稍后的研究中将看到，虽然 CCD 面阵由大量微小探测面元组成，在面元间存在间隙，但是，可以将窗口函数 $w(x,y)$ 视为容纳整个面阵的矩形窗[8,16]，$w(x,y)$ 尺寸越大，夫琅禾费衍射图像能量越集中于图像中心，成像质量越高。

2) 物光衍射场

将式 (5-1-6) 中 $U_-$ 代入菲涅耳衍射积分进行距离 $z_i$ 的衍射，并令 $z_i$ 满足式 (5-1-9)，整理后得

$$\begin{aligned}U_{i-}(x_i,y_i)=&\sum_\xi\sum_\eta\Theta_-(\xi,\eta;x_i,y_i)\int_{-\infty}^{\infty}\int_{-\infty}^{\infty}w(x/M',y/M')\\&\times\exp\left\{\frac{\mathrm{j}k}{2M'z_i}\left[\left(x-\left(x_i+\frac{z_i}{z_r}a-M\xi\right)\right)^2\right.\right.\\&\left.\left.+\left(y-\left(y_i+\frac{z_i}{z_r}b-M\eta\right)\right)^2\right]\right\}\mathrm{d}x\mathrm{d}y\end{aligned} \tag{5-1-10}$$

式中，$\Theta_-(\xi,\eta;x_i,y_i)$ 是一随机复函数，$M'=\frac{z_i}{z_0}-\frac{z_i}{z_r}+\frac{z_i}{z_c}+1$。积分代表方孔经距离 $M'z_i$ 的菲涅耳衍射图像，衍射图像中心坐标为 $\left(\frac{z_i}{z_r}a-M\xi,\frac{z_i}{z_r}b-M\eta\right)$。由于 $\Theta_-(\xi,\eta;x_i,y_i)$ 是一随机复函数，式 (5-1-10) 求和计算时，来自不同散射元的光波产生干涉，将在 $z=z_i$ 平面形成中心在 $(z_ia/z_r,z_ib/z_r)$，放大率为 $M$ 的散斑场。令物平面光波场的分布宽度为 $D_0$，考虑到每一菲涅耳衍射图像能量主要集中于边长为 $|M'|L$ 的孔径投影区，散斑场的宽度近似为 $MD_0+|M'|L$。

3) 零级衍射场

根据衍射的菲涅耳近似[18]，$U_{0U}$ 在重建平面的光波场为

$$U_{iU}\left(x_i,y_i\right)=\frac{\exp\left(\mathrm{j}kz_i\right)}{\mathrm{j}\lambda z_i}\int_{-\infty}^{\infty}\int_{-\infty}^{\infty}w\left(x,y\right)\left|U\left(x,y\right)\right|^2\exp\left[\mathrm{j}\frac{k}{2z_c}\left(x^2+y^2\right)\right]\times\exp\left\{\mathrm{j}\frac{k}{2z_i}\left[\left(x-x_i\right)^2+\left(y-y_i\right)^2\right]\right\}\mathrm{d}x\mathrm{d}y \tag{5-1-11}$$

式中，$\left|U\left(x,y\right)\right|^2=U\left(x,y\right)U^*\left(x,y\right)$。由于光瞳函数满足 $w\left(x,y\right)=w^3\left(x,y\right)$，引入傅里叶变换符号 $F\{\}$ 并利用卷积定理，可以将上式写为

$$\begin{aligned}U_{iU}\left(x_i,y_i\right)=&\frac{\exp\left(\mathrm{j}kz_i\right)}{\mathrm{j}\lambda z_i}\exp\left[\mathrm{j}\frac{k}{2z_i}\left(x_i^2+y_i^2\right)\right]\\&\times\mathcal{F}\left\{w\left(x,y\right)U\left(x,y\right)\right\}*\mathcal{F}\left\{w\left(x,y\right)U^*\left(x,y\right)\right\}\\&*\mathcal{F}\left\{w\left(x,y\right)\exp\left[\mathrm{j}\frac{k}{2}\left(\frac{1}{z_c}+\frac{1}{z_i}\right)\left(x^2+y^2\right)\right]\right\}\end{aligned} \tag{5-1-12}$$

式中，各傅里叶变换取值坐标为 $\left(\frac{x_i}{\lambda z_i},\frac{y_i}{\lambda z_i}\right)$。$U_{iU}\left(x_i,y_i\right)$ 的分布由三个傅里叶变换式的卷积确定，下面依次进行讨论[15]。

根据式 (5-1-2) 和式 (5-1-3) 将 $\mathcal{F}\left\{w\left(x,y\right)U\left(x,y\right)\right\}$ 展开，整理后得

$$\begin{aligned}&\mathcal{F}\left\{w\left(x,y\right)U\left(x,y\right)\right\}\\=&\sum_{\xi}\sum_{\eta}\frac{\exp\left[\mathrm{j}kz_0+\mathrm{j}\phi_o\left(\xi,\eta\right)\right]}{\mathrm{j}\lambda Mz_i}o\left(\xi,\eta\right)\\&\times\exp\left\{-\frac{\mathrm{j}k}{2Mz_i}\left[\left(M\xi+x_i\right)^2+\left(M\eta+y_i\right)^2\right]+\frac{\mathrm{j}k\left(\xi^2+\eta^2\right)}{2z_0}\right\}\int_{-\infty}^{\infty}\int_{-\infty}^{\infty}w\left(\frac{x'}{M},\frac{y'}{M}\right)\\&\times\exp\left\{\frac{\mathrm{j}k}{2Mz_i}\left[\left(x'-\left(M\xi+x_i\right)\right)^2+\left(y'-\left(M\eta+y_i\right)\right)^2\right]\right\}\mathrm{d}x'\mathrm{d}y'\end{aligned} \tag{5-1-13}$$

式中，积分表示中心在 $(-M\xi,-M\eta)$ 放大 $M$ 倍光瞳的菲涅耳衍射。为便于分析整个式子的物理意义，引入随机复函数 $o'\left(\xi,\eta;x_i,y_i\right)$，令其辐角为 $\arg\left(o'\left(\xi,\eta;x_i,y_i\right)\right)$，将式 (5-1-13) 改写为

$$\begin{aligned}\mathcal{F}\left\{U\left(x,y\right)\right\}=&\sum_{\xi}\sum_{\eta}\left|o'\left(\xi,\eta;x_i,y_i\right)\right|\\&\times\exp\left\{-\mathrm{j}\frac{k}{2Mz_i}\left[\left(M\xi+x_i\right)^2+\left(M\eta+y_i\right)^2\right]\right.\\&\left.+\mathrm{j}\arg\left(o'\left(\xi,\eta;x_i,y_i\right)\right)\right\}\end{aligned} \tag{5-1-14}$$

可以看出，这是大量振幅及相位均为随机量的球面波的求和运算，球面波向 $(-M\xi, -M\eta, Mz_i)$ 点会聚。对所有 $(\xi, \eta)$ 的取值求和后，$\mathcal{F}\{w(x,y)U(x,y)\}$ 是一个散斑场，其分布宽度近似为物平面光波场的 $M$ 倍。

类似地，可以证明 $\mathcal{F}\{w(x,y)U^*(x,y)\}$ 也是一个散斑场。其分布宽度也近似为物平面光波场的 $M$ 倍。

容易证明

$$\begin{aligned}&\mathcal{F}\left\{w(x,y)\exp\left[\mathrm{j}\frac{k}{2}\left(\frac{1}{z_c}+\frac{1}{z_i}\right)(x^2+y^2)\right]\right\}\\&=\Psi(x_i,y_i)\int_{-\infty}^{\infty}\int_{-\infty}^{\infty}w\left(\frac{x}{M_c},\frac{y}{M_c}\right)\\&\quad\times\exp\left[\mathrm{j}\frac{k}{2M_cz_i}\left[(x-x_i)^2+(y-y_i)^2\right]\right]\mathrm{d}x\mathrm{d}y\end{aligned} \tag{5-1-15}$$

这里，$\Psi(x_i, y_i)$ 是一复函数，$M_c = z_i/z_c + 1$。式 (5-1-15) 是一由 CCD 窗口函数决定的矩形孔的衍射图像。为简明起见，设 CCD 面阵是宽度为 $L$ 的方形，式 (5-1-15) 确定的衍射场宽度近似为 $|M_c|L$。

综上所述，根据卷积运算的性质，式 (5-1-12) 卷积运算结果是宽度为 $|M_c|L + 2MD_0$ 的散斑场。由于 $z_i = -z_c$ 对应无透镜傅里叶变换全息情况。这时，式 (5-1-15) 变为 $\mathcal{F}\{w(x,y)\}$ 的运算，其分布范围小于 $z_i \neq -z_c$ 的所有情况。因此，对于无透镜傅里叶变换全息，$U_{iU}(x_i, y_i)$ 的分布范围最狭窄。

将 $U_{0R}$ 经距离 $z_i$ 的衍射仍然用菲涅耳近似表示，不难证明

$$\begin{aligned}U_{iR}(x_i,y_i)=&\frac{\exp(\mathrm{j}kz_i)}{\mathrm{j}\lambda z_iM_c^2}A_r^2\exp\left[-\frac{\mathrm{j}k}{2M_cz_i}(x_i^2+y_i^2)\right]\int_{-\infty}^{\infty}\int_{-\infty}^{\infty}w\left(\frac{x}{M_c},\frac{y}{M_c}\right)\\&\times\exp\left[\mathrm{j}\frac{k}{2M_cz_i}\left[(x_i-x)^2+(y_i-y)^2\right]\right]\mathrm{d}x\mathrm{d}y\end{aligned} \tag{5-1-16}$$

这是一个中心在原点，宽度为 $|M_c|L$ 的方孔衍射图像。

由于 $U_{iU}(x_i, y_i)$ 及 $U_{iR}(x_i, y_i)$ 分别代表与物光及参考光能量相关的零级衍射干扰，它们的总能量在同一量级。但前者分布范围较宽，后者分布相对集中。因此，在重建平面上零级衍射光通常呈现强度较弱、宽度较大的散斑场与强度较高、宽度较小的方孔衍射斑的叠加形式。整个零级衍射干扰场宽度为 $|M_c|L + 2MD_0$。

### 5.1.3 离轴数字全息系统的设计

基于上面的研究，重建平面宽度 $L_i$ 应大于零级衍射光、共轭物光及物光分布宽度之和，即

$$L_i > |M_cL| + 4MD_0 + |M'|L \tag{5-1-17}$$

式 (5-1-17) 为我们优化设计实验系统提供了依据。由于波前重建在计算机的虚拟空间进行，并且通常是使用菲涅耳衍射积分的 FFT 计算进行物光场重建，现根据离散傅里叶变换的特点对系统参数进行讨论。

若 CCD 面阵由$N \times N$个像素构成，菲涅耳衍射积分经一次离散傅里叶变换计算后物理宽度则是 $L_i=\lambda z_i N/L = \lambda M z_0 N/L$[8,20]。这个结论表明，重建平面上物体重建像的相对尺度不随放大率 $M$ 的变化而变化，即选择任意放大率进行 1-FFT 重建计算时，物体的重建像在重建平面保持相同的相对尺寸。

由于零级衍射场宽度为 $|M_c L| + 2MD_0$，通常情况其数值略大于 $2MD_0$。此外，物体的重建像及物光衍射场宽度略大于 $2MD_0$。引入略大于 1 的一实参数$\rho$，可以通过下式来确定采样系统的记录距离

$$L_i = \lambda M z_0 N/L = \rho \times 4MD_0 \tag{5-1-18}$$

求解得

$$z_0 = \frac{\rho \times 4D_0 L}{\lambda N} \tag{5-1-19}$$

应该指出，这个结论是在较严格的条件下导出的。由于式 (5-1-12) 表示的零级衍射场分量在衍射场边界区域的强度较低，取$\rho$=1 通常已经能够得到很好的重建像。根据实际情况，如果重建物光场中与零级衍射光重叠的区域不是我们特别需要关注的区域，选择较小的 $z_0$ 可以让 CCD 接受较强的物光场能量及较高频率的角谱，更有效地保证重建物光场的总体质量。稍后将通过理论模拟及实验证明这个结论。

按照式 (5-1-17)，让重建物体像中心坐标的绝对值为 $3L_i/8$ 便能较好地实现重建物像与干扰场的分离，即

$$\left|\frac{z_i}{z_r}a\right| = \frac{3L_i}{8} \tag{5-1-20a}$$

利用关系式 $L_i = \dfrac{\lambda z_i N}{L}$，上式也可以写为

$$\left|\frac{a}{z_r}\right| = \frac{3\lambda N}{8L} \tag{5-1-20b}$$

这样，当参考光为平行光时，$a/z_r$ 则代表参考光传播方向与光轴夹角在 $xz$ 平面的投影。

式 (5-1-19)、式 (5-1-20a) 及式 (5-1-20b) 为我们合理设计记录数字全息图的光学系统提供了依据。由于标量衍射理论能够足够准确地模拟数字全息的物理过程，下面先进行理论模拟，然后，基于理论模拟结果进行实验研究。

### 5.1.4　离轴数字全息系统的优化模拟及实验研究

1. 数字全息系统的优化模拟

由于 1-FFT 重建图像在重建平面上的相对尺寸不随放大率的变化而变化，为简单起见，设放大率为 1，并设参考光为平行光进行模拟。这时，重建波为平面波，重建平面到 CCD 的距离 $z_i$ 与记录全息图的距离 $z_0$ 相等。在直角坐标下，图 5-1-2 给出模拟研究中 CCD 平面、重建像平面及参考光方向的关系示意图。图中，$z=0$ 是 CCD 平面，$z=z_i$ 是重建像平面，并且，重建实像的中心设在重建像平面的第一象限中心。按照式 (5-1-5)，由 CCD 平面坐标原点指向重建像中心的方向即参考光方向。

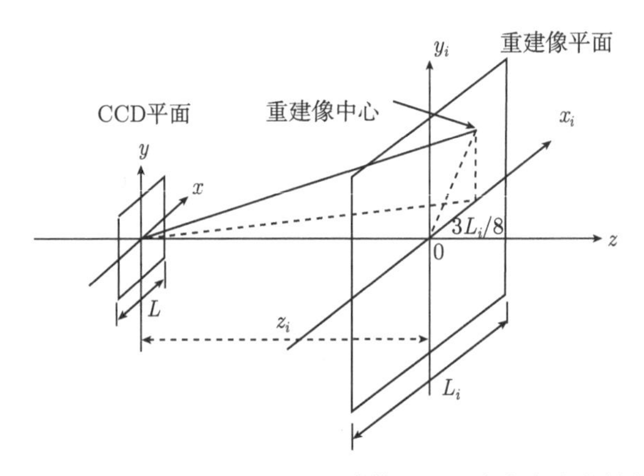


图 5-1-2　CCD 平面、1-FFT 重建像平面及参考光方向的关系

模拟研究的相关参数选择如下：光波长 $\lambda$=532nm，CCD 面阵宽度 $L$=4.76mm，取样数 $N$=1024，物体为宽度 $D_0$=40mm 的 “物” 字符图像，图像的强度均匀，但相位随机分布。

由式 (5-1-19) 知，$z_0 \geqslant 4D_0L/(N\lambda) = 1398.03\text{mm}$。令物体到 CCD 的距离为 $z_0$=1500mm，求得 $L_i = \lambda z_0 N/L = 171.6\text{mm}$。

参照图 5-1-2，为让重建图像中心坐标为 $(3L_i/8, 3L_i/8)$，则应设参考光为按下述方向余弦传播的平行光

$$\cos\alpha = \cos\beta = \frac{3L_i/8}{\sqrt{(3L_i/8)^2 + z_i^2}} \approx \frac{3L_i}{8z_i}, \cos\gamma = \frac{z_i}{\sqrt{(3L_i/8)^2 + z_i^2}} \approx 1 \qquad (5\text{-}1\text{-}21)$$

显然，若用 S-FFT 法计算物平面到 CCD 的衍射，物平面宽度 $L_0$ 也应等于 $L_i$。为此，将边宽为 $D_0$=40mm 的 “物” 图像通过周边补零形成边宽 $L_0$=171.6mm 的物平面，并令物平面取样数为 1024×1024，让每一取样点的相位为 0～2π 的随机量。图 5-1-3(a) 是模拟计算时物平面光波场的强度图像。

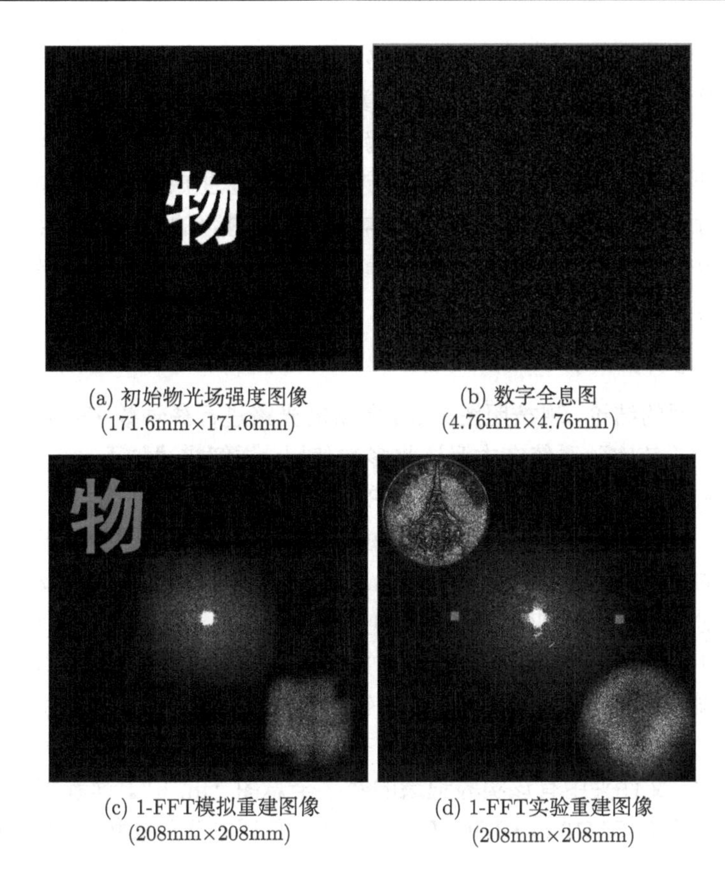


(a) 初始物光场强度图像 (171.6mm×171.6mm)

(b) 数字全息图 (4.76mm×4.76mm)

(c) 1-FFT模拟重建图像 (208mm×208mm)

(d) 1-FFT实验重建图像 (208mm×208mm)

图 5-1-3 物光及参考光强度分布直接消除法模拟 (取样数 1024×1024)

模拟计算步骤如下:

(1) 利用 S-FFT 方法计算物光到达 CCD 平面的光波复振幅。以 CCD 平面物光振幅的平均值为参考光的振幅，按照 $R(x,y)=A_r\exp\left[\mathrm{j}k\dfrac{3L_i}{8z_i}(-x+y)\right]$ 求 CCD 平面上参考光的复振幅并与到达 CCD 的物光复振幅相加，求出叠加场的强度图像 —— 数字全息图。图 5-1-3(b) 给出数字全息图的图像。

(2) 将数字全息图视为初始平面的光波场复振幅，通过衍射的 S-FFT 法计算经距离 $z_i$=1500mm 的衍射场，实现波前重建。图 5-1-3(c) 给出重建平面强度图像。

模拟研究表明，1-FFT 重建图像平面上零级衍射光的宽度的确约是物体宽度的两倍，并且，在中央有强度极高的零级衍射斑，其分布是矩形孔的菲涅耳衍射图像。与式 (5-1-16) 的理论预计相吻合。由于合理选择了记录系统的参数，物体的重建像与零级衍射光能有效分离。然而，从模拟图像也可以看出，由于零级衍射光分布边界区域强度较低，对于投影形状非矩形的物体，可以忽略重建像边沿局部区域与零级衍射光的重叠，选择宽度略大的物体在同一实验参数下进行重建，图 5-1-3(d) 是一个研究实例，相关实验参数稍后详细给出。

附录 B12 给出用 MATLAB 语言编写的模拟生成单色离轴数字全息图的程序 LJCM12.m，该程序能够基于一幅任意给定的图像模拟生成该图像的单色离轴数字全息图。读者可以参照这个程序加深对本节所阐述内容的理解。并且，利用附录 B13 提供的数字全息图物光场的 1-FFT 重建程序 LJCM13.m 重建物光场，可验证本节的所有讨论。

2. 数字全息实验证明

为证明上面的结论，现按照图 5-1-4 所绘的光路进行离轴数字全息实验及物光场重建[16]。由于该实验系统在本章还将多次使用，详细描述如下。

自左向右进入系统的激光被分束镜 $S_1$ 分为两束光，其中，由 $S_1$ 透射的光波经全反镜 $M_1$ 反射、准直及扩束后投向分束镜 $S_2$，经 $S_2$ 反射的光波形成与光轴 $z$ 有微小夹角的光波到达 CCD 形成参考光。由 $S_1$ 反射的光波经反射及扩束后形成照明物光投射向物体，从物体表面散射的光波通过半反半透镜 $S_2$ 到达 CCD 形成物光。实验中使用的 CCD 面阵像素数为 1024×1360，像素宽度为 4.65μm。物体是 2000 年在巴黎举行的一次 20 公里长跑的铜质奖牌，奖牌直径 $D_0\approx$ 60mm，物体到 CCD 的距离 $z_0$=1500mm。为便于阅读本书，书附光盘中 “执行程序时调用的图像及全息图文件” 文件夹中有该实验记录的数字全息图 “Ih.tif”。读者可以利用附录或光盘中提供的 LJCM13.m ~LJCM16.m 程序，验证本章后续相关理论分析。

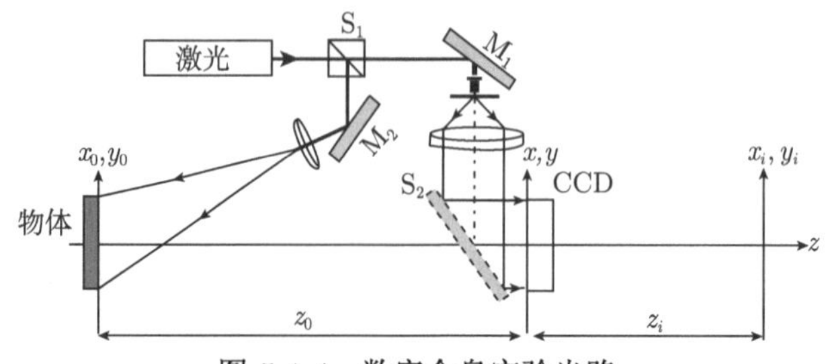


图 5-1-4 数字全息实验光路

用 CCD 记录了全息图后，利用附录 B13 中的 LJCM13.m 程序及数字全息图文件 Ih.tif，图 5-1-3(c) 给出 1-FFT 重建图像。不难看出，由于重建平面上重建物光场边沿零级衍射光干扰较弱，尽管奖牌直径略大于模拟研究时能完全避免零级衍射干扰的临界宽度，但仍然可以获得较满意的重建图像。上一节的理论分析得到了实验证明。

### 5.1.5 波前重建质量讨论

在图 5-1-1 的讨论中已经指出，数字全息成像系统是把 $x_0y_0$ 平面上的物体在

$x_iy_i$ 平面成像的相干光学成像系统，但这个系统的一部分存在于计算机的虚拟空间中。为便于研究，图 5-1-5 给出数字全息成像系统的示意图。图中，右方绘出邻近 $x_iy_i$ 平面的物体的赝实像。此外，为简化讨论，令参考光为平面波，物平面及重建平面到 CCD 的距离均为 $d$。

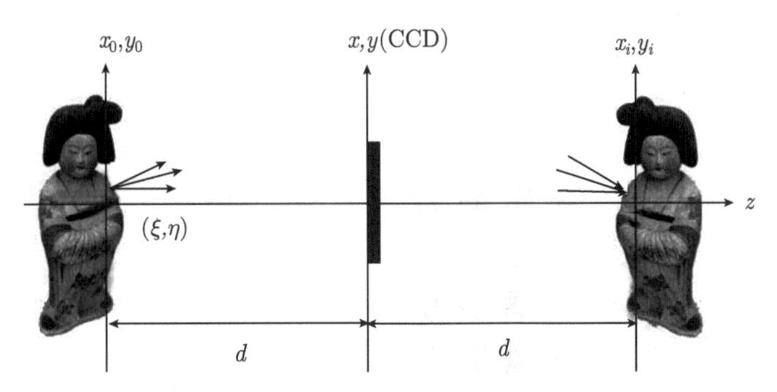


图 5-1-5　数字全息成像系统示意图

按照线性系统理论及相干光成像的研究，只要能求出这个系统的脉冲响应或系统的点扩散函数，便能了解重建像受哪些参数的影响。下面研究物平面坐标点 $(\xi,\eta)$ 单位振幅点光源 $\delta(x_0-\xi,y_0-\eta)$ 发出的光波通过光学系统后的响应。

来自点光源 $\delta(x_0-\xi,y_0-\eta)$ 的光波通过光学系统后在 $xy$ 平面的光波场可由菲涅耳衍射积分表出

$$\begin{aligned}&u_\delta(x,y;\xi,\eta)\\&=\frac{\exp(\mathrm{j}kd)}{\mathrm{j}\lambda d}\int_{-\infty}^{\infty}\int_{-\infty}^{\infty}\delta(x_0-\xi,y_0-\eta)\exp\left\{\frac{\mathrm{j}k}{2d}[(x-x_0)^2+(y-y_0)^2]\right\}\mathrm{d}x_0\mathrm{d}y_0\end{aligned}$$

利用 $\delta$ 函数的筛选性质即得

$$u_\delta(x,y;\xi,\eta)=\frac{\exp(\mathrm{j}kd)}{\mathrm{j}\lambda d}\exp\left\{\frac{\mathrm{j}k}{2d}\left[(x-\xi)^2+(y-\eta)^2\right]\right\}\tag{5-1-22}$$

令参考光为振幅为 $a_r$ 的均匀波束

$$R(x,y)=a_r\exp\left[\mathrm{j}\phi(x,y)\right]\tag{5-1-23}$$

两束光到达 CCD 记录平面的干涉场强度分布则为

$$\begin{aligned}I_\delta(x,y;\xi,\eta)&=\left|u_\delta(x,y;\xi,\eta)+R(x,y)\right|^2\\&=\frac{1}{\lambda^2d^2}+a_r^2+u_\delta^*(x,y;\xi,\eta)R(x,y)\\&\quad+u_\delta(x,y;\xi,\eta)R^*(x,y)\end{aligned}\tag{5-1-24}$$

为研究 CCD 记录的数字全息图表达式，图 5-1-6 给出 CCD 面阵结构示意图[7]，图中 $\alpha\Delta x\times\beta\Delta y$ 是 CCD 单个像素尺寸，相邻像素间隔在 $x$ 方向是 $\Delta x$ 而在 $y$ 方向是 $\Delta y$，用像素填充因子 $\alpha,\beta\in[0,1]$ 来描述相邻像素间存在一个隔离区的情况。整个像素列阵落在由 $N\Delta x\times M\Delta y$ 确定的有限范围内，$N$ 和 $M$ 分别是 $x$ 和 $y$ 方向上的像素数。

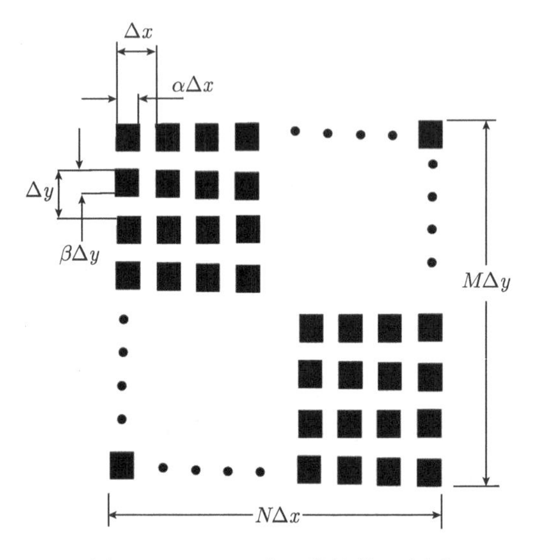


图 5-1-6　CCD 窗口结构的示意图

由于每一 CCD 像素探测到的是落在像素上的能量，经 CCD 取样后形成 $M\times N$ 个采样值，其表达式为[6]

$$I_{\mathrm{CCD}}(x,y;\xi,\eta)=\mathrm{rect}\left(\frac{x}{N\Delta x},\frac{y}{M\Delta y}\right)\mathrm{comb}\left(\frac{x}{\Delta x},\frac{y}{\Delta y}\right)I'_{\delta}(x,y;\xi,\eta) \tag{5-1-25}$$

式中

$$\begin{aligned}I'_{\delta}(x,y;\xi,\eta)&=\int_{-\infty}^{\infty}\int_{-\infty}^{\infty}I_{\delta}(x,y;\xi,\eta)\,\mathrm{rect}\left(\frac{x-\xi}{\alpha\Delta x},\frac{y-\eta}{\beta\Delta y}\right)\mathrm{d}\xi\mathrm{d}\eta\\&=I_{\delta}(x,y;\xi,\eta)*\mathrm{rect}\left(\frac{x}{\alpha\Delta x},\frac{y}{\beta\Delta y}\right)\end{aligned} \tag{5-1-25a}$$

由于 $\delta(x,y)=\lim\limits_{N\to\infty}N^2\mathrm{rect}(Nx)\,\mathrm{rect}(Ny)$[18]，若 $\alpha\Delta x\times\beta\Delta y$ 足够小，可以认为 $\mathrm{rect}\left(\frac{x}{\alpha\Delta x},\frac{y}{\beta\Delta y}\right)\approx\alpha\Delta x\beta\Delta y\delta(x,y)$，于是有 $I'_{\delta}(x,y;\xi,\eta)\approx\alpha\Delta x\beta\Delta yI_{\delta}(x,y;\xi,\eta)$，

式 (5-1-25) 简化为[8]

$$I_{\mathrm{CCD}}(x,y;\xi,\eta)=\alpha\Delta x\beta\Delta y\mathrm{rect}\left(\frac{x}{N\Delta x},\frac{y}{M\Delta y}\right)\mathrm{comb}\left(\frac{x}{\Delta x},\frac{y}{\Delta y}\right)I_\delta(x,y;\xi,\eta) \tag{5-1-26}$$

为进行物光场重建，用参考光照射全息图形成衍射波

$$\begin{aligned}&I_{\mathrm{CCD}}(x,y;\xi,\eta)R(x,y)\\&=\alpha\Delta x\beta\Delta y\mathrm{rect}\left(\frac{x}{N\Delta x},\frac{y}{M\Delta y}\right)\mathrm{comb}\left(\frac{x}{\Delta x},\frac{y}{\Delta y}\right)R(x,y)I_\delta(x,y;\xi,\eta)\end{aligned} \tag{5-1-27}$$

将式 (5-1-24) 代入上式得

$$I_{\mathrm{CCD}}(x,y;\xi,\eta)R(x,y)=I_{\delta0}(x,y;\xi,\eta)+I_{\delta+}(x,y;\xi,\eta)+I_{\delta-}(x,y;\xi,\eta) \tag{5-1-28}$$

等式右方 $I_{\delta0}(x,y;\xi,\eta)$ 称为零级衍射光，$I_{\delta+}(x,y;\xi,\eta)$ 称为共轭物光，$I_{\delta-}(x,y;\xi,\eta)$ 称为物光，其表达式分别为

$$I_{\delta0}(x,y;\xi,\eta)=\alpha\Delta x\beta\Delta y\mathrm{rect}\left(\frac{x}{N\Delta x},\frac{y}{M\Delta y}\right)\mathrm{comb}\left(\frac{x}{\Delta x},\frac{y}{\Delta y}\right)\left(\frac{1}{\lambda^2d^2}+a_r^2\right)R(x,y)$$

$$I_{\delta+}(x,y;\xi,\eta)=\alpha\Delta x\beta\Delta y\mathrm{rect}\left(\frac{x}{N\Delta x},\frac{y}{M\Delta y}\right)\mathrm{comb}\left(\frac{x}{\Delta x},\frac{y}{\Delta y}\right)u_\delta^*(x,y;\xi,\eta)R^2(x,y)$$

$$I_{\delta-}(x,y;\xi,\eta)=\alpha\Delta x\beta\Delta y\mathrm{rect}\left(\frac{x}{N\Delta x},\frac{y}{M\Delta y}\right)\mathrm{comb}\left(\frac{x}{\Delta x},\frac{y}{\Delta y}\right)u_\delta(x,y;\xi,\eta)$$

本章后续研究将介绍以上三项衍射光分离的方法。为简明起见，假定已经通过某种方法分离出物光项 $I_{\delta-}(x,y;\xi,\eta)$，点源的重建像由菲涅耳衍射逆运算给出

$$\begin{aligned}h_\delta(x_i,y_i;\xi,\eta)=&\frac{\exp(-\mathrm{j}kd)}{-\mathrm{j}\lambda d}\int_{-\infty}^{\infty}\int_{-\infty}^{\infty}I_{\delta-}(x,y;\xi,\eta)\\&\times\exp\left\{-\frac{\mathrm{j}k}{2d}[(x-x_i)^2+(y-y_i)^2]\right\}\mathrm{d}x\mathrm{d}y\end{aligned} \tag{5-1-29}$$

将 $I_{\delta-}(x,y;\xi,\eta)$ 代入上式，可以整理为逆傅里叶变换式

$$\begin{aligned}h_\delta(x_i,y_i;\xi,\eta)=&\frac{\alpha\Delta x\beta\Delta y}{(\lambda d)^2}\exp\left[\frac{\mathrm{j}k}{2d}\left(\xi^2+\eta^2\right)\right]\\&\times\exp\left[-\frac{\mathrm{j}k}{2d}\left(x_i^2+y_i^2\right)\right]\int_{-\infty}^{\infty}\int_{-\infty}^{\infty}\mathrm{rect}\left(\frac{x}{N\Delta x},\frac{y}{M\Delta y}\right)\mathrm{comb}\left(\frac{x}{\Delta x},\frac{y}{\Delta y}\right)\\&\times\exp\left[\mathrm{j}2\pi\left(x\frac{x_i-\xi}{\lambda d},y\frac{y_i-\eta}{\lambda d}\right)\right]\mathrm{d}x\mathrm{d}y\end{aligned} \tag{5-1-30}$$

利用矩形函数及梳状函数的傅里叶变换性质得到

$$h_\delta(x_i,y_i)=\frac{NM\alpha\Delta x^3\beta\Delta y^3}{(\lambda d)^2}\exp\left[\frac{\mathrm{j}k}{2d}\left(\xi^2+\eta^2\right)\right]\exp\left[-\frac{\mathrm{j}k}{2d}\left(x_i^2+y_i^2\right)\right]$$

$$\times \operatorname{sinc}\left[\frac{N\Delta x}{\lambda d}(x_i-\xi)\right]\operatorname{sinc}\left[\frac{M\Delta y}{\lambda d}(y_i-\eta)\right]*\operatorname{comb}\left(\Delta x\frac{x_i-\xi}{\lambda d},\Delta y\frac{y_i-\eta}{\lambda d}\right) \tag{5-1-31}$$

上式表明，重建场在横向及纵向分别是周期为 $\dfrac{\lambda d}{\Delta x}$ 及 $\dfrac{\lambda d}{\Delta y}$ 的函数，若重建场尺寸限制在这个二维周期内，光学系统像平面的脉冲响应可再简化为

$$\begin{aligned}h_\delta(x_i,y_i)=&\frac{NM\alpha\Delta x^3\beta\Delta y^3}{(\lambda d)^2}\exp\left[\frac{\mathrm{j}k}{2d}(\xi^2+\eta^2)\right]\exp\left[-\frac{\mathrm{j}k}{2d}(x_i^2+y_i^2)\right]\\&\times\operatorname{sinc}\left[\frac{N\Delta x}{\lambda d}(x_i-\xi)\right]\operatorname{sinc}\left[\frac{M\Delta y}{\lambda d}(y_i-\eta)\right]\end{aligned} \tag{5-1-32}$$

令

$$h(x_i,y_i)=\frac{NM\alpha\Delta x^3\beta\Delta y^3}{(\lambda d)^2}\operatorname{sinc}\left(\frac{N\Delta x}{\lambda d}x_i\right)\operatorname{sinc}\left(\frac{M\Delta y}{\lambda d}y_i\right) \tag{5-1-33}$$

将物平面光波复振幅 $O_0(x_0,y_0)$ 视为若干点源的叠加，在像平面上的光波场则由叠加积分给出

$$\begin{aligned}O_i(x_i,y_i)&=\int_{-\infty}^{\infty}\int_{-\infty}^{\infty}O_0(\xi,\eta)h_\delta(x_i,y_i;\xi,\eta)\mathrm{d}\xi\mathrm{d}\eta\\&=\exp\left[-\frac{\mathrm{j}k}{2d}(x_i^2+y_i^2)\right]\int_{-\infty}^{\infty}\int_{-\infty}^{\infty}O_0(\xi,\eta)\\&\quad\times\exp\left[\mathrm{j}\frac{\pi}{\lambda d}(\xi^2+\eta^2)\right]h(x_i-\xi,y_i-\eta)\mathrm{d}\xi\mathrm{d}\eta\end{aligned} \tag{5-1-34}$$

可以看出，将物平面光波场 $O_0(\xi,\eta)$ 视为输入信号，对应的成像系统并不是一个线性空间不变系统。然而，如果只对重建图像的强度分布感兴趣，将 $O_0(x_0,y_0)\exp\left[\mathrm{j}\frac{\pi}{\lambda d}(x_0^2+y_0^2)\right]$视为输入信号，数字全息成像系统则是一个线性空间不变系统，系统的脉冲响应 $h(x_i,y_i)$ 由式 (5-1-33) 给出。它是一个二维 sinc 函数，其数值随 CCD 面阵宽度及 CCD 像素面积的增大而增加。由于用 sinc 函数定义的 $\delta$ 函数为 $\delta(x,y)=\lim\limits_{P,Q\to\infty}PQ\operatorname{sinc}(Px)\operatorname{sinc}(Qy)$[18]，当 CCD 窗口 $N\Delta x\times M\Delta y$ 足够大而 $\lambda d$ 足够小时，脉冲响应 $h(x_i,y_i)$ 趋于 $\alpha\Delta x^2\beta\Delta y^2\delta(x_i,y_i)$，具有较好的成像质量。

在以上讨论中，我们对物平面光波复振幅 $O_0(x_0,y_0)$ 没有任何限制，即研究结果适用于物光场是散射光场的情况。在式 (5-1-34) 中，如果将 $O_0(\xi,\eta)\exp\left[\mathrm{j}\frac{\pi}{\lambda d}(\xi^2+\eta^2)\right]\mathrm{d}\xi\mathrm{d}\eta$视为物面上 $(\xi,\eta)$点为中心的散射基元发出光波的复振幅，在像平面上将形成不同基元的像光场的叠加。由于成像作用，尽管在像斑内还有来

自物面上该基元周围的其余基元像光场的叠加，但由于强度较弱，并且相位随机取值，像点的强度仍然大致与物面上 $(\xi, \eta)$ 点的强度成正比，从而形成物光场的像。

为对 CCD 面阵尺寸对成像质量的影响形成一个较直观的概念，基于图 5-1-4 的实验，但将 CCD 面阵宽度缩小为原来宽度的一半 (即保留原数字全息图中央 512×512 点区域的探测数据，周边数据全部置为零)，图 5-1-7(a) 给出重建结果。为显示重建图像质量的变化，将图 5-1-3(d) 用图 5-1-7(b) 重新给出。不难看出，当 CCD 窗口尺寸变小后，物平面图像重建质量下降。

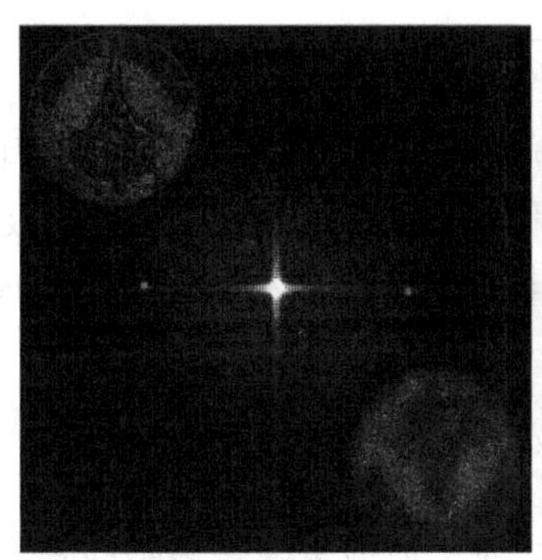
(a) CCD尺寸2.38mm×2.38mm

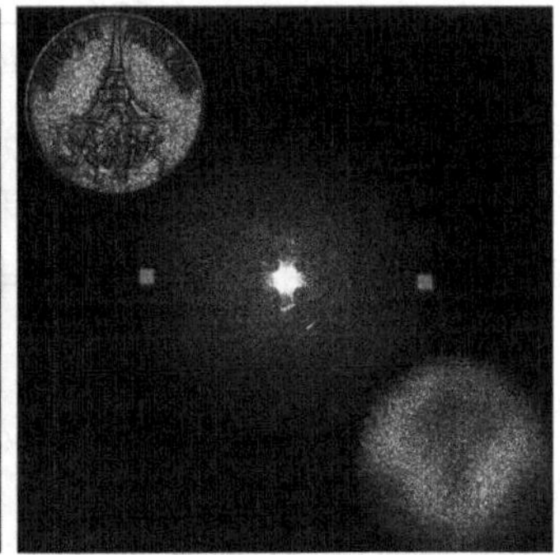
(b) CCD尺寸4.76mm×4.76mm

图 5-1-7 两种不同尺寸全息图重建图像的比较

## 5.2 1-FFT 方法重建波前的噪声研究及消除

5.1 节讨论中已经看出，零级衍射光始终是重建波面的噪声，提高信噪比及消除噪声是提高波前重建质量必须做的工作。本节首先讨论数字全息图的衍射效率[14]，然后对一些常用的消零级衍射干扰技术进行介绍[16]。

### 5.2.1 数字全息图的衍射效率

数字全息的波前重建虽然不消耗实际的重现光能，但是，通过计算机的显示屏重现图像时，各衍射光的强度仍然由显示屏上对应的亮度体现出来。可以将透过数字全息图的物光或共轭物光能量与总透射光能量之比定义为数字全息图的衍射效率。现研究选择什么样的物光和参考光的强度比 $p$ 才能够获得最强的物光衍射波。

令物光复振幅为 $O=\sqrt{p}\exp\left[\mathrm{j}k\varphi\left(x,y\right)\right]$，参考光为 $R=\exp\left[\mathrm{j}k\varphi_r\left(x,y\right)\right]$，重现光为 $X=a_x\exp\left[\mathrm{j}k\varphi_x\left(x,y\right)\right]$，全息图的透射波强度则为

$$\begin{aligned}XI &= X\left(|O|^2+|R|^2\right)+XO^*R+XOR^*\\&= a_x\left(p+1\right)\exp\left[\mathrm{j}k\varphi_x\left(x,y\right)\right]+a_x\sqrt{p}\exp\left[-\mathrm{j}k\varphi\left(x,y\right)+\mathrm{j}k\varphi_r\left(x,y\right)+\mathrm{j}k\varphi_x\left(x,y\right)\right]\end{aligned}$$

$$+a_x\sqrt{p}\exp\left[\mathrm{j}k\varphi\left(x,y\right)-\mathrm{j}k\varphi_r\left(x,y\right)+\mathrm{j}k\varphi_x\left(x,y\right)\right] \tag{5-2-1}$$

因此，透射光强度是三项衍射光强度之和

$$I_t=a_x^2\left(p+1\right)^2+2a_x^2p \tag{5-2-2}$$

无论选择物光还是共轭物光进行波前重建，对重建光波强度与透射光总强度之比均为

$$\eta=\frac{a_x^2p}{I_t}=\frac{1}{p+4+1/p} \tag{5-2-3}$$

很容易证明 $p$=1，即照明物光和参考光的振幅或强度相等时上式有极大值。回顾由 CCD 记录干涉图的过程可知，物光和参考光振幅相等事实上就是要求 CCD 记录的干涉条纹具有最好的对比度或最丰富的灰度层次，这是一个合乎逻辑的结论。

将 $p$=1 代入式 (5-2-3) 后可求得 $\eta$=1/6，即对于振幅型数字全息图，最佳物参比情况下对波前重建有用的信息能量只占总信息能量的 1/6。这时，零级衍射光与总透射光的强度比是 4/6，因而零级衍射光对于波前重建是最强的噪声。

以上结论表明，为获得高质量的物光波前重建，消除零级衍射干扰是最重要的工作。以下对几种适用的消除零级衍射光和共轭物光干扰的方法作介绍。

### 5.2.2　零级衍射干扰的直接消除

在下述讨论中将看到，使用不同记录条件下 CCD 探测图像间的代数运算，能有效消除零级衍射光对重建物像的干扰。

#### 1. 物光及参考光强度分布直接消除法

设到达 CCD 的物光和参考光复振幅分别为 $O$ 及 $R$，全息图的强度分布则为

$$I_H=\left|O\right|^2+\left|R\right|^2+O^*R+OR^* \tag{5-2-4}$$

在拍摄全息图前，分别遮住到达 CCD 的物光和参考光，用 CCD 分别记录下参考光和物光的强度图像 $|R|^2$ 及 $|O|^2$。在拍摄全息图 $I_H$ 后，用 $I_H$ 依次减去 $|R|^2$ 及 $|O|^2$，则能得到只包含“孪生像”的数字全息图，即

$$I'_H=I_H-\left|O\right|^2-\left|R\right|^2=O^*R+OR^* \tag{5-2-5}$$

由于无零级衍射光干扰，只要重建平面上物体的像与共轭光不重叠，便能得到无零级及共轭光干扰的重建像。这时，还可以缩短物体到 CCD 的距离，让重建包含

较多高频分量的图像。根据式 (5-1-19) 的研究，并考虑到零级衍射干扰能够完整消除，可以通过下式来确定记录距离

$$z_0 = \rho \times \frac{2D_0L}{\lambda N} \tag{5-2-6}$$

式中，$D_0$ 是物光场宽度，$L$ 是 CCD 面阵宽度，$N$ 是沿宽度方向的 CCD 面元数，$\lambda$ 是光波长，$\rho$是略大于 1 的一实参数。

由于标量衍射理论能够足够准确地模拟数字全息的物理过程，现通过衍射的数值计算，对上述方法的可行性给出模拟实验证明。沿用图 5-1-2 的模拟研究坐标系统，图中，$z=0$ 是 CCD 平面，$z=z_i=z_0$ 是重建像平面，并且，重建实像的中心设在重建像平面的第一象限中心。按照式 (5-2-5)，由 CCD 平面坐标原点指向重建像中心的方向即参考光方向。

模拟研究的相关参数选择如下：照明光波长 $\lambda$=532nm；物体为宽度 $D_0$=25mm 的名画 “蒙娜丽莎” 图像；CCD 面阵宽度 $L$=4.76mm，取样数 $N$=1024；由式 (5-2-6) 知，$z_0 \geqslant 2D_0L/(N\lambda) = 436.88\text{mm}$；令物体到 CCD 距离为 $z_0$=450mm，即令式 (5-2-6) 中的待定参数$\rho\approx1.03$。

为让重建图像能够落在第一象限，参照图 5-1-2，设参考光为按下述方向余弦传播的平行光

$$\cos\alpha = \cos\beta = \frac{\rho D_0/2}{\sqrt{\rho^2 D_0^2/4 + z_0^2}} \approx \frac{\rho D_0}{2z_0}, \cos\gamma = \frac{z_0}{\sqrt{D_0^2/4 + z_0^2}} \approx 1 \tag{5-2-7}$$

将边宽为 $D_0$=25mm 的 “蒙娜丽莎” 图像通过周边补零形成边宽 $2D_0$=50mm 的物平面，并令物平面取样数为 1024×1024，让每一取样点的相位为 0∼2π 的随机量。图 5-2-1(a) 是模拟计算时物平面光波场的强度图像。

模拟计算步骤如下：

(1) 利用 S-FFT 方法计算物光到达 CCD 平面的光波复振幅 $O$。图 5-2-1(b) 给出其强度图像。可以看出，到达 CCD 的物光是典型的散斑场;

(2) 以 CCD 平面物光振幅的平均值为参考光的振幅，按照式 (5-2-7) 求出 CCD 平面上参考光的复振幅 $R$;

(3) 求出数字全息图 $|R+O|^2$，并将 $|R+O|^2$ 视为全息图在单位振幅平面波照射下的衍射波。通过衍射的 S-FFT 法计算经距离 $z_0$ 的衍射场，实现波前重建。图 5-2-1(c) 给出重建平面强度图像。不难看出，零级衍射光对重建物像形成较强烈的干扰。

将 $|R+O|^2-|R|^2-|O|^2$ 视为单位振幅平面波照射下的衍射波，按上面同一计算方法进行消零级衍射干扰的波前重建。图 5-2-1(d) 给出重建平面强度图像。很明显，零级衍射光对重建物像的干扰已经被消除。

(a) 物平面(50mm×50mm)

(b) CCD平面(4.76mm×4.76mm)

(c) 未消干扰的重建图像
(50mm×50mm)

(d) 消零级干扰的重建图像
(50mm×50mm)

图 5-2-1　物光及参考光强度分布直接消除法模拟 (取样数 512×512)

2. 参考光一次任意相移法

上面介绍的方法需要用 CCD 分别记录下 $|R|^2$、$|O|^2$ 及 $I_H$ 三幅图像。下面介绍只需要记录两幅图像的另一种方法[9]。

设 $O(x,y)$、$R(x,y)$ 为到达 CCD 平面的物光及参考光的复振幅，全息图强度分布为

$$I_H(x,y)=|O|^2+|R|^2+O^*R+R^*O \tag{5-2-8}$$

若参考光引入一非 2π 整数倍的相移 $\delta$，第二幅全息图强度则是

$$I'_H(x,y)=|O|^2+|R|^2+RO^*\exp(\mathrm{j}\delta)+R^*O\exp(-\mathrm{j}\delta) \tag{5-2-9}$$

上面两式相减得到消除零级衍射光的差值图像

$$I_H(x,y)-I'_H(x,y)=RO^*\left[1-\exp(\mathrm{j}\delta)\right]+R^*O\left[1-\exp(-\mathrm{j}\delta)\right] \tag{5-2-10}$$

若利用差值图像 $I_H-I'_H$ 进行物光场重建，由于式 (5-2-10) 方括号内的复常数对重建像分布不产生影响，重建像平面上不存在零级衍射干扰。

显然，在这种情况下我们也可以按照式 (5-2-6) 来进行光学系统设计，让 CCD 能够记录下包含较多高频分量的物光信息。模拟研究证明，物光场重建图像的质量与前面介绍的物光及参考光强度分布直接消除法完全一致。

### 5.2.3 物光复振幅直接获取法

如果在数字全息记录时能够准确地让参考光引入相移，用 CCD 记录不同相移的全息图，可以有多种方案获得到达 CCD 的物光复振幅[21]。因此，能够直接重建无干扰的重建像。下面介绍几种常用方法。

1. 等步长相移法

设到达 CCD 平面的物光和参考光分别为 $O(x,y) = o(x,y)\exp[\mathrm{j}\varphi(x,y)]$，$R(x,y) = r(x,y)\exp[\mathrm{j}\varphi_r(x,y)]$，干涉图强度分布则为

$$I(x,y) = o^2(x,y) + r^2(x,y) + 2o(x,y)r(x,y)\cos[\varphi(x,y) - \varphi_r(x,y)] \tag{5-2-11}$$

令 $N$ 为整数，当逐步在参考光中引入步长为 $2\pi/N$ 的相移时，第 $n$ 次相移后 CCD 测量到的干涉图强度是

$$I_n(x,y) = o^2(x,y) + r^2(x,y) + 2o(x,y)r(x,y)\cos[\varphi(x,y) - \varphi_r(x,y) + 2n\pi/N] \quad (n = 1,2,\cdots,N)$$

容易验证，当 $N \geqslant 3$ 时，到达 CCD 的物光相位可由下式求出

$$\varphi(x,y) = \varphi_r(x,y) + \arctan\frac{\sum\limits_{n=1}^{N} I_n(x,y)\sin(2\pi n/N)}{\sum\limits_{n=1}^{N} I_n(x,y)\cos(2\pi n/N)} \tag{5-2-12}$$

当$\varphi(x,y)$ 确定后，由于参考光复振幅通常已知，$\varphi(x,y)$ 代入式 (5-2-11) 便能确定出物光振幅。通过衍射或衍射的逆运算即能直接重建物平面光波场。例如，选择 $n$=4 则成为一种流行的四步相移方法，这时式 (5-2-12) 变为

$$\varphi(x,y) = \varphi_r(x,y) + \arctan\frac{I_1(x,y) - I_3(x,y)}{I_4(x,y) - I_2(x,y)} \tag{5-2-13}$$

并且，利用式 (5-2-11) 容易得到

$$o(x,y) = \frac{1}{4r(x,y)}\sqrt{[I_1(x,y) - I_3(x,y)]^2 + [I_4(x,y) - I_2(x,y)]^2} \tag{5-2-14}$$

考查以上三式可以看出，到达 CCD 的物光场是利用全息图的强度分布图像的运算得到的，对于参考光的角度没有特别的要求。在本章 5.7.1 节基于取样定理及

角谱衍射理论对 CCD 探测信息的研究中将看到，同轴数字全息是最能够充分发挥 CCD 性能高分辨率重建物光场的系统，在应用研究中，四步相移法通常用于同轴数字全息。附录 B11 的程序 LJCM11.m 是四步相移法重建物光场的模拟研究程序，该程序利用一幅图像作为物体，模拟生成参考光相位依次为 0，$\pi/2$，$\pi$，$3\pi/2$ 时 CCD 记录的四幅同轴全息图，然后，基于以上两式获取到达 CCD 的物光场，通过衍射逆运算逼真地重建出物体图像。运行该程序可以形象地理解上述讨论。

事实上，等步长相移法的每次相移量并不一定为 $2\pi/N$，只是这时求解$\varphi(x,y)$的公式是一些特殊的形式，读者可以从文献 [21] 中得到相应的表达式。此外，当相移能够准确引入时，等步长相移也不是必须的，下面是两种便于使用的例子。

### 2. 二次给定相移法

当记录下第一幅数字全息图 $I$ 后，对参考光引入两次非 $2\pi$ 整数倍的相移$\delta_1$、$\delta_2$ 再记录另外两幅全息图 $I_1$、$I_2$，则有以下三方程

$$I(x,y)=o^2(x,y)+r^2(x,y)+2o(x,y)r(x,y)\cos[\varphi(x,y)-\varphi_r(x,y)]$$
$$I_1(x,y)=o^2(x,y)+r^2(x,y)+2o(x,y)r(x,y)\cos[\varphi(x,y)-\varphi_r(x,y)+\delta_1]$$
$$I_2(x,y)=o^2(x,y)+r^2(x,y)+2o(x,y)r(x,y)\cos[\varphi(x,y)-\varphi_r(x,y)+\delta_2]$$

求解上方程组得

$$\varphi(x,y)=\arctan\frac{(I_1-I)(\cos\delta_2-1)-(I_2-I)(\cos\delta_1-1)}{(I_1-I)\sin\delta_2-(I_2-I)\sin\delta_1}+\varphi_r(x,y) \quad (5\text{-}2\text{-}15)$$

$$o(x,y)=\frac{I_2-I}{2r(x,y)\{\cos[\varphi(x,y)-\varphi_r(x,y)+\delta_2]-\cos[\varphi(x,y)-\varphi_r(x,y)]\}} \quad (5\text{-}2\text{-}16)$$

由于参考光及相移$\delta_1$、$\delta_2$ 是已知量，基于式 (5-2-15) 和式 (5-2-16)，可以求出到达 CCD 屏的物光复振幅，实现没有零级衍射及共轭物光干扰的物光场波前重建。

### 3. 二次对称相移法

二次对称相移法是二次给定相移法的一个特例，即让参考光引入非 $2\pi$ 整数倍的相移 $\pm\delta$。由于这种方法在实验中容易实现 (例如，拍摄全息图后，分别在参考光路及物光光路中插入相移片拍摄另外两幅全息图)，此外，方程组的解还有略为简单的形式[22]，现在作介绍。

与该方法对应的三个方程为

$$I(x,y)=o^2(x,y)+r^2(x,y)+2o(x,y)r(x,y)\cos[\varphi(x,y)-\varphi_r(x,y)]$$
$$I_1(x,y)=o^2(x,y)+r^2(x,y)+2o(x,y)r(x,y)\cos[\varphi(x,y)-\varphi_r(x,y)+\delta]$$

$$I_2(x,y)=o^2(x,y)+r^2(x,y)+2o(x,y)\,r(x,y)\cos\left[\varphi(x,y)-\varphi_r(x,y)-\delta\right]$$

求解方程组得

$$\varphi(x,y)=\arctan\frac{\left[I_2(x,y)-I_1(x,y)\right](\cos\delta-1)}{\left[I_2(x,y)+I_1(x,y)-2I(x,y)\right]\sin\delta}+\varphi_r(x,y)\quad(5\text{-}2\text{-}17)$$

$$o(x,y)=\frac{I_2(x,y)-I_1(x,y)}{2r(x,y)\sin\delta\sin\left[\varphi(x,y)-\varphi_r(x,y)\right]}\quad(5\text{-}2\text{-}18)$$

由于参考光是已知量，相移 $\delta$ 可以实际设定。基于式 (5-2-17) 和式 (5-2-18)，可以求出到达 CCD 屏的物光复振幅，实现没有零级衍射及共轭物光干扰的物光场波前重建。在上述情况下，可以采用同轴数字全息装置更充分地获取物光信息。

应该指出，虽然参考光相移法在理论上能够非常满意地获取到达 CCD 平面的物光信息，但是，模拟研究是在物光及参考光振幅不发生变化，并且能够准确给定相移的理想假设下得到的，实际上由于各种不同的原因而较难保证准确相移，并且，在相移过程中也不容易保证相关物理量不发生变化。由于参考光相移法记录全息图是在不同时刻完成，这类方法主要用于静态物光场的记录与重建。此外，鉴于同轴数字全息能够较充分地发挥 CCD 的分辨率记录物光信息[23]，参考光相移法主要与同轴数字全息记录系统相结合，重建高质量的物光场。理论及实验研究表明，不同的相移方法获得的重建像对相移误差的敏感还不相同，关于参考光相移误差及误差对物光场重建的影响已经有许多研究报道，应用研究中应根据实际情况合理选择相移方法。

对附录 B 中所提供的程序 LJCM11.m、LJCM12.m 及 LJCM13.m 作适当修改，读者不难通过理论模拟或实验研究证明 5.2 节的所有结论。

## 5.3　基于衍射“接力”运算及虚拟数字全息图的物光场重建

只使用一次傅里叶变换的 1-FFT 重建方法虽然简单，但是，基于 FFT 技术[24] 及衍射的 S-FFT 算法研究知，重建物光场的物理尺度不但是光波长、衍射距离及取样数的函数，而且重建像在重建平面上只拥有较小的区域，大部分区域被干扰信息占据。特别是进行多波长照明的数字全息检测或彩色数字全息研究时，为有效综合检测信息，还必须采用不同的插值方法统一重建物光场的尺寸[25~31]。因此，研究既能让重建像充分占有重建平面，又能统一不同色光重建像物理尺寸的重建算法，具有重要意义。

2004 年，F.Zhang[30] 利用 1-FFT 重建场宽度与重建距离相关的特点，将重建距离分为两段，利用衍射的“接力”运算，提出一种可以根据需要变化重建物体像尺寸的算法。然而，该算法在获取物光信息时采用了四步相移法 (见 5.2.3 节的讨论)，不利于实时数字全息检测，并且，利用 S-FFT 进行的衍射“接力”运算通常不满足取样定理[31]。但是，将该方法用于离轴数字全息时，利用像面滤波技术[28] 可以只使用一幅全息图获取局部物光场，解决了实时数字全息检测问题，并且，在中间衍射平面设置滤波窗后[31]，可以有效消除频谱混叠，较满意地重建充满视场的局部物光场。作者最近的研究表明，引入像面滤波技术后，利用 S-FFT 及 D-FFT 衍射计算的特点，在重建运算中引入虚拟数字全息图，还可以形成另一种便于使用的对局部像进行期待尺寸的重建方法。

应用研究表明，以上两种方法均能较好地满足实时数字全息检测的需要。

### 5.3.1　基于衍射“接力”运算的波前重建

1. DBFT 算法简介

对数字全息系统建立直角坐标 $o\text{-}xyz$，令 $z=0$ 平面为 CCD 平面，$z=d$ 是重建像平面。$z=d_1$ 是像平面前方某观测平面。图 5-3-1 是坐标定义示意图。

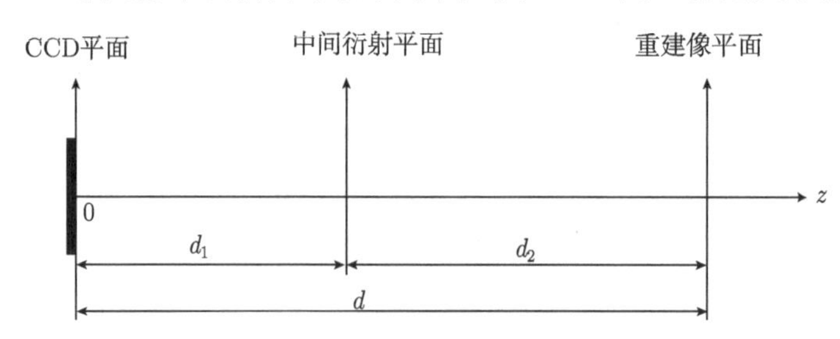


图 5-3-1　理论研究坐标定义

若已经获得到达 CCD 平面的共轭物光复振幅 $U^*(x,y)$，共轭物光经过距离 $d_1$ 的衍射到达观测平面的复振幅 $U_1(x_1,y_1)$ 可由菲涅耳衍射积分表出

$$\begin{aligned}U_1(x_1,y_1)=&\frac{\exp(\mathrm{j}kd_1)}{\mathrm{j}\lambda d_1}\exp\left[\frac{\mathrm{j}k}{2d_1}\left(x_1^2+y_1^2\right)\right]\\&\times\int_{-\infty}^{\infty}\int_{-\infty}^{\infty}\left\{U^*(x,y)\exp\left[\frac{\mathrm{j}k}{2d_1}\left(x^2+y^2\right)\right]\right\}\\&\times\exp\left[-\mathrm{j}2\pi\left(\frac{x_1}{\lambda d_1}x+\frac{y_1}{\lambda d_1}y\right)\right]\mathrm{d}x\mathrm{d}y\end{aligned}\tag{5-3-1}$$

式中，$\mathrm{j}=\sqrt{-1}$，$k=2\pi/\lambda$，$\lambda$ 光波长。

令 $L$ 为 CCD 面阵宽度，$N$ 为取样数，当用 S-FFT 对式 (5-3-1) 计算时，计算结果的物理宽度满足

$$L_1=\lambda d_1 N/L\tag{5-3-2}$$

在记录数字全息图时，若物体到 CCD 的距离为 $d$，如果期望得到物理宽度为 $L_v$ 的衍射场，令 $d=d_1+d_2$，将距离 $d$ 的衍射分解为经距离 $d_1$ 衍射后再进行距

离 $d_2$ 的衍射“接力”计算。这时，第二次计算得到的物理宽度为

$$L_v = \lambda N d_2 / L_1 \tag{5-3-3}$$

式 (5-3-2) 代入式 (5-3-3) 得

$$d_1 = \frac{dL}{L_v + L} \tag{5-3-4}$$

由此可见，选择不同的重建距离 $d_1$ 和 $d_2$，就能让不同色光的重建物像有相同的尺寸。这就是 DBFT 算法。

### 2. 基于取样定理对 DBFT 算法的研究

由于 DBFT 重建算法基于两次菲涅耳衍射的 S-FFT 计算完成，基于上面假定的相关参数，仅当衍射距离 $d_1$ 满足关系式 $L_1 = L = \sqrt{\lambda d_1 N}$ 时，第一次衍射计算结果才是振幅及相位的取样均满足取样定理的衍射场[32,33]。显然，这是一个非常特殊的条件。由于第二次衍射计算的正确性取决于第一次计算结果的正确取样，不满足取样定理的 S-FFT 衍射计算将产生“频谱混叠”。因此，从严格的理论意义上来讲，DBFT 方法通常只能重建受“频谱混叠”干扰的物光场。

为验证上述分析，利用图 5-1-4 的离轴数字全息系统，仍然使用直径约 60mm 的巴黎 2000 年长跑奖牌作为物体，实验中使用的 CCD 面阵像素数为 1024×1360，像素宽度为 4.65μm，CCD 到奖牌平面的距离 $d = z_0$=1500mm。分别使用$\lambda$=632.8nm 的红色及$\lambda$=532nm 的绿色光照明，记录下两幅数字全息图后，选择$N \times N$=1024×1024 的全息图，图 5-3-2(a) 及图 5-3-2(b) 分别给出它们的 1-FFT 重建像平面。由于红色光的 1-FFT 重建像平面宽度为 $L_R$ = 204mm，而绿色光的像平面宽度为 $L_G$ = 171mm，两种色光重建图像在同一像素数量表示的像平面上的宽度不一致。

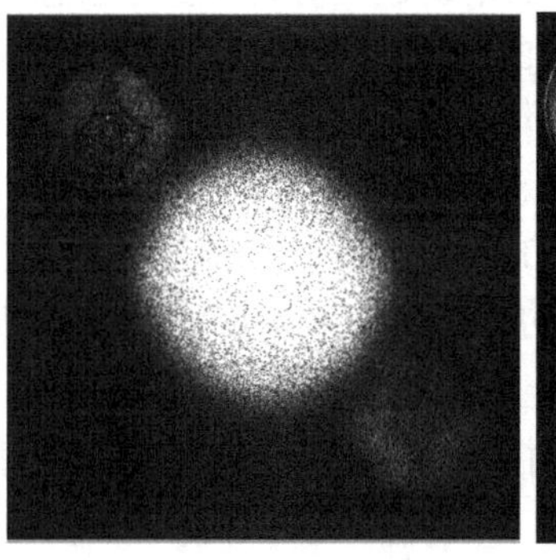
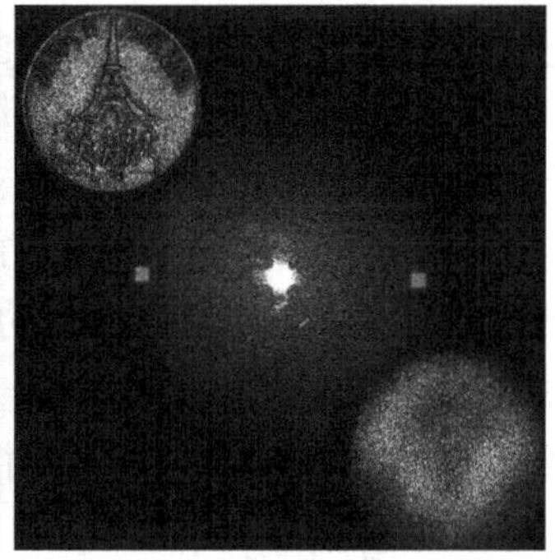
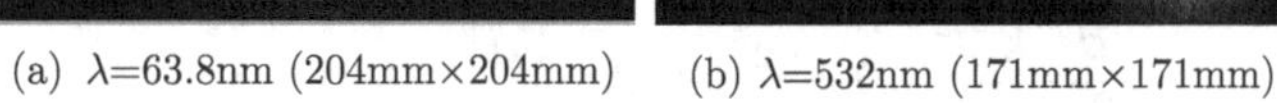

(a) $\lambda$=63.8nm (204mm×204mm)　(b) $\lambda$=532nm (171mm×171mm)

图 5-3-2 两种色光的 1-FFT 重建像平面

按照 DBFT 算法，令第二次重建平面宽度 $L_v = L_G = L_R$ = 204mm ，通过式 (5-3-4) 得到 $d_1$=34.2mm。图 5-3-3(a) 是 DBFT 算法的中间运算平面上光波场

的强度图像，从图中可以看出，在图像边沿已经出现“频谱混叠”效应。经过第二次衍射计算重建的像平面示于图 5-3-3(b)。很明显，绿色光的 DBFT 重建图像 (第二象限) 已经与红色光的 1-FFT 重建像 (图 5-3-2(a) 第二象限) 尺度相同，然而，由于频谱混叠，降低了重建图像质量。

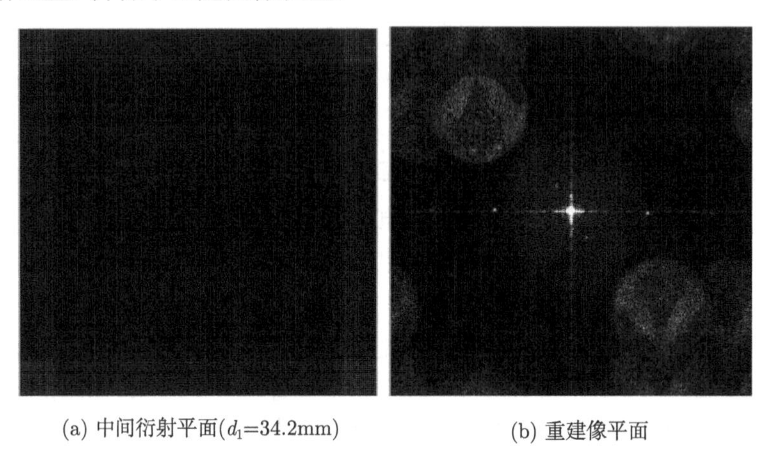

(a) 中间衍射平面($d_1$=34.2mm)　　(b) 重建像平面

图 5-3-3　DBFT 重建运算的中间衍射平面及重建像平面

3. DBFT 重建算法的改进——DDBFT 算法

分析 DBFT 重建的物理过程知，重建运算事实上只涉及沿光轴传播进入 CCD 窗口的这部分物光角谱分量。如果引用像面滤波技术[28,29]，在全息图的 1-FFT 重建像平面上取出需要按照给定尺寸重建的图像或局部图像，将取出的图像移到像平面中心，通过周边补零及一次 S-IFFT 的衍射逆运算，则能在全息平面获得邻近光轴传播的物光。此外，由于中间衍射场的能量主要集中在衍射平面的中央区域，如果能够在中间衍射平面上设置窗口，滤除不满足取样定理的光波场，则有可能获得无频谱混叠的重建图像。由于使用像面滤波技术需要一次 FFT 及一次 IFFT 计算，衍射的接力计算还需要进行两次 FFT 计算，完成波前重建时需要的 FFT 的计算量是 DBFT 方法的两倍，将改进后的方法简称为 DDBFT 重建法[31]。

为消除频谱混叠，现考查中间平面上完全满足取样定理区域的以像素为单位的宽度 $N_c$。令 $\Delta x_1 = \Delta y_1$ 是 $z = d_1$ 平面的取样间距，显然，$N_c$ 应满足[31]

$$\frac{\partial}{\partial p}\frac{k}{2d_1}\left[(p\Delta x_1)^2 + (q\Delta y_1)^2\right]\bigg|_{p,q=N_c/2} = \pi \tag{5-3-5}$$

求解得

$$N_c = \frac{\lambda d_1}{\Delta x_1^2} \tag{5-3-6}$$

因此，若要让后续计算满足取样定理，可以在中间平面中央设一个宽度为 $N_c$ 像素的方形孔径光阑，滤除不满足取样定理的光波场后，则能有效重建理论上无频谱混叠干扰的物光场。为有效利用全息图的像素数表示重建的物光场，下面导出让重建图像充分占有重建平面的表达式[16]。

令 $L_0$ 为 1-FFT 重建像平面的宽度，$N$ 为取样数，$L$ 为全息图的宽度，$d_0$ 为记录全息图时物体到 CCD 的距离。若物体局部像以像素为单位的选择区域宽度为 $N_s$，经两次衍射计算后重建像平面的宽度为 $L_v$，重建像布满像平面时必须满足 $\dfrac{N_s}{N}L_0 = L_v$。由于 $L_0 = \lambda dN/L$，于是有

$$L_v = \lambda dN_s/L \tag{5-3-7}$$

综上所述，DDBFT 重建算法步骤如下：

(1) 对全息图作 1-FFT 物光场重建。

(2) 根据式 (5-3-7)，在 1-FFT 重建像平面上设计滤波窗，取出期望重新放大重建的局部图像。

(3) 将取出的图像移到像平面中心，通过周边补零形成$N \times N$点的图像。

(4) 通过 S-IFFT 的衍射逆计算形成包含局部物体图像的无干扰数字全息图。

(5) 利用无干扰全息图进行物光场的 DBFT 重建，但在中间衍射平面上引入宽度为 $N_c$ 像素的孔径光阑。

### 4. DDBFT 重建算法的实验证明

仍然使用上面两种色光的数字全息实验，按照上一节的步骤 (1) 和 (2)，图 5-3-4(a) 及图 5-3-4(b) 分别给出在红色光及绿色光 1-FFT 重建像平面上进行像面滤波后的图像。为让重建图像具有同一物理尺度，红光滤波窗宽度为 336×336 像素，绿光为 400×400 像素。根据式 (5-3-7)，两种色光重建像平面的宽度为 $L_v$=67mm ，按照步骤 (3)~(5)，图 5-3-4(c) 及图 5-3-4(d) 分别给出了重建图像。

应该指出，DDBFT 算法不但能很好地按照统一的放大率重建不同色光的物体重建像的物理尺寸，而且，若按照式 (5-3-7) 在 1-FFT 重建像平面设计滤波窗取出物体的局部像，则能利用 CCD 的全部像素数重建局部物体的图像，这为数字全息的精细检测提供了方便。在应用研究中，只要全息图记录系统满足傍轴光学近似，DDBFT 算法就能较好地获得应用。

附录 B14 给出用 MATLAB 语言编写的 DDBFT 重建算法的程序 LJCM14.m，该程序能够基于一幅任意给定的单色离轴数字全息图重建出需要尺寸的局域物体像。读者可以参照这个程序加深对本节所阐述内容的理解。

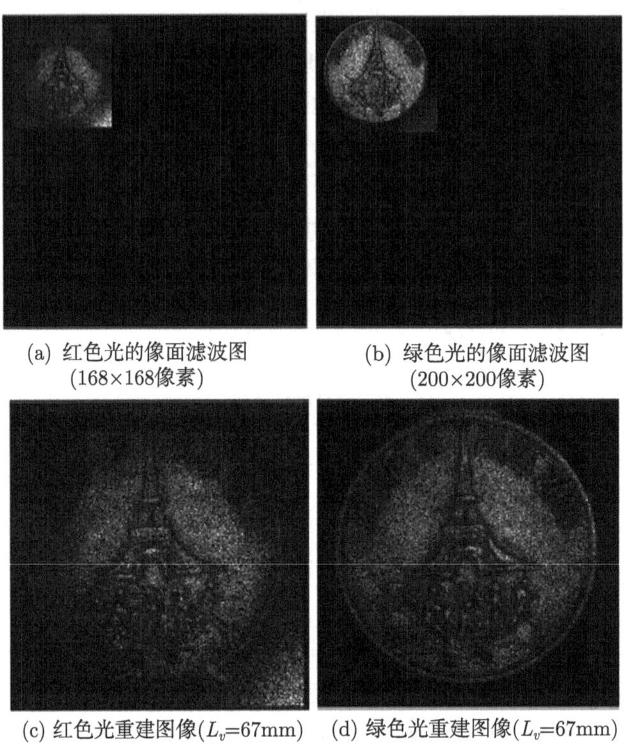

(a) 红色光的像面滤波图(168×168像素)　(b) 绿色光的像面滤波图(200×200像素)

(c) 红色光重建图像($L_v$=67mm)　(d) 绿色光重建图像($L_v$=67mm)

图 5-3-4　两种色光的 DDBFT 重建图像 (1024×1024 像素)

### 5.3.2　基于虚拟数字全息图的波前重建算法

1. VDH4FFT 算法简介

对数字全息记录系统建立直角坐标 $O\text{-}xyz$，令 $z=0$ 平面为 CCD 平面，$z=d$ 的平面是 1-FFT 重建像平面。图 5-3-5 给出坐标定义图。

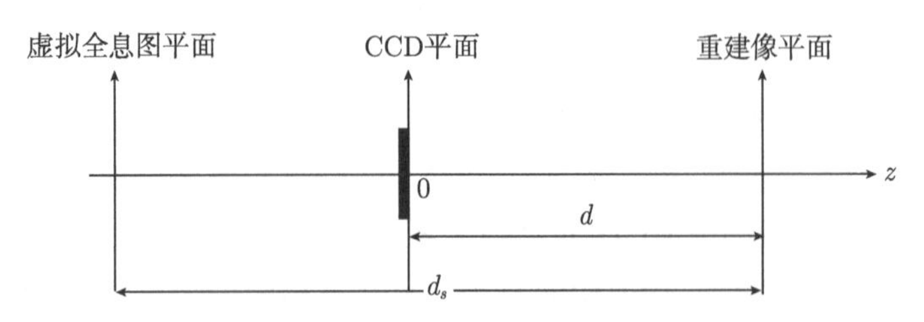


图 5-3-5　理论研究坐标定义

令 CCD 面阵宽度为 $L$，取样数为 $N$，照明光波长为$\lambda$，1-FFT 重建像平面的宽度为

$$L_0=\lambda dN/L \tag{5-3-8}$$

现在，考察该方法完成重建运算时需要的 FFT 次数：1-FFT 重建像平面需要一次 FFT 运算，求得虚拟数字全息图的运算需要一次 IFFT 运算，从虚拟数字全息图到像平面的 D-FFT 衍射运算需要一次 FFT 及一次 IFFT 运算。因此，需要 4 次 FFT 的运算量。考虑到使用了虚拟数字全息图 (Virtual digital hologram) 及 4 次 FFT 运算，该算法简称为 VDH4FFT 算法。回顾本书 3.2.6 节的讨论，VDH4FFT 算法可以视为是基于虚拟光波场衍射计算的一个应用实例。

$$d_s = \frac{L_{\text{img}} L_0}{\lambda N} \tag{5-3-9}$$

按照衍射的 S-IFFT 逆运算，不难求出局部像平面前方距离 $d_s$ 处宽度为 $L_{\text{img}}$ 的虚拟面光源的复振幅。此后，利用衍射的 D-FFT 运算，即能得到 $N \times N$ 像素显示的宽度为 $L_{\text{img}}$ 的重建像。

为研究以上结论，将式 (5-3-8) 代入式 (5-3-9) 得

$$d_s = \frac{L_{\text{img}}}{L} d \tag{5-3-10}$$

这个结果表明，虚拟数字全息图位置与波长无关，对于不同色光照射下记录的全息图，只要在 1-FFT 重建像平面上选择出同一物理尺度的局部像，便能得到不同色光的 $N \times N$ 像素显示的同一物理尺度的重建像。

应用研究中，通常期望能在 1-FFT 重建像平面上将取样数 $N_{\text{img}}$ 表示宽度的图像用 $N \times N$ 像素重新表示。为此，下面讨论给定物理尺寸后不同色光在 1-FFT 重建像平面上的取样数以及虚拟数字全息图位置的确定方法。

令 1-FFT 像平面上物理宽度 $L_{\text{img}}$ 的局部像的取样数为 $N_{\text{img}}$，则有

$$L_{\text{img}} = \frac{\lambda d N}{L} \times \frac{N_{\text{img}}}{N} = \frac{\lambda d N_{\text{img}}}{L} \tag{5-3-11}$$

于是，取样数 $N_{\text{img}}$ 为

$$N_{\text{img}} = \frac{L_{\text{img}} L}{\lambda d} \tag{5-3-12}$$

将式 (5-3-11) 代入式 (5-3-10) 得

$$d_s = \frac{\lambda N_{\text{img}}}{L^2} d^2 \tag{5-3-13}$$

利用以上两式，便能较好地用同一物理尺度对不同色光局部物光场用 $N \times N$ 像素重建。

现在，考察该方法完成重建运算时需要的 FFT 次数：1-FFT 重建像平面需要一次 FFT 运算，求得虚拟数字全息图的运算需要一次 IFFT 运算，从虚拟数字全

息图到像平面的 D-FFT 衍射运算需要一次 FFT 及一次 IFFT 运算。因此，需要 4 次 FFT 的运算量。

考虑到该算法使用了虚拟数字全息图 (virtual digital hologram) 及 4 次 FFT 运算，将该算法简称为 VDH4FFT 算法。

2. VDH4FFT 重建算法的实验证明

仍然使用图 5-3-2 的两种色光的数字全息实验，为便于与 DDBFT 算法重建结果相比较，令 $L_{\mathrm{img}} = 67\mathrm{mm}$，根据式 (5-3-10) 求得 $d_s = 21113\mathrm{mm}$，根据式 (5-3-12)，令$\lambda = 0.000532\mathrm{mm}$ 求得 $N_{\mathrm{img}} = 336$；令$\lambda = 0.0006328\mathrm{mm}$ 求得 $N_{\mathrm{img}} = 400$。

图 5-3-6(a) 及图 5-3-6(b) 分别给出在红色光及绿色光 1-FFT 重建像平面上提取物体像并平移到像平面中央后的图像。利用 S-IFFT 的衍射逆运算求得虚拟光源的复振幅后，图 5-3-6(c) 及图 5-3-6(d) 为分别给出用 D-FFT 衍射计算返回像平面的图像。

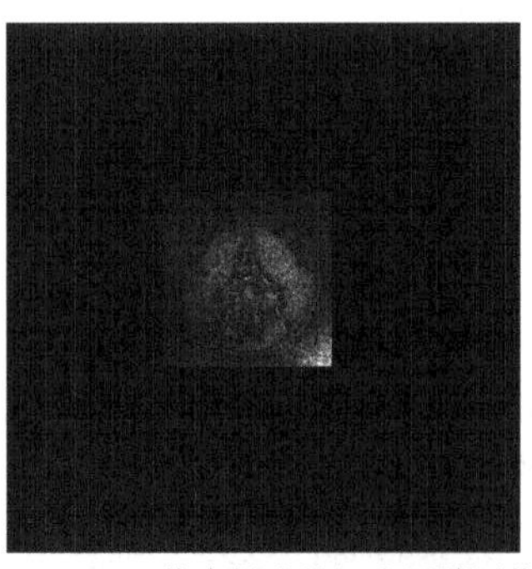

(a) 168×168像素提取的红光局域图像

(b) 200×200像素提取的绿光局域图像

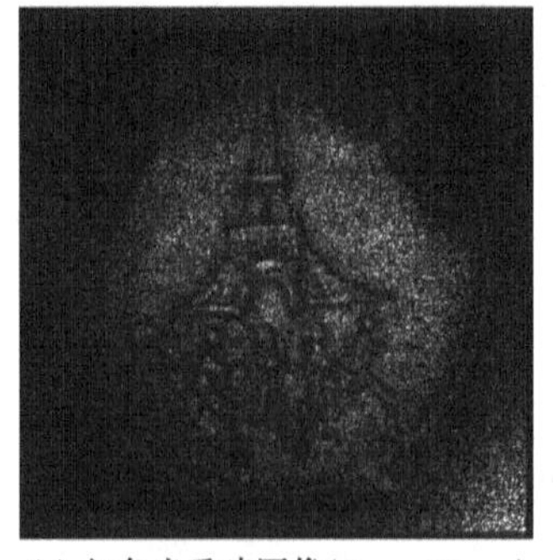

(c) 红色光重建图像($L_{\mathrm{img}}$=67mm)

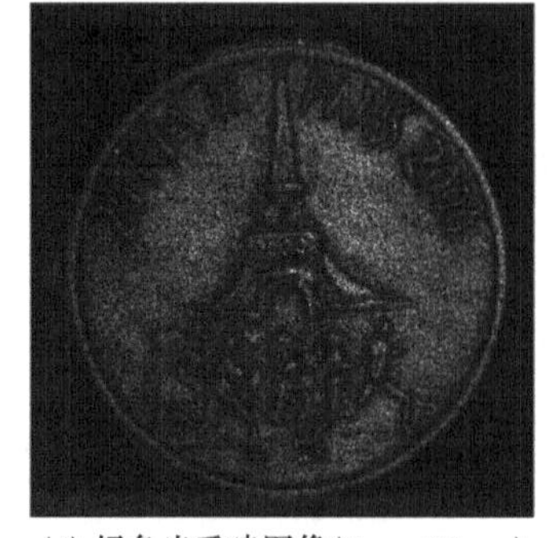

(d) 绿色光重建图像($L_{\mathrm{img}}$=67mm)

图 5-3-6　两种色光的 VDH4FFT 重建图像 (1024×1024 像素)

将图 5-3-6 与图 5-3-4 比较可以看出，两种算法重建图像的质量没有可以察觉的区别。稍后的彩色数字全息波前重建研究中，将分别给出使用这两种方法的波前重建实例。

附录 B15 给出用 MATLAB 语言编写的 VDH4FFT 重建算法的程序 LJCM15.m，该程序能够基于一幅任意给定的单色离轴数字全息图重建出需要尺寸的局域物体像。

3. VDH4FFT 重建法的计算速度与 1-FFT 重建法的比较

回顾波前重建的 1-FFT 算法知，完成物光场的波前重建只需要 1 次 FFT 计算，虽然无干扰的物体的重建像宽度只是重建像平面宽度的 1/4，为满足重建像分辨率及统一不同色光重建场物理尺寸的需要，可以通过全息图周边补零形成宽度较大的全息图重建[31]。而 VDH4FFT 算法需要 4 次 FFT 的运算量。从形式上看，似乎波前重建的 1-FFT 算法更方便适用。以下，我们对此进行研究。

FFT 有多种不同的算法，不同算法的计算量可以通过需要进行的实数乘法次数及实数加法次数衡量[24]。当取样数 $N$ 表示为 2、4、8 及 16 的整数次幂时，对应的 FFT 计算方法简称为基 2、基 4、基 8 及基 16FFT 算法，编程的复杂程度随基数的增加而增加，但计算量则随基数的增加而减小。令 $\gamma$ 为正整数，表 5-3-1 给出不同形式取样数 $N$ 的一维 FFT 需要的计算量[24]。

**表 5-3-1 取样数 $N$ 表示成不同形式时的一维 FFT 计算量的比较**

| FFT 算法 | 实数乘法次数 | 实数加法次数 |
|---|---|---|
| 基 2 算法: $N=2^\gamma$, ($\gamma=0, 1, 2, \cdots$) | $(2\gamma-4)N+4$ | $(3\gamma-2)N+2$ |
| 基 4 算法: $N=(2^2)^{\gamma/2}$, ($\gamma/2=0, 1, 2, \cdots$) | $(1.5\gamma-4)N+4$ | $(2.75\gamma-2)N+2$ |
| 基 8 算法: $N=(2^3)^{\gamma/3}$, ($\gamma/3=0, 1, 2, \cdots$) | $(1.333\gamma-4)N+4$ | $(2.75\gamma-2)N+2$ |
| 基 16 算法: $N=(2^4)^{\gamma/4}$, ($\gamma/4=0, 1, 2, \cdots$) | $(1.3125\gamma-4)N+4$ | $(2.71875\gamma-2)N+2$ |

由于二维 FFT 事实上被分解为一维 FFT 进行计算，两种波前重建算法的计算速度可以用一维 FFT 的计算量进行比较。

对于 1-FFT 重建法，若全息图的取样数为 $N\times N$，重建物的像最多只能由 $(N/4)\times(N/4)$ 个取样点描述。当使用 VDH4FFT 重建了 $N\times N$ 点的物光场时，为能用 1-FFT 重建法得到相同分辨率的物光场，必须通过全息图周边补零，形成 $4N\times 4N$ 取样数的全息图再进行计算[31]。用基 2 FFT 进行计算时，图 5-3-7 给出两种方法涉及的一维 FFT 计算量比较图。

由于常用 CCD 面阵宽度通常略大于 1024 像素，令 $\gamma=10$，即 $N=1024=2^{10}$，将重建图像用 1024×1024 点描述是便于实际应用的分辨率。这样，为让 1-FFT 重建像具有相同分辨率，1-FFT 重建平面宽度应为 $4N=4096=2^{12}$，即 $\gamma=12$。根据图 5-3-7 知，1-FFT 法重建图像的计算量大于 VDH4FFT 法。利用本书附录 B13 及 B15 中分别给出的 1-FFT 及 VDH4FFT 法重建程序，读者不难验证上述结论。

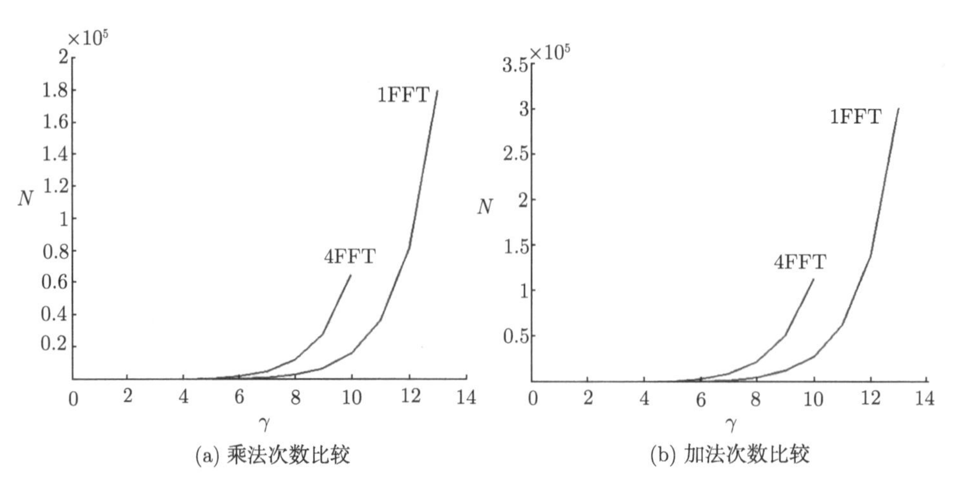


(a) 乘法次数比较　　(b) 加法次数比较

图 5-3-7　一维基 2FFT 的 1 次 FFT 与 4 次 FFT 计算量比较

利用类似的方法，原则上可以立足于基 4、基 8 及基 16FFT 算法对两种波前重建算法的计算量再作讨论。然而，当使用基 4、8、16FFT 算法进行波前计算时，为让全息图的取样数 $N$ 是相应基数的整数次幂，通常需要进行全息图周边补零或部分删除全息图的处理。由于相邻 $\gamma$ 的允许取值 (见表 5-3-1) 让取样数的变化量十分庞大，很多情况下常用微机内存不能容纳计算时需要的数组，失去实际意义。鉴于基 2FFT 算法是最常用的算法，不再基于其余几种 FFT 算法进行详细讨论。

基于上面的研究可以认为，VDH4FFT 方法是一种计算速度较快，便于实际应用的方法。在本章彩色数字全息的研究中，将给出用该方法重建彩色图像的实例。

## 5.4　基于球面重建波及角谱衍射理论的波前重建

在第 4 章光全息的基本理论中已经指出，利用球面波为重建波可以观察到放大率不同的重建像。鉴于角谱衍射公式严格满足亥姆霍兹方程，在标量衍射理论框架下是准确的衍射计算公式，并且，采用衍射的 D-FFT 算法计算不改变衍射场的尺寸。因此，可以利用球面波为重建波，将物光场按照全息图的物理尺寸进行重建，通过角谱衍射公式重建出全息图全部像素数表示的充满视场的物体图像[25]。本节对该方法重建图像的质量作较详细的理论分析及实验研究。研究结果表明，该方法与 VDH4FFT 方法一样，能够高质量地重建物光场。

### 5.4.1　球面波为重建波的可控放大率波前重建方法

为便于描述，图 5-4-1 绘出数字全息系统的简化光路。令物平面到 CCD 平面距离为 $z_0$，到达 CCD 的物光复振幅为 $U(x,y)$。到达 CCD 的参考光是波束中心

在 $(a,b,-z_r)$，振幅为 $A_r$ 的均匀球面波

$$R(x,y) = A_r \exp\left\{\frac{\mathrm{j}k}{2z_r}\left[(x-a)^2+(y-b)^2\right]\right\} \tag{5-4-1}$$

若 $w(x,y)$ 是 CCD 的窗口函数，CCD 探测到的数字全息图则为

$$I_H(x,y) = w(x,y)\left[|U(x,y)|^2 + A_r^2 + R(x,y)U^*(x,y) + R^*(x,y)U(x,y)\right] \tag{5-4-2}$$

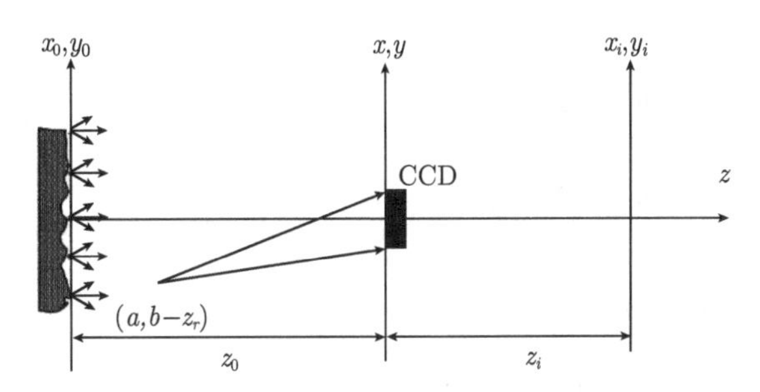


图 5-4-1 数字全息系统的简化光路及坐标定义图

设用单位振幅球面波 $R_c(x,y) = \exp\left[\mathrm{j}\frac{k}{2z_c}(x^2+y^2)\right]$ 照射数字全息图，经重建波照射后的数字全息图频谱可以用傅里叶变换符号 $\mathcal{F}\{\}$ 表示为

$$\mathcal{F}\{R_c(x,y)I_H(x,y)\} = G_0(f_x,f_y) + G_+(f_x,f_y) + G_-(f_x,f_y) \tag{5-4-3}$$

上式右边依次为零级衍射光频谱、共轭物光频谱及物光频谱，其表达式分别为

$$G_0(f_x,f_y) = \mathcal{F}\left\{\left[|U(x,y)|^2 + A_r^2\right]w(x,y)R_c(x,y)\right\} \tag{5-4-3a}$$

$$G_+(f_x,f_y) = \mathcal{F}\{R(x,y)U^*(x,y)w(x,y)R_c(x,y)\} \tag{5-4-3b}$$

$$G_-(f_x,f_y) = \mathcal{F}\{R^*(x,y)U(x,y)w(x,y)R_c(x,y)\} \tag{5-4-3c}$$

根据全息理论，$G_+(f_x,f_y)$ 及 $G_-(f_x,f_y)$ 分别对应于沿光传播方向成实像的共轭物光频谱及沿逆着光传播方向成虚像的物光频谱。由于任意选择一种频谱均能等价地进行物光波前重建，下面只对 $G_+(f_x,f_y)$ 进行讨论。

将 $R(x,y)$ 代入 $G_+(f_x,f_y)$ 得

$$\begin{aligned} G_+(f_x,f_y) &= \mathcal{F}\left\{A_r \exp\left\{\frac{\mathrm{j}k}{2z_r}\left[(x-a)^2+(y-b)^2\right]\right\}U^*(x,y)w(x,y)R_c(x,y)\right\} \\ &= A_r \exp\left[\frac{\mathrm{j}k}{2z_r}(a^2+b^2)\right] \end{aligned}$$

$$\times\mathcal{F}\left\{\begin{array}{l}\exp\left[\frac{\mathrm{j}k}{2z_r}\left(x^2+y^2\right)\right]\exp\left[-\mathrm{j}2\pi\left(\frac{a}{\lambda z_r}x+\frac{b}{\lambda z_r}y\right)\right]\\ \times U^*\left(x,y\right)w\left(x,y\right)R_c\left(x,y\right)\end{array}\right\} \tag{5-4-4}$$

并令

$$G'_+\left(f_x,f_y\right)=\mathcal{F}\left\{\exp\left[\frac{\mathrm{j}k}{2z_r}\left(x^2+y^2\right)\right]U^*\left(x,y\right)R_c\left(x,y\right)\right\} \tag{5-4-5}$$

可将式 (5-4-4) 重写为

$$\begin{aligned}&G_+\left(f_x,f_y\right)\\&=A_r\exp\left[\frac{\mathrm{j}k}{2z_r}\left(a^2+b^2\right)\right]G'_+\left(f_x,f_y\right)*\mathcal{F}\left\{w\left(x,y\right)\right\}*\delta\left(f_x+\frac{a}{\lambda z_r},f_y+\frac{b}{\lambda z_r}\right)\\&\approx A_r\exp\left[\frac{\mathrm{j}k}{2z_r}\left(a^2+b^2\right)\right]G'_+\left(f_x+\frac{a}{\lambda z_r},f_y+\frac{b}{\lambda z_r}\right)\end{aligned} \tag{5-4-6}$$

上式表明，在频率平面存在以 $\left(-\frac{a}{\lambda z_c},-\frac{b}{\lambda z_c}\right)$ 为中心的频谱 $G'_+\left(f_x,f_y\right)$。前面对重建波为球面波的讨论中已经指出，当衍射距离 $z_i$ 满足式 (5-1-9)，即满足下式时

$$z_i=\left(\frac{1}{z_0}-\frac{1}{z_c}-\frac{1}{z_r}\right)^{-1} \tag{5-4-7}$$

将在 $z=z_i$ 平面上得到中心不在原点的物光场实像，且实像的放大率为

$$M=z_i/z_0 \tag{5-4-8}$$

为能够得到中心在原点的重建像，应得到由式 (5-4-5) 表示的频谱 $G'_+\left(f_x,f_y\right)$。为此，在式 (5-4-3) 确定的频谱面上设计滤波窗 $P\left(f_x,f_y\right)$ 取出 $P\left(f_x,f_y\right)G_+\left(f_x,f_y\right)$，然后，通过坐标平移得到 $P\left(f_x-\frac{a}{\lambda z_c},f_y-\frac{b}{\lambda z_c}\right)G_+\left(f_x-\frac{a}{\lambda z_c},f_y-\frac{b}{\lambda z_c}\right)$。由于平移后的频谱包含 $G'_+\left(f_x,f_y\right)$，重建物光场表示为[25,26]

$$U_i\left(x,y\right)=\mathcal{F}^{-1}\left\{P\left(f_x-\frac{a}{\lambda z_c},f_y-\frac{b}{\lambda z_c}\right)G_+\left(f_x-\frac{a}{\lambda z_c},f_y-\frac{b}{\lambda z_c}\right)H\left(f_x,f_y,z_i\right)\right\} \tag{5-4-9}$$

式中，$\mathcal{F}^{-1}\{\}$ 是逆傅里叶变换符号，$H\left(f_x,f_y,z_i\right)$ 为与传播距离 $z_i$ 对应的衍射的传递函数。根据第 3 章的研究，在满足取样定理的条件下，不同的衍射传递函数有不同的计算量。通常情况，选择角谱衍射传递函数或菲涅耳衍射解析传递函数能够用最少的计算量获得较高精度的重建结果，即令

$$H(f_x,f_y,z_i)=\exp\left[\mathrm{j}kz_i\sqrt{1-(\lambda f_x)^2-(\lambda f_y)^2}\right] \tag{5-4-10}$$

为利用式 (5-4-9) 进行计算，将式 (5-4-7) 重新写为

$$z_c = \left(\frac{1}{z_0} - \frac{1}{z_i} - \frac{1}{z_r}\right)^{-1} \tag{5-4-11}$$

应用研究中，物体到 CCD 的距离 $z_0$ 及参考光波面半径 $z_r$ 是已知量，根据 CCD 面阵宽度及物体的投影尺寸很容易根据需要确定一个合适的放大率 $M$。当放大率确定后，利用式 (5-4-8) 求出重建距离 $z_i$，再用式 (5-4-11) 求出重建波面半径 $z_c$，便能按照上面提出的方法利用式 (5-4-9) 进行波前重建。由于 $G_-$ 和 $G_+$ 等价地包含有物光的信息，也可以选择 $G_-$ 写出等价的重建表达式。

### 5.4.2 可控放大率波前重建实验

利用图 5-1-4 的实验系统，物体是 2000 年在巴黎举行的 20 公里长跑的铜质奖牌，奖牌直径 $D_0 \approx 60\text{mm}$。由于 CCD 面阵宽度与物体直径之比 $L/D_0 \approx 0.079$，为让重建物体的像充分占有重建平面，令 $M = 0.075$。根据式 (5-4-8) 求得重建距离 $z_i$=112.5mm。令 $z_r = \infty$，由式 (5-4-11) 求得 $z_c$=−121.6mm。图 5-4-2(a) 给出球面波照射下用 0～255 等级灰度归一化的数字全息图的频谱强度图像 (注：由于零级衍射光的频谱甚大于其余衍射光频谱，为便于显示物光频谱，对中央的零级衍射光频谱作了限幅显示)。图中，零级衍射光的频谱在频谱图中类似于一强度较高的矩形孔衍射斑的图像，物光及共轭物光频谱显示为强度较低的弥散分布。由图可见，如果使用物光或共轭物光频谱进行波前重建，如何准确确定频谱的中心位置是一个重要的问题。稍后，将给出确定共轭物光的频谱中心的方法。这里我们在图中用十字叉交点标出共轭物光的频谱中心，矩形框标出本实验的选通滤波窗位置。

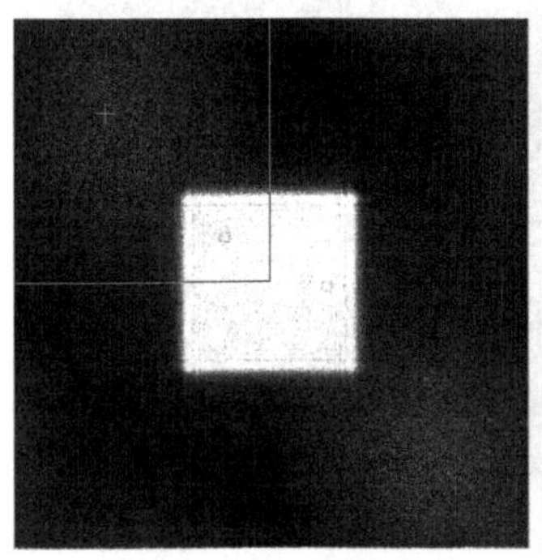

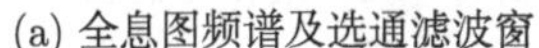

(a) 全息图频谱及选通滤波窗　　(b) 重建物光场的强度图像

图 5-4-2 放大率 $M$=0.075 的数字全息图频谱及重建图像 $(z_i = 112.5\text{mm}, z_c = -121.6\text{mm})$

滤波窗取出共轭物光频谱后，以共轭物光的频谱中心为新的频谱面中心，通过周边补零形成 1024×1024 像素的共轭物光频谱。利用式 (5-4-9) 以及角谱衍射传递

函数，重建物体的图像示于图 5-4-2(b)。

可以看出，重建图像充分地占据了重建平面，并且，由于重建放大率的选择与波长无关，可以方便地实现多波长照明下同一放大率的物光场重建。这为综合多波长照明的数字全息检测或彩色数字全息研究提供了方便。然而，一个明显的事实是，由于选通滤波窗中有零级衍射光频谱通过，在重建图像上有强烈的干扰，干扰呈强烈的夫琅禾费衍射斑形式。后续理论研究将证明，该干扰是式 (5-4-2) 中参考光强度分布项 $w(x,y)\,A_r^2$ 引起的。选择不同的放大率进行波前重建研究发现，零级衍射干扰具有同一形式，但在重建平面上位置发生改变。作为实例，图 5-4-3 及图 5-4-4 给出放大率 $M$=0.055 和 0.035 的相关图像。

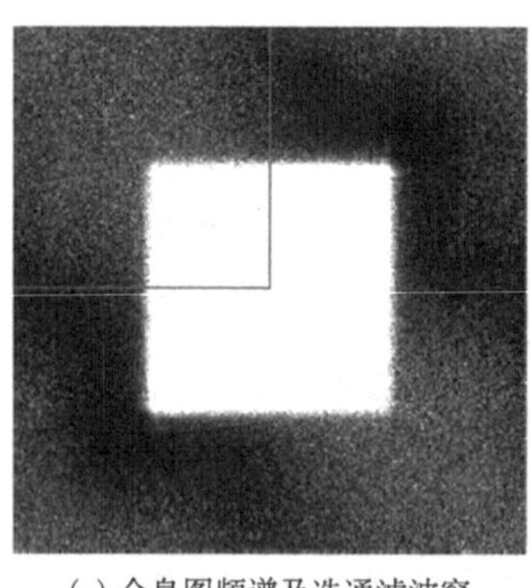

(a) 全息图频谱及选通滤波窗　　(b) 重建物光场的强度图像

图 5-4-3　放大率 $M$=0.055 的数字全息图频谱及重建图像 ($z_i = 82.5\mathrm{mm}, z_c = -87.3\mathrm{mm}$)

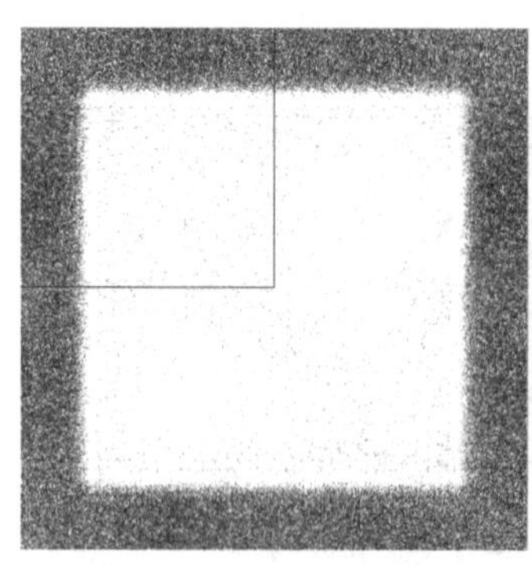

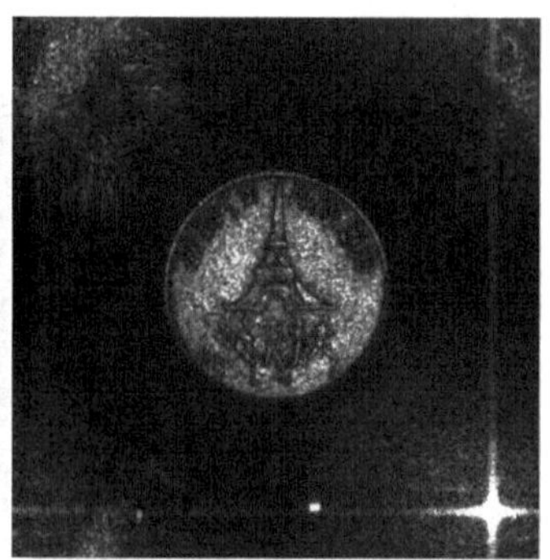

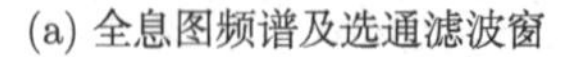

(a) 全息图频谱及选通滤波窗　　(b) 重建物光场的强度图像

图 5-4-4　放大率 $M$=0.035 的数字全息图频谱及重建图像 ($z_i = 52.5\mathrm{mm}, z_c = -54.4\mathrm{mm}$)

此外，从这几幅图中还看出，零级衍射光频谱随重建放大率的减小而展宽。为提高重建图像质量，如何消除零级衍射干扰是需要解决的问题。下面对此进行详细研究。

### 5.4.3 可控放大率波前重建噪声消除的研究

在前面可控放大率波前重建的研究中已经看出，零级衍射光的频谱在频谱图中显示为强度较高的矩形孔衍射斑的图像，物光及共轭物光频谱显示为强度较低的弥散分布。如何准确确定共轭物光的频谱中心位置是重要的问题。此外，零级衍射光对重建图像形成强烈噪声干扰，其干扰形式与 1-FFT 重建图像完全不同。如何有效抑制零级衍射干扰也是需要解决的课题。理论及物光场重建实验研究表明，本章 5.2.2 节对 1-FFT 重建的零级衍射干扰的消除方法可以移植到可控放大率重建中，但基于可控放大率重建方法的特点，还存在一些特殊的方法。本节通过对数字全息图透射波的频谱分布研究，介绍几种适用的抑制零级衍射干扰的方法。

1. 球面波照射下数字全息图透射波的频谱

为不失一般性，将物体表面视为散射面，对参考光及重建光均为球面波时数字全息图透射光的频谱进行研究，导出物光、共轭物光及零级衍射光频谱分布与相关参数的关系[27]。沿用图 5-4-1 的数字全息记录系统。图中 $x_0y_0$ 是物平面坐标，$xy$ 是 CCD 窗口平面坐标，$x_iy_i$ 是球面波为重现光时物体的像平面坐标。三平面间的距离依次是 $z_0$ 和 $z_i$。

令到达 CCD 平面的物光场为 $U(x,y)$，参考光是振幅随坐标缓慢变化的球面波，波束中心为 $(a,b,-z_r)$，傍轴近似下表示为

$$R(x,y) = A_r(x,y)\exp\left\{\frac{\mathrm{j}k}{2z_r}\left[(x-a)^2+(y-b)^2\right]\right\} \tag{5-4-12}$$

式中，$\mathrm{j}=\sqrt{-1}$，$k=2\pi/\lambda$，$\lambda$ 为光波长。

$xy$ 平面上物光及参考光干涉场强度即为

$$I(x,y) = |U(x,y)|^2 + A_r^2(x,y) + R(x,y)U^*(x,y) + R^*(x,y)U(x,y) \tag{5-4-13}$$

前面的研究已经指出，用单位振幅球面波 $R_c(x,y)=\exp\left[\mathrm{j}\frac{k}{2z_c}\left(x^2+y^2\right)\right]$ 照射数字全息图，并让重建距离 $z_i$ 满足

$$z_i = \left(\frac{1}{z_0}-\frac{1}{z_c}-\frac{1}{z_r}\right)^{-1} \tag{5-4-14}$$

通过菲涅耳衍射计算能得到放大率为 $M=z_i/z_0$ 的物光场的重建像。

设 CCD 面阵窗口函数为 $w(x,y)$，定义 $f_x, f_y$ 为频域坐标，透射场在 $xy$ 平面的频谱可引用傅里叶变换符号 $\mathcal{F}\{\}$ 表示为

$$\mathcal{F}\{R_c(x,y)I(x,y)w(x,y)\} = G_0(f_x,f_y) + G_+(f_x,f_y) + G_-(f_x,f_y) \tag{5-4-15}$$

其中

$$G_0(f_x,f_y)=\mathcal{F}\left\{R_c(x,y)\left[|U(x,y)|^2+A_r^2(x,y)\right]w(x,y)\right\} \tag{5-4-15a}$$

$$G_+(f_x,f_y)=\mathcal{F}\{R_c(x,y)R(x,y)U^*(x,y)w(x,y)\} \tag{5-4-15b}$$

$$G_-(f_x,f_y)=\mathcal{F}\{R_c(x,y)R^*(x,y)U(x,y)w(x,y)\} \tag{5-4-15c}$$

依次是零级衍射光频谱、中心在 $\left(-\dfrac{a}{\lambda z_r},-\dfrac{b}{\lambda z_r}\right)$ 的共轭物光频谱，以及中心在 $\left(\dfrac{a}{\lambda z_r},\dfrac{b}{\lambda z_r}\right)$ 的物光频谱。

将 $G_+(f_x,f_y)$ 展开，得

$$\begin{aligned}G_+(f_x,f_y)=&\exp\left[\frac{\mathrm{j}k}{2z_r}(a^2+b^2)\right]\mathcal{F}\{A_r(x,y)\}\\&*\mathcal{F}\left\{\exp\left[\frac{\mathrm{j}k}{2}\left(\frac{1}{z_c}+\frac{1}{z_r}\right)(x^2+y^2)\right]w(x,y)\right\}*\mathcal{F}\{U^*(x,y)\}\\&*\mathcal{F}\left\{\exp\left[-\mathrm{j}\frac{k}{z_r}(ax+by)\right]\right\}\end{aligned} \tag{5-4-16}$$

式中，“$*$”是卷积符号。

由于 $A_r(x,y)$ 是坐标的缓变函数，$\mathcal{F}\{A_r(x,y)\}$ 的性质与 $\delta$ 函数相似，并且，

$$\mathcal{F}\left\{\exp\left[-\mathrm{j}\frac{k}{z_r}(ax+by)\right]\right\}=\delta\left(u+\frac{a}{\lambda z_r},v+\frac{b}{\lambda z_r}\right)$$

令

$$\frac{1}{z_+}=\frac{1}{z_c}+\frac{1}{z_r} \tag{5-4-17}$$

式 (5-4-16) 可化简为

$$\begin{aligned}G_+(f_x,f_y)\approx&\, C\mathcal{F}\left\{\exp\left[\frac{\mathrm{j}k}{2z_+}(x^2+y^2)\right]w(x,y)\right\}\\&*\mathcal{F}\{U^*(x,y)\}*\delta\left(u+\frac{a}{\lambda z_r},v+\frac{b}{\lambda z_r}\right)\end{aligned} \tag{5-4-18}$$

由于式 (5-4-18) 右边最后一项与函数 $\mathcal{F}\{U^*(x,y)\}$ 的卷积只将 $\mathcal{F}\{U^*(x,y)\}$ 平移，不对 $\mathcal{F}\{U^*(x,y)\}$ 的分布产生影响。$G_+(f_x,f_y)$ 频谱的分布形式只取决于 $\mathcal{F}\left\{\exp\left[\dfrac{\mathrm{j}k}{2z_+}(x^2+y^2)\right]w(x,y)\right\}$ 与 $\mathcal{F}\{U^*(x,y)\}$ 的卷积。其中，

$$\mathcal{F}\left\{\exp\left[\frac{\mathrm{j}k}{2z_+}(x^2+y^2)\right]w(x,y)\right\}$$

$$= (\lambda z_+)^2 \exp\left[-\mathrm{j}\pi\lambda z_+ \left(f_x^2 + f_y^2\right)\right] \int_{-\infty}^{\infty}\int_{-\infty}^{\infty} w\left(\lambda z_+ f_{xc}, \lambda z_+ f_{yc}\right) \times \exp\left\{\mathrm{j}\pi\lambda z_+ \left[\left(f_{xc} - f_x\right)^2 + \left(f_{yc} - f_y\right)^2\right]\right\} \mathrm{d}f_{xc}\mathrm{d}f_{yc} \tag{5-4-19}$$

是频率空间矩形孔的衍射图像。令 CCD 面阵是宽度为 $L$ 的方形，则

$$w\left(\lambda z_+ f_x, \lambda z_+ f_y\right) = \mathrm{rect}\left(\frac{\lambda z_+ f_x}{L}, \frac{\lambda z_+ f_y}{L}\right) \tag{5-4-20}$$

根据卷积的数学定义，$\mathcal{F}\left\{\exp\left[\frac{\mathrm{j}k}{2z_+}\left(x^2 + y^2\right)\right] w\left(x, y\right)\right\}$ 与 $\mathcal{F}\left\{U^*\left(x, y\right)\right\}$ 的卷积将展宽 $\mathcal{F}\left\{U^*\left(x, y\right)\right\}$。展宽的数值可近似为式 (5-4-20) 在频率平面的宽度 $|L/\lambda z_+|$。

利用类似的讨论，对于 $G_-\left(f_x, f_y\right)$，设

$$\frac{1}{z_-} = \frac{1}{z_c} - \frac{1}{z_r} \tag{5-4-21}$$

可得物光频谱 $G_-\left(f_x, f_y\right)$ 展宽的数值是 $|L/\lambda z_-|$。由于 $|L/\lambda z_-|, |L/\lambda z_+|$ 通常不相等，物光和共轭物光频谱的展宽通常不相同。然而，考察式 (5-4-17) 及式 (5-4-21) 知，当重建波面半径 $z_c$ 较小时，$|L/\lambda z_-|, |L/\lambda z_+|$ 均取较大的数值，即物光及共物光频谱宽度均随 $z_c$ 的减小而增大。

下面对零级衍射光频谱进行研究。根据式 (5-4-15a)，$G_0\left(f_x, f_y\right)$ 可以重新写为

$$G_0\left(f_x, f_y\right) = G_{01}\left(f_x, f_y\right) + G_{02}\left(f_x, f_y\right) \tag{5-4-22}$$

$$G_{01}\left(f_x, f_y\right) = \mathcal{F}\left\{\left|U\left(x, y\right)\right|^2\right\} * \mathcal{F}\left\{R_c\left(x, y\right) w\left(x, y\right)\right\} \tag{5-4-22a}$$

$$G_{02}\left(f_x, f_y\right) = \mathcal{F}\left\{A_r^2\left(x, y\right)\right\} * \mathcal{F}\left\{R_c\left(x, y\right) w\left(x, y\right)\right\} \tag{5-4-22b}$$

为便于分析，先对 $\mathcal{F}\left\{R_c\left(x, y\right) w\left(x, y\right)\right\}$ 的分布进行研究，按照傅里叶变换运算整理得

$$\mathcal{F}\left\{R_c\left(x, y\right) w\left(x, y\right)\right\} = (\lambda z_c)^2 \exp\left[-\mathrm{j}\pi\lambda z_c \left(f_x^2 + f_y^2\right)\right] \times \int_{-\infty}^{\infty}\int_{-\infty}^{\infty} w\left(\lambda z_c f_x', \lambda z_c f_y'\right) \times \exp\left\{\mathrm{j}\pi\lambda z_c \left[\left(f_x' - f_x\right)^2 + \left(f_y' - f_y\right)^2\right]\right\} \mathrm{d}f_x'\mathrm{d}f_y' \tag{5-4-23}$$

其分布形式为频率空间中方孔的衍射图像，方孔宽度为 $|L/\lambda z_c|$。

表达式 (5-4-22a) 中，$\mathcal{F}\left\{\left|U\left(x, y\right)\right|^2\right\} = \mathcal{F}\left\{U\left(x, y\right)\right\} * \mathcal{F}\left\{U^*\left(x, y\right)\right\}$，其分布宽度是 $\mathcal{F}\left\{U\left(x, y\right)\right\}$ 宽度的两倍。由于被检测物体表面通常是散射面，$\mathcal{F}\left\{\left|U\left(x, y\right)\right|^2\right\}$ 是频率空间的一个散斑场。于是，$G_{01}\left(f_x, f_y\right)$ 分布的宽度是 $|L/\lambda z_c|$ 与两倍 $\mathcal{F}\left\{U\left(x, y\right)\right\}$ 宽度之和。

表达式 (5-4-22b) 中，$A_r^2(x,y)$ 通常是坐标的缓变函数，$\mathcal{F}\left\{A_r^2(x,y)\right\}$ 性质与 $\delta$ 函数相似。$\mathcal{F}\left\{A_r^2(x,y)\right\}$ 与 $\mathcal{F}\left\{R_c(x,y)\,w(x,y)\right\}$ 的卷积虽然基本不改变 $\mathcal{F}\{R_c(x,y)\,w(x,y)\}$ 的分布特性。但是，其幅度将显著增大。

综上所述，零级衍射光频谱宽度是 $\mathcal{F}\left\{|U(x,y)|^2\right\}$ 宽度与 $|L/\lambda z_c|$ 之和，在频谱中央有一宽度为 $|L/\lambda z_c|$ 的衍射斑。由于各级衍射频谱宽度均随重建波面半径 $z_c$ 的减小而增大，当 $z_c$ 较小时，各级衍射光频谱将相互混叠。

作为理论研究的一个实验证明，图 5-4-5 绘出两种不同球面波照射下同一数字全息图的频谱图像，它们是图 5-4-3 及图 5-4-4 对应重建计算中使用的频谱图。可以看出，零级衍射光频谱主要呈现为强度极高的矩形孔菲涅耳衍射斑形式，球面波的波面半径 $z_c$ 的绝对值越小，各衍射光的频谱展宽越大，与理论分析结果一致。并且，当重建放大率较小或重建波面半径较小时，各频谱间产生强烈混叠。虽然物光及共轭物光频谱的分布呈弥散散斑形式，我们仍然可以通过中央方形斑的宽度来较定量地考察理论分析的可行性。根据 FFT 计算性质，这两幅频谱图的宽度为 $N/L$($N\times N$为数字全息图的像素数目)，零级衍射斑频谱宽度与频谱图的宽度比即为 $P=\left|L^2/\lambda N z_c\right|$。对于这两幅图分别求得 $P$=0.34 和 0.48。显然，理论预计与实际吻合很好。

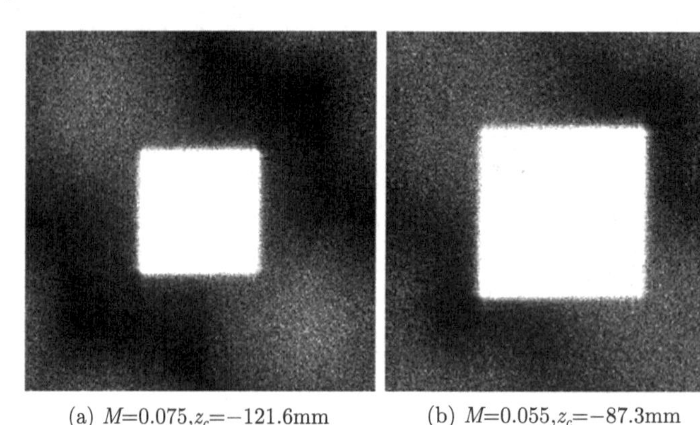

(a) $M$=0.075,$z_c$=−121.6mm　　(b) $M$=0.055,$z_c$=−87.3mm

图 5-4-5 不同重建放大率全息图频谱展宽比较

考察物光及共轭物光频谱不难看出，它们不但是弥散的散斑场，而且与零级衍射频谱强烈混叠。为保证重建物光场的质量，如何确定物光或共轭物光频谱中心，让重建物体的像置于重建平面的合适位置; 如何设计滤波窗或通过特殊的技术措施，有效获取共轭物光 (或物光) 频谱，是下面继续讨论的内容。

2. 球面波照射下数字全息图共轭物光频谱位置的确定

共轭物光频谱的中心可以用以像素为单位的 1-FFT 重建实像的位置为参考较

准确地确定，现作出证明。

为简明起见，将物光场简化为在物平面坐标原点的点源。如果能够准确获得该点源 1-FFT 重建实像与该点源形成的共轭物光频谱的位置关系，问题则被解决。

参照式 (5-1-2)，当物平面光波场为坐标原点的点源时，到达 CCD 的物光复振幅简化为

$$u_\delta(x,y;0,0)=\frac{\exp\left[\mathrm{j}kz_0+\mathrm{j}\phi_0(0,0)\right]}{\mathrm{j}\lambda z_0}o(0,0)\exp\left[\frac{\mathrm{j}k}{2z_0}\left(x^2+y^2\right)\right] \tag{5-4-24}$$

式中，$\phi_0(0,0)$ 为一随机相位，$o(0,0)$ 为原点振幅。为简明起见，令上式指数函数前方的各项为复常数 $C_0$，再令 $U^*(x,y)=u_\delta^*(x,y;0,0)$，代入式 (5-4-15b) 得到共轭物光的频谱

$$G_+(f_x,f_y)=C_0^*\mathcal{F}\left\{R_c(x,y)R(x,y)\exp\left[\frac{\mathrm{j}k}{2z_0}\left(x^2+y^2\right)\right]w(x,y)\right\} \tag{5-4-25}$$

将相关各量代入得

$$\begin{aligned}G_+(f_x,f_y)=&C_0^*\mathcal{F}\left\{\exp\left[\frac{\mathrm{j}k}{2z_r}\left[(x-a)^2+(y-b)^2\right]+\mathrm{j}\frac{k}{2z_c}\left(x^2+y^2\right)-\frac{\mathrm{j}k}{2z_0}\left(x^2+y^2\right)\right]\right\}\\&*\mathcal{F}\left\{A_r(x,y)\right\}*\mathcal{F}\left\{w(x,y)\right\}\end{aligned}$$

式中 “$*$” 是卷积运算符号。

由于 $\mathcal{F}\{A_r(x,y)\}$ 及 $\mathcal{F}\{w(x,y)\}$ 均能视为某一常数与 $\delta(f_x,f_y)$ 之积，上式可简化为

$$\begin{aligned}&G_+(f_x,f_y)\\&=C\mathcal{F}\left\{\exp\left[\frac{\mathrm{j}k}{2}\left(\frac{1}{z_r}+\frac{1}{z_c}-\frac{1}{z_0}\right)x^2\right]\right\}*\mathcal{F}\left\{\exp\left[-\mathrm{j}2\pi\left(\frac{a}{\lambda z_r}x+\frac{b}{\lambda z_r}y\right)\right]\right\}\\&=C\mathcal{F}\left\{\exp\left[\frac{\mathrm{j}k}{2}\left(\frac{1}{z_r}+\frac{1}{z_c}-\frac{1}{z_0}\right)x^2\right]\right\}*\delta\left(f_x+\frac{a}{\lambda z_r},f_y+\frac{b}{\lambda z_r}\right)\end{aligned} \tag{5-4-26}$$

根据 $\delta$ 函数的卷积性质，式 (5-4-26) 是坐标中心在 $\left(-\frac{a}{\lambda z_r},-\frac{b}{\lambda z_r}\right)$ 的频谱。鉴于频谱计算通常由 FFT 完成，当 CCD 面阵宽度为 $L$，其面阵由$N\times N$个像素构成，频谱平面宽度为 $N/L$。用像素为单位计算的坐标即为 $\left(-\frac{aL}{\lambda z_r},-\frac{bL}{\lambda z_r}\right)$。由此可见，若物平面由大量点源组成，频率平面上将形成以 $\left(-\frac{aL}{\lambda z_r},-\frac{bL}{\lambda z_r}\right)$ 为中心的共轭物光频谱。

回顾本章 5.1 节 1-FFT 波前重建的讨论，当衍射距离满足式 (5-1-9) 时，将在

$z = z_i$ 平面上形成放大 $M$ 倍中心在 $\left(-\frac{z_i a}{z_r}, -\frac{z_i b}{z_r}\right)$ 的物光场实像。若 CCD 面阵由$N \times N$个像素构成，1-FFT 重建平面的物理宽度则是 $L_i{=}\lambda z_i N/L = \lambda M z_0 N/L$。这时，用像素为单位计算的物光场实像中心坐标也为 $\left(-\frac{aL}{\lambda z_r}, -\frac{bL}{\lambda z_r}\right)$。因此，可以用 1-FFT 重建的实像为参考，以像素为单位确定球面波照射下数字全息图频率平面上共轭物光的频谱中心，为准确控制可控放大率物光场重建图像的位置提供方便。

以图 5-4-3 的相关参数为例，图 5-4-6(a) 给出 1-FFT 重建图像，球面波照射后数字全息图的频谱图像示于图 5-4-6(b)。以 1-FFT 重建图像中心位置为参考 (图中十字叉交点所示)，不难以像素为单位在图 5-4-6(b) 上确定对应的频谱中心位置 (图中十字叉交点)。

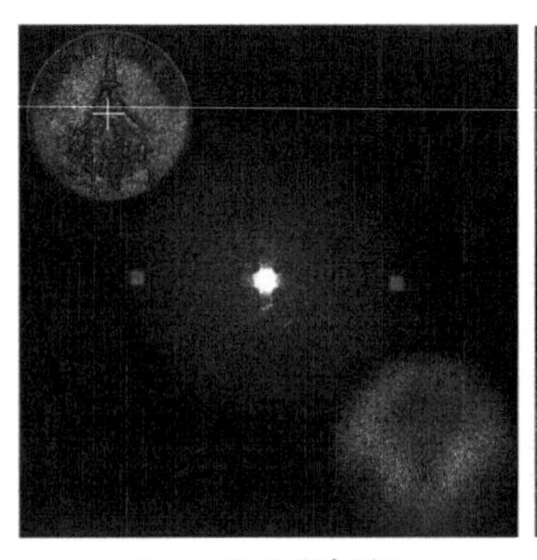

(a) 1-FFT重建平面

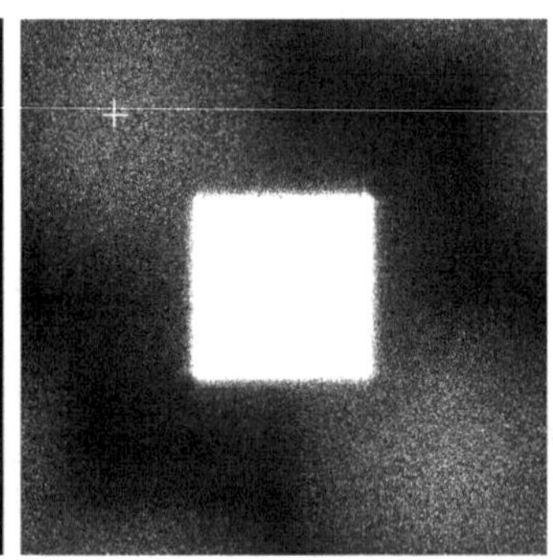

(b) $M$=0.075时数字全息图频谱

图 5-4-6　1-FFT 重建图像中心与共轭物光频谱中心位置的关系

### 3. 抑制噪声干扰的几种方法

从图 5-4-6(b) 可以看出，尽管能够准确地确定共轭物光频谱中心，但各衍射光频谱间的强烈混叠对滤波窗的设计形成困难。虽然，可以使用尺寸较小的滤波窗避免零级衍射光频谱的干扰，但其代价是失去大量共轭物光频谱的高频成分，重建图像质量不高。下面介绍几种能够较好地抑制零级衍射干扰的方法。

1) 数字全息图局域平均值消除法

根据式 (5-4-13)，CCD 获取的数字全息图可以表示为

$$I_H(x,y) = w(x,y)\left[|U(x,y)|^2 + A_r^2(x,y) + R(x,y)U^*(x,y) + R^*(x,y)U(x,y)\right] \tag{5-4-27}$$

式中，$w(x,y)$ 是 CCD 窗口函数，$|U(x,y)|^2$ 是到达 CCD 平面的物光场强度分布。

当物体表面是散射面时，$|U(x,y)|^2$ 分布形式是散斑场[17]。$A_r^2(x,y)$ 是到达 CCD 平面的参考光强度分布，是一个强度较均匀的光波场。从统计观点看，式 (5-4-27) 的最后两项在观察点 $(x,y)$ 周围某一较小的邻域 $\varDelta \in (x \pm \Delta x, y \pm \Delta y)$ 的平均值近似为零，即存在近似式

$$\bar{I}_{H\in\varDelta}(x,y) \approx w(x,y)\left[|U(x,y)|^2 + A_r^2(x,y)\right] \tag{5-4-28}$$

于是有

$$I_H(x,y) - \bar{I}_{H\in\varDelta}(x,y) \approx w(x,y)\left[R(x,y)U^*(x,y) + R^*(x,y)U(x,y)\right] \tag{5-4-29}$$

合适选择邻域 $\varDelta$，利用式 (5-4-29) 所表示的差值全息图进行波前重建，将能得到有效消除零级衍射干扰的重建图像。

为证实这个方法的可行性，使用图 5-4-6 对应的全息图及相关参数，令全息图每一像素及邻接像素周围 8 个点为领域 $\varDelta$，图 5-4-7(a) 给出球面波照射下差值全息图 $I_H(x,y) - \bar{I}_{H\in\varDelta}(x,y)$ 的频谱强度图像，并在图上标示了滤波窗及共轭光频谱中心；图 5-4-7(b) 是相应的物体重建图像。

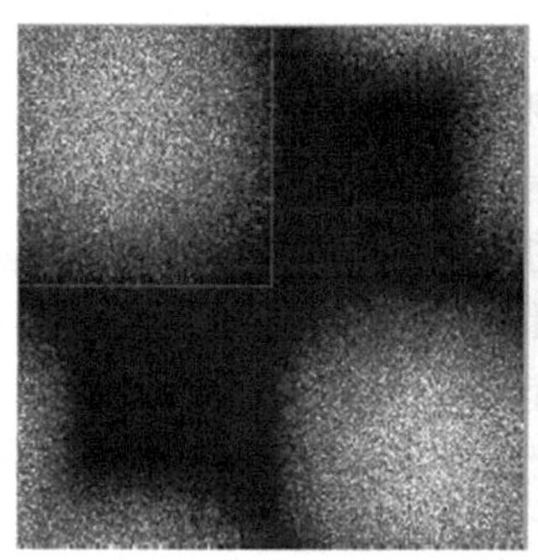

(a) 差值全息图频谱及选通滤波窗

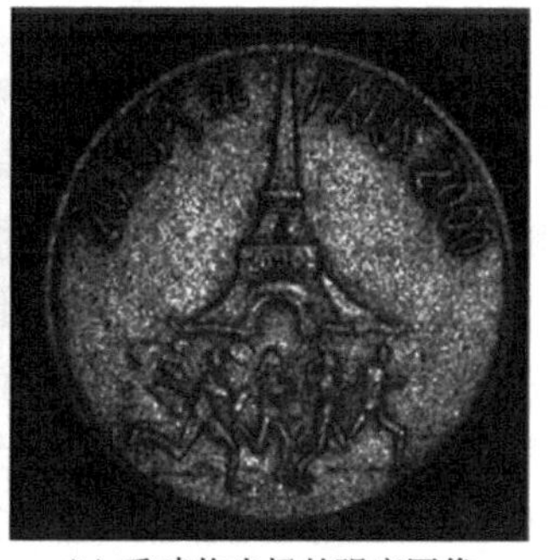

(b) 重建物光场的强度图像

图 5-4-7　消局域平均值数字全息图频谱及重建图像

$(M = 0.075, z_i = 112.5\text{mm}, z_c = -121.6\text{mm})$

图 5-4-7(a) 与图 5-4-6(b) 比较容易看出，零级衍射光频谱已经基本消除。由于滤波窗能够有效地获取共轭物光频谱，已经获得基本消除零级衍射干扰的重建物体像 (图 5-4-7(b))。

数值分析容易证明，数字全息图局域平均值消除法事实上是消除全息图的低频信息的一种方法。但这种方法只能平滑地滤除全息图坐标原点附近区域的低频信息，若在平滑滤波区外存在噪声频谱，局域平均值消除法则无能为力。

2) 数字全息图高通滤波法

离轴数字全息图的频谱中，零级衍射光频谱总是在频谱的低频区域，然而，球面波照射下数字全息图每种衍射波的频谱均不同程度地展宽。这个现象给我们的

一个启示是：如果能够预先通过高通滤波消除全息图的零级衍射光频谱，形成“无零级衍射干扰数字全息图 ”，然后，用这种全息图进行可控放大率重建，也能有效抑制零级衍射干扰[27]。为此，对式 (5-4-2) 作傅里叶变换

$$\mathcal{F}\{I_H(x,y)\}=\mathcal{F}\{w(x,y)\}*\left[\mathcal{F}\left\{|U(x,y)|^2+A_r^2(x,y)\right\}\right.$$
$$\left.+\mathcal{F}\{R(x,y)U^*(x,y)\}+\mathcal{F}\{R^*(x,y)U(x,y)\}\right] \quad (5\text{-}4\text{-}30)$$

由于 $\mathcal{F}\{w(x,y)\}$ 可以近似由坐标原点的 $\delta$ 函数描述，可以忽略其影响，只对上式中方括号内的各项进行研究。将参考光 $R(x,y)$ 的表达式代入上式，整理后得

$$\mathcal{F}\{I(x,y)\}=\mathcal{F}\left\{|U(x,y)|^2+A_r^2(x,y)\right\}$$
$$+\Phi\left(f_x+\frac{a}{\lambda z_r},f_y+\frac{b}{\lambda z_r}\right)+\Phi^*\left(f_x-\frac{a}{\lambda z_r},f_y-\frac{b}{\lambda z_r}\right) \quad (5\text{-}4\text{-}30\text{a})$$

其中，$\Phi(f_x,f_y)=\mathcal{F}\left\{A_r(x,y)\exp\left[\frac{\mathrm{j}k}{2z_r}\left(x^2+y^2+a^2+b^2\right)\right]U^*(x,y)\right\}$ 是共轭物光频谱。

分析式 (5-4-30a) 可知，零级衍射光频谱 $\mathcal{F}\left\{|U(x,y)|^2+A_r^2(x,y)\right\}$ 始终在频谱面中央区域，合适调整参考光倾角，就有可能让各级衍射光的频谱彼此分离。这时，设计高通滤波器滤除式 (5-4-30a) 中的零级衍射光频谱，通过傅里叶逆变换便能得到无零级衍射干扰的数字全息图。利用这种全息图进行可控放大率重建，则能获得无零级衍射干扰的重建图像。以下对该方法进行实验证明。

仍然使用图 5-1-4 的实验装置以及巴黎 20 公里长跑奖牌为物体的实验，图 5-4-8(a) 给出全息图取样间隔为 0.00465mm，取样数为 1024×1024 的频谱图像。由图可见，分布于图像中央的零级衍射光频谱基本能分离。令图像中央 400×400 像素的数值为零，图 5-4-8(b) 给出高通滤波的频谱图像。将该图像对应的频谱进行傅里叶逆变换便得到无零级衍射干扰的数字全息图。令放大率 $M$=0.075，求得重建距离 $z_i$=112.5mm，重建球面波的波面半径 $z_c=-121.6$mm。用重建球面波照射无零级衍射干扰的数字全息图并进行傅里叶变换，图 5-4-9(a) 给出其频谱图像。将该图与图 5-4-6(b) 比较看出，零级衍射光的频谱已经基本消除。选择图 5-4-9(a) 第二象限为滤波窗获取共轭物光频谱，重建物光场的图像示于图 5-4-9(b)。

3) 数字全息图选通滤波法

由于重建物光场的信息包含在全息图的物光或共轭物光频谱中，如果在全息图的频谱中设计滤波窗，直接提取物光或共轭物光的频谱，将提取的频谱平移到频率平面中央，周边补零并进行傅里叶逆变换，则能得到 “无干扰数字全息图”。利用“无干扰数字全息图” 再进行期待放大率的球面波重建，则能获得无干扰的重建图

像[34]，这就是选通滤波法。由于获得“无干扰数字全息图”需要一次 FFT 及一次

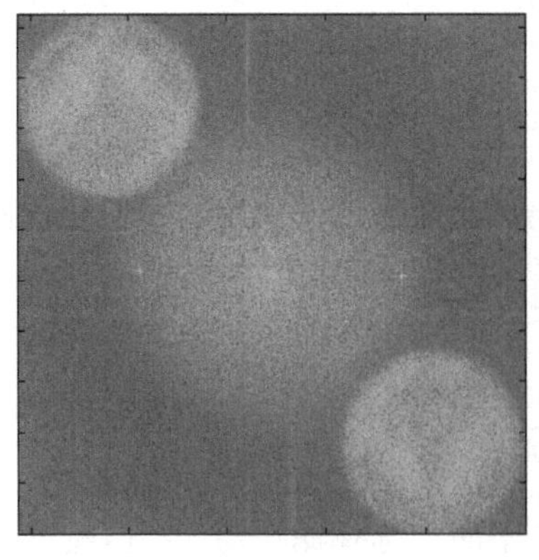

(a) 全息图频谱

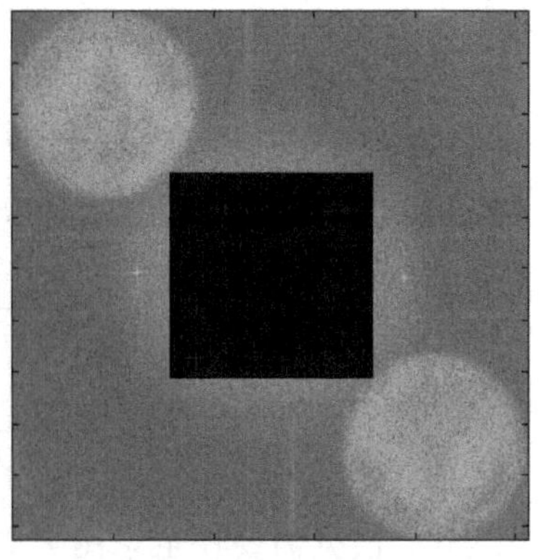

(b) 经高通滤波的全息图频谱

图 5-4-8 数字全息图频谱及其高通滤波频谱图像

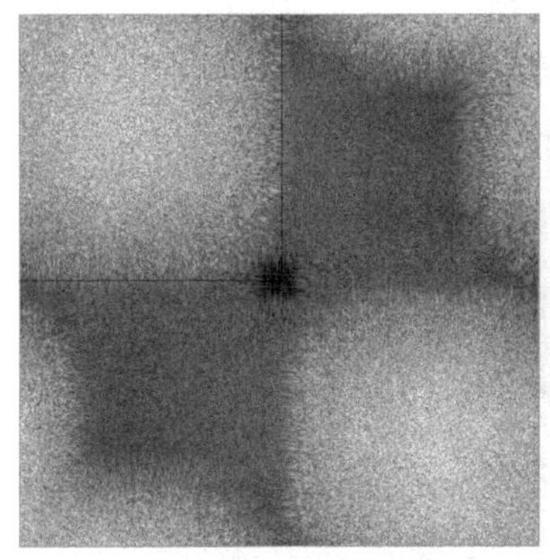

(a) 全息图频谱

(b) 重建图像

图 5-4-9 $M$=0.075 的高通滤波数字全息图频谱及重建图像

IFFT 计算，球面波照射无干扰数字全息图求全息图的频谱需要一次 FFT 计算，将全息图的频谱与传递函数相乘后还需要一次 IFFT 计算才能重建物光场，为便于后续讨论，将选通滤波法简称为 SPH4FFT 重建法[29]。

很明显，如果能在全息图的频谱平面上选择出局部物光场的频谱，则能通过傅里叶逆变换获得无干扰的局部物光场的全息图，利用球面波为重建波，重建出期待放大率的局部物光场。为便于实际应用，以下导出让重建局部物光场充满重建平面时选通滤波窗宽度与重建放大率的关系。

令全息图取样数为 $N$，物理宽度为 $L$，利用离散傅里叶变换或 FFT 求得的频谱平面宽度则为 $N/L$(见第 3 章 3.1.2 节离散傅里叶变换与傅里叶变换的关系)。若

重建局部物体的物理宽度为 $\Delta\xi$，5.4.4 节的理论研究将证明，宽度为 $\Delta\xi$ 的局部物体在全息图频谱平面宽度近似为 $\Delta\xi/(\lambda z_0)$。令像素为单位的局部物体频谱的宽度为 $N_s$，则有

$$N_s = \left(\frac{\Delta\xi}{\lambda z_0}\Big/\frac{N}{L}\right)N = \frac{L\Delta\xi}{\lambda z_0} \tag{5-4-31}$$

由于 SPH4FFT 重建物平面的宽度仍然为全息图的宽度 $L$[15]，让重建图像布满重建平面的重建放大率则为 $M = \dfrac{L}{\Delta\xi}$，于是有

$$N_s = \frac{L^2}{M\lambda z_0} \tag{5-4-32}$$

按照这个表达式，根据需要在全息图频谱平面上选择滤波窗，不但能重建整个物体像，而且能够较好地重建物体的局部图像。为直观起见，利用同一全息图，令 $\Delta\xi$=30mm，即 $M \approx 0.1587, N_s \approx 178$。让滤波窗中心与全息图频谱平面上的物光频谱中心重合，图 5-4-10 给出数字全息图频谱及其选通滤波频谱图像。通过傅里叶逆变换获得的无干扰数字全息图的振幅分布图像示于图 5-4-11(a)。基于无干扰数字全息图重建的局部物体图像示于图 5-4-11(b)。

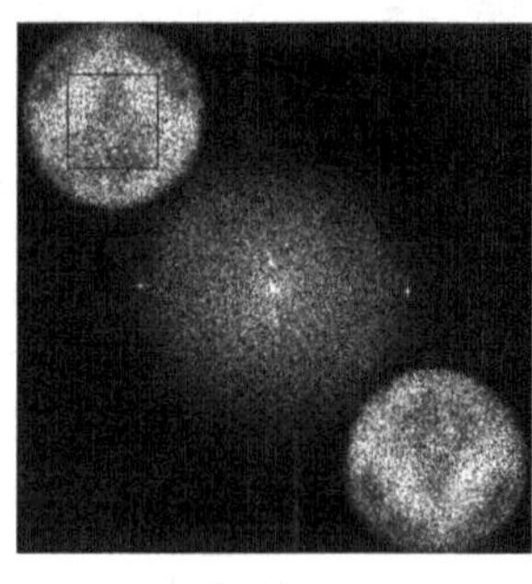

(a) 全息图频谱

(b) 选通滤波的全息图频谱

图 5-4-10　数字全息图频谱及 $N_s \approx 178$ 的选通滤波频谱图像

(a) 无干扰数字全息图振幅分布

(b) 局部物体重建图像

图 5-4-11　使用 SPH4FFT 法重建的相关图像 (1024×1024 像素)

4) 数字全息图像面滤波法

由于全息图的 1-FFT 重建像平面能够重建清晰的物体图像，不难想象，如果在重建像平面设计滤波窗，选取局部图像，将选择区域平移到像平面中央，周边补零形成只包含局部像的像平面，通过衍射的逆运算，也能得到无干扰的只包含物体局部像的全息图，利用球面波重建出期待放大率的物体局部像。由于像平面滤波获得无干扰数字全息图需要进行一次 FFT 正向运算及一次 IFFT 衍射逆运算，用球面波为重建波再次重建物体局部像时还需要一次 FFT 正向运算及一次 IFFT 衍射逆运算。为简明起见，这种重建方法称为 FIMG4FFT 方法[28,29]。

为便于实际应用，下面导出让局部重建像充满重建平面时放大率与 1-FFT 像面滤波窗宽度的关系。

令 $L_0$ 为 1-FFT 重建像平面的物理宽度，$N$ 为取样数，$L$ 为记录数字全息图的探测器 CCD 的宽度，$d_0$ 为物平面到 CCD 的距离。若 $N_s$ 是 1-FFT 像平面上的滤波窗宽度，当选择放大率 $M$ 时由滤波窗取出的图像刚好充满重建像平面，即 $\frac{N_s}{N}L_0M = L$。由于 $L_0 = \lambda d_0 N/L$(见第 3 章中关于 S-FFT 计算的讨论)，有[29]

$$M = \frac{L^2}{\lambda d_0 N_s} \tag{5-4-33}$$

不难看出，式 (5-4-33) 与式 (5-4-32) 事实上是同一关系的不同表示式。这个结论表明，当放大率 $M$ 给定后，为让选通滤波及像面滤波法重建出刚好充满重建像平面的图像，以像素为单位的选通滤波及像面滤波窗的宽度是一致的。

为验证 FIMG4FFT 方法，利用上面实验记录的数字全息图，在巴黎长跑纪念章的 1-FFT 重建像平面上选择 $N_s$= 178 像素的像面滤波窗 (图 5-4-12(a))，将选取的图像移到像平面中央 (图 5-4-12(b)) 利用衍射逆运算获得无干扰数字全息图后，通过球面波重建出放大率 $M \approx 0.1587$ 的重建图像 (图 5-4-13)。

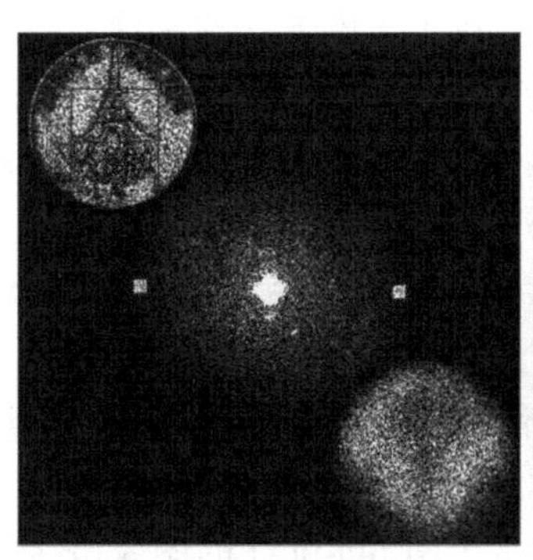
(a) 1−FFT重建像平面

(b) 像面滤波图像

图 5-4-12 1-FFT 重建像平面及 $N_s \approx 178$ 的像面滤波图像

(a) 无干扰数字全息图振幅分布

(b) 局部物体重建图像

图 5-4-13　使用 FIMG4FFT 法重建的相关图像 (1204×1024 像素)

从形式上看，FIMG4FFT 及 SPH4FFT 两种方法的重建图像过程十分相似。但是，将图 5-4-13(b) 与图 5-4-11(b) 进行比较后，不难发现，在 SPH4FFT 重建图像的边沿有一个狭窄的模糊带。后续理论研究将证明，FIMG4FFT 重建图像的质量高于 SPH4FFT，是一种能够最充分地保留物体信息的高质量重建物光场的方法。

附录 B16 给出用 MATLAB 语言编写的 FIMG4FFT 重建算法的程序 LJCM16.m，读者可以参照这个程序加深对本节所阐述内容的理解，并将该程序修改为 SPH4FFT 算法重建程序，验证本节的讨论。

### 5.4.4　FIMG4FFT 法波前重建质量研究

由于 FIMG4FFT 重建法能够高质量重建物光场，为深入了解该方法相较于其他方法的优点，以下作较详细的讨论。

#### 1. FIMG4FFT 重建像的频谱

为便于与上述消零级干扰的其他重建方法相比较，继续利用图 5-1-4 数字全息实验光路及相关实验参数，物体仍然是 2000 年巴黎长跑奖牌。图 5-4-14(a) 给出 1-FFT 重建像平面。令重建放大率 $M$=0.075，按照式 (5-4-33) 求得 $N_s$=378。选择 378×378 像素的窗口取出重建像后，按照步骤 2 将重建像移到像平面中心，通过周边补零形成的图像示于图 5-4-14(b)。通过衍射逆运算获得无干扰全息图并对全息图用重建球面波照射，再作 FFT 计算后得到的频谱图像示于图 5-4-14(c)，图 5-4-14(d) 是重建的物体像。

为对 FIMG4FFT 重建物光场的质量有较直观的认识，基于第 3 章对离散傅里叶变换与傅里叶变换关系的讨论，图 5-4-15 给出二维离散傅里叶变换的周期性及物光频谱与滤波窗关系的示意图。该图由 4 个图 5-4-9(a) 的图像拼接而成，代表 4 个周期的放大率 $M$=0.075 的消局域平均值数字全息图频谱，较形象地反映了球面

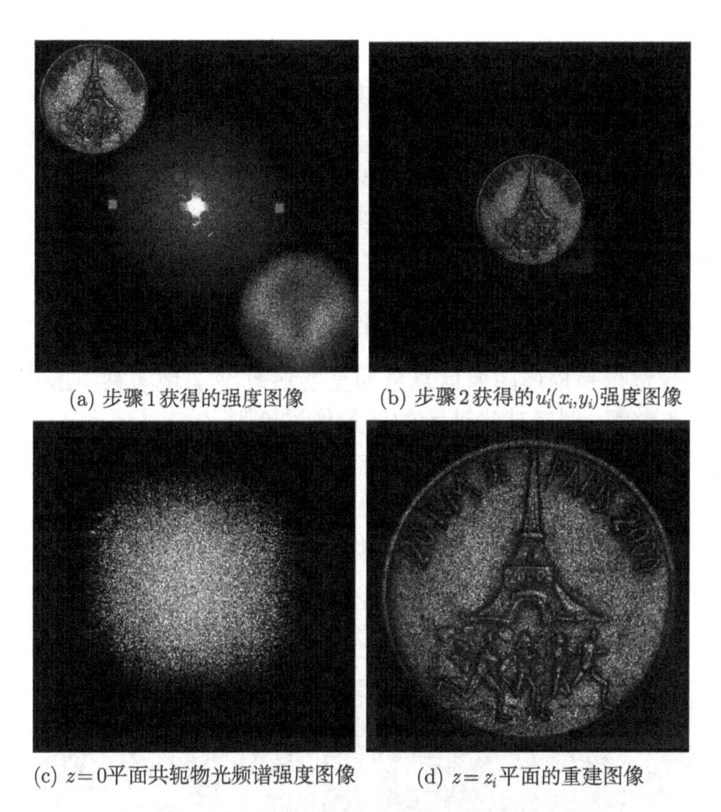

(a) 步骤1获得的强度图像　　(b) 步骤2获得的$u_i'(x_i,y_i)$强度图像

(c) $z=0$平面共轭物光频谱强度图像　　(d) $z=z_i$平面的重建图像

图 5-4-14　放大率 $M$=0.075 的 FIMG4FFT 法重建图像过程

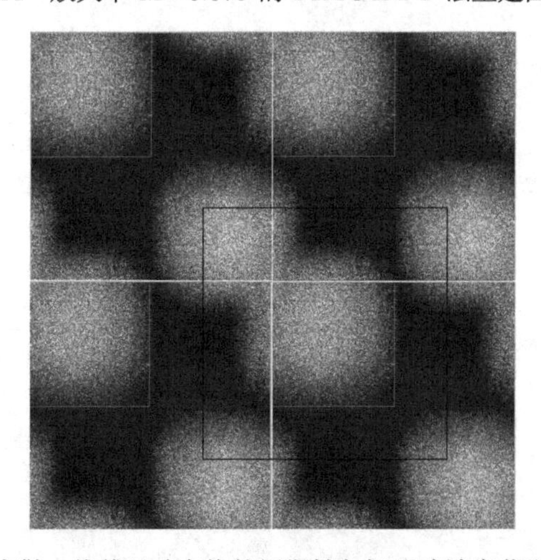

图 5-4-15　离散二维傅里叶变换的周期性与矩形滤波窗获取频谱的关系

波照射下数字全息图频谱展宽引起的频谱混叠现象。容易看出，虽然零级衍射光频谱已经不存在，但是，由于频谱展宽，物光频谱与共轭物光频谱部分混叠（见组合

图像中央区)，我们很难通过简单滤波窗口的设计完整地取出共轭物光或物光频谱。在图示情况下，通过滤波窗的频谱仅限于某一浅色的小矩形框内。选择右下方的滤波窗，利用消全息图平均值法进行波前重建的频谱则通过对滤波窗周边补零形成，对应的频谱图像边界如图 5-4-15 中黑色线框所示。将该频谱与频谱图 5-4-14(c) 相比较可以看出，像面滤波不但消除了物光频谱与共轭物光的频谱混叠，而且能获得完整的物光或共轭物光频谱。因此，FIMG4FFT 重建法能够高质量地重建物光场。

2. FIMG4FFT 重建物光场的空间带宽积分析

由于空间带宽积是描述图像信息量的重要参数[18]，现考察 FIMG4FFT 法重建图像的空间带宽积，对重建光波场的质量作讨论[28]。

令放大率 $M$=0.08，0.06 及 0.04，参照获取图 5-4-14(c) 频谱的方法，图 5-4-16 给出不同放大率无干扰数字全息图的频谱及 FIMG4FFT 重建图像。

数值分析容易证明，如果在每一幅图像中选择一矩形区域，让通过矩形区域的能量占总图像能量的 95%以上，并将矩形区域所包含的取样数视为表述该图像的最少取样数，不同放大率重建场的空间带宽积的运算结果基本是一致的。这个结论

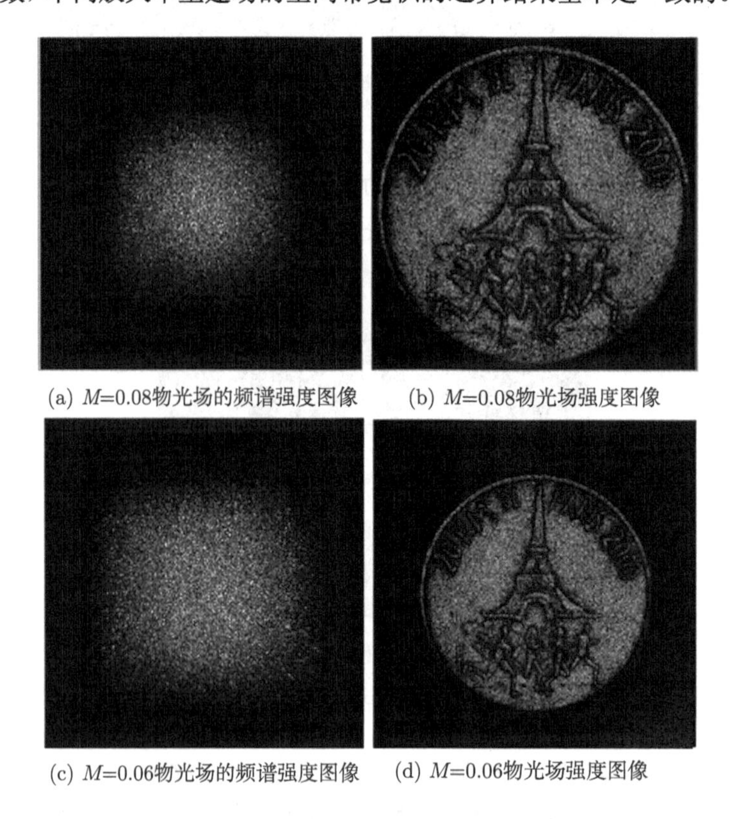

(a) $M$=0.08物光场的频谱强度图像　(b) $M$=0.08物光场强度图像

(c) $M$=0.06物光场的频谱强度图像　(d) $M$=0.06物光场强度图像

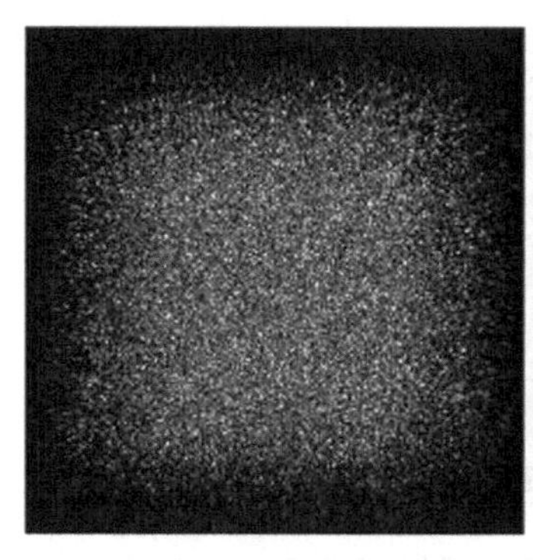

(e) $M$=0.04物光场的频谱强度图像

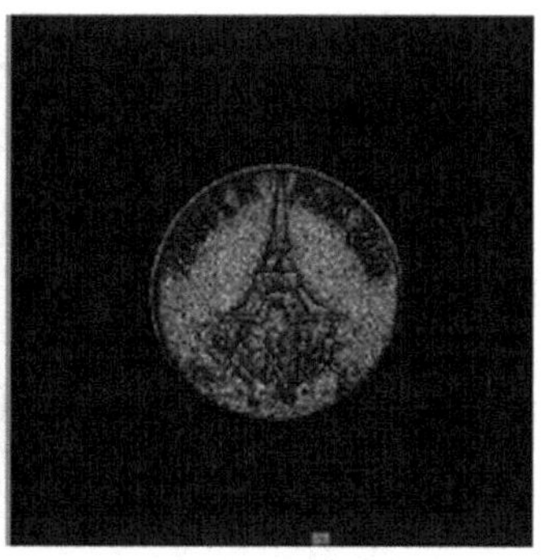

(f) $M$=0.04物光场强度图像

图 5-4-16 不同放大率 $M$ 的无干扰全息图频谱及 FIMG4FFT 重建图像

表明，FIMG4FFT 重建法不但能够有效消除干扰，而且能让不同的放大率的重建物光场具有等量的信息，是一种高质量重建物光场的方法。

### 3. 像平面滤波与频谱平面滤波的理论比较

SPH4FFT 与 FIMG4FFT 两种方法十分相似，它们的不同之处在于：SPH4FFT 采用的是频谱平面滤波，而 FIMG4FFT 采用的是像平面滤波。以下将物光场简化为点源，对两种滤波方法获得的物光信息质量进行比较[29]。

1) 频谱平面滤波

图 5-4-17 是点源数字全息系统的简化光路及坐标定义图。定义物平面 $x_0y_0$ 是邻近被测量物体的平面，$x_iy_i$ 是球面波为重现光时物体的像平面。两平面到 CCD 窗口平面 $xy$ 的距离分别是 $z_0$ 和 $z_i$。

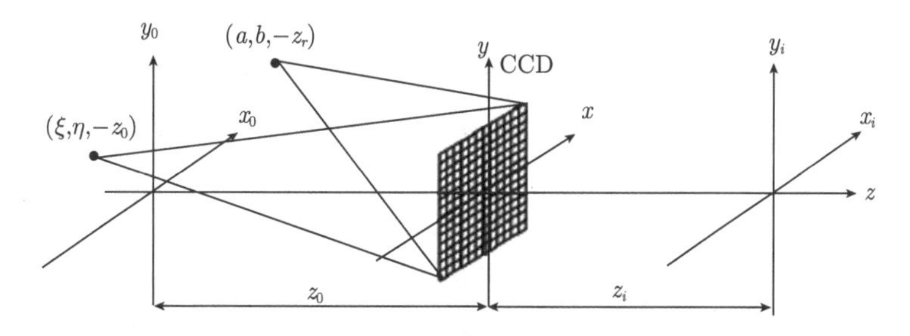


图 5-4-17 点光源数字全息系统的简化光路及坐标定义图

物平面上坐标 $(\xi, \eta, -z_0)$ 处点源发出的光波在 CCD 上形成的光波场可表为

$$u_\delta(x,y;\xi,\eta) = A_\delta(\xi,\eta)\exp\left\{\frac{\mathrm{j}k}{2z_0}\left[(x-\xi)^2+(y-\eta)^2\right]\right\} \tag{5-4-34}$$

式中，$A_\delta(\xi,\eta)$ 是与 $(\xi, \eta, -z_0)$ 处点源光场复振幅成正比的量。

令到达 CCD 的参考光是波束中心在 $(a,b,-z_r)$，振幅为 $A_r$ 的均匀球面波

$$R(x,y)=A_r\exp\left\{\frac{\mathrm{j}k}{2z_r}\left[(x-a)^2+(y-b)^2\right]\right\} \tag{5-4-35}$$

CCD 记录的全息图则为

$$\begin{aligned}I_{H\delta}(x,y;\xi,\eta)=&w(x,y)\times\left\{|u_\delta(x,y;\xi,\eta)|^2+A_r^2\right.\\&\left.+R(x,y)u_\delta^*(x,y;\xi,\eta)+R^*(x,y)u_\delta(x,y;\xi,\eta)\right\}\end{aligned} \tag{5-4-36}$$

引入傅里叶变换符号 $\mathcal{F}\{\}$，单位振幅平面波照射下数字全息图共轭物光的频谱则为

$$\mathcal{F}\{w(x,y)R(x,y)u_\delta^*(x,y;\xi,\eta)\} \tag{5-4-37}$$

将相关量代入该式，并令 $\dfrac{1}{z_{r0}}=\left(\dfrac{1}{z_r}-\dfrac{1}{z_0}\right)$，$X=\dfrac{x}{\lambda z_{r0}}$，$Y=\dfrac{y}{\lambda z_{r0}}$，经过整理可得

$$\begin{aligned}&\mathcal{F}\{w(x,y)R(x,y)u_\delta^*(x,y;\xi,\eta)\}\\&=Q(\xi,\eta)\int_{-\infty}^{\infty}\int_{-\infty}^{\infty}w(\lambda z_{r0}X,\lambda z_{r0}Y)\exp\left\{\mathrm{j}\frac{2\pi\lambda}{2\left(\dfrac{1}{z_{r0}}\right)}\left[\left(X-\left(\frac{a}{\lambda z_r}-\frac{\xi}{\lambda z_0}\right)-f_x\right)^2\right.\right.\\&\quad\left.\left.+\left(Y-\left(\frac{b}{\lambda z_r}-\frac{\eta}{\lambda z_0}\right)-f_y\right)^2\right]\right\}\mathrm{d}X\mathrm{d}Y\end{aligned} \tag{5-4-38}$$

式中，$Q(\xi,\eta)$ 为与 $A_rA_\delta^*(\xi,\eta)$ 成正比的复常数。

令 CCD 窗口是宽度为 $L$ 的方形，即 $w(x,y)=\mathrm{rect}\left(\dfrac{x}{L},\dfrac{y}{L}\right)$，式 (5-4-38) 与熟知的空间域的菲涅耳衍射积分相比较表明，该式表示频率空间宽度为 $L/|\lambda z_{r0}|$ 的方形孔经过距离 $1/z_{r0}$ 的“菲涅耳衍射图样”，衍射图样中心坐标为 $\left(\dfrac{a}{\lambda z_r}-\dfrac{\xi}{\lambda z_0},\dfrac{b}{\lambda z_r}-\dfrac{\eta}{\lambda z_0}\right)$。若将实际物体视为物平面上不同位置的散射基元发出的球面波，在全息图的频谱面上每一点源频谱的中心构成与物体相似的图像，图像的中心坐标为 $\left(\dfrac{a}{\lambda z_r},\dfrac{b}{\lambda z_r}\right)$。并且，物平面上宽度为 $\Delta\xi$ 的光波场在全息图频谱平面以像素为单位的频谱宽度为 $\dfrac{\Delta\xi}{\lambda z_0}$。由于全息图的频谱通过离散傅里叶变换计算，下面研究用像素数量表示的点源频谱的宽度。

设全息图取样数为 $N\times N$，全息图频谱宽度则为 $N/L$。由于式 (5-4-38) 描述的点源频谱的主要能量通常分布在宽度 $L/|\lambda z_{r0}|$ 的方形区域，用像素数量表示的单

一点源的频谱的分布宽度 $N_{\delta\mathrm{spt}}$ 可足够准确地表为

$$N_{\delta\mathrm{spt}} = \frac{L/|\lambda z_{r0}|}{N/L} \times N = \frac{L^2}{|\lambda z_{r0}|} = \frac{L^2}{\lambda}\left|\frac{1}{z_r} - \frac{1}{z_0}\right| \tag{5-4-39}$$

容易验证，通常情况 $N_{\delta\mathrm{spt}} \gg 1$。由于实际物体每一散射基元在全息图的频谱平面上共轭物光的“菲涅耳衍射图样”复振幅分布正比于 $A_r A_\delta^*(\xi,\eta)$，各相邻散射基元的“菲涅耳衍射图样”将在频谱平面上的相交区域相互干涉，在频谱平面形成具有模糊物体轮廓的散斑图像。

若忽略点源的频谱的分布宽度 $N_{\delta\mathrm{spt}}$ 的影响，物平面上宽度为 $\Delta\xi$ 的光波场在全息图频谱平面以像素为单位的频谱宽度为

$$N_s = \left(\frac{\Delta\xi}{\lambda z_0}/\frac{N}{L}\right)N = \frac{L\Delta\xi}{\lambda z_0} \tag{5-4-40}$$

然而，由于点源频谱宽度 $N_{\delta\mathrm{spt}} \gg 1$，在滤波窗边界内侧不但会损失窗口内部分点源的频谱，而且会有边界外侧点源的频谱渗入。这正是用 SPH4FFT 重建局部物体像时，在重建图像的边沿会产生一个狭窄的模糊带的原因 (见图 5-4-11(b))。

2) 像平面滤波

点源全息图在重建球面波照射下，经距离 $z_i$ 衍射的共轭物光复振幅可以用菲涅耳衍射积分表出

$$\begin{aligned} U_{\delta i}(x_i,y_i;\xi,\eta) = {} & \frac{\exp(\mathrm{j}kz_i)}{\mathrm{j}\lambda z_i}\int_{-\infty}^{\infty}\int_{-\infty}^{\infty} w(x,y)\,R(x,y)\,R_c(x,y)\,u_\delta^*(x,y;\xi,\eta) \\ & \times \exp\left\{\frac{\mathrm{j}k}{2z_i}\left[(x-x_i)^2+(y-y_i)^2\right]\right\}\mathrm{d}x\mathrm{d}y \end{aligned} \tag{5-4-41}$$

令 $w(x,y) = \mathrm{rect}\left(\frac{x}{L},\frac{y}{L}\right)$，衍射距离满足二次相位因子消失的成像条件[18]

$$z_i = \left(\frac{1}{z_0} - \frac{1}{z_c} - \frac{1}{z_r}\right)^{-1} \tag{5-4-42}$$

式 (5-4-41) 整理后得

$$U_{\delta i}(x_i,y_i;\xi,\eta) = \Theta(\xi,\eta)\,\mathrm{sinc}\left[\frac{x_i - M\xi + z_i a/z_r}{\lambda z_i/L}\right]\mathrm{sinc}\left[\frac{y_i - M\eta + z_i b/z_r}{\lambda z_i/L}\right] \tag{5-4-43}$$

式中，$\Theta(\xi,\eta)$ 为与 $A_r A_\delta^*(\xi,\eta)$ 成正比并与观测平面坐标无关的复常数。

式 (5-4-43) 表明，点源的重建像由中心坐标为 $\left(-\frac{z_i a}{z_r} + M\xi, -\frac{z_i b}{z_r} + M\eta\right)$ 的二维 sinc 函数描述。根据 sinc 函数的分布特性[18]，可以认为点源的重建像光场局

限于围绕中心坐标的宽度为 $\lambda z_i/L$ 的方形区域。使用 1-FFT 重建图像时像平面的宽度为 $L_i = N\lambda z_i/L$。用像素数表示的单一点源的像光场宽度 $N_{\delta\text{img}}$ 可近似为

$$N_{\delta\text{img}} = \frac{\lambda z_i/L}{L_i} \times N = 1 \tag{5-4-44}$$

这意味着点源在像平面上重建像基本被局限于 1~2 个像素的范围。虽然每一点源像的相位取值是随机的，但图像能量集中于二维 sinc 函数中心对应的像素上，即 $(M\xi - z_i a/z_r, M\eta - z_i b/z_r)$ 处的强度正比于物点的强度。综合物平面上不同位置点源的成像结果，将在 $z = z_i$ 平面上形成放大 $M$ 倍、中心在 $(-z_i a/z_r, -z_i b/z_r)$ 的物光场像。

由于点源的 1-FFT 重建像的分布宽度局限于 1~2 个像素，像面滤波能够最有效地获取局部物光场的信息，让 FIMG4FFT 重建图像具有较整齐的边界 (见图 5-4-13(b))。

在数字全息应用研究中，光学精密检测是一个十分重要的领域 [14]，应用研究中通常需要对物体的局部区域进行研究。局部物体像用较多的像素描述是必须进行的工作。由于物体被相干光照明时，物光场相邻散射基元的相位取值是随机的[17]，在像平面滤波的讨论中已经证明，重建物光场的相邻像素与物光场相邻散射基元相对应，重建物光场相邻像素的相位取值也是随机的。因此，如果使用没有特定物理意义的数学插值方法放大物光场，对相位特别敏感的光学检测没有实际意义。在使用 1-FFT 重建图像时，由于重建图像在 1-FFT 重建平面上所占面积较小，为得到足够像素描述的重建图像，必须在全息图周围填充较大数量的零像素[31]。在获得与全息图相同像素数表示的 1-FFT 重建图像时，1-FFT 重建图像的计算时间远远超过 FIMG4FFT 方法。

实际研究表明，FIMG4FFT 方法与上面讨论的 VDH4FFT 方法的计算速度及重建图像质量基本相同，FIMG4FFT 方法与 VDH4FFT 方法一样，是一种较好的波前重建方法，该方法可以用全息图的像素数高质量和高效率地重建局部物体的图像，能对数字全息检测或多种波长照明下的数字全息检测的精细分析[16] 提供很大方便。

## 5.5 数字全息重建图像的焦深

在以上所有研究中，我们始终认为数字全息重建像平面是理想的像平面。然而，实验检测难免存在误差，重建图像通常是非理想像平面的图像。此外，数字全息的应用研究中常涉及不同空间平面的波前重建问题，例如三维粒子场检测[35]，研究数字全息重建图像的焦深具有重要意义。

基于光轴上点光源离焦像场的分析，国内外不少学者对重建图像的焦深进行过研究[36,37]，然而，由于遵循的标准不同，目前还没有形成统一的焦深表达式。此外，目前对焦深的研究基本上是在轴上点光源的离焦像场随离焦量连续变化的前提下进行的，没有考虑数字全息是以像素为单位重建物体图像的情况。并且，为简单起见，对焦深的研究限于参考光为平面波时数字全息的 1-FFT 重建图像，对于参考光为球面波的数字全息 (如无透镜傅里叶变换全息[12])，物光通过一个光学系统再到达 CCD 的数字全息 (如显微数字全息[38])，以及其他图像重建方法 (例如柯林斯公式逆运算重建 [39] 以及本章所介绍的可变放大率重建方法) 的重建图像的焦深未进行系统研究。因此，对不同的数字全息图用不同重建方法重建图像的焦深进行研究具有实际意义。

结合数字全息重建像以像素为单位显示及像素物理尺寸与计算方法相关的特点，本节对重建图像的焦深进行研究。为让研究结果更接近实际，将物光视为物体表面相位随机取值的大量点源发出的光波，令参考光为球面波，理论研究数字全息重建像及离焦像的衍射场，并且，基于玻恩及沃耳夫的名著《光学原理》[40] 中相干照明下两点源的像能够分辨的研究方法，分别导出 1-FFT 法及 FIMG4FFT 重建法重建图像焦深的表达式，给出相关的实验证明。然后，将这两种算法重建图像焦深的表达式推广于目前常用的数字全息系统及常用的波前重建算法。最后，给出焦深研究结果的应用实例。

### 5.5.1 数字全息重建图像焦深的理论研究

1. 理想像及离焦像场

图 5-5-1 是数字全息记录及重建图像的简化光路及坐标定义图[41]。令参考光是位于 $(a, b, -z_r)$ 的点源发出的球面波，$x_0y_0$ 是与物体相切的平面，$xy$ 是 CCD 窗口平面，$x_iy_i$ 是在重建波照射下物体的理想像平面，$x_my_m$ 是偏离理想像平面的实际重建像平面，这三个平面到 CCD 窗口平面的距离分别是 $z_0, z_i$ 和 $z_m$。

物平面上坐标为 $(\xi,\ \eta,\ -z_0)$ 的点源发出的光波到达 CCD 平面时的光波场可以表为

$$u_\delta\left(x, y; \xi, \eta\right) = o\left(\xi, \eta\right)\exp\left\{\frac{\mathrm{j}k}{2z_0}\left[\left(x-\xi\right)^2 + \left(y-\eta\right)^2\right]\right\} \tag{5-5-1}$$

式中，$\mathrm{j} = \sqrt{-1}$，$k = 2\pi/\lambda, \lambda$ 为光波长，$o(\xi, \eta)$ 是与 $(\xi,\ \eta,\ -z_0)$ 点的复振幅成正比但相位随机取值的复函数。

光学粗糙表面的散射光可以视为物体表面不同位置散射基元散射光的叠加。到达 CCD 的物光则为

$$U\left(x, y\right) = \sum_\xi \sum_\eta u_\delta\left(x, y; \xi, \eta\right) \tag{5-5-2}$$

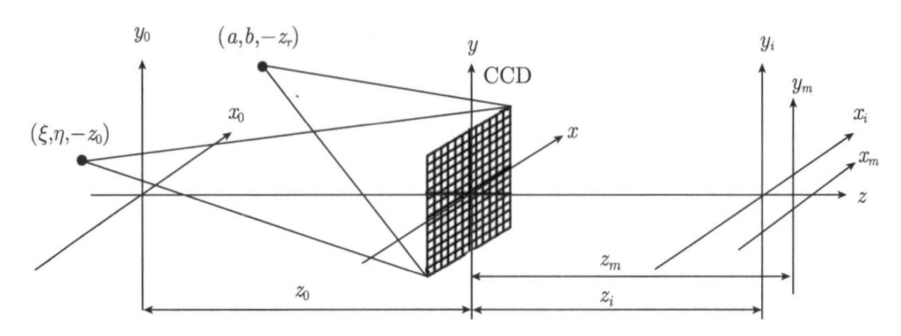


图 5-5-1　数字全息系统的简化光路及坐标定义图

令到达 CCD 的参考光是振幅为 $A_r$ 的均匀球面波

$$R(x,y) = A_r \exp\left\{\frac{\mathrm{j}k}{2z_r}\left[(x-a)^2 + (y-b)^2\right]\right\} \tag{5-5-3}$$

CCD 平面上物光及参考光干涉场强度则为

$$I(x,y) = |U(x,y)|^2 + A_r^2 + R(x,y)U^*(x,y) + R^*(x,y)U(x,y) \tag{5-5-4}$$

设用单位振幅球面波 $R_c(x,y) = \exp\left[\mathrm{j}\dfrac{k}{2z_c}\left(x^2+y^2\right)\right]$ 作为重建波照射数字全息图，根据本章 5.1 的研究，透射光由零级衍射光、物光及共轭物光组成，但是，对于重建像有贡献的只是共轭物光，因此，对于重建像焦深的研究，只须讨论共轭物光项。根据式 (5-1-8)，共轭物光项表示为

$$\begin{aligned} U_i(x_i,y_i) = &\sum_{\xi}\sum_{\eta}\Theta(\xi,\eta;x_i,y_i,z_i)\int_{-\infty}^{\infty}\int_{-\infty}^{\infty} w(x,y) \\ &\times \exp\left[\frac{\mathrm{j}k}{2}\left(\frac{1}{z_c}+\frac{1}{z_r}+\frac{1}{z_i}-\frac{1}{z_0}\right)\left(x^2+y^2\right)\right] \\ &\times \exp\left\{-\mathrm{j}2\pi\left[\left(x_i+\frac{z_i}{z_r}a-\frac{z_i}{z_0}\xi\right)\frac{x}{\lambda z_i}+\left(y_i+\frac{z_i}{z_r}b-\frac{z_i}{z_0}\eta\right)\frac{y}{\lambda z_i}\right]\right\}\mathrm{d}x\mathrm{d}y \end{aligned} \tag{5-5-5}$$

式中，$\Theta(\xi,\eta;x_i,y_i,z_i)$ 为与 $o(\xi,\eta)$ 成正比的复函数，$w(x,y)$ 为 CCD 的窗口函数。当 $x_iy_i$ 是理想像平面时，有

$$\frac{1}{z_c}+\frac{1}{z_r}+\frac{1}{z_i}-\frac{1}{z_0}=0 \tag{5-5-6}$$

令 CCD 面阵是宽度为 $L$ 的方形，$T=\lambda z_i/L$，以及

$$M = z_i/z_0 \tag{5-5-7}$$

式 (5-5-5) 整理后得[20]

$$U_i(x_i, y_i) = \sum_{\xi}\sum_{\eta}\Theta(\xi, \eta; x_i, y_i, z_i)\,\mathrm{sinc}\left[\frac{x_i - M\xi + z_i a/z_r}{T}\right]\mathrm{sinc}\left[\frac{y_i - M\eta + z_i b/z_r}{T}\right] \tag{5-5-8}$$

式 (5-5-8) 表明，重建像放大率为 $M$，其中心坐标为 $\left(-\frac{z_i a}{z_r}, -\frac{z_i b}{z_r}\right)$，而重建像分布是一系列中心坐标为 $\left(-\frac{z_i a}{z_r} + M\xi, -\frac{z_i b}{z_r} + M\eta\right)$ 的二维 sinc 函数的加权叠加，权重为 $\Theta(\xi, \eta; x_i, y_i, z_i)$，图 5-5-2 给出 $\left(\mathrm{sinc}\frac{x_i}{T}\right)^2$ 的图像。根据图 5-5-2，可以认为来自物平面每一点源的重建像光场能量局限于围绕中心坐标的宽度为 $T \to 2T$ 的方形区域。

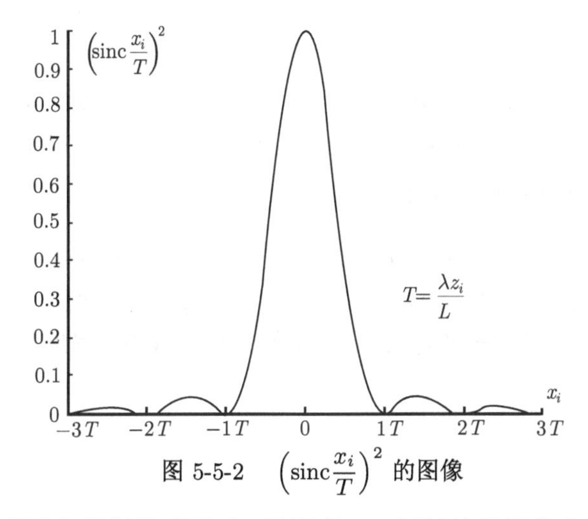


图 5-5-2 $\left(\mathrm{sinc}\frac{x_i}{T}\right)^2$ 的图像

当重建平面不在理想像平面时，经距离 $z_m$ 衍射的共轭物光复振幅为

$$U_m(x_m, y_m) = \frac{\exp(\mathrm{j}kz_m)}{\mathrm{j}\lambda z_m}\int_{-\infty}^{\infty}\int_{-\infty}^{\infty}U_+(x, y) \times \exp\left\{\frac{\mathrm{j}k}{2z_m}\left[(x - x_m)^2 + (y - y_m)^2\right]\right\}\mathrm{d}x\mathrm{d}y \tag{5-5-9}$$

将相关各量代入上式整理得

$$U_m(x_m, y_m) = \sum_{\xi}\sum_{\eta}\Theta(\xi, \eta; x_m, y_m, z_m)\int_{-\infty}^{\infty}\int_{-\infty}^{\infty}w(x, y) \times \exp\left[\frac{\mathrm{j}k}{2}\left(\frac{1}{z_c} + \frac{1}{z_r} + \frac{1}{z_m} - \frac{1}{z_0}\right)(x^2 + y^2)\right] \times \exp\left\{-\mathrm{j}2\pi\left[\left(x_m + \frac{z_m}{z_r}a - \frac{z_m}{z_0}\xi\right)\frac{x}{\lambda z_m}\right.\right.$$

$$+\left(y_m+\frac{z_m}{z_r}b-\frac{z_m}{z_0}\eta\right)\frac{y}{\lambda z_m}\Bigg]\Bigg\}\mathrm{d}x\mathrm{d}y \tag{5-5-10}$$

令

$$\frac{1}{z_c}+\frac{1}{z_r}+\frac{1}{z_m}-\frac{1}{z_0}=\frac{1}{z_g} \tag{5-5-11}$$

式 (5-5-10) 可以整理为

$$\begin{aligned}U_m(x_m,y_m)=&\sum_{\xi}\sum_{\eta}\Theta(\xi,\eta;x_m,y_m,z_m)\int_{-\infty}^{\infty}\int_{-\infty}^{\infty}w\left(\frac{X}{z_m/z_g},\frac{Y}{z_m/z_g}\right)\\&\times\exp\left\{-\mathrm{j}\frac{k}{2\left(z_m^2/z_g\right)}\left[\left(X-\left(x_m+\frac{z_m}{z_r}a-\frac{z_m}{z_0}\xi\right)\right)^2\right.\right.\\&\left.\left.+\left(Y-\left(y_m+\frac{z_m}{z_r}b-\frac{z_m}{z_0}\eta\right)\right)^2\right]\right\}\mathrm{d}X\mathrm{d}Y\end{aligned} \tag{5-5-12}$$

式中，积分表示的是物平面上坐标为 $(\xi,\eta,-z_0)$ 的点源发出的球面波在离焦像平面的光波场分布，它是 CCD 孔径扩大 $z_m/z_g$ 倍后，在平面波照射下经过距离 $z_m^2/z_g$ 的菲涅耳衍射图像，在离焦像面上衍射图像中心坐标为 $\left(-\frac{z_m}{z_r}a+\frac{z_m}{z_0}\xi,-\frac{z_m}{z_r}b+\frac{z_m}{z_0}\eta\right)$。根据式 (5-5-6) 及式 (5-5-11) 还可以看出，当 $z_m$ 与理想成像距离 $z_i$ 相差甚小时，$z_g$ 甚大，$z_m/z_g$ 及 $z_m^2/z_g$ 甚小。根据矩形孔菲涅耳衍射的分布特点[18,20]，点源在离焦像平面上的能量集中在宽度为 $L\left|z_m/z_g\right|$ 的方形区域内。根据式 (5-5-6) 容易得到 $\frac{1}{z_m}-\frac{1}{z_i}=\frac{1}{z_g}$，于是有

$$L\left|z_m/z_g\right|=L\left|1-z_m/z_i\right| \tag{5-5-13}$$

下面考虑离焦像场是以像素为单位显示的实际情况，分别对 1-FFT 及可变放大率波前重建方法重建像光的焦深进行研究。

2.1-FFT 重建图像的焦深

用重建光照射数字全息图后，距离 $z_m$ 的菲涅耳衍射表示为

$$\begin{aligned}U_m(x_m,y_m)=&\frac{\exp(\mathrm{j}kz_m)}{\mathrm{j}\lambda z_m}\exp\left[\frac{\mathrm{j}k}{2z_m}(x_m^2+y_m^2)\right]\int_{-\infty}^{\infty}\int_{-\infty}^{\infty}\left\{R_c(x,y)I(x,y)\right.\\&\left.\times\exp\left[\frac{\mathrm{j}k}{2z_m}(x^2+y^2)\right]\right\}\exp\left[-\mathrm{j}2\pi\left(\frac{x_m}{\lambda z_m}x+\frac{y_m}{\lambda z_m}y\right)\right]\mathrm{d}x\mathrm{d}y\end{aligned}$$

令 $N\times N$ 为全息图的取样数，当 $z_m=z_i$ 时衍射场在理想像平面，1-FFT 重建像平面的宽度为

$$L_i=N\lambda z_i/L=NT \tag{5-5-14}$$

即重建像平面每一像素的宽度为 $T$。与图 5-5-2 比较可以看出，该结果建立了像素宽度与重建像平面脉冲响应分布的定量关系。

当衍射距离 $z_m \neq z_i$ 时，1-FFT 衍射场的宽度变为 $L_m = \lambda z_m N/L$，根据式 (5-5-13)，物平面上的点源在离焦像平面上所占有的像素数即为

$$N_\delta = \frac{L\left|1 - z_m/z_i\right|}{L_m} N = \frac{L^2\left|1 - z_m/z_i\right|}{\lambda z_m} = \frac{L^2}{\lambda}\left|\frac{1}{z_m} - \frac{1}{z_i}\right| \tag{5-5-15}$$

任何光学接收器，如眼睛、感光乳胶及 CCD 探测器都是不完善的，参照文献 [42] 对光学成像系统景深研究的观点，可以根据接收器特性规定一个条件对重建图像的焦深进行研究。现按照玻恩及沃耳夫所著《光学原理》中相干照明下两点源的像能够分辨的研究方法给出焦深的限制条件。

玻恩及沃耳夫[40] 指出：参照非相干照明情况的瑞利判据，相干照明情况相邻两个同相位点源在像平面刚好能够分开时，两像点中央的强度等于 0.735 乘上叠加场的任一极大强度。由于常用光学系统的出射光瞳为圆形，脉冲响应为艾里斑，玻恩及沃耳夫导出了相干光学成像系统出射光瞳为圆形时相邻两像点能够分辨的判据。然而，数字全息图为矩形，等效的相干光成像系统的出射光瞳则为矩形，脉冲响应为二维 sinc 函数。但分析重建平面的像素排列方式知，相邻像素沿横向或纵向具有最短的距离，设能够分开的最短距离为 $\varDelta$，根据式 (5-5-8) 及玻恩–沃耳夫的讨论方法，两像点能够分开的条件则为

$$\left[\operatorname{sinc}\left(\frac{\varDelta}{2T}\right) + \operatorname{sinc}\left(-\frac{\varDelta}{2T}\right)\right]^2 = 0.735\left[1 + \operatorname{sinc}\left(\frac{\varDelta}{T}\right)\right]^2 \tag{5-5-16}$$

求解上方程得 $\varDelta/T \approx 1.447$。为便于理解这个结果，图 5-5-3 给出同相位的两点源的像刚好能够分开的情况。图中，用虚线给出每一点源像的强度归一化曲线，两点源像相干叠加后的强度由实线表示。可以看出，由于是相干叠加，叠加后像点的极大值减小，但两像点中央的强度等于 0.735 乘上叠加场的任一极大强度。由于同相位点能够分辨时，相距相同距离的非同相位点必然能够分辨[18]，当相邻同相位点的重建像场因重建平面偏离理想像平面而逐渐重叠不能分辨时，图像质量开始下降。因此，该结果可以作为定义焦深的理论依据。

鉴于 $\varDelta/T \approx 1.447 \approx 1.5$，为简明起见，可以将离焦像面上点源像光场的宽度小于 1.5 个像素选择为焦深的限制条件。定义数字全息重建图像的焦深为 $2\left|z_m - z_i\right|$，并令式 (5-5-15) 中 $N_\delta = 1.5$，于是有

$$2\left|z_m - z_i\right| = 2 \times \frac{1.5\lambda z_i^2}{1.5\lambda z_i + L^2} \approx 3\frac{\lambda z_i^2}{L^2} \tag{5-5-17}$$

不难看出，随着理想像重建距离 $z_i$ 的增加，重建图像的焦深增加。而随着全息图宽度 $L$ 的增加，焦深会下降。

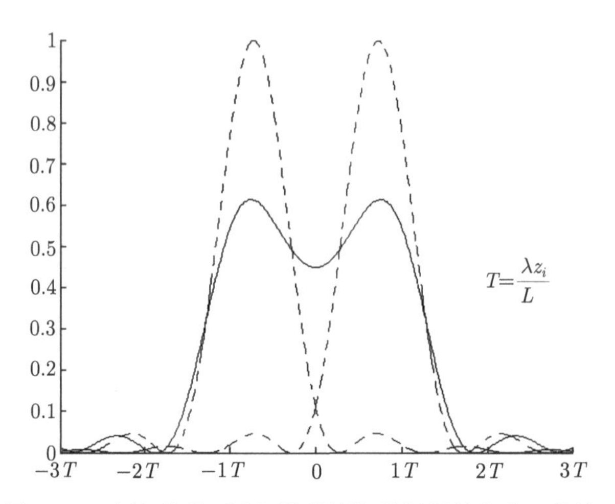


图 5-5-3　同相位的两点源的像刚好能够沿轴向分开的情况

对于离轴数字全息，重建图像在 1-FFT 重建像平面上占有区域的宽度通常只是部分像素。为对重建图像作较精细的描述，通常对全息图周边补零增大像素数[31]，形成宽度 $L$ 较大的数字全息图。式 (5-5-17) 为研究经过这种处理重建图像的焦深提供了依据。

3. 可变放大率法重建图像焦深

当采用不同方法获取了共轭物光项后， 可变放大率重建使用下面的公式[28,29]

$$U_m(x,y)=\mathcal{F}^{-1}\left\{\mathcal{F}\left\{U_+(x,y)\right\}\exp\left[\mathrm{j}kz_m\sqrt{1-\lambda^2\left(f_x^2+f_y^2\right)}\right]\right\} \tag{5-5-18}$$

式中，$f_x, f_y$ 为与空间坐标 $x, y$ 对应的频域坐标。

用 FFT 计算式 (5-5-18) 时，重建像平面的宽度为 $L$[32,33]。根据式 (5-5-13)，点源在离焦像平面上所占有的像素数即为

$$N_\delta=\frac{L\left(1-z_m/z_i\right)}{L}N=\left(1-z_m/z_i\right)N \tag{5-5-19}$$

仍然假定点源在重建平面的能量能够集中在 1.5 个像素上为焦深的限制条件，令 $N_\delta=1.5$，根据上式得

$$2\left|z_m-z_i\right|=3\frac{z_i}{N} \tag{5-5-20}$$

该结论表明，当取样数 $N$ 增加时，重建图像的焦深会减小。此外，重建像的焦深将随着理想像重建距离 $z_i$ 或放大率的增加而增加。

### 5.5.2 数字全息重建像焦深的实验研究

设物平面的取样宽度 $\Delta\xi$ 满足取样定理，根据式 (5-5-10) 的讨论，重建像平面上相邻两取样点的距离变为 $\dfrac{z_m}{z_0}\Delta\xi$。由于 1-FFT 重建离焦像面的像素宽度为 $L_m/N=\lambda z_m/L$，在满足 CCD 能够接收的最高空间频率[43] 的前提下，相邻取样点在焦深范围内的离焦像面上能分辨的条件是 $\dfrac{\lambda z_m}{L}\leqslant\dfrac{z_m}{z_0}\Delta\xi$，即

$$z_0\leqslant\frac{L\Delta\xi}{\lambda} \tag{5-5-21}$$

以下基于式 (5-5-21) 设计数字全息记录系统，并且，为较好地通过实验证明所研究的结论，将对物体投影尺寸甚小及甚大于 CCD 的两种情况进行研究。

1. 物体投影尺寸甚小于 CCD 的情况

物体为美国的 USAF 分辨率测试板，板面上测试条纹分布区域 (即物体) 的宽度约为 1 mm。采用无透镜傅里叶变换数字全息系统[12]，物体到全息记录面的轴向距离 $z_0$=44.5mm，参考光波面半径 $z_r$=44.5mm，照明光波长$\lambda$=532nm，CCD 像元宽度为 0.0068mm，总像素为 $N\times N$=1024×1024，对应于 $L\times L$=7mm×7mm。根据式 (5-5-21)，这种记录距离下能够分辨的物空间最低条纹宽度为 $\Delta\xi=\lambda z_0/L=$ 0.0034mm，能够足够满意地对不同宽度的测试条纹成像。实验时通过参考光波束中心的调整，让重建图像在重建平面的第二象限。

令重建放大率 $z_i/z_0=0.5$，即 $z_i=22.25$mm。根据式 (5-5-17) 得 $|z_m-z_i|=$ 0.0081mm。图 5-5-4 分别给出 $z_m=z_i-0.0081$mm，$z_m=z_i$ 及 $z_m=z_i+0.0081$mm 的重建图像 (为简明起见，在 1024×1024 像素的重建平面的第二象限选择包含了重建图像的 340×340 像素区域，对应物平面宽度为 1.1498mm)。从图 5-5-4 可以看出，在焦深范围内，重建图像的质量没有本质区别。

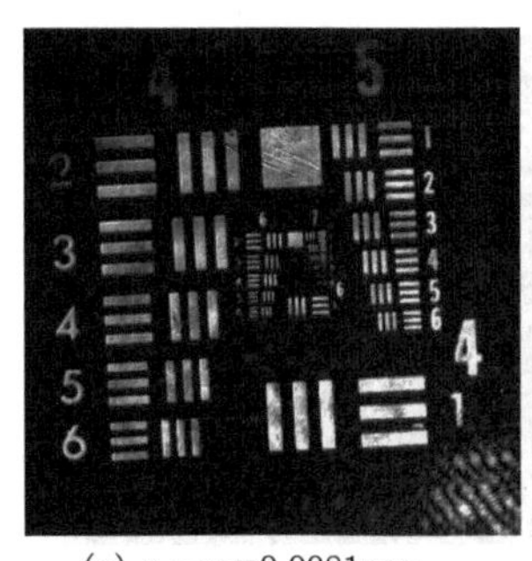

(a) $z_m=z_i-0.0081$mm

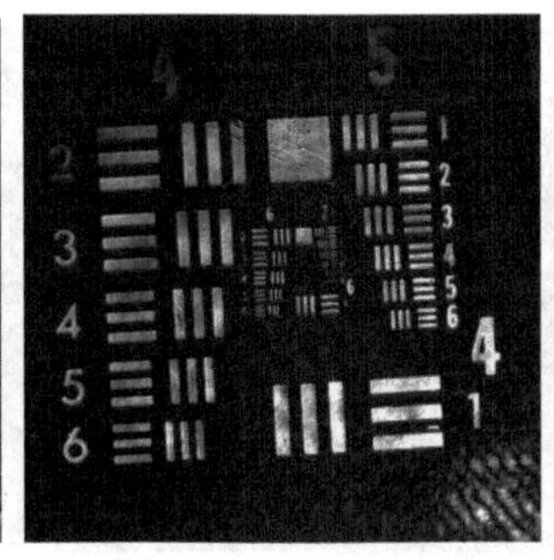

(b) $z_m=z_i$=22.25mm

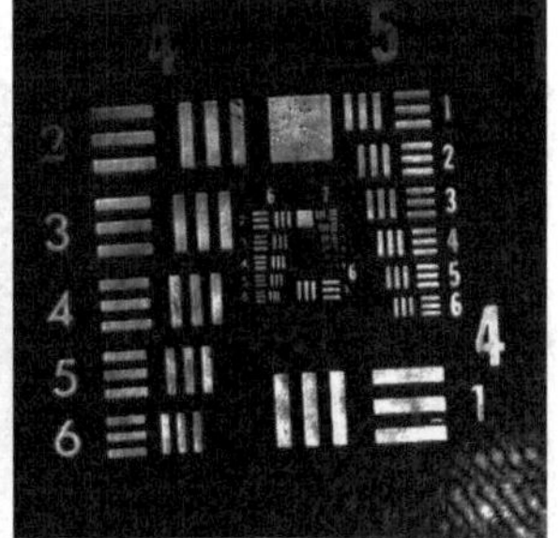

(c) $z_m=z_i+0.0081$mm

图 5-5-4 放大率 $z_i/z_0=0.5$ 时在焦深范围的 1-FFT 重建图像

(340×340 像素 =1.1498mm×1.1498mm)

为表明偏离焦深范围时重建图像的模糊情况，图 5-5-5 分别给出 $z_m = z_i + 0.1\text{mm}$，$z_m = z_i + 0.3\text{mm}$ 及 $z_m = z_i + 0.5\text{mm}$ 的重建图像。

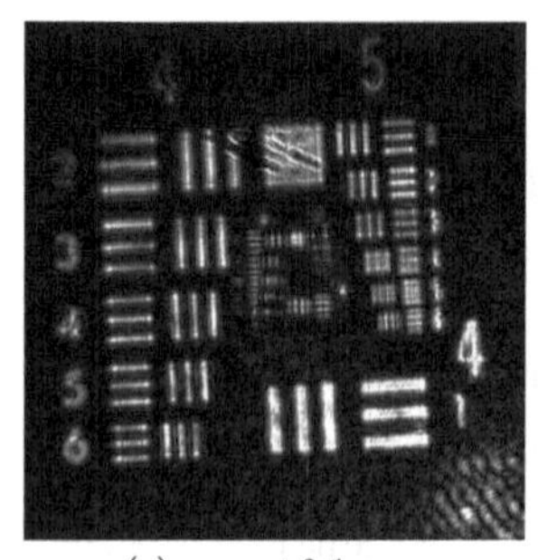
(a) $z_m$=$z_i$+0.1mm

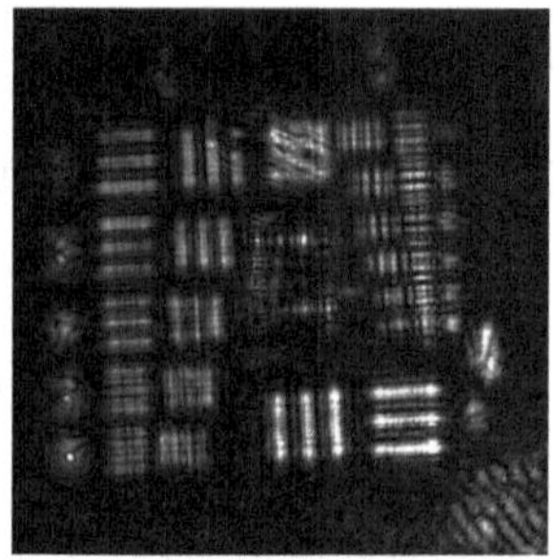
(b) $z_m$=$z_i$+0.3mm

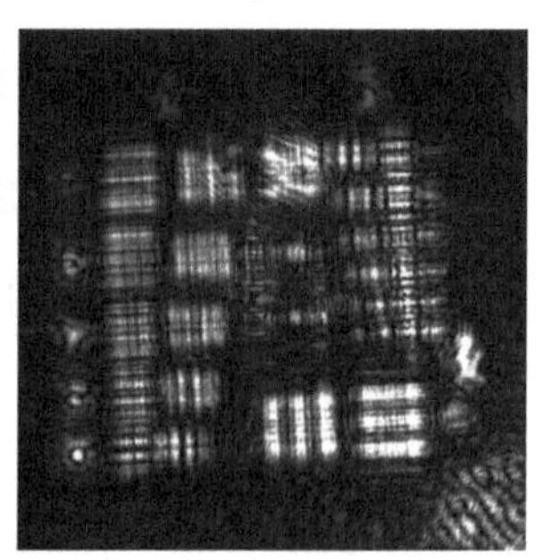
(c) $z_m$=$z_i$+0.5mm

图 5-5-5　放大率 $z_i/z_0 = 0.5$ 时不同重建距离的 1-FFT 重建图像
(340×340 像素 =1.1498mm×1.1498mm)

增加 $z_i$ 可以增加焦深的结论很容易验证，例如，令 $z_i/z_0 = 5$，求得 $z_i = 222.5\text{mm}$。根据式 (5-5-17) 得 $|z_m - z_i| = 0.8128\text{mm}$，令 $z_m = z_i - 0.8128\text{mm}$，$z_m = z_i$ 及 $z_m = z_i + 0.8128\text{mm}$，很容易得到与图 5-5-5 完全相似的重建图像。事实上，由于 1-FFT 重建像平面的物理宽度与放大率成正比，像素物理尺寸的增大必然对应着焦深的增加，选择不同放大率进行焦深的研究时，研究结果是等价的。

为研究可变放大率重建像的焦深，采用像面滤波技术[28,29]，在 1-FFT 重建像平面的第二象限取出 $N_s \times N_s$ =100×100 像素的局部图像进行放大重建，对应物平面的宽度为 0.34mm。为让重建图像布满重建平面，根据式 (5-4-33)，放大率选择为 $M = \dfrac{L^2}{N_s \lambda z_0}$ =20.48，即 $z_i$=$Mz_0$=911.39mm。由式 (5-5-20) 求得 $|z_m - z_i| = 1.5\dfrac{z_i}{N} \approx 1.34\text{mm}$。图 5-5-6 给出 $z_m = z_i - 1.34\text{mm}$，$z_m = z_i$ 以及 $z_m = z_i + 1.34\text{mm}$ 的重建图像。

(a) $z_m$=$z_i$−1.34mm

(b) $z_m$=$z_i$=911.39mm

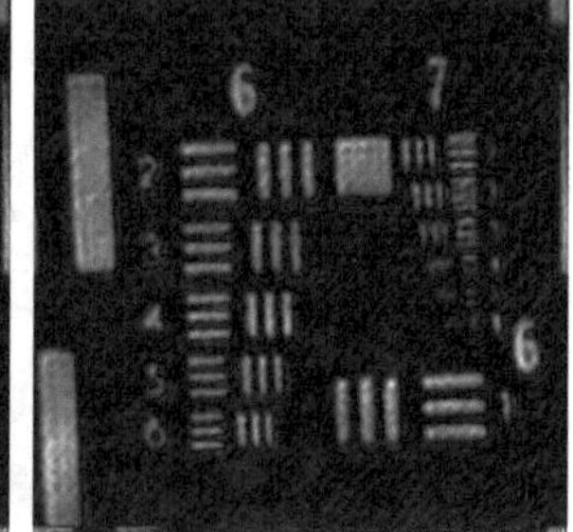
(c) $z_m$=$z_i$+1.34mm

图 5-5-6　放大率 $M = 20.48$ 时在焦深范围内的局部重建图像
(1024×1024 像素 =0.34mm×0.34mm)

很明显，在焦深范围内，重建图像质量没有可以察觉的区别。从这个实验可以看出，物体的局部区域可以利用全息图的像素数 (1024×1024 像素) 进行准确显示，相较于常用的 1-FFT 重建方法 (见图 5-5-4)，能对三维物体 (如三维粒子场[12]) 的精密检测及研究提供很大方便。

2. 物体投影尺寸甚大于 CCD 的情况

采用图 5-1-4 的离轴数字全息图，实验研究中，物体直径约 60mm，照明光波长$\lambda$=532nm，物体到 CCD 的距离 $z_0$=1500mm。实验中使用的 CCD 面阵像素数宽度为 4.65μm。采用 1024×1024 像素的数字全息图进行波前重建，对应 CCD 面阵宽度 $L$=4.76mm。参考光为平行光，即波面半径 $z_r=\infty$。通过参考方向的调整，让重建图像在重建平面的第二象限 (图 5-4-14(a))。根据式 (5-5-21)，这种记录距离下能够分辨的最低条纹宽度为 $\Delta\xi = \lambda z_0/L = 0.1676\text{mm}$，这个分辨率能够非常满意地表述物体形貌。令重建放大率为 1，即 $z_i = z_0$，由式 (5-5-17) 求得 $|z_m - z_i| = 79.24\text{mm} \approx 80\text{mm}$。

图 5-5-7 分别给出 $z_m = z_i - 80\text{mm}$，$z_m = z_i$ 及 $z_m = z_i + 80\text{mm}$ 的重建图像 (在 1024×1024 像素的重建平面第二象限选择包含重建图像的 360×360 像素区域)。可以看出，在焦深范围内，重建图像的质量没有本质区别，换言之，对于给定的实验，物距测量的误差控制在 ±80mm 范围内均能较满意地重建图像。较大的像距 $z_i$ 对应于重建图像的较大焦深，式 (5-5-17) 的研究结果得到证明。

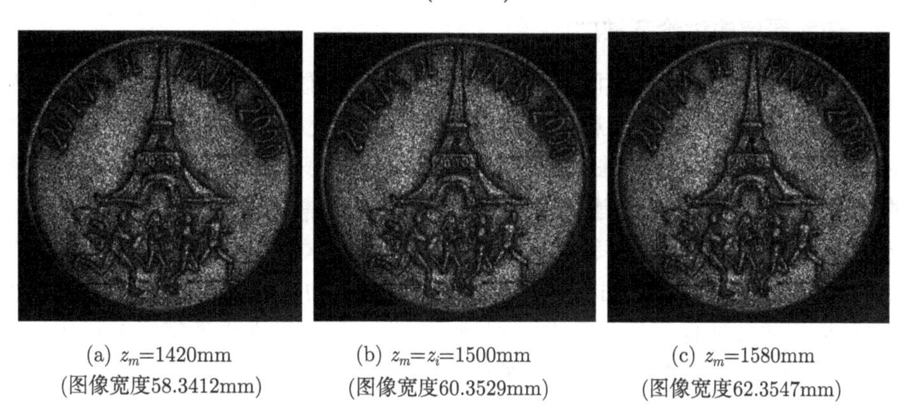

(a) $z_m$=1420mm (图像宽度58.3412mm) (b) $z_m=z_i$=1500mm (图像宽度60.3529mm) (c) $z_m$=1580mm (图像宽度62.3547mm)

图 5-5-7 在焦深范围内 1-FFT 重建图像的比较 (360×360 像素)

应该指出，上面的重建研究中虽然使用相同的像素数量来表示不同重建距离的重建图像，但 1-FFT 重建像的像素物理宽度发生了改变。利用这个特点，在彩色数字全息波前重建中，可以通过补零变换不同色光全息图的像素数，并在焦深范围内对不同的色光使用不同的距离来重建图像，精确地在同一物理尺寸下综合多种色光的检测信息。

下面再给出可变放大率重建图像焦深的研究实例。在上面实验的 1-FFT 重建平面第二象限选择 $N_s \times N_s$ =200×200 像素的局部图像，对应物平面的宽度为 33.52mm。为让重建图像布满重建平面，选择放大率 $M = \dfrac{L^2}{N_s \lambda z_0}$=0.1421，即 $z_i$=$Mz_0$=213.09mm。根据式 (5-5-19) 求得 $|z_m - z_i| = 1.5\dfrac{z_i}{N} = 0.3122\text{mm}$。图 5-5-8 给出 $z_m = z_i - 0.31\text{mm}$，$z_m = z_i$ 以及 $z_m = z_i + 0.31\text{mm}$ 的重建图像。显然，在焦深范围内，肉眼不能察觉重建图像质量的区别。

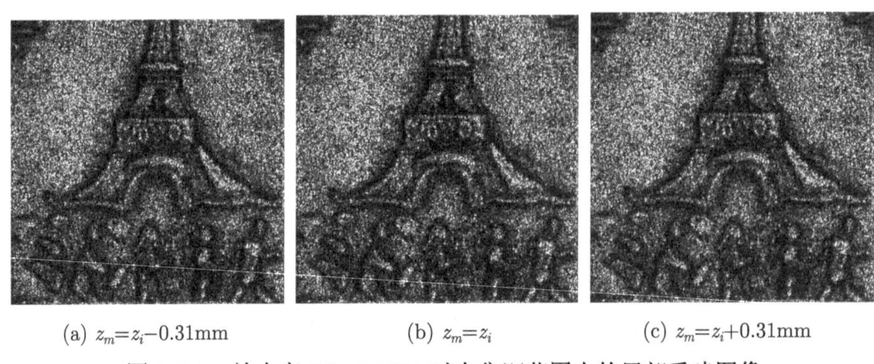

(a) $z_m$=$z_i$−0.31mm (b) $z_m$=$z_i$ (c) $z_m$=$z_i$+0.31mm

图 5-5-8 放大率 $M$=0.1421 时在焦深范围内的局部重建图像
(1024×1024 像素 =33.52mm×33.52mm)

### 5.5.3 焦深研究的讨论及推广

由于平面波可以视为波面半径无限大的球面波，以上对 1-FFT 重建图像焦深的讨论适用于常用的数字全息系统。虽然在讨论可变放大率重建时使用的是角谱衍射公式，但可变放大率方法也可以采用菲涅耳衍射积分的卷积形式实现，重建图像的焦深与角谱衍射公式重建像一致，当参考光及重建波为平面波时，常用的卷积重建图像的计算等价于放大率为 1 的可变放大率重建计算，这时 $z_i = z_0$，重建图像焦深遵从的规律仍然满足式 (5-5-20)。此外，对于物光通过光学系统的图像重建问题，可以让物体成像到像空间[44]，将物体在像空间的像视为像空间的物体，在像空间再选择合适的重建方法进行图像重建，即可应用上面提出的焦深定义解决实际问题。

## 5.6 散射物体的真彩色数字全息

CCD 技术与计算机技术相结合，基于单色光的数字全息理论可以在计算机的虚拟空间中成功地建立物平面光波场. 随之而来的一个很自然的问题就是：用传统的感光板记录三基色光的全息图后，可以重现原物体的真彩色像，数字全息是否也能实现真彩色物体的波面重建。

答案是肯定的，根据 CCD 或彩色 CCD 记录的每种基色光的全息图，不但可以在计算机中重建来自物体的各基色光波场，并且能够通过屏幕逼真地显示出物体的真彩色图像。研究物体对三基色光的不同响应，能更充分地揭示物体的信息。事实上，让数字全息能够重建物体的真彩色像并利用这项技术实现物体三维形变检测的课题在很早就提上日程。2002 年，Yamaguchi 最先重建了物体的数字全息彩色图像[45]。此后，相继出现了多种不同的彩色图像重建的方法[46~48]，并且，彩色数字全息在光学无损检测中获得广泛应用，例如，流体力学检测[49~52]、微小物体的三维面形及微形变的检测[53~60] 。

三基色光对应于三种不同的波长，衍射的计算与波长相关，如何正确处理 CCD 记录的三种色光的数据，让重建图像中同一像素对应的三色光不但准确地在期待位置叠加，而且能正确地重现原色彩，有一些特别的问题需要讨论。

长期以来，由于菲涅耳衍射积分的一次快速傅里叶变换计算相对简单，基于菲涅耳衍射积分的 1-FFT 重建方法不但用于单色光照明的波前重建，而且也是彩色数字全息波前重建的基本理论工具。近 10 年来，人们用 1-FFT 重建方法分别对三基色光的物光场重建及合成彩色图像进行过大量研究[61~65]，有效提高了彩色重建图像的质量。然而，由于物光场在 1-FFT 重建平面上的空间占有率较低，为得到足够像素表述的物光场，必须通过对全息图周边补零，形成较大的全息图来进行重建计算，有大量的冗余计算量。此外， 由于 1-FFT 重建场物理尺寸还随光波长、取样数及重建距离变化，为统一不同色光的重建场尺寸，必须在全息图周边补零改变全息图的取样数再进行重建计算[63,64]。但是，补零是以像素为宽度单位进行的，为准确统一不同色光重建场尺寸，理论分析规定的补零数量通常又是非整数，因此，简单的补零操作实际上不能得到物理尺寸准确统一的重建场。为最大限度地减小重建场尺寸的差别， T.Patrice 提出对不同色光轻微离焦重建的方法[65] (以下简称 1-FFT 离焦重建法)。该方法有效减小了整数补零时引起的误差，然而，如何减小冗余计算，获得无插值误差的 1-FFT 波前重建方法，仍然是人们努力探索研究的课题。

根据标量衍射理论，光波的衍射可以通过多种衍射公式进行计算[18]，在相同的计算精度下，角谱衍射公式能够以最少的取样数完成计算[66]。基于角谱衍射公式进行波前重建研究是获得高质量重建场的一种有效途径。特别是用球面波为重建波，引入像面滤波技术[29] 形成的可变放大率波前重建的 FIMG4FFT 方法[28]，能较好地满足彩色数字全息研究的需要[67,68]。此外，基于本章 5.3 节的讨论，如果将像面滤波技术移植于 DDBFT 算法，当全息记录系统满足傍轴近似时，也能够有效地统一不同色光重建像的物理尺寸，在彩色数字全息中获得应用。

本节首先以单色 CCD 同时记录两种色光数字全息图的光学系统为研究对象，对 1-FFT 离焦重建法进行简要介绍，然后，对 1-FFT 离焦重建法、DDBFT 重建法，以及 FIMG4FFT 重建法作综述研究。最后，将研究结果推广于彩色 CCD 一次性记录三基色全息图的光学系统，给出真彩色重建图像实例。

计算机对彩色图像的表示方法是研究彩色数字全息的基础，附录 A1 给出阅读后续内容应具备的最必要的知识。

### 5.6.1　统一彩色图像物理尺寸的补零 1-FFT 重建法

图 5-6-1 给出用单色 CCD 一次记录两种色光照明的数字全息图记录光路。入射激光分别被分束镜 $PBS_1$ 及 $PBS_2$ 分为两束光，其中，反射光投向扩束系统经扩束及准直后，再被后续反射镜反射形成照明物光投射向物体。从物体表面散射的光波通过半反半透镜到达 CCD 形成物光。从分束镜 $PBS_1$ 及 $PBS_2$ 透射的光波分别经两面全反镜反射、扩束及准直后，再经后续的反射及半反射镜形成与光轴 $z$ 有微小夹角的光波到达 CCD 形成参考光。按照同样的方式，可以再增加一种色光，让光学系统成为可以记录三基色激光照明的数字全息图记录系统。鉴于两种色光照明下的波前重建研究很容易推广于三色光及多种色光照明的情况，现基于该光学系统进行研究。

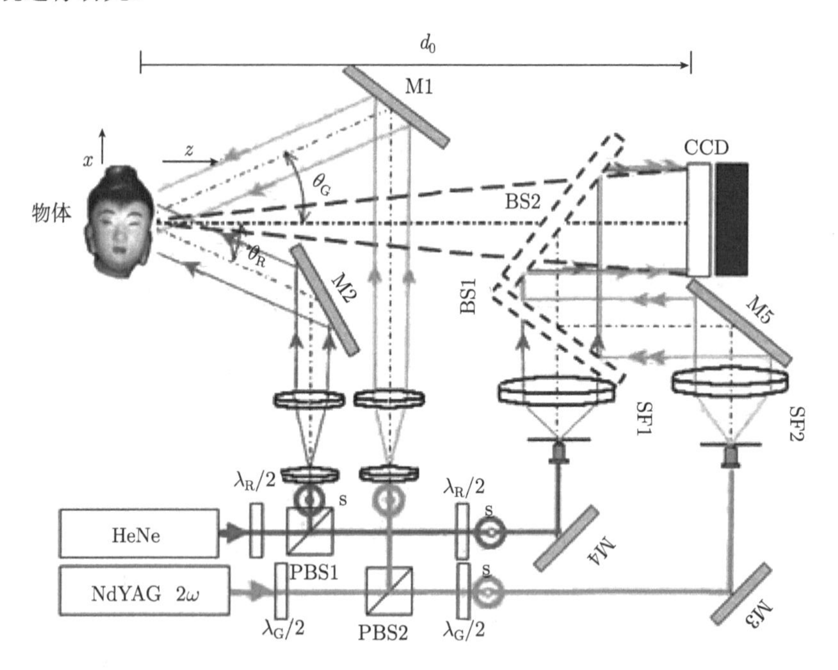


图 5-6-1　单色 CCD 记录彩色数字全息图的光学系统

实验中使用的激光波长分别为 $\lambda_{\mathrm{R}}$=632.8nm 及 $\lambda_{\mathrm{G}}$=532nm，CCD 像素宽度 $\Delta x=\Delta y=4.65\mu\mathrm{m}$，能采集 1024×1360 像素的全息图。被测量物体是高度约 40mm 的中国古代仕女陶瓷头像，物体到 CCD 的距离 $d$=1320mm。通过对两种色光参考光角度的调整，采用 $N\times N$=1024×1024 像素的数字全息图进行 1-FFT 波前重建时，让红光及绿光的重建像分别在重建平面的第 1 及第 2 象限。

令全息图平面为 $xy$ 平面，全息图为 $I_H(x,y)$，则重建平面光波场为

$$
\begin{aligned}
U_i(x_i,y_i)=&\frac{\exp(\mathrm{j}kd)}{\mathrm{j}\lambda d}\exp\left[\frac{\mathrm{j}k}{2d}(x_i^2+y_i^2)\right]\\
&\times\int_{-\infty}^{\infty}\int_{-\infty}^{\infty}\left\{I_H(x,y)\exp\left[\frac{\mathrm{j}k}{2d}(x^2+y^2)\right]\right\}\exp\left[-\mathrm{j}2\pi\left(\frac{x_i}{\lambda d}x+\frac{y_i}{\lambda d}y\right)\right]\mathrm{d}x\mathrm{d}y
\end{aligned}
\tag{5-6-1}
$$

式中，$\mathrm{j}=\sqrt{-1}$，$\lambda$ 为光波长，$k=2\pi/\lambda$。

按照 1-FFT 计算的理论，式 (5-6-1) 重建的像平面的像素宽度为

$$
\Delta x_i=\Delta y_i=\frac{\lambda d}{N\Delta x}\tag{5-6-2}
$$

根据上式，红绿两种色光重建平面的宽度分别为：$L_{0\mathrm{R}}=\lambda_{\mathrm{R}}d/\Delta x=179.6\mathrm{mm}$，$L_{0\mathrm{G}}=\lambda_{\mathrm{G}}d/\Delta x=151.0\mathrm{mm}$。如果要利用重建图像合成彩色图，必须统一不同色光重建场的物理尺寸。

根据式 (5-1-2) 知，当 CCD 给定后，如果要统一两种色光在重建平面的像素宽度，可以通过改变取样数 $N$[63] 或距离 $d$[64] 来实现。然而，改变距离 $d$ 不但让光学系统的调整变得十分烦杂，而且不能进行实时检测。因此，通常采用改变取样数进行波前重建的方案。

令红色光及绿色光 1-FFT 重建平面上像素的宽度分别为 $\Delta x_{\mathrm{R}}$，$\Delta x_{\mathrm{G}}$，若两像素的宽度相等，两种色光全息图的取样数 $N_{\mathrm{R}}$，$N_{\mathrm{G}}$ 应满足

$$
\Delta x_{\mathrm{R}}=\frac{\lambda_{\mathrm{R}}d}{N_{\mathrm{R}}\Delta x}=\frac{\lambda_{\mathrm{G}}d}{N_{\mathrm{G}}\Delta x}=\Delta x_{\mathrm{G}}\tag{5-6-3}
$$

即

$$
\frac{\lambda_{\mathrm{R}}}{N_{\mathrm{R}}}=\frac{\lambda_{\mathrm{G}}}{N_{\mathrm{G}}}
$$

对于所研究的实验，有

$$
\frac{N_{\mathrm{R}}}{N_{\mathrm{G}}}=\frac{\lambda_{\mathrm{R}}}{\lambda_{\mathrm{G}}}=1.189473\tag{5-6-4}
$$

不难看出，给定 $N_{\mathrm{R}}$ 或 $N_{\mathrm{G}}$ 后，很难得到整数的 $N_{\mathrm{G}}$ 或 $N_{\mathrm{R}}$。当 $N_{\mathrm{G}}$ 给定时，通常选择 $N_{\mathrm{R}}$ 的整数值即 $N_{\mathrm{R}}=\mathrm{Int}\,(1.189473\times N_{\mathrm{G}})$ 进行重建计算，重建平面上像素的宽度不严格一致。

为减小不同色光重建像的像素宽度差异，Tankam P.[65] 提出一种 1-FFT 离焦重建法。他通过轻微调整不同色光的重建距离，较好地统一重建平面上像素的宽度，即将式 (5-6-3) 写成

$$\frac{\lambda_R d_R}{N_R} = \frac{\lambda_G d_G}{N_G} \tag{5-6-5}$$

令 $N_R = 1.189 N_G$，以及

$$\begin{cases} d_R = \dfrac{2d\lambda_G \times 1189}{1000\lambda_R + \lambda_G \times 1189} \\ d_G = 2d - d_R \end{cases} \tag{5-6-6}$$

则能较好地统一重建平面上像素的宽度。P. Pascal[36,65] 证明，虽然离焦重建时重建系统的点扩散函数将展宽，但展宽量甚小于重建图像的像素宽度。因此，1-FFT 离焦重建法能显著减小不同色光重建图像像素宽度的差异。下面，针对图 5-6-1 的实验给出 1-FFT 离焦重建法重建实例。

针对红光及绿光照明，图 5-6-2 (a)(b) 分别给出红光及绿光的 1-FFT 重建像平面。按照上面对式 (5-6-2) 的讨论，红绿两种色光重建平面的宽度分别为：$L_{0R} = \lambda_R d/\Delta x = 179.6\text{mm}$(红光)，$L_{0G} = \lambda_G d/\Delta x = 151.0\text{mm}$(绿光) 。可以明显地看出，由于红光的重建像平面较宽，红光的像 (图 5-6-2(a) 第二象限) 明显小于绿光的重建像 (图 5-6-2(b) 第一象限)。如果要综合两种色光重建像的信息，必须统一两像的尺寸。

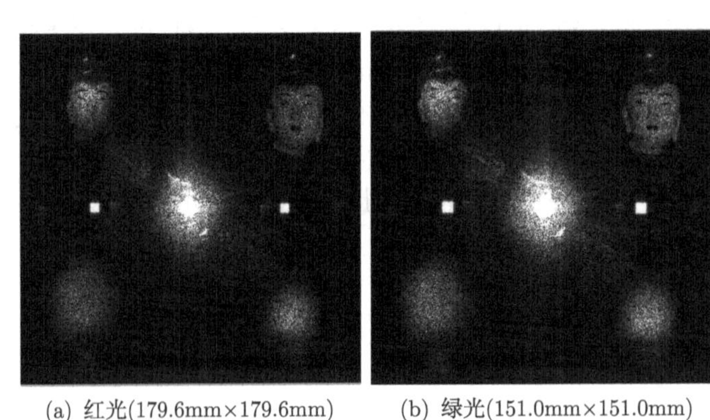

(a) 红光(179.6mm×179.6mm)　　(b) 绿光(151.0mm×151.0mm)

图 5-6-2　红光及绿光的 1-FFT 重建像平面比较 (1024×1024 像素)

选择 $N_G$=3000，$N_R$=3570，利用式 (5-6-6) 求得 $d_R$=1320.3mm 以及 $d_G$=1319.7mm。图 5-6-3 (a)～ 图 5-6-3(c) 分别给出从 1-FFT 离焦重建像平面上截取 900×900 像素的红绿色光重建像，以及两种色光图像合成的彩色图像。为便于了解重建彩色图像的特点，图 5-6-3(d) 给出红绿两种色光同时照射下用彩色数码相机拍摄的物体像[16]。

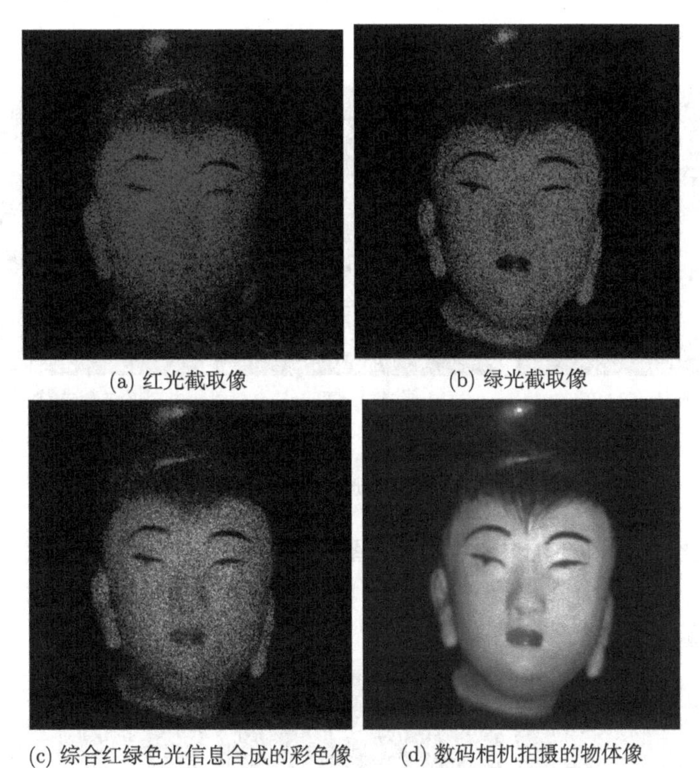

(a) 红光截取像　(b) 绿光截取像

(c) 综合红绿色光信息合成的彩色像　(d) 数码相机拍摄的物体像

图 5-6-3 1-FFT 离焦重建图像与数码相机拍摄物体像比较
($N_G$=3000，$N_R$=3570，$d_R$=1320.3mm，$d_G$=1319.7mm，900×900 像素)
(彩图见下册附录 C 或者见随书所附光盘)

由于 1-FFT 离焦重建算法较好地统一了像素宽度，在重建图像中以相同的像素数截取绿光及红光的重建像后，让两种色光的强度分别与真彩色图像的绿光及红光分量相对应，合成彩色图像。但是，当需要得到较多像素描述的物体重建像时，需要较大的补零全息图，补零操作不但增加了计算量，而且，较大数组的选择经常受到计算机内存的限制。

### 5.6.2 DDBFT 与 FIMG4FFT 算法的实验证明及比较

DDBFT 算法与 FIMG4FFT 算法均能以不同的放大率重建物光场，现基于图 5-6-1 的实验，对以上两种重建算法进行实验证明及比较。由于物体高度约 40mm，对于 DDBFT 算法，可以选择计算宽度 $L_v$ 略大于 40mm 进行重建。令 $L_v$=52mm，图 5-6-4 给出 DDBFT 重建的图像彩色分量及合成的彩色图像。可以看出，经过改进的 DBFT 重建算法有效地消除了频谱混叠对重建图像的影响，重建出具有干净背景的彩色图像。由于只使用一幅数字全息图，能够用于彩色实时数字全息的研究。

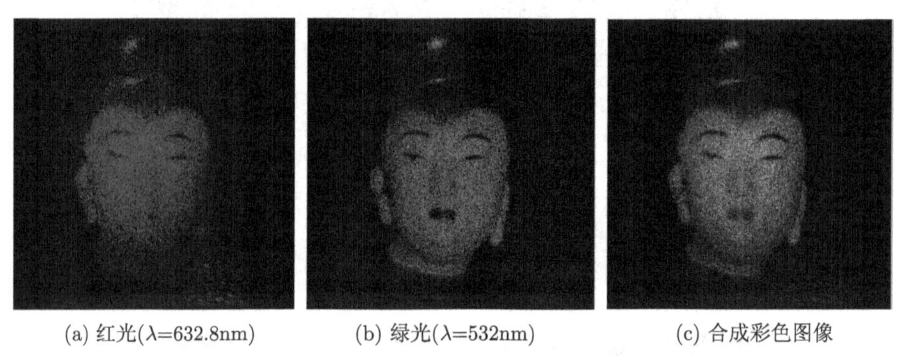

(a) 红光($\lambda$=632.8nm)　(b) 绿光($\lambda$=532nm)　(c) 合成彩色图像

图 5-6-4　两种色光的 DDBFT 重建图像分量及合成的彩色图像

(图像宽度 52mm) (彩图见下册附录 C 或者见随书所附光盘)

为便于比较，让 FIMG4FFT 的重建图像与 DDBFT 重建图像有相同的相对尺度，即将放大率选择为 $M = L/L_v = 0.0915$。图 5-6-5 给出两种色光的 FIMG4FFT 重建图像分量及合成的彩色图像。

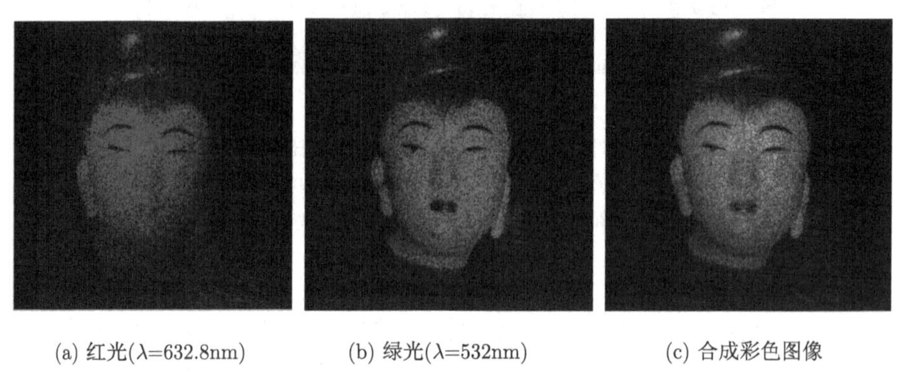

(a) 红光($\lambda$=632.8nm)　(b) 绿光($\lambda$=532nm)　(c) 合成彩色图像

图 5-6-5　两种色光的 FIMG4FFT 重建图像分量及合成的彩色图像

(图像宽度 4.76mm，放大率 $M$=0.0915) (彩图见下册附录 C 或者见随书所附光盘)

比较图 5-6-4 及图 5-6-5 两组图像可以看出，虽然 FIMG4FFT 重建图像有相对细致的结构，但两组图像质量无本质区别。然而，应该指出，我们在 DDBFT 重建过程中，虽然在中间衍射平面设置滤波窗，让第二次衍射计算时中间场的取样满足取样定理，消除了频谱混叠对重建像的影响，但是，理论研究表明[31]，只要中间衍射平面的宽度不等于最终重建平面的宽度，重建图像的相位分布就不满足取样定理。此外，由于 DDBFT 重建是基于菲涅耳衍射积分形成的，只能用于满足傍轴近似的数字全息检测。相较而言，FIMG4FFT 重建算法不但充分利用了物光场的能量，计算结果能够用于不满足傍轴近似的数字全息检测，而且，只要初始场的取样满足取样定理，重建场就是振幅及相位分布同时满足取样定理的光波场[66]。通过数字全息的波前重建来重现所记录物体的信息，让重建场的振幅及相位分布同时满足取样定理无疑是十分重要的。

### 5.6.3 FIMG4FFT 与 SPH4FFT 重建真彩色图像的比较研究

以上研究中，利用红绿两种色光照明，已经对 1-FFT 离焦重建、DDBFT 以及 FIMG4FFT 重建法进行了实验研究。为进一步了解 FIMG4FFT 重建算法的优点，以下进行 FIMG4FFT 与 SPH4FFT 重建真彩色图像的比较研究。

实验在波长 $\lambda_1$=632.8nm 的红光、$\lambda_2$=532nm 的绿光及 $\lambda_3$=473nm 的蓝光照明下进行。光学系统基于马赫–曾德尔 (Mach-Zehnder) 干涉仪设计。光路基本结构与图 5-1-4 相似，使用单色 CCD 分别拍摄三种色光的全息图 (CCD 像素宽度 0.00465mm，取样数 $N$=1024，即 CCD 面阵宽度 $L$=4.76mm)。实验系统中，三种色光共用一个扩束准直系统形成参考光。物体是中国京剧中猴王脸谱的彩陶模型，模型高度约 65mm。物体到 CCD 距离为 $z_0$=1720mm。调整参考光的角度使三种色光的 1-FFT 重建像均在重建像平面的第三象限。

图 5-6-6(a)、图 5-6-6(b) 及图 5-6-6(c) 分别给出三种色光的 1-FFT 重建图像。图中，按照公式 $L_0 = \lambda_i z_0 N/L\ (i = 1, 2, 3)$分别标出重建像平面的宽度。由于重建像平面的宽度与波长成正比，红色光的重建像在重建平面上所占面积最小，蓝色光重建像所占面积最大。

图 5-6-6(a1)、图 5-6-6(b1) 及图 5-6-6(c1) 分别给出三种色光全息图的频谱。令 $z_r \to \infty$，式 (5-4-39) 简化为 $N_{\delta\text{spt}} = \dfrac{L^2}{\lambda z_0}$。红绿蓝三种色光分别求得 $N_{\delta\text{spt}} =$ 20.8，24.7，27.8。无论对哪一种色光，以像素为单位的点源频谱在频谱平面的分布宽度均大于 20。正如理论分析所指出，共轭物光频谱是具有模糊物体轮廓的散斑图像 (类似的讨论容易证明物光频谱具有相似的特性)。

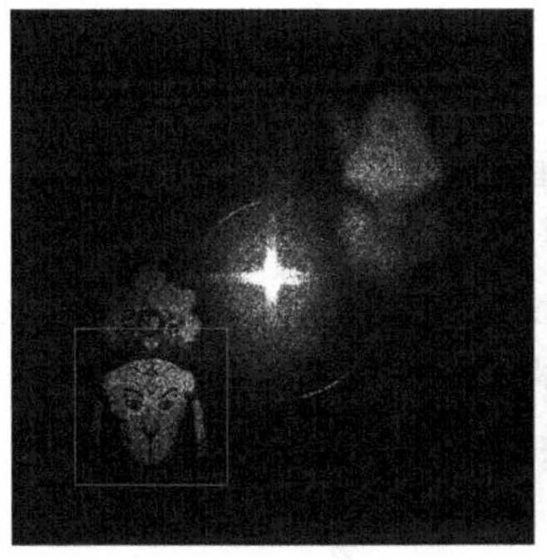

(a) 红光的 1-FFT重建像平面
(宽度234.07mm)

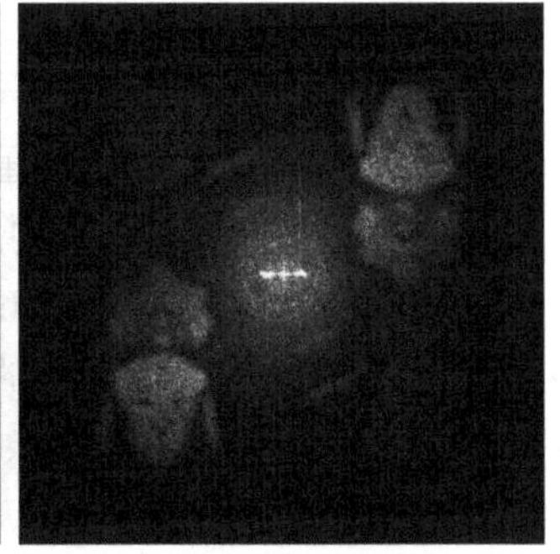

(a1) 红光全息图的频谱
(宽度1024/4.76mm$^{-1}$)

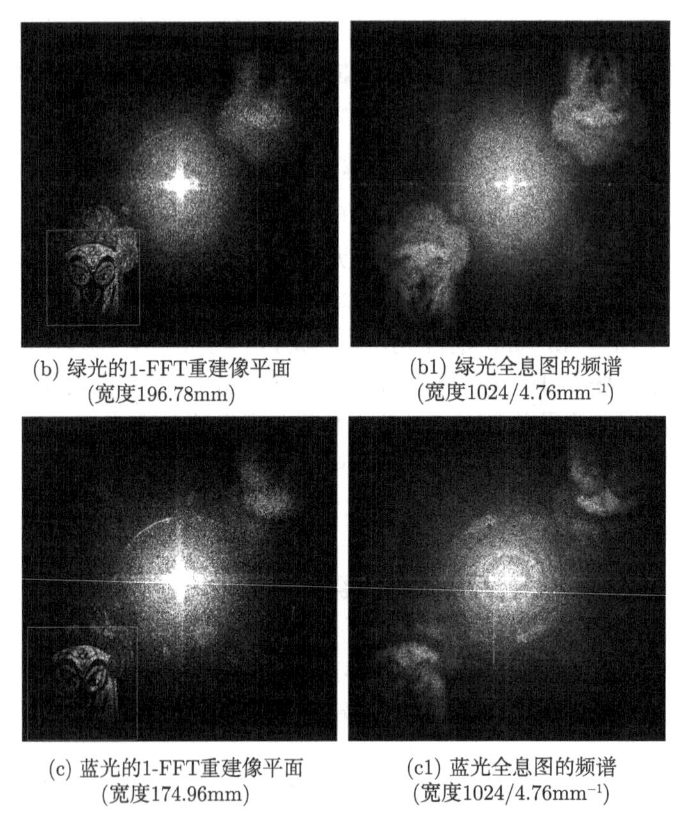

(b) 绿光的1-FFT重建像平面 (宽度196.78mm)　　(b1) 绿光全息图的频谱 (宽度1024/4.76mm$^{-1}$)

(c) 蓝光的1-FFT重建像平面 (宽度174.96mm)　　(c1) 蓝光全息图的频谱 (宽度1024/4.76mm$^{-1}$)

图 5-6-6　三种色光的 1-FFT 重建像平面与全息图频谱的比较 (1024×1024 像素)

在红色光 1-FFT重建平面上选择 $N_s \times N_s$=300×300 像素的方形滤波窗 (图 5-6-6(a) 中方形框) 取出物体的局部像，求得 $M$=0.0694，$z_i$ = 119.43mm 及 $z_c = -128.34$mm。将物体的局部像移到像平面中央，周边补零形成沿光轴传播到像平面的共轭物光场，利用距离 $z_0$ = 1720mm 的菲涅耳衍射的逆运算便形成红光的像面滤波全息图。在绿色及蓝色 1-FFT 重建像平面上选择相同的滤波窗中心，根据式 (5-4-33) 确定出滤波窗宽度 $N_s$，利用类似的步骤获取两种色光的像面滤波全息图。此后，在图 5-6-6(a1)、图 5-6-6(b1) 及图 5-6-6(c1)，以像素为单位选择与图 5-6-6(a)、图 5-6-6(b)、图 5-6-6(c) 相同的滤波窗形成频谱滤波全息图。利用两种方法重建的放大率 $M$=0.0694 的彩色图像示于图 5-6-7(a)、图 5-6-7(a1)。按照相似的步骤，图 5-6-7(b) 和图 5-6-7(b1) 给出两种方法重建的放大率 $M$=0.208 的彩色图像。

比较两组重建图像容易看出，重建图像的质量无本质区别，但正如式 (5-4-39)

的讨论预计的，由于以像素为单位的点源的频谱宽度甚大于 1，滤波窗边沿附近有窗外物光场的频谱渗入，使得 SPH4FFT 的重建图像边沿有一个狭窄的模糊带。模糊带随放大率的增加而展宽，对于精细检测有不利影响。此外，由于全息图共轭物光的频谱分布形貌呈现为一个模糊的物体像，单独使用 SPH4FFT 方法时，频率平面滤波窗的准确设计必须借助于 1-FFT 重建图像作参考，需要额外增加一次 1-FFT 重建的计算量，重建图像的效率低于 FIMG4FFT 方法。

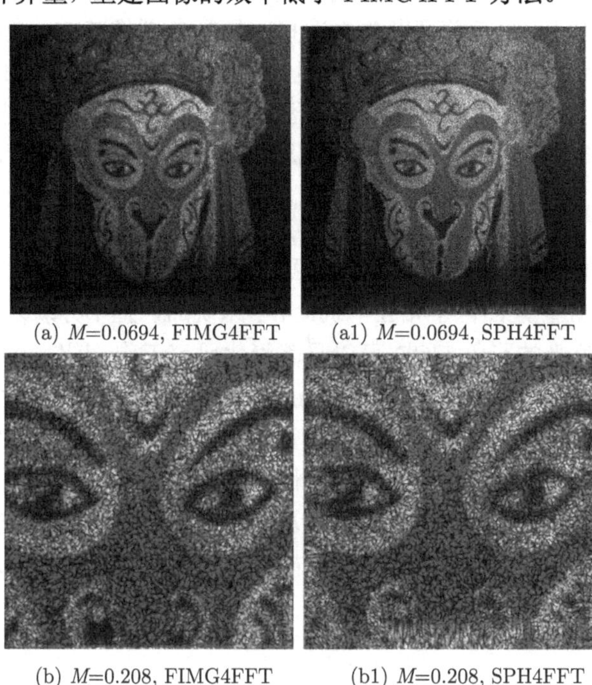

(a) $M$=0.0694, FIMG4FFT (a1) $M$=0.0694, SPH4FFT

(b) $M$=0.208, FIMG4FFT (b1) $M$=0.208, SPH4FFT

图 5-6-7 FIMG4FFT 及 SPH4FFT 方法重建的两种放大率的彩色图像 (1024×1024 像素)

(彩图见下册附录 C 或者见随书所附光盘)

在数字全息应用研究中，无论是单色还是彩色数字全息，它们的主要应用均是光学精密检测，并且，应用研究中通常需要对物体的局部区域进行研究。由于重建图像在 1-FFT 重建平面上所占面积较小，为得到足够像素描述的重建图像，使用 1-FFT 离焦重建图像时，必须在全息图周围填充较大数量的零像素。例如，为得到图 5-6-7(b) 或图 5-6-7(b1) 所示的局域图像，必须让补零全息图的宽度超过 1024×1024 像素，1-FFT 离焦重建图像的计算时间远远超过 FIMG4FFT 及 SPH4FFT 方法。从形式上看，当补零全息图的尺寸较大而 1-FFT 重建运算不能在常用的计算机上进行时，似乎可以通过不同的数学插值方法让重建图像用较大数量的像素描述。然而，当实际物体被相干光照明时，物光场相邻散射基元的相位取值是随机的，在像平面滤波的讨论中已经证明，重建物光场的相邻像素与物光场相邻散射基元相对应，重建物光场相邻像素的相位取值也是随机的。因此，如果使用没有特定物理意义的数学插值方法放大物光场，对相位特别敏感的光学检测没有实际意义。

综上所述，基于像面滤波技术的 FIMG4FFT 方法是一种较好的波前重建方法，由于该方法可以用全息图的像素数高质量和高效率地重建局部物体的图像，能对多种波长照明下的彩色数字全息检测的精细分析提供很大方便。

利用附录 B18 给出模拟生成三基色光照明的真彩色离轴数字全息图的 MATLAB 程序 LJCM18.m，读者可以首先选择一幅彩色图像建立一幅真彩色数字全息图， 然后，利用附录 B 提供的真彩色数字全息图像的 FIMG4FFT 重建程序 LJCM19.m，验证 FIMG4FFT 重建图像具备的优点。同时，也可以将程序 LJCM19.m 修改为 SPH4FFT 算法重建彩色图像的程序，验证本节的所有结论。

### 5.6.4 VDH4FFT 算法重建真彩色图像的实验研究

利用重建平面综合使用技术，原则上可以用单色 CCD 实时记录三种色光的全息图。然而，为能让重建图像不相互干扰，光学系统的调整十分烦杂。因此，使用能够有效分离三种色光的彩色 CCD 可以显著简化研究工作，图 5-6-8 给出这种系统的光路图[69,70] 。图中物体是高度约 40mm 的中国京剧脸谱陶瓷模型，能实时分别记录三种色光全息图的 TriCCD 像素数为 1024×1344，像素宽度为 6.45μm。物体到 CCD 的距离为 2000mm，红绿蓝三激光波长分别为 671nm，532nm，457nm。由于三种色光能有效分离，我们可以让照明物光及参考光共用一个光路。基于 VDH4FFT 算法，理论上可以根据给定的光学参数准确地重建统一尺寸的物光场。

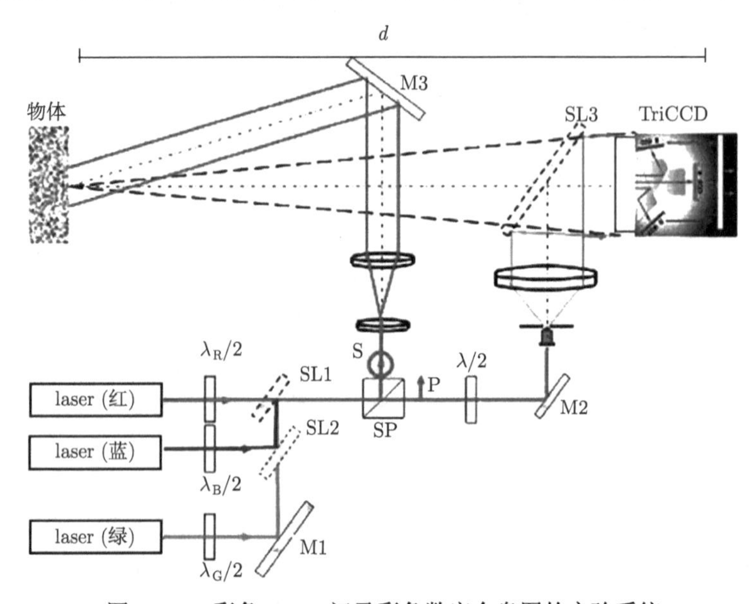


图 5-6-8 彩色 CCD 记录彩色数字全息图的实验系统

选择 1024×1024 像素的全息图进行宽度 $L_{\mathrm{img}}$=47.6mm 的重建，利用式 (5-3-10) 求得虚拟全息图在像平面前方的距离 $d_s$=20000mm，根据式 (5-3-12) 求得三种色光全息图上方形取样区的宽度分别是 169、213、248 像素。图 5-6-9 给出 VDH4FFT 方法重建的彩色分量图像及合成彩色图像。

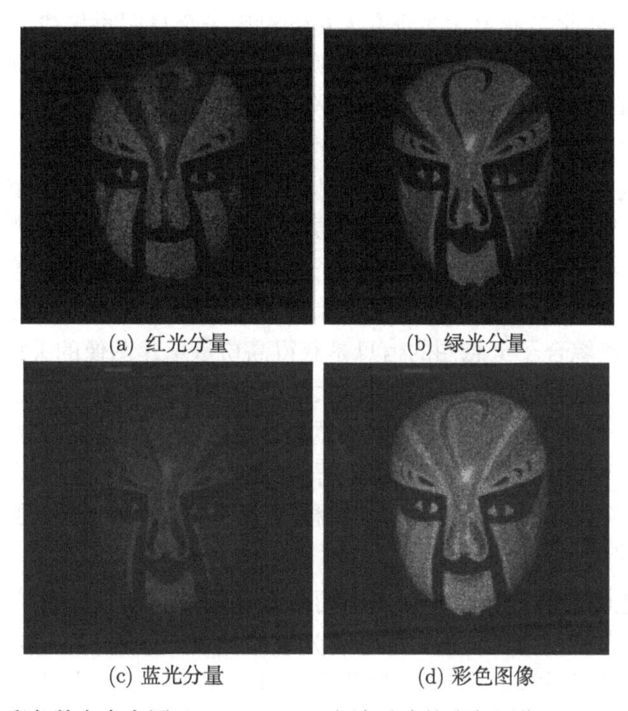

(a) 红光分量 (b) 绿光分量

(c) 蓝光分量 (d) 彩色图像

图 5-6-9 彩色数字全息图及 VDH4FFT 方法重建的彩色图像 (1024×1024 像素)

(彩图见下册附录 C 或者见随书所附光盘)

## 5.7 数字全息物光场的超分辨率记录与重建

随着计算机处理速度提高及廉价 CCD 的问世，数字全息已经成为一个十分活跃的研究领域。然而，根据角谱衍射理论，CCD 面阵窗口是一个空间滤波器，数字全息图只能记录沿光轴传播并能进入 CCD 窗口的低频角谱，物体重建像分辨率不高。此外，根据 CCD 面阵的结构，干涉场的信息记录是离散取样为依据的，CCD 像素间距又限制了 CCD 所能记录的角谱范围。如何超越窗口尺寸对角谱衍射的限制，利用小窗口尺寸的 CCD 有效捕捉物光场的高频分量，充分发挥 CCD 的性能实现物光场的超分辨率重建，是近年来人们积极研究的课题。在该研究领域，通过不同实验手段扩大 CCD 的等效面阵尺寸的 “合成孔径法” 是一种可以获得高分辨率再现像的技术[75~88]。自从 2001 年美国光学快报 (*Optlcs Letters*) 报道了在记录平面平移 CCD 对全息信息进行多次记录的合成孔径技术后[75]，我国研究人员即展开了积极研究[77~83]。例如，天津大学及昆明理工大学对合成孔径技术的记录、再现及实现方法进行了研究，并且通过实验获得分辨率优于单一子全息图的重建图像[77,78]；西北工业大学的研究人员针对用子全息图拼接成大尺寸全息图时重建平面中心的改变会影响子全息图再现像的位置及相位分布的问题，提出了对应的分幅再现算法，按照所述方法进行了分幅数值重建实验，获得了高质量的再现像[79]；为解决在 CCD 记录平面不方便平移 CCD 的问题，南开大学及昆明理工大学的研究人员提出利用相位型空间光调制器改变照明物光角度，让到达 CCD 的物光场平移，等效形成大面积数字全息图的方法，有效地简化了超分辨率系统的调整及控制[80]；北京工业大学的研究人员将合成孔径法用于显微数字全息，得到分辨率提高且散斑噪声减小的合成物体强度像[81]。在利用子全息图综合成大幅面全息图的过程中，正确综合子全息图的信息是获得高质量重建图像的关键技术。为提高子全息图相互衔接的准确性，华南师范大学的研究人员提出一种全息图的合成方法[82]。该方法先以物光场强度图像之间重叠区域的相关运算精确地确定子全息图之间的空间对接位置，然后，再通过相移子全息图之间的重叠区域的相关运算进行相移同步匹配，实现了空间对接匹配与相移同步匹配的分离实施，通过实验获得了高质量的再现像。

然而，上述综合孔径技术是采用不同时刻记录的子全息图拼接成大面积全息图的，这种技术在原则上只适用于静态物光场的记录与重建。为让数字全息技术能够用于动态物理量的探测，南开大学及昆明理工大学的研究人员将飞秒激光技术引入数字全息，近年来取得许多重要成果[83~86]。他们利用飞秒激光及角分复用技术[87]，设计成数字全息超分辨率准实时记录系统[85]，并且，基于偏振光的干涉特性，又提出了可以实现两幅子全息图实时记录的超分辨率重建系统[86]。

数字全息超分辨率记录及重建的研究还在继续。然而，由于 CCD 能够记录的信息总是应满足取样定理的，通过不同实验手段实现的大面积全息图能够记录的信息的最高频谱是受限的。因此，对于给定的实验条件，综合孔径的宽度存在一个没有必要再增大的极限值。为便于了解这项技术，本节首先基于取样定理及角谱衍射理论对 CCD 探测信息受到的限制进行研究。利用研究结果，导出优化设计超分辨率数字全息系统的方法。然后，简要介绍改变照明物光角度实现离轴数字全息超分辨率记录的基本理论，再介绍文献 [85] 利用飞秒激光及角分复用技术，实现超分辨率准实时记录及重建的研究实例。

### 5.7.1 基于取样定理及角谱衍射理论对 CCD 探测信息的研究

令 CCD 面阵宽度为 $L$，物体的宽度为 $D_0$，物平面到 CCD 探测平面的距离为

$d$，图 5-7-1 给出 CCD 记录离轴数字全息图的示意图。

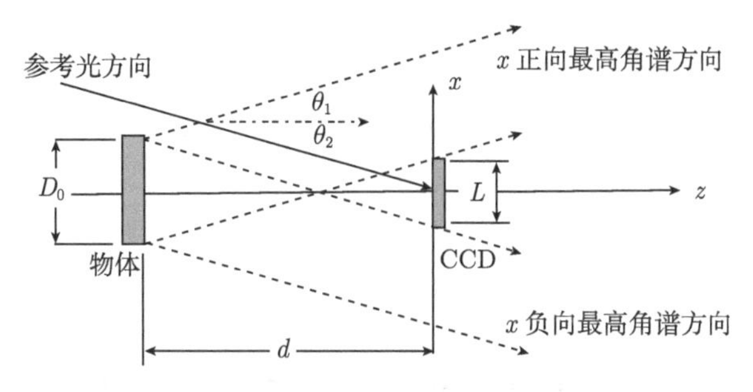


图 5-7-1 CCD 记录数字全息图的示意图

设物平面光波场为 $O_0(x,y)$，沿 $z$ 轴传播到 CCD 平面的光波场可以根据角谱衍射理论表示为

$$O(x,y)=\mathcal{F}^{-1}\left\{\mathcal{F}\{O_0(x,y)\}\exp\left[\mathrm{j}\frac{2\pi}{\lambda}d\sqrt{1-(\lambda f_x)^2-(\lambda f_y)^2}\right]\right\} \tag{5-7-1}$$

式中

$$\mathcal{F}\{O_0(x,y)\}=\int_{-\infty}^{\infty}\int_{-\infty}^{\infty}O_0(x,y)\exp\left[-\mathrm{j}2\pi(f_x x+f_y y)\right]\mathrm{d}x\mathrm{d}y \tag{5-7-2}$$

以及，$\mathrm{j}=\sqrt{-1}$，$k=2\pi/\lambda$, $\lambda$ 为光波长；$f_x, f_y$ 是与 $x,y$ 对应的频域坐标。

由于

$$O_0(x,y)=\int_{-\infty}^{\infty}\int_{-\infty}^{\infty}\mathcal{F}\{O_0(x,y)\}\exp\left[\mathrm{j}\frac{2\pi}{\lambda}(\lambda f_x x+\lambda f_y y)\right]\mathrm{d}f_x\mathrm{d}f_y \tag{5-7-3}$$

上式表明，物平面发出的光波可以视为方向余弦为 $\lambda f_x, \lambda f_y, \sqrt{1-(\lambda f_x)^2-(\lambda f_y)^2}$ 的平面波的叠加，平面波的振幅由 $\mathcal{F}\{O_0(x,y)\}$ 确定。由于 CCD 面阵宽度的限制，图 5-7-1 中用虚线箭头示出能够进入 CCD 的最高物光角谱的传播方向，$\theta_1$ 为 $x$ 轴正向最高物光角谱的传播方向与光轴 $z$ 的夹角。

若 CCD 像素间距为 $\Delta x$，根据取样定理，CCD 能够记录的干涉条纹最小宽度是 $2\Delta x$。设投向 CCD 的参考光为平面波，其传播方向与光轴 $z$ 的夹角为$\theta_2$。现研究参考光与图中 $x$ 轴正向传播的最高角谱所对应的平面波的干涉图样。

令$A_1\exp(\mathrm{j}kx\sin\theta_1)$代表$x$轴正向最高角谱所对应的平面波，$A_2\exp(-\mathrm{j}kx\sin\theta_2)$代表参考光波。两列波的干涉图像强度分布为

$$I(x)=A_1^2+A_2^2+2A_1A_2\cos\left[kx(\sin\theta_1+\sin\theta_2)\right] \tag{5-7-4}$$

傍轴近似下，$\sin\theta_1=\theta_1=\dfrac{L+D_0}{2d}$，$\sin\theta_2=\theta_2$，干涉条纹间距则为

$$T=\frac{\lambda}{\dfrac{L+D_0}{2d}+\theta_2} \tag{5-7-5}$$

令 $T=2\Delta x$，由上式得到

$$\frac{L+D_0}{2d}+\theta_2=\frac{\lambda}{2\Delta x} \tag{5-7-6}$$

为让物体的重建像在 1-FFT 重建平面能有效分离，根据文献 [15]、[36] 的讨论，参考光与光轴的夹角应为 $\theta_2=\dfrac{3\times 4D_0}{8d}$，代入式 (5-7-6) 得

$$\frac{L+D_0}{2d}+\frac{12D_0}{8d}=\frac{\lambda}{2\Delta x} \tag{5-7-7}$$

由此求得在给定实验条件下，离轴数字全息能够充分利用 CCD 的性能有效记录物体信息的最佳距离

$$d=(L+4D_0)\,\Delta x/\lambda \tag{5-7-8}$$

由于式 (5-76) 中 $\theta_2=0$ 对应于同轴数字全息，令式 (5-7-7) 的对应项为零，即得同轴数字全息能充分利用 CCD 的性能有效记录物体信息的最佳距离

$$d=(L+D_0)\,\Delta x/\lambda \tag{5-7-9}$$

同轴数字全息最佳记录距离表达式的物理意义是：当记录距离低于最佳距离时，尽管传播方向与 $z$ 轴的夹角大于$\theta_1$ 的物光场高频角谱能够到达 CCD，但由于 CCD 抽样间距的限制，不能重建这部分角谱。反之，当记录距离大于同轴数字全息最佳记录距离时，到达 CCD 的物光场角谱传播方向与 $z$ 轴的夹角小于$\theta_1$，不能充分发挥 CCD 的物理性能高分辨率地记录及重建物光场。

然而，对于离轴数字全息，由于必须在全息图的 1-FFT 重建像平面上分离出物体的像，由式 (5-7-8) 确定的最佳记录距离大于由式 (5-7-9) 确定的同轴数字全息最佳记录距离，使用同轴全息系统时能够用较紧凑的光学系统记录下物光场的信息。同轴数字全息还具有许多优点[80]，本书第 8 章将介绍它的应用实例。然而，由于较难从单一的同轴数字全息图获得无干扰的重建像，同轴数字全息主要适用于静态物体信息的记录，实际应用中仍然较多地采用离轴数字全息系统，如何利用给定的 CCD 捕捉常规记录时逸出 CCD 窗口的高频角谱，超分辨率地重建物光场，成为离轴数字全息的一个重要研究课题。

### 5.7.2 离轴数字全息超分辨率记录系统的优化设计

由于 CCD 能够接收的最高频率是确定值，设计超分辨记录系统时，存在一个综合 CCD 孔径的极大值。以下讨论给定实验条件下离轴数字全息系统的优化设计问题。

根据式 (5-7-3)，能够进入 CCD 的最高角谱频率 $f_x$ 满足

$$\lambda f_x = \theta_1 = \frac{L + D_0}{2d} \tag{5-7-10}$$

由于 CCD 能够探测的频谱最大值为 $f_{\max} = \dfrac{1}{2\Delta x}$，利用上式，超分辨率记录时应让 CCD 宽度 $L_u$ 满足

$$\frac{1}{2\Delta x} = \frac{L_u + D_0}{2\lambda d} \tag{5-7-11}$$

于是，能充分记录物体信息的等效 CCD 宽度则为

$$L_u = \frac{\lambda d}{\Delta x} - D_0 \tag{5-7-12}$$

以上结果表明，给定 CCD 的宽度 $L$、像素间距 $\Delta x$、物体宽度 $D_0$、物体到 CCD 的距离 $d$ 及光波长$\lambda$后，充分发挥 CCD 性能时需要设计的等效 CCD 的宽度是一个确定的值 $L_u$。当设计结果大于 $L_u$ 时，CCD 并不能记录来自物光的高频角谱。当小于 $L_u$ 时，不能充分发挥 CCD 的性能。因此，式 (5-7-12) 是优化设计超分辨率记录系统的基本关系式。

例如，若选择物体到 CCD 的距离为式 (5-7-8) 确定的最佳距离，代入式 (5-7-12) 得

$$L_u = \frac{L\lambda d}{(L + D_0)\,\Delta x} = \frac{(L + 4D_0)}{(L + D_0)} L \tag{5-7-13}$$

由于等效 CCD 的宽度随着记录距离的增加而加大，式 (5-7-8) 确定的最佳距离是 CCD 能够记录物光场信息的最短距离，因此，式 (5-7-13) 是等效 CCD 的最小宽度，设计出的光学系统具有最紧凑的结构。

### 5.7.3 超分辨率记录全息图的波前重建方法

利用超分辨率记录系统多次记录全息图后，可以用两种方法重建物光场。第一种方法是利用每次记录的结果按照空间位置拼接成大尺寸的全息图，直接用大全息图进行物光场的波前重建。然而，当拼接成的全息图较大而取样数过于庞大时，会出现计算机内存限制而不能运行程序的情况，这时，可以采用第二种方法，即第 3 章介绍的综合孔径的菲涅耳衍射计算方法。该方法将大全息图在重建光照明下的衍射视为每一子全息图孔径或子全息图局部组合孔径的衍射叠加，这时，重建计算的取样数只是子全息图或子全息图局部组合的取样数。在满足取样定理的前提下，两种算法的结果是一致的。

### 5.7.4 超分辨率记录系统波前重建质量模拟

美国的 USAF 分辨率测试板上较准确地刻画了不同空间频率排列的线条组，便于用来验证加大等效全息图宽度能够提高重建图像分辨率，但等效全息图存在一个优化的最大宽度的结论。表 5-7-1 给出 USAF 分辨率板上不同组元线条每毫米上刻画的线对数[88]，其数值与线条出现的空间频率相对应。将该分辨率板上刻画了第 6、7 两组条纹的基板部分作为物体，以下进行优化设计的理论模拟。

**表 5-7-1　USAF 光学分辨率测试板每毫米的线对数**

| 线号 | 分组号 | | | | | | | |
|---|---|---|---|---|---|---|---|---|
| | 0 | 1 | 2 | 3 | 4 | 5 | 6 | 7 |
| 1 | 1 | 2 | 4 | 8 | 16 | 32 | 64 | 128 |
| 2 | 1.12 | 2.24 | 4.49 | 8.98 | 17.95 | 36 | 71.8 | 144 |
| 3 | 1.26 | 2.52 | 5.04 | 10.1 | 20.16 | 40.3 | 80.6 | 161 |
| 4 | 1.41 | 2.83 | 5.66 | 11.3 | 22.62 | 45.3 | 90.5 | 181 |
| 5 | 1.59 | 3.17 | 6.35 | 12.7 | 25.39 | 50.8 | 102 | 203 |
| 6 | 1.78 | 3.56 | 7.13 | 14.3 | 28.51 | 57 | 114 | 228 |

根据表 5-7-1 所示参数，按照 USAF 分辨率测试板的排列规律在宽度 $D_0$=0.3mm 的平面上绘出分辨率板第 6、7 两组条纹的图像 (图 5-7-2)。对该图像作 $N\times N$=2048×2048 像素的取样，利用 FFT 可以得到图像的频谱。令 CCD 的宽度 $L$ =4.76mm、取样数为 $N/2=1024$，即 CCD 能够记录的最高频率是 107.53mm$^{-1}$。

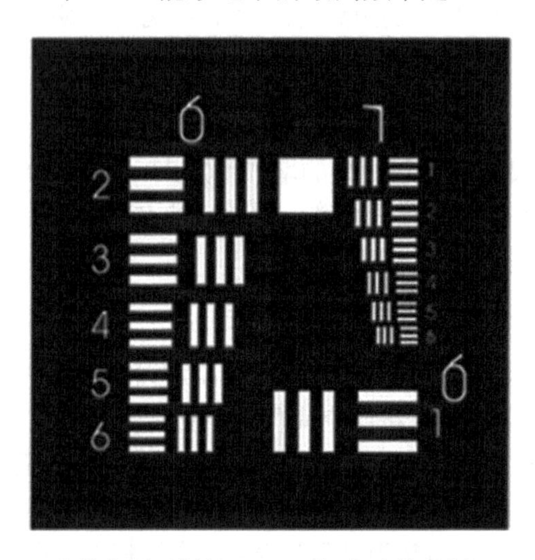


图 5-7-2　USAF 分辨率测试板第 6、7 两组条纹的基板 (0.3mm× 0.3mm)

模拟研究时，根据等效 CCD 能够接收的频谱在分辨率板频谱平面设计滤波窗取出频谱，利用 FFT 便能求出根据 CCD 记录的信息可以重建的图像。下面，将记录距离设为最佳距离及大于最佳距离两种情况进行模拟研究。

1) 记录距离为最佳距离

设光波长 $\lambda=0.000532\text{mm}$，利用式 (5-7-8) 求得 $d=(L+4D_0)\Delta x/\lambda=52.11\text{mm}$。根据式 (5-7-13) 求得最小等效面阵尺寸 $L_u=5.66\text{mm}$。图 5-7-3 给出令等效 CCD 宽度分别为 $L$、$2L$ 及 $3L$ 的三幅模拟重建图像，相关参数详细列入表 5-7-2。

**表 5-7-2　最佳记录距离模拟图像的相关参数**

| 最佳记录距离 $d=52.11\text{mm}$，模拟记录距离 $d=52.11\text{mm}$，优化 CCD 宽度 $L_u=5.66\text{mm}$ | | |
|---|---|---|
| 等效 CCD 宽度 | 进入等效 CCD 的最高频率 | 等效 CCD 记录的最高频率 |
| $L=4.76\text{mm}$ | $91.29\text{mm}^{-1}$ | $91.29\text{mm}^{-1}$ |
| $2L=9.52\text{mm}$ | $177.18\text{mm}^{-1}$ | $107.53\text{mm}^{-1}$ |
| $3L=14.28\text{mm}$ | $263.06\text{mm}^{-1}$ | $107.53\text{mm}^{-1}$ |

根据表 5-7-1 及表 5-7-2 的参数分析图 5-7-3 可以看出，单一 CCD 记录的物光频谱最大值是 $91.29\text{mm}^{-1}$，能够有效分离第 6 单元第 4 组条纹 (图 5-7-3(a))。而当等效 CCD 宽度增加为 $2L$ 后，尽管进入 CCD 的最高频率是 $177.18\text{mm}^{-1}$，由于超过 CCD 像素间距所能接受的最高频率 $107.53\text{mm}^{-1}$，只能有效分离第 6 单元第 6 组条纹 (图 5-7-3(b))。此后，即使再度让等效 CCD 宽度增加为 $3L$，重建图像分辨率不会再提高 (图 5-7-3(c))。

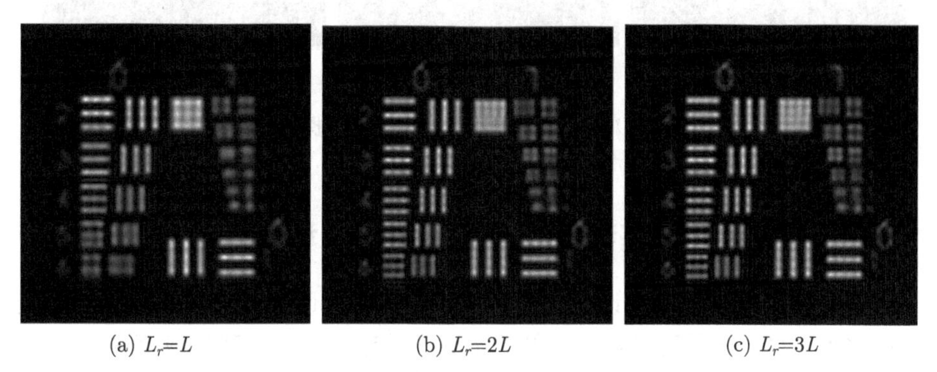

(a) $L_r=L$　(b) $L_r=2L$　(c) $L_r=3L$

图 5-7-3　最佳记录距离时不同宽度 CCD 探测信息的重建图像

2) 记录距离 $d=100\text{mm}$ 的模拟

图 5-7-4 给出距离 $d=100\text{mm}$，等效 CCD 宽度分别为 $L$、$2L$ 及 $3L$ 的三幅模拟重建图像，相关参数详细列入表 5-7-3。

根据表 5-7-1 及表 5-7-2 参数分析图 5-7-4 不难看出，记录距离 $d=100\text{mm}$ 时，由于进入单一 CCD 的最高物光频率是 $47.57\text{mm}^{-1}$，低于第 6 单元第一组条纹的空间频率是 $64\text{mm}^{-1}$(表 5-7-1)，因此，重建像不能有效分离分辨率板上的任何条纹 (图 5-7-4(a))。当等效 CCD 宽度增加为 $2L$ 后，进入 CCD 的最高频率是 $92.32\text{mm}^{-1}$，可以有效分离第 6 单元第 4 组条纹 (见表 5-7-1 及图 5-7-4(b))。对于 CCD 面阵有效宽度增为 $3L$ 的情况，由于进入等效 CCD 的最高频率 $137.07\mathrm{mm}^{-1}$ 已经超过 CCD 所能接受的最高频率 $107.53\mathrm{mm}^{-1}$，也只能有效分离第 6 单元第 6 组条纹 (图 5-7-4(c))。

**表 5-7-3　记录距离 $d$=100mm 模拟图像的相关参数**

| 最佳记录距离 $d$ =52.39mm，模拟距离 $d$ =100mm，优化 CCD 宽度 $L_u$=11.14mm | | |
|---|---|---|
| 等效 CCD 宽度 | 进入等效 CCD 的最高频率 | 等效 CCD 记录的最高频率 |
| $L$=4.76mm | $47.57\mathrm{mm}^{-1}$ | $47.57\mathrm{mm}^{-1}$ |
| $2L$=$9.52\mathrm{mm}^{-1}$ | $92.32\mathrm{mm}^{-1}$ | $92.32\mathrm{mm}^{-1}$ |
| $3L$=$14.28\mathrm{mm}^{-1}$ | $137.07\mathrm{mm}^{-1}$ | $107.53\mathrm{mm}^{-1}$ |

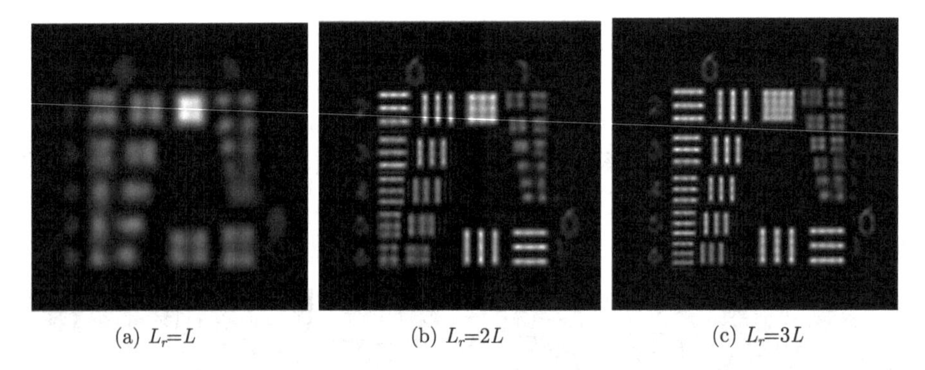

(a) $L_r$=$L$　　(b) $L_r$=$2L$　　(c) $L_r$=$3L$

图 5-7-4　记录距离 $d$=100mm 时不同宽度 CCD 探测信息的重建图像

### 5.7.5　改变照明物光角度实现离轴数字全息超分辨率记录的基本理论

由于改变照明物光角度设计的超分辨率系统易于使用，以下对改变照明物光角度能够让 CCD 记录物光场平移的基本原理及超分辨率重建时应该遵循的基本公式进行讨论。

在数字全息记录系统中建立直角坐标系 $O\text{-}xyz$，令 $z=0$ 为物平面，$z=d$ 为 CCD 平面。设平行于光轴的单位振幅平面波照射下物平面的光波场为 $O_0(x,y)$，到达 CCD 平面的光波场可由菲涅耳衍射积分表示出

$$O(x,y)=\frac{\exp(\mathrm{j}kd)}{\mathrm{j}\lambda d}\times\int_{-\infty}^{\infty}\int_{-\infty}^{\infty}O_0(x_0,y_0)\exp\left\{\frac{\mathrm{j}k}{2d}\left[(x-x_0)^2+(y-y_0)^2\right]\right\}\mathrm{d}x_0\mathrm{d}y_0 \tag{5-7-14}$$

式中，$\mathrm{j}=\sqrt{-1}$，$k=2\pi/\lambda$, $\lambda$ 是光波长。

若照明光传播的方向余弦为 $\cos\alpha, \cos\beta, \cos\gamma$，到达 CCD 平面的光波场则为

$$u(x,y;\alpha,\beta)=\frac{\exp(\mathrm{j}kd)}{\mathrm{j}\lambda d}\int_{-\infty}^{\infty}\int_{-\infty}^{\infty}O(x_0,y_0)\exp[\mathrm{j}k(x_0\cos\alpha+y_0\cos\beta)]\times\exp\left\{\frac{\mathrm{j}k}{2d}\left[(x-x_0)^2+(y-y_0)^2\right]\right\}\mathrm{d}x_0\mathrm{d}y_0 \tag{5-7-15}$$

合并积分号内相位因子得

$$u(x,y;\alpha,\beta)=\frac{\exp(\mathrm{j}kd)}{\mathrm{j}\lambda d}\Phi(x,y;\alpha,\beta)\times\int_{-\infty}^{\infty}\int_{-\infty}^{\infty}O(x_0,y_0)\times\exp\left\{\frac{\mathrm{j}k}{2d}\left[(x-d\cos\alpha-x_0)^2+(y-d\cos\beta-y_0)^2\right]\right\}\mathrm{d}x_0\mathrm{d}y_0 \tag{5-7-16}$$

式中

$$\Phi(x,y;\alpha,\beta)=\exp[\mathrm{j}k(x\cos\alpha+y\cos\beta)]\exp\left[\frac{\mathrm{j}kd}{2}\left(\cos^2\alpha+\cos^2\beta\right)\right] \tag{5-7-17}$$

设 CCD 面阵沿 $x$，$y$ 方向的宽度分别是 $L_x$，$L_y$，到达 CCD 的物光场则为

$$O_D(x,y;\alpha,\beta)=\mathrm{rect}\left(\frac{x}{L_x},\frac{y}{L_y}\right)u(x,y;\alpha,\beta) \tag{5-7-18}$$

比较式 (5-7-14) 及式 (5-7-16) 有

$$u(x,y;\alpha,\beta)=\Phi(x,y;\alpha,\beta)O(x-d\cos\alpha,y-d\cos\beta) \tag{5-7-19}$$

到达 CCD 的物光场可以重新表示为

$$O_D(x,y;\alpha,\beta)=\mathrm{rect}\left(\frac{x}{L_x},\frac{y}{L_y}\right)\Phi(x,y;\alpha,\beta)O(x-d\cos\alpha,y-d\cos\beta) \tag{5-7-20}$$

以上结果表明，倾斜照明的结果等效于平行于光轴照明时到达 CCD 平面的物光场产生了一个平移，中心坐标平移到 $(d\cos\alpha,d\cos\beta)$，并附加一相位因子 $\Phi(x,y,\alpha,\beta)$。

为便于直观地了解倾斜照明时 CCD 接收的物光场范围，将照明光平行于光轴时到达 $z=d$ 平面的物光场用中心在光轴的灰色圆形区表示，图 5-7-5(a) 给出倾斜照明时因物光场平移而 CCD 窗口实际接收的物光场范围。

利用式 (5-7-20)，可以将垂直照明情况下到达 CCD 平面并由

$$\mathrm{rect}\left(\frac{x+d\cos\alpha}{L_x},\frac{y+d\cos\beta}{L_y}\right)$$

确定区域的物光场 $O_s(x,y;\alpha,\beta)$ 表示为

$$O_s(x,y;\alpha,\beta)=\Phi^*(x+d\cos\alpha,y+d\cos\beta;\alpha,\beta)\,O_D(x+d\cos\alpha,y+d\cos\beta;\alpha,\beta) \tag{5-7-21}$$

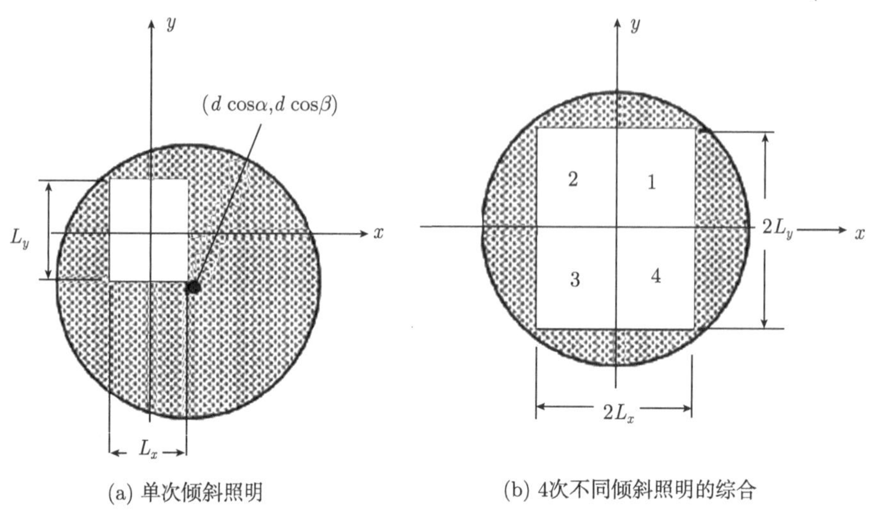


图 5-7-5　倾斜光照明时 CCD 窗口接收的物光场范围示意图

基于上述研究，如果期望得到大于 CCD 面阵尺寸的物光场，可以改变照明光的角度进行多次全息图记录，让较大面积的物光场由 CCD 窗口范围相同的不同位置的光波场拼接形成。例如，可以将图 5-7-5(b) 所示的由 4 倍于 CCD 窗口覆盖区域的物光场表示为

$$\sum_{n=1}^{4}O_s(x,y;\alpha_n,\beta_n) \tag{5-7-22}$$

其中，

$$\alpha_1=\arccos\left(\frac{L_x}{2d}\right),\quad \beta_1=\arccos\left(\frac{L_y}{2d}\right)$$

$$\alpha_2=-\arccos\left(\frac{L_x}{2d}\right),\quad \beta_2=\arccos\left(\frac{L_y}{2d}\right)$$

$$\alpha_3=-\arccos\left(\frac{L_x}{2d}\right),\quad \beta_3=-\arccos\left(\frac{L_y}{2d}\right)$$

$$\alpha_4=\arccos\left(\frac{L_x}{2d}\right),\quad \beta_4=-\arccos\left(\frac{L_y}{2d}\right)$$

给定 CCD 尺寸及物体到 CCD 的距离后，便能根据式 (5-7-22) 完成超分辨率的数字全息记录系统的设计。基于多次记录的子全息图，可以通过不同的方法综合重建“超分辨率”的物光场。例如，当通过实验及式 (5-7-15) 得到大于 CCD 窗口的光波场后，物平面光波场可以通过衍射的逆运算重建。

### 5.7.6 超分辨率物光场波前重建模拟

根据角谱衍射理论，上述“超分辨率”研究等效于扩大了 CCD 的面阵尺寸，捕捉到本来已经逸出单一 CCD 边界的高频角谱，重建出分辨率较高的物光场。为简明地验证上述结论，参照图 5-7-5(b)，以下利用 5.7.3 节介绍的第一种波前重建方法模拟比较 4 幅拼接全息图与单一全息图的重建结果。

令图 5-7-6(a) 的图像为物平面图像，假定物平面发出的是相位随机分布的散射光，利用附录 B11 的程序 LJCM11.m 不难建立 1024×1024 像素的全息图。设模拟研究的 CCD 只有 512×512 像素，参照图 5-7-5(b)，将 1024×1024 像素的全息图等分为 4 个象限的子全息图，利用 VDH4FFT 重建程序 (附录 B14 的程序 LJCM15.m)，分别让全息图上只存在 1、2、3、4 象限的子全息图重建物光场，图 5-7-6(b)、(c)、(d)、(e) 给出对应的重建图像。为便于比较，图 5-7-6(f) 给出用整幅全息图的重建的结果。相关模拟参数为：物平面图像宽度 28.6mm，照明光波长 0.000532mm，物平面到 CCD 的距离 1000mm，CCD 像素宽度 0.00465mm。

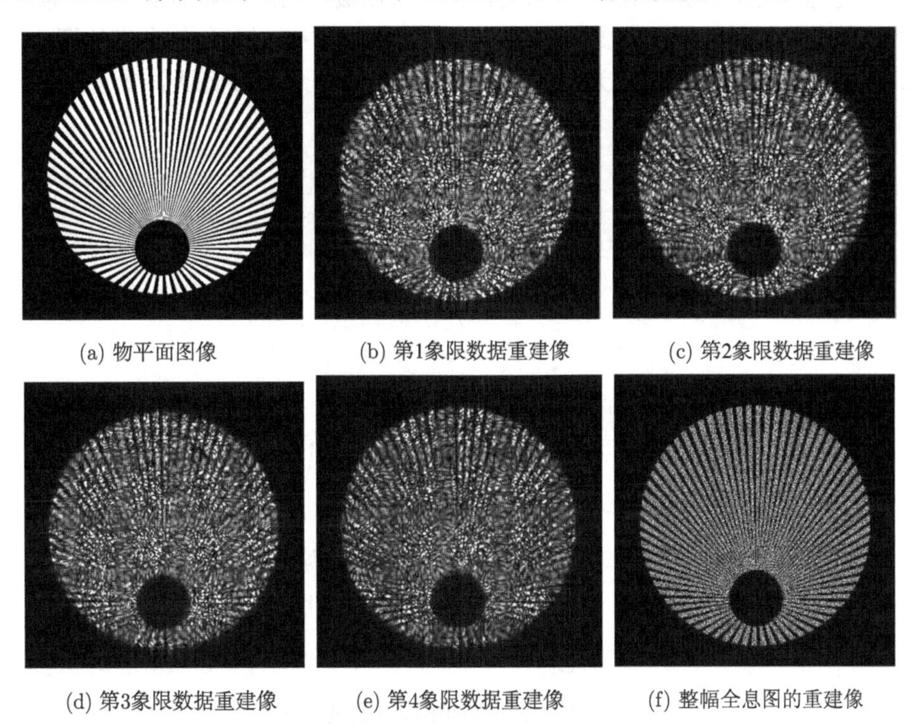

(a) 物平面图像　(b) 第1象限数据重建像　(c) 第2象限数据重建像

(d) 第3象限数据重建像　(e) 第4象限数据重建像　(f) 整幅全息图的重建像

图 5-7-6　“超分辨率”波前重建模拟图像比较 (1024×1024 像素)

将图 5-7-6(f) 与其余各图比较可以看出，正确设计记录系统，利用多次记录的全息图可以综合出高分辨率的重建像，其分辨率能够突破单一全息图的衍射极限。

利用 5.7.3 节介绍的第二种方法可以得到类似的结果，不同之处只是重建图像的取样数为 512×512。

### 5.7.7 基于飞秒激光特性的子全息图准同时记录与物光场重建

在超分辨率物光场重建领域，国内外不少研究人员进行了重要的研究工作，为能够实时记录下多幅子全息图，目前主要利用全息图的角分复用技术让 CCD 能够准同时或同时地记录下多幅子全息图。以下以使用飞秒激光的准同时记录子全息图研究为例进行介绍[85]。

图 5-7-7 是能够准同时记录三幅子全息图的光路。图中，由分束镜 BS1 反射的光脉冲是物光脉冲，该脉冲通过光程延迟系统 1 后形成有时间延迟的三个光脉冲以不同的角度照明物体，透过物体的光脉冲穿过分束镜 BS2 后以极短的时间间隔依次到达 CCD。由分束镜 BS1 透射的光脉冲是参考光脉冲，该脉冲通过光程延迟系统 2 后到达分束镜 BS2，被 BS2 反射的光脉冲也到达 CCD。由于物光及参考光通过的光程延迟系统完全相同，在 CCD 上依次以极短的时间间隔记录下三帧子全息图。由于利用了角分复用技术，在光程延迟系统 2 中通过反射镜角度的调节，可以让三帧子全息图重建的物光场相互分离，融合三物光场的信息后重建出超分辨率的物光场。

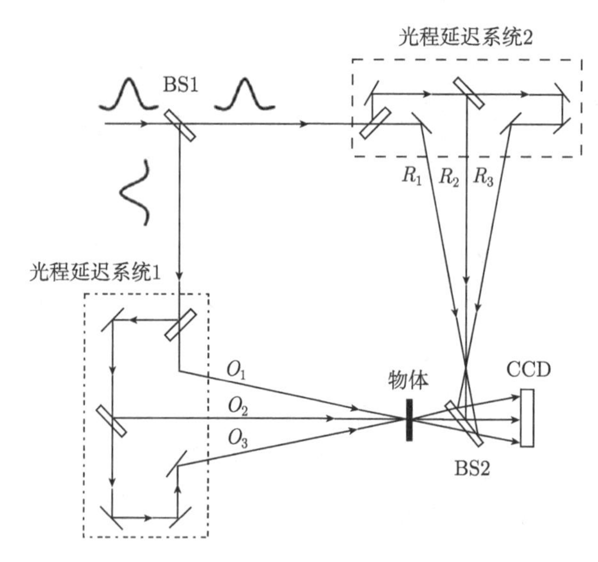


图 5-7-7 子全息图准同时记录光路

利用该实验光路，分辨率板 USAF-1951(图 5-7-8(a)) 作为物体，图 5-7-8(b) 给出记录的数字全息图[85]，图 5-7-8(c) 是对全息图进行离散傅里叶变换得到的频谱图像。从频谱图像不难看出，三子全息图的物光及共轭物光频谱能够有效分离。在频谱图中用矩形框依次选择出共轭物光频谱，通过逆傅里叶变换及 1-FFT 重建方法便能重建物平面物光场。

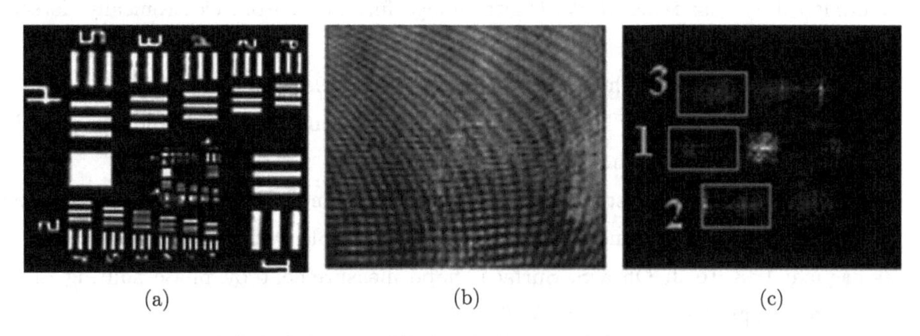


图 5-7-8 飞秒激光数字全息记录系统中的物体 (a)，全息图 (b) 以及全息图频谱 (c)

图 5-7-9(a)、(b)、(c) 分别给出三子全息图的重建像，图 5-7-9(a1)、(b1)、(c1) 是三子全息图的重建像中矩形框内图像的放大图像。融合三个重建像信息的物平面图像示于图 5-7-9(d)，图 5-7-9(d1) 给出图 5-7-9(d) 中矩形框内的局部放大图像。将融合像图 5-7-9(d1) 与图 5-7-9(a1)、(b1)、(c1) 比较能够看出，融合像的确能够超分辨率地显示图像。

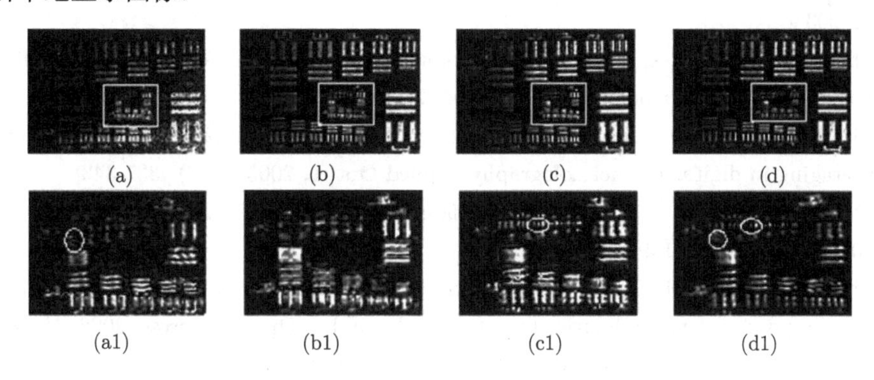


图 5-7-9 基于准同时记录的超分辨率重建像

按照图 5-7-7 的设计，尽管单一飞秒激光脉冲通过光程延迟系统形成的三个激光脉冲不同时到达 CCD 探测器，但是，由于时间间隔取决于延迟系统中各光脉冲的光程差与光速之比，时间间隔极短，除了对飞秒级时间范围内变化物理量的光学检测外[83]，上述系统可以视为是准同时地记录了同一物光场的三幅子全息图。为能够实现子全息图的真正同时记录，文献 [86] 报道了利用振动面相互垂直的偏振光同时记录两幅子全息图的实验系统，读者可以从该文中了解更详细的信息。

## 参考文献

[1] Goodman J W, Lawrence R W. Digital image formation from electronically detected holograms. Appl. Phys. Lett., 1967, 11, (3): 77-79

[2] Huang T. Digital holography. Proc. of IEEE, 1971, 159: 1335-1346

[3] Kronrod M A, Merzlyakov N S, Yaroslavskii L P. Reconstruction of a hologram with a computer. Sov. Phys. Tech. Phys., 1972, 17: 333-334

[4] Wagner C, Seebacher S, Osten W, et al. Digital recording and numerical reconstruction of lensless Fourier holograms in optical metrology. Appl. Opt., 1999, 38: 4812-4820

[5] Yamaguchi I, Kato J, Ohta S. Surface shape measurement by phase shifting digital holography. Opt. Rev., 2001, 8: 85-89

[6] Guo C S, Zhang L, Rong Z Y, et al. Effect of the fill factor of CCD pixels on digital holograms: comment on the papers "Frequency analysis of digital holography" and "Frequency analysis of digital holography with reconstruction by convolution". Opt. Eng. 2003, 42(9): 2768-2771

[7] Thomas K. Handbook of Holographic Interferometry Optical and Digital Methods. Berlin: Wiley-VCH, 2004

[8] 李俊昌, 楼宇丽, 桂进斌, 等. 数字全息图取样模型的简化研究. 物理学报, 2013, 62(12): 124203

[9] Zhang Y M, Lü Q N, Ge B Z. Elimilation of zero-order diffraction in digital off-axis holography. Optics Communication, 2004, 240: 261-267

[10] Picart P, Leval J, Mounier D, et al. Some opportunities for vibration analysis with time averaging in digital Fresnel holography. Aplled Optics, 2005, 44(3): 337-343

[11] 李俊昌, 陈仲裕, 赵帅, 等. 柯林斯公式的逆运算及其在波前重建中的应用. 中国激光, 2005, 32(11): 1489-1494

[12] Zhao J L, Jiang H H, Di J L. Recording and reconstruction of a color holographic image by using digital lensless Fourier transform holography. Optics Express, 2008, 16: 2514

[13] Picart P, Mounier D, Desse J M. High resolution digital two-color holographic metrology. Optics Letters, 2008, 33(3): 276-278

[14] 熊秉衡, 李俊昌. 全息干涉计量 —— 原理和方法. 北京：科学出版社, 2009

[15] 李俊昌, 熊秉衡, 等. 信息光学教程. 北京: 科学出版社, 2011

[16] Li J C, Picart P. Holographie Numérique: Principe, Algorithmes et Applications. Paris: Editions Hermès Sciences, 2012

[17] Goodman J W. 统计光学. 秦克诚, 等, 译. 北京: 科学出版社, 1992

[18] Goodman J W. 傅里叶光学导论. 詹达三, 译. 北京: 科学出版社, 1976

[19] 李俊昌, 彭祖杰, Patris T, 等. 散射光彩色数字全息光学系统及波前重建算法研究. 物理学报, 2010, 59(7): 4639-4648

[20] 李俊昌, 熊秉衡, 等. 信息光学理论与计算. 北京: 科学出版社, 2009

[21] 钱克矛, 续伯钦, 伍小平. 光学干涉计量中的位相测量方法. 实验力学, 2001, 16(3): 239-245

[22] 李俊昌, 钟丽云, 吕晓旭, 等. 不用专门相移装置的三维面形测量. 光电子 · 激光, 2003, 14(1)

[23] 吕且妮, 葛宝臻, 张以谟. 数字同轴和数字离轴全息系统分析. 光电工程, 2005, 32(2): 15-18

[24] 布赖姆 E O. 快速傅里叶变换. 柳群, 译. 上海: 上海科学技术出版社, 1979

[25] Li J C, Tankam P, Peng Z J, et al. Digital holographic reconstruction of large objects using a convolution approach and adjustable magnification. Optics Letters, 2009, 34(5): 572-574

[26] Pascal P, Patrice T, Denis M, et al. Spatial bandwidth extended reconstruction for digital color Fresnel holograms. Optics Express, 2009, 17: 9145

[27] Li J C, Peng Z J, Tankam P, et al. Design of the spatial filter window for digital holographic convolution reconstruction of object beam field. Optics Communications, 2010, 283(21): 4166-4170

[28] Li J C, Peng Z J, Tankam P, et al. Digital holographic reconstruction of a local object field using an adjustable magnification. Journal of the Opticai Society of America A, 2011, 28(6): 1291-1296

[29] 李俊昌, 宋庆和, 桂进斌, 等. 数字全息波前重建中的像平面滤波技术研究. 光学学报, 2011, 31(9): 0900135

[30] Zhang F, Yamaguchi I. Algorithm for reconstruction of digital holograms with adjustable magnification. Opt. Lett., 2004, 29: 1668

[31] 李俊昌. 彩色数字全息波前重建算法概论. 中国激光, 2011, 38: 0501001-8

[32] Mas D, Garcia J, Ferreira C, et al. Fast algorithms for free-space diffraction patterns calculation. Optics Communications, 1999, 164: 233-245

[33] Li J C. Peng Z J, Fu Y C. Diffraction transfer function and its calculation of classic diffraction formula. Optics Communications, 2007, 280: 243-248

[34] 李俊昌, 樊则宾, Tankam P, 等. 无零级衍射干扰的彩色数字全息研究. 物理学报, 2011, 60(3): 034204-1-6

[35] Lü Q N, Chen Y L, Yuan R, et al. Trajectory and velocity measurement of a particle in spray by digital holography. Applied Optics, 2009, 48(36): 7000-7007

[36] Picart P, Leval J. General theoretical formulation of image formation in digital Fresnel holography. JOSA A, 2008, 25: 1744-1761

[37] 王华英, 赵宝群, 宋修法. 菲涅耳数字全息成像系统的焦深. 光学学报, 2009, 29(2): 374-377

[38] Kandulla J, Kemper K, Knoche S, et al. Two-wavelength method for endoscopic shape measurement by spatial phase-shifting speckle-interferometry. Applied Optics, 2004, 43: 5429-5437

[39] J C Li, J Zhu, Z J Peng. The S-FFT calculation of Collins formula and its application in digital holography. Eur. Phys. J., 2007, D45: 325-330

[40] 玻恩, 沃尔夫. 光学原理. 杨葭孙, 译. 北京：电子工业出版社, 2005

[41] 李俊昌. 数字全息重建图像的焦深研究. 物理学报, 2012, 13: 134202

[42] 张以谟. 应用光学. 第 3 版. 北京: 电子工业出版社, 2008

[43] 吕且妮, 葛宝臻, 张以谟. 数字全息再现像质的影响因素分析. 光电子 · 激光, 2005, 16: 85

[44] Li J C, Peng Z J, Fu Y C, The research of digital holographic object wave field reconstruction in image and object space. Chin. Phys. Lett., 2011, 28：064201

[45] Yamaguchi I, Matsumura T, Kato J. Phase shifting color digital holography. Optics Letters, 2002, 27(13): 1108-1110

[46] Ferraro P, De Nicola S, Coppola G. et al. Controlling image size as a function of distance and wavelength in Fresnel-transform reconstruction of digital holograms. Optics Letters, 2004, 29(8)

[47] Alfieri D, Coppola G, De Nicola S, et al. Method for superposing reconstructed images from digital holograms of the same object recorded at different distance and wavelength. Optics Communications, 2006, 260: 113-116

[48] Javidi B, Ferraro P, Hong S, et al. Three dimensional image fusion by use of multiwavelength digital holography. Optics Letters, 2005, 30: 144-146

[49] Demoli N, Vukicevic D, Torzynski M. Dynamic digital holographic interferometry with three wavelengths. Optics Express, 2003, 11: 767-774

[50] Desse J M, Tribillon J L. State of the art of color interferometry at ONERA. Journal of Visualization, 2006, 9: 363-371

[51] Desse J M. Recent contribution in color interferometry and applications to high-speed flows. Optics Lasers. Engineering, 2006, 44: 304-320

[52] Desse J M, Picart P, Tankam P. Digital three-color holographic interferometry for flow analysis. Optics Express, 2008, 16: 5471-5480

[53] Kumar U P, Bhaduri B, Kothiyal M P, et al. Two-wavelength microinterferometry for 3-D surface profiling. Optics and Lasers in Engineering, 2009, 47: 223-229

[54] Kuhn J, Colomb T, Montfort F, et al. Real-time dual-wavelength digital holographic microscopy with a single hologram acquisition. Optics Express, 2007, 15: 7231-7242

[55] Mann C J, Bingham P R, Paquit V C, et al. Quantitative phase imaging by threewavelength digital holography. Optics Express, 2008, 16(13): 9753-9764

[56] Khmaladze A, Kim M, Lo C M. Phase imaging of cells by simultaneous dual wavelength reflection digital holography. Optics Express, 2008, 16: 10900-10911

[57] Peng Zujie, Song Qinghe, Li Junchang. A Sample Test on the Tilt Angle of Object Light Illumination in the Digital Holographic 3-D Surface Shape Detection. Proc. of SPIE, Vol. 6832, p:683212-1—683212-7

[58] Alfieri D, Coppola G, De Nicola S, et al. Method for superposing reconstructed images from digital holograms of the same object recorded at different distance and wavelength. Optics Communications, 2006, 260: 113-116

[59] Javidi B, Ferraro P, Hong S, et al. Three dimensional image fusion by use of multiwavelength digital holography. Optics Letters, 2005, 30: 144-146

[60] Desse J M, Picart P, Tankam P. Digital three-color holographic interferometry for flow analysis. Optics Express, 2008, 16: 5471-5480

[61] 陈兴梧, 赵慧影, 葛宝臻, 等. 彩色全息图的计算机产生和数字再现. 光学技术, 2003, 29(2): 239-241

[62] Zhang F, Yamaguchi I. Algorithm for reconstruction of digital holograms with adjustable magnification. Opt. Lett., 2004, 29: 1668

[63] Ferraro P, De Nicola S, Coppola G, et al. Controlling image size as a function of distance and wavelength in Fresnel-transform reconstruction of digital holograms. Optics Letters, 2004, 29(8): 854-856

[64] Domenico A, Giuseppe C, Sergio D N, et al. Method for superposing reconstructed images from digital holograms of the same object recorded at different distance and wavelength. Opt. Commun., 2006, 260: 113

[65] Tankam P. Méthodes d'holographie numérique couleur pour la métrologie sans contact en acoustique et mécanique. Thèse soutenue publiquement le 12 October 2010 à l'IVERSITE DU MAINE de France

[66] 李俊昌. 角谱衍射公式的 FFT 计算及在数字全息波面重建中的应用. 光学学报, 2009, 29(5): 1163-1167

[67] Pascal P, Patrice T, Denis M, et al. Spatial bandwidth extended reconstruction for digital color Fresnel holograms. Opt. Express, 2009, 17：9145

[68] Patrice T, Pascal P, Denis M, et al. Method of digital holographic recording and reconstruction using a stacked color image sensor. Appl. Opt., 2010, 49：320

[69] Tankam P, Song Q H, Karray M, et al. Real-time three-sensitivity measurements based on three-color digital Fresnel holographic interferometry. Optics Letters, 2010, 35(12): 2055-2057

[70] Song Q H, Wu Y M, Tankam P, et al. Research on the recording hologram with foveon in digital color holography. SPIE, PA2010 Beijing, 2010

[71] 于美文. 光全息学及其应用. 北京: 北京理工大学出版社, 1995

[72] 陈家璧, 苏显渝, 等. 光学信息技术原理及应用. 北京：高等教育出版社, 2002

[73] 王仕璠. 信息光学理论与应用. 北京：北京邮电大学出版社, 2004

[74] Li J C, Fan Z B, Peng Z J. Study on the phase type digital hologram and its wavefront reconstruction. Proc. of SPIE, PA, 2007

[75] Clerc F L, Gross M, Collot L. Synthetic aperture experiment in the visible with on-axis digital heterodyne holography. Optics Letters, 2001, 26: 1550-1552

[76] Martine Z, León L, Javidi B. Synthetic aperture single exposure on-axis digital holography. Opt. Express, 2008, 16：160-169

[77] 钟丽云, 张以谟, 吕晓旭. 合成孔径数字全息的记录、再现及实现. 中国激光, 2004, 31(10): 1207-1211

[78] 钟丽云, 张以谟, 吕晓旭. 合成孔径数字全息的分析模拟及多参考光合成孔径数字全息. 光子学报, 2004, 33(11): 1343-1347

[79] 姜宏振, 赵建林, 邸江磊, 等. 合成孔径数字无透镜傅里叶变换全息图的分幅再现. 光学学报, 2009, 29(12): 3304-3309

[80] 袁操今, 翟宏琛. 利用相位模板实现数字全息超分辨成像. 光子学报, 2010, 39(5): 893-897

[81] 潘锋, 肖文, 常君磊, 等. 长工作距离显微成像数字全息合成孔径方法. 强激光与粒子束, 2010, 22(5): 978-982

[82] 李红燕, 马志俭, 钟丽云, 等. 一种相移合成孔径数字全息图高精度合成方法. 光学学报, 2011, 31(5): 0509001

[83] Wang X L, Zhai H C, Mu G G. Pulsed digital holography system recording ultrafast process of the femtosecond order. Optics Letters, 2006, 31(11): 1636-1638

[84] 翟宏琛, 王晓雷, 母国光. 记录飞秒级超快瞬态过程的脉冲数字全息技术. 激光与光电子学进展, 2007, 44(2): 19

[85] Yuan C, Zhai H, Liu H T. Angular multiplexing in pulsed digital holography for aperture synthesis. Opt. Lett., 2008, 33: 2356-2358

[86] Yuan C J, Situ G H, Pedrini G, et al. Resolution improvement in digital holography by angular and polarizati on multiplexing. Applied Optics, 2011, 50(7): B6-11

[87] Yan X B, Zhao J L, Di J L, et al. Phase correction and resolution improvement of digital holographic image in numerical reconstruction with angular multiplexing. Chinese Optices Letters, 2009, 7(12): 1072-1075

[88] 美国 USAF 分辨率板说明书, http: //www. sigma-koki. com/chinese/